工程數學

黃世杰　編著

歐亞書局有限公司

序

本書第二版之編寫大綱係由歐亞圖書公司整體規劃暨邀請擬編撰寫，其中第二版與第一版之主要不同點乃敬依歐亞圖書公司建議增列第九章偏微分方程式，而整體編寫之主軸目標均在於提供工程數學研讀能力之精進，俾將此相關學能進而發揮應用至各項工程領域，以臻理論紮實及實際應用之需。本書第二版之內容共有十章，分別為第一章一階微分方程式、第二章二階常微分方程式、第三章拉普拉斯轉換、第四章矩陣分析、第五章向量微分、第六章向量積分、第七章傅立葉級數、第八章傅立葉積分與轉換、第九章偏微分方程式及第十章複變函數。本書第二版並於各章節末，概附有類題練習，以資鞏固數學思考及強化數學訓練。本書第二版於撰稿期間，蒙歐亞圖書公司王兆南協理之鼎力支持暨謝承道博士之合力協助，而本書第一版則蒙歐亞圖書公司王兆南協理暨謝承道博士、林矩民博士、黃健紘先生、陳鵬宇先生及謝竹修先生之合力協助，方得以順利付梓完稿，謹此敬致個人由衷之最大謝意。

目錄

第四章 矩陣分析

第五章 向量微分

第六章 向量積分

第七章　傅立葉級數

第八章　傅立葉積分與轉換

第九章　偏微分方程式

第十章　複數函數

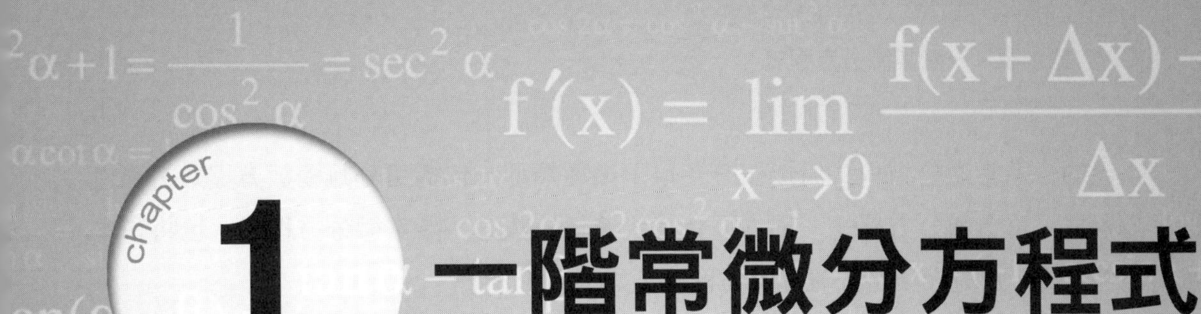

chapter 1 一階常微分方程式

微分方程式廣泛應用於工程分析，熟悉微分方程式之原理與計算將有助於瞭解評估及解決工程上所遇到之各種問題，因此本書即由微分方程式開始介紹。**微分方程式**（differential equations）是一種包含未知函數及其導數的數學方程式，許多重要的物理現象，常可藉由微分方程式之求解而加以探討。其中，若只包含一個獨立自變數的微分方程式，則可視為**常微分方程式**（ordinary differential equations）。而若此微分方程式所含最高階的導數項為 n 階，則稱為 n 階常微分方程式。本章所要介紹的一階常微分方程式，即是由一未知函數 $y(x)$ 及其一階導數 $y'(x)$ 與單一個自變數 x 所組成的關係式，例如：

$$y' - 3y + 2x = 0$$

以及

$$xdy = 2dx$$

常見的一階常微分方程式可以概分為以下幾種類型，包括可分離變數方程式、線性微分方程式、正合微分方程式，另外還有一些較為特殊的一階常微分方程式，也將在本章中逐一介紹。首先介紹可分離變數方程式，如下節所述。

1-1 可分離變數方程式

A. 可分離變數微分方程式的定義

若函數 $f(x,y)$ 與 $g(x,y)$ 均可分解為只含 x 之單變數函數或 y 之單變數函數的乘積，例如

$$\begin{cases} f(x,y) = f_1(x)f_2(y) \\ g(x,y) = g_1(x)g_2(y) \end{cases} \tag{1.1.1}$$

則此類之常微分方程式

$$f(x,y)y' + g(x,y) = 0 \tag{1.1.2}$$

即稱為可分離變數之微分方程式。我們將續由下列範例說明。

B. 可分離變數微分方程式的求解

若已知微分方程式為可分離變數微分方程式時，則可將自變數 x 和因變數 y 予以分離，再分別積分就可得到其通解。茲考慮一可分離變數微分方程式：$f(x,y)y' + g(x,y) = 0$，如將其變數分離，則可表示成

$$f_1(x)f_2(y)dy + g_1(x)g_2(y)dx = 0 \tag{1.1.3}$$

經由整理後，可得

$$\frac{f_2(y)}{g_2(y)}dy + \frac{g_1(x)}{f_1(x)}dx = 0 \tag{1.1.4}$$

接著分別積分後，即可求解得出

$$\int \frac{f_2(y)}{g_2(y)}dy + \int \frac{g_1(x)}{f_1(x)}dx = C \tag{1.1.5}$$

範例 1

求解 $yy' = x^2$ 。

解

將原式改寫成

$$y\frac{dy}{dx} = x^2$$

再將變數分離

$$ydy = x^2dx$$

兩邊分別積分，可得

$$\frac{1}{2}y^2 = \frac{1}{3}x^3 + C$$

■

範例 2

求解 $y' = -e^y \sin x$ 。

解

將原式改寫成

$$\frac{dy}{dx} = -e^y \sin x$$

再將變數分離

$$e^{-y}dy = -\sin xdx$$

兩邊分別積分，可得

$$-e^{-y} = \cos x + C$$

■

範例 3

求解 $y' = 4x^3y - 8x^3$ 。

解

將原式改寫成

$$\frac{dy}{dx} = 4x^3(y-2)$$

再將變數分離

$$\frac{1}{y-2}dy = 4x^3 dx$$

兩邊分別積分，可得

$$\ln|y-2| = x^4 + \ln|C|$$

亦可將此解予以整理成

$$y = 2 + Ce^{x^4}$$

■

範例 4

求解 $(2xy + x + 4y + 2)dx + e^{-x}dy = 0$， $y(1) = 0$ 。

將原式予以因式分解後，可得

$$(x+2)(2y+1)dx + e^{-x}dy = 0$$

再將變數分離

$$(x+2)e^x dx + \frac{1}{2y+1}dy = 0$$

兩邊積分可得

$$(x+1)e^x + \frac{1}{2}\ln|2y+1| = C$$

續代入初始條件 $y(1) = 0$ ，可求得 C

$$2e = C$$

故本題之解為

$$(x+1)e^x + \frac{1}{2}\ln|2y+1| = 2e$$

■

範例 5

求解 $(1+e^{-2x})\ln(y)dy + ydx = 0$ 。

解

首先將變數分離後，可將原式整理成

$$\frac{\ln y}{y}dy + \frac{1}{1+e^{-2x}}dx = 0$$

亦即

$$\frac{\ln y}{y}dy + \frac{e^{2x}}{e^{2x}+1}dx = 0$$

兩邊分別積分後，可得

$$\frac{1}{2}\left(\ln|y|\right)^2 + \frac{1}{2}\ln\left|1+e^{2x}\right| = \frac{1}{2}C$$

或再予以整理後，可得

$$\left(\ln|y|\right)^2 + \ln\left|1+e^{2x}\right| = C$$

■

範例 6

求解 $x\sin 2x + \sin(x+y)y' = \sin(x-y)y'$ 。

解

將原式整理成

$$x\sin 2xdx + [\sin(x+y) - \sin(x-y)]dy = 0$$

再利用三角函數予以化簡後，可得

$$x(2\sin x\cos x)dx + 2\cos x\sin ydy = 0$$

將相同項 $2\cos x$ 約分後，

$$x\sin xdx + \sin ydy = 0$$

再將兩邊分別積分後，可求得解為：

$$-x\cos x + \sin x - \cos y = C$$

■

範例 7

求解 $\frac{y'}{x+y-1} = x+y+1$。

解

整理原式

$$y' = (x+y+1)(x+y-1) = (x+y)^2 - 1$$

亦即

$$dy = [(x+y)^2 - 1]dx$$

此時，可令 $u = x+y$ ， $y = u - x$ ， $dy = du - dx$ 代入上式

$$du - dx = (u^2 - 1)dx$$

整理得

$$du = u^2 dx$$

亦即

$$\frac{1}{u^2} du = dx$$

兩邊積分可得

$$-u^{-1} = x + C$$

最後將 $u = x+y$ 代入上式，可求得解為：

$$(x+C)(x+y)+1 = 0$$

■

學習秘訣

在此必須說明的是，上述範例 1 至範例 6 是屬於較為容易辨別之可分離變數微分方程式，而範例 7 則係透過簡單的變數變換，將微分方程式化簡成可分離變數的型式。另有一些較為特殊的微分方程式，亦可藉由相同之概念，予以化簡求解，本書將於 1-5 節續作介紹。

類題練習

以下 1 ～ 11 題，若屬於可分離變數的微分方程式，請加以求解；若不屬於的話，亦請加以說明。

1. $e^{x^2+y}y' = 2x$
2. $y' = x + y$
3. $2ydx + 5xdy = 0$
4. $xdy + y\ln(x+y)dx = 0$
5. $y(x-1)^2 y' + x(y+1) = 0$
6. $(x^2 - 2xy)dx + (y\sin(x) - y)dy = 0$
7. $y\cosh(x)y' + e^{x+y} = 0$
8. $\sqrt{1+x}dy = \sqrt{(1+y)(1-y)}dx$
9. $2xyy' + x - 1 = 0$ ， $y(1) = 2$
10. $y' = \sec^2 x\cos^2 y\sin x$ ， $y(\pi) = \pi/4$
11. $(x^2-1)y' = 2\tan y$ ， $y(3) = \pi/6$
12. $(1+4x^2y^2+4x)dy + 4ydx = 0$
（提示：令 $u = xy$ ）
13. $-4y' = (y-x-3)^{-1} + 2(x-y+1)$
（提示：令 $u = y-x-3$ ）
14. 已知 xy 平面上有一曲線 $f(x,y)=0$ 恆通過點 $(1,0)$ ，且此曲線上任一點 (x,y) 的切線斜率為 $(1+x^2)(1+y^2)/xy$ ，試求此曲線方程式。

1-2 線性微分方程式

A. 線性微分方程式的定義

在常微分方程式中，若符合以下型式，即可將其歸類為一階線性常微分方程式：

$$y' + f(x)y = g(x) \tag{1.2.1}$$

其中，$f(x)$ 與 $g(x)$ 均為 x 的函數，且在該函數中並不包含變數 y 。

此外，在以下兩種情況時，線性微分方程式即相當於是一個可分離變數之微分方程式。

(1) 當 $f(x)=0$ 或 $g(x)=0$ 時，則 (1.2.1) 式即成為

$$y' = g(x) \text{ 或 } y' + f(x)y = 0$$

(2) 當 $g(x) = kf(x)$ 時，則可整理為

$$y' + (y-k)f(x) = 0$$

B. 線性微分方程式的求解

已知一階線性常微分方程式為

$$y' + f(x)y = g(x)$$

首先考慮 $g(x)=0$ 的情況，亦即

$$y' + f(x)y = 0 \tag{1.2.2}$$

這是一個可分離變數的微分方程式，而由 1-1 節之方法，可推得其解為

$$y(x)e^{\int f(x)dx} = C \tag{1.2.3}$$

今若將 (1.2.3) 式對 x 作微分，

$$\frac{d}{dx}\left(y(x)e^{\int f(x)dx}\right) = 0 \tag{1.2.4}$$

再予以展開，於是可得

$$e^{\int f(x)dx}y'(x)+f(x)e^{\int f(x)dx}y=0 \tag{1.2.5}$$

此時，若將 (1.2.5) 式與 (1.2.2) 式互相比較，即可看出此乃相當於對其每一項都乘上一個**積分因子**：$e^{\int f(x)dx}$，而為了方便起見，我們將 $e^{\int f(x)dx}$ 寫為 $I(x)$，此時若合併等式左邊各項，便可由 (1.2.5) 式積分得到 (1.2.4) 式，倘若續對 (1.2.4) 式兩邊分別積分，即可求得 (1.2.3) 式。換言之，上述微分與積分之相互關係可被應用於考慮一階線性常微分方程式之一般式如下：

$$y'(x)+f(x)y=g(x)$$

首先將方程式各項均乘上積分因子 $I(x)=e^{\int f(x)dx}$

$$I(x)y'+f(x)I(x)y=g(x)I(x) \tag{1.2.6}$$

再合併等式左邊各項，可得

$$\frac{d}{dx}\left(y\cdot I(x)\right)=g(x)\cdot I(x) \tag{1.2.7}$$

亦即

$$d\left(y\cdot I(x)\right)=g(x)\cdot I(x)dx \tag{1.2.8}$$

等式兩邊分別積分可得

$$y\cdot I(x)=\int g(x)\cdot I(x)dx+C \tag{1.2.9}$$

因此，其解 $y(x)$ 為

$$y=I^{-1}(x)\int g(x)\cdot I(x)dx+CI^{-1}(x) \tag{1.2.10}$$

其中 $I(x)=e^{\int f(x)dx}$。

由上可知，經由可變數分離方程式的求解過程，將可用以推導求解線性微分方程式所需之積分因子，而積分因子之靈活應用則有助於線性微分方程式之求解，本書在 1-4 節亦持續詳細介紹此積分因子，以探討其在求解各種微分方程式上所扮演之重要角色，並藉由不同觀念求得線性微分方程式的積分因子。

範例 1

求解 $y'-3y=2$。

解

此乃線性微分方程式，積分因子為

$$I(x)=e^{\int -3dx}=e^{-3x}$$

首先將方程式乘上此積分因子

$$e^{-3x}y'-3e^{-3x}y=2e^{-3x}$$

整理得

$$\frac{d}{dx}(e^{-3x}y)=2e^{-3x}$$

亦即

$$d(e^{-3x}y)=2e^{-3x}dx$$

再將兩邊積分後，可得

$$e^{-3x}y=-\frac{2}{3}e^{-3x}+C$$

其解為

$$y=-\frac{2}{3}+Ce^{3x}$$

■

範例 2

求解 $y'-\frac{1}{2}y=2e^{\frac{5}{2}x}$。

解

此乃線性微分方程式，積分因子為

$$e^{\int -\frac{1}{2}dx}=e^{-\frac{1}{2}x}$$

將方程式乘上積分因子

$$e^{-\frac{1}{2}x}y'-\frac{1}{2}e^{-\frac{1}{2}x}y=2e^{\frac{5}{2}x}\cdot e^{-\frac{1}{2}x}=2e^{2x}$$

整理得

$$\frac{d}{dx}(e^{-\frac{1}{2}x}y)=2e^{2x}$$

亦即

$$d(e^{-\frac{1}{2}x}y)=2e^{2x}dx$$

兩邊積分後，可得

$$e^{-\frac{1}{2}x}y = e^{2x} + C$$

其解為

$$y = e^{\frac{5}{2}x} + Ce^{\frac{1}{2}x}$$

■

範例 3

求解 $y' + \dfrac{1}{x}y = 2x$ 。

解

此乃線性微分方程式，積分因子為

$$e^{\int \frac{1}{x}dx} = e^{\ln x} = x$$

將方程式乘上積分因子

$$xy' + y = 2x^2$$

整理得

$$\frac{d}{dx}(xy) = 2x^2$$

亦即

$$d(xy) = 2x^2 dx$$

兩邊積分後，可得

$$xy = \frac{2}{3}x^3 + C$$

其解為

$$y = \frac{2}{3}x^2 + Cx^{-1}$$

■

範例 4

求解 $(x-1)y' + xy = e^{-x}\ln x$ 。

首先整理原式得

$$y' + \frac{x}{x-1}y = \frac{e^{-x}\ln x}{x-1}$$

再求此線性微分方程式之積分因子如下

$$e^{\int\frac{x}{x-1}dx}=e^{\int\left(1+\frac{1}{x-1}\right)dx}=e^{x+\ln(x-1)}=(x-1)e^{x}$$

將原式乘上積分因子後，可得

$$(x-1)e^{x}y'+xe^{x}y=\ln x$$

將上式整理後，可得

$$\frac{d}{dx}\left((x-1)e^{x}y\right)=\ln x$$

亦即

$$d\left((x-1)e^{x}y\right)=\ln x dx$$

對兩邊分別積分

$$(x-1)e^{x}y=x(\ln x-1)+C$$

整理後，可求得解為

$$y=\frac{e^{-x}}{x-1}\left[x(\ln x-1)+C\right]$$

■

範例 5

求解 $\cot(x)y'-1=\cos(2x)-2y$ ， $y(0)=2$ 。

解

整理原式得

$$y'+2\tan(x)y=\left(1+\cos(2x)\right)\tan(x)$$

亦即

$$y'+2\tan(x)y=2\cos^{2}(x)\tan(x)$$

此線性微分方程式的積分因子即為

$$e^{\int 2\tan(x)dx}=e^{2\ln|\sec(x)|}=\sec^{2}(x)$$

而將原式乘上積分因子，可得

$$\sec^{2}(x)y'+2\tan(x)\sec^{2}(x)y=2\tan(x)$$

整理得

$$\frac{d}{dx}\left(\sec^2(x)y\right)=2\tan(x)$$

亦即

$$d\left(\sec^2(x)y\right)=2\tan(x)dx$$

對兩邊積分

$$\sec^2(x)y=-2\ln\left|\cos(x)\right|+C$$

整理得

$$y=-2\cos^2(x)\ln\left|\cos(x)\right|+C\cos^2(x)$$

再代入初始條件 $y(0)=2$，可求得常數 C

$$C=2$$

故本題之解為

$$y=-2\cos^2(x)\ln\left|\cos(x)\right|+2\cos^2(x)$$

■

範例 6

求解 $\dfrac{dy}{dx}=\dfrac{y^2}{\cos(y)-2xy}$。

解

原式可整理成

$$\frac{dx}{dy}=\frac{\cos(y)-2xy}{y^2}$$

亦即

$$\frac{dx}{dy}+\frac{2}{y}x=\frac{\cos(y)}{y^2}$$

此乃以 y 為自變數，x 為應變數的一階線性微分方程式，其積分因子為

$$e^{\int\frac{2}{y}dy}=e^{2\ln|y|}=y^2$$

再將方程式各項乘上積分因子

$$y^2\frac{dx}{dy}+2yx=\cos(y)$$

整理得

$$\frac{d}{dy}\left(y^2x\right)=\cos(y)$$

亦即

$$d\left(y^2x\right)=\cos(y)dy$$

對兩邊積分

$$y^2x=\sin(y)+C$$

整理得解

$$x=y^{-2}\left[\sin(y)+C\right]$$

■

學習秘訣

另有一些特殊型式的微分方程式，可藉由變數變換化簡成線性微分方程式，本書將於 1-5 節對於較為特殊之一階微分方程式予以介紹。

類題練習

以下 1 ～ 13 題，若屬於線性微分方程式，請找出其積分因子，並求得該方程式之解。

1. $y'+\frac{1}{x}y=1$

2. $x^{-1}y'+x^{-2}y=x^{-3}$

3. $y'+\frac{2}{x}y=x^2+x+1$

4. $x^3y'=1+x+xy$

5. $(1+e^x)(y'-y)=e^x$

6. $\cos^2(x)y'+y=\tan(x)$

7. $\left(-x+4y\ln(y)\right)y'=y$

8. $\cos(y)y'=\sin(y)-x(x+2)\sin^2(y)$

9. $x^2y'+3xy=2e^{x^2}$，$y(1)=0$

10. $\sin(2x)y'+2y\sin(x)=1-\cos(2x)$，$y(0)=2$

11. $y'+2y=4\cos 3x-6\sin 3x$，$y(0)=3$

12. $x^2(x-1)y'+x^3y=x-1$，$y(2)=\frac{3}{2}$

13. $y'=xe^y-1$，$y(-1)=1$

14. xy 平面上有一曲線 $g(x,y)=0$ 恆過點 $(0,\ -1)$，且其上任一點 (x,y) 的切線在 x 軸上的截距為 y^2e^{-y}，試求此曲線的方程式。

1-3 正合微分方程式

A. 正合微分方程式的定義

本節探討正合微分方程式，並且考慮一階常微分方程式如下

$$M(x,y)+N(x,y)y'=0 \tag{1.3.1}$$

則若已知某區域 R 中存在一函數 $\phi(x,y)$ ，且滿足

$$\frac{d\phi(x,y(x))}{dx}=\frac{\partial\phi}{\partial x}+\frac{\partial\phi}{\partial y}\frac{dy}{dx}=M(x,y)+N(x,y)y' \tag{1.3.2}$$

亦即符合

$$\frac{\partial\phi}{\partial x}=M(x,y) \text{ 且 } \frac{\partial\phi}{\partial y}=N(x,y) \tag{1.3.3}$$

則 (1.3.1) 式即稱為一階正合常微分方程式。

B. 正合微分方程式的求解

(a) 判別正合微分方程式

考慮一階正合常微分方程式： $M(x,y)+N(x,y)y'=0$

再由定義及 (1.3.3) 式可知，其必存在某一函數 $\phi(x,y)$ 於區域 R 中，並且滿足

$$\begin{cases}\dfrac{\partial\phi}{\partial x}=M(x,y)\\[2mm] \dfrac{\partial\phi}{\partial y}=N(x,y)\end{cases} \tag{1.3.4}$$

則若函數 $M(x,y)$ 與 $N(x,y)$ 均具有連續之一階偏導數如下

$$\begin{cases}\dfrac{\partial M(x,y)}{\partial y}=\dfrac{\partial}{\partial y}\left(\dfrac{\partial\phi}{\partial x}\right)=\dfrac{\partial^2\phi}{\partial y\partial x}\\[2mm] \dfrac{\partial N(x,y)}{\partial x}=\dfrac{\partial}{\partial x}\left(\dfrac{\partial\phi}{\partial y}\right)=\dfrac{\partial^2\phi}{\partial x\partial y}\end{cases} \tag{1.3.5}$$

且該函數 $\phi(x,y)$ 的二階偏導數於區域 R 中連續，於是可表示如下式

$$\frac{\partial^2 \phi}{\partial y \partial x}=\frac{\partial^2 \phi}{\partial x \partial y} \tag{1.3.6}$$

亦即

$$\frac{\partial M(x,y)}{\partial y}=\frac{\partial N(x,y)}{\partial x} \tag{1.3.7}$$

所以，當 (1.3.7) 式成立，則原微分方程式即被稱為正合微分方程式。

(b) 求解正合微分方程式

考慮一階正合常微分方程式：$M(x,y)+N(x,y)y'=0$

根據定義及 (1.3.2) 式，原正合微分方程式可表示成

$$\frac{d\phi}{dx}=\frac{\partial \phi}{\partial x}+\frac{\partial \phi}{\partial y}y'=M(x,y)+N(x,y)y'=0 \tag{1.3.8}$$

亦即

$$\frac{d}{dx}\phi(x,y(x))=0 \tag{1.3.9}$$

經由積分後，可得正合微分方程式之解為

$$\phi(x,y)=C \tag{1.3.10}$$

又因為函數 $M(x,y)$ 滿足 (1.3.4) 式，因此對 $M(x,y)$ 與 $N(x,y)$ 分別執行積分後，即可求得 $\phi(x,y)$

$$\begin{cases}\dfrac{\partial \phi}{\partial x}=M(x,y)\\[2ex] \dfrac{\partial \phi}{\partial y}=N(x,y)\end{cases} \Rightarrow \quad \phi(x,y)=\begin{cases}\int M(x,y)dx+f(y)\\[2ex] \int N(x,y)dy+g(x)\end{cases} \tag{1.3.11}$$

比較 (1.3.11) 式之上下二式，取聯集後即可得 $\phi(x,y)$，此時微分方程式之解為 $\phi(x,y)=C$。

範例 1

判別以下各方程式是否為正合微分方程式：

(a) $12xy+3x^2+(6x^2+1)y'=0$

(b) $4xy+ye^{xy}+(2x^2+xe^{xy}+e^y)y'=0$

(c) $2x\cos(2y)y'+\sin(2y)+\cos(2x)-2x\sin(2x)=0$

(d) $\left(e^{-x}\cos(y)-\sin(x)\right)dy=\left(e^{-x}\sin(y)+y\cos(x)\right)dx$

(e) $(2y^{-2}e^x+1)dx-2e^{2x}dy=0$

解

觀念提醒：若微分方程式 $M(x,y)+N(x,y)y'=0$ 為正合，則其需滿足

$$\frac{\partial M(x,y)}{\partial y}=\frac{\partial N(x,y)}{\partial x}$$

(a) $12xy+3x^2+(6x^2+1)y'=0$

$$\begin{cases} M=12xy+3x^2 \\ N=6x^2+1 \end{cases} \Rightarrow \begin{cases} \dfrac{\partial M}{\partial y}=12x \\ \dfrac{\partial N}{\partial x}=12x \end{cases} \Rightarrow \frac{\partial M}{\partial y}=\frac{\partial N}{\partial x} \Rightarrow \text{此微分方程式為正合}$$

(b) $4xy+ye^{xy}+(2x^2+xe^{xy}+e^y)y'=0$

$$\begin{cases} M=4xy+ye^{xy} \\ N=2x^2+xe^{xy}+e^y \end{cases} \Rightarrow \begin{cases} \dfrac{\partial M}{\partial y}=4x+e^{xy}+xye^{xy} \\ \dfrac{\partial N}{\partial x}=4x+e^{xy}+xye^{xy} \end{cases} \Rightarrow \frac{\partial M}{\partial y}=\frac{\partial N}{\partial x}$$

$\Rightarrow$ 此微分方程式為正合

(c) $2x\cos(2y)y'+\sin(2y)+\cos(2x)-2x\sin(2x)=0$

$$\begin{cases} M=\sin(2y)+\cos(2x)-2x\sin(2x) \\ N=2x\cos(2y) \end{cases} \Rightarrow \begin{cases} \dfrac{\partial M}{\partial y}=2\cos(2y) \\ \dfrac{\partial N}{\partial x}=2\cos(2y) \end{cases} \Rightarrow \frac{\partial M}{\partial y}=\frac{\partial N}{\partial x}$$

$\Rightarrow$ 此微分方程式為正合

(d) $\left(e^{-x}\cos(y)-\sin(x)\right)dy=\left(e^{-x}\sin(y)+y\cos(x)\right)dx$

原式整理成 $\left(e^{-x}\sin(y)+y\cos(x)\right)dx+\left(\sin(x)-e^{-x}\cos(y)\right)dy=0$

$$\begin{cases} M=e^{-x}\sin(y)+y\cos(x) \\ N=\sin(x)-e^{-x}\cos(y) \end{cases} \Rightarrow \begin{cases} \dfrac{\partial M}{\partial y}=e^{-x}\cos(y)+\cos(x) \\ \dfrac{\partial N}{\partial x}=\cos(x)+e^{-x}\cos(y) \end{cases} \Rightarrow \frac{\partial M}{\partial y}=\frac{\partial N}{\partial x}$$

$\Rightarrow$ 此微分方程式為正合

(e) $(2y^{-2}e^{x}+1)dx-2e^{2x}dy=0$

$$\begin{cases} M=2y^{-2}e^{x}+1 \\ N=-2e^{2x} \end{cases} \Rightarrow \begin{cases} \dfrac{\partial M}{\partial y}=-4y^{-3}e^{x} \\ \dfrac{\partial N}{\partial x}=-4e^{2x} \end{cases} \Rightarrow \frac{\partial M}{\partial y}\neq\frac{\partial N}{\partial x} \Rightarrow \text{此微分方程式非正合}$$

■

範例 2

求解 $12xy+3x^2+(6x^2+1)y'=0$。

解

分析原式可知

$$\begin{cases} M=12xy+3x^2 \\ N=6x^2+1 \end{cases} \Rightarrow \frac{\partial M}{\partial y}=12x=\frac{\partial N}{\partial x} \Rightarrow \text{此乃為正合微分方程式}$$

亦即若令其解為 $\phi(x,y)=C$，則函數 $\phi(x,y)$ 必滿足下式

$$\begin{cases} \dfrac{\partial \phi}{\partial x}=M(x,y)=12xy+3x^2 \\ \dfrac{\partial \phi}{\partial y}=N(x,y)=6x^2+1 \end{cases}$$

因此可先分別對兩式做積分

$$\phi(x,y)=\begin{cases} \int(12xy+3x^2)dx+f(y)=6x^2y+x^3+f(y) \\ \int(6x^2+1)dy+g(x)=6x^2y+y+g(x) \end{cases}$$

再取兩式之聯集得

$$\phi(x,y)=6x^2y+x^3+y$$

又因正合微分方程式之解為 $\phi(x,y)=C$ ，故本題之解即可表示成

$$6x^2y+x^3+y=C$$

■

範例 3

求解 $4xy+ye^{xy}+(2x^2+xe^{xy}+e^y)y'=0$ 。

分析原式得

$$\begin{cases} M=4xy+ye^{xy} \\ N=2x^2+xe^{xy}+e^y \end{cases} \Rightarrow \frac{\partial M}{\partial y}=4x+e^{xy}+xye^{xy}=\frac{\partial N}{\partial x} \Rightarrow \text{為正合微分方程式}$$

令其解為 $\phi(x,y)=C$ ，其中 $\phi(x,y)$ 滿足

$$\begin{cases} \dfrac{\partial \phi}{\partial x}=M(x,y)=4xy+ye^{xy} \\ \dfrac{\partial \phi}{\partial y}=N(x,y)=2x^2+xe^{xy}+e^y \end{cases}$$

再分別對兩式做積分

$$\phi(x,y)=\begin{cases} \int(4xy+ye^{xy})dx+f(y)=2x^2y+e^{xy}+f(y) \\ \int(2x^2+xe^{xy}+e^y)dy+g(x)=2x^2y+e^{xy}+e^y+g(x) \end{cases}$$

取兩式之聯集得

$$\phi(x,y)=2x^2y+e^{xy}+e^y$$

又因正合微分方程式之解為 $\phi(x,y)=C$ ，所以本題之解為

$$2x^2y+e^{xy}+e^y=C$$

■

範例 4

求解$(e^{2x}+3y)dx+(3x-\sin y)dy=0$。

解

分析原式得

$$\begin{cases} M=e^{2x}+3y \\ N=3x-\sin y \end{cases} \Rightarrow \begin{cases} \dfrac{\partial M}{\partial y}=3 \\ \dfrac{\partial N}{\partial x}=3 \end{cases} \Rightarrow \text{為正合微分方程式}$$

令其解為$\phi(x,y)=C$，其中$\phi(x,y)$滿足

$$\begin{cases} \dfrac{\partial \phi}{\partial x}=M(x,y)=e^{2x}+3y \\ \dfrac{\partial \phi}{\partial y}=N(x,y)=3x-\sin y \end{cases}$$

分別對兩式做積分

$$\phi(x,y)=\begin{cases} \int e^{2x}+3ydx+f(y)=\dfrac{1}{2}e^{2x}+3xy+f(y) \\ \int 3x-\sin ydy+g(x)=3xy+\cos y+g(x) \end{cases}$$

取兩式之聯集得

$$\phi(x,y)=3xy+\frac{1}{2}e^{2x}+\cos y$$

又因正合微分方程式之解為$\phi(x,y)=C$，亦即本題之解為

$$3xy+\frac{1}{2}e^{2x}+\cos y=C$$

■

範例 5

求解$\left(e^{-x}\cos(y)-\sin(x)\right)dy=\left(e^{-x}\sin(y)+y\cos(x)\right)dx$。

解

原式可整理成

$$\left(e^{-x}\sin(y)+y\cos(x)\right)dx+\left(\sin(x)-e^{-x}\cos(y)\right)dy=0$$

分析得

$$\begin{cases} M = e^{-x}\sin(y) + y\cos(x) \\ N = \sin(x) - e^{-x}\cos(y) \end{cases} \Rightarrow \frac{\partial M}{\partial y} = e^{-x}\cos(y) + \cos(x) = \frac{\partial N}{\partial x} \Rightarrow \text{滿足正合之條件}$$

可令其解為$\phi(x, y) = C$，且其$\phi(x, y)$必滿足

$$\begin{cases} \dfrac{\partial \phi}{\partial x} = M(x, y) = e^{-x}\sin(y) + y\cos(x) \\ \dfrac{\partial \phi}{\partial y} = N(x, y) = \sin(x) - e^{-x}\cos(y) \end{cases}$$

因此可分別對兩式做積分得

$$\phi(x, y) = \begin{cases} \int \left(e^{-x}\sin(y) + y\cos(x)\right) dx + f(y) = -e^{-x}\sin(y) + y\sin(x) + f(y) \\ \int \left(\sin(x) - e^{-x}\cos(y)\right) dy + g(x) = y\sin(x) - e^{-x}\sin(y) + g(x) \end{cases}$$

續取兩式之聯集，得

$$\phi(x, y) = y\sin(x) - e^{-x}\sin(y)$$

因此，本微分方程式之解為

$$y\sin(x) - e^{-x}\sin(y) = C$$

■

範例 6

試求常數α及β之值以使$e^{\alpha x}(2y^{-2}e^{x} + 1)dx - 2y^{\beta}e^{2x}dy = 0$為一正合微分方程式，並予以求解。

解

原式可整理成

$$(2y^{-2}e^{(\alpha+1)x} + e^{\alpha x})dx - 2y^{\beta}e^{2x}dy = 0$$

分析得

$$\begin{cases} M = 2y^{-2}e^{(\alpha+1)x} + e^{\alpha x} \\ N = -2y^{\beta}e^{2x} \end{cases} \Rightarrow \begin{cases} \dfrac{\partial M}{\partial y} = -4y^{-3}e^{(\alpha+1)x} \\ \dfrac{\partial N}{\partial x} = -4y^{\beta}e^{2x} \end{cases}$$

欲使原式成為一正合微分方程式，必須滿足

$$\frac{\partial M}{\partial y}=-4y^{-3}e^{(\alpha+1)x}=-4y^{\beta}e^{2x}=\frac{\partial N}{\partial x}$$

比較指數得

$$\begin{cases}\alpha+1=2\\ \beta=-3\end{cases}\Rightarrow\begin{cases}\alpha=1\\ \beta=-3\end{cases}$$

將常數α、β代回，得一正合微分方程式

$$(2y^{-2}e^{2x}+e^{x})dx-2y^{-3}e^{2x}dy=0$$

其解為$\phi(x,y)=C$，且$\phi(x,y)$滿足

$$\begin{cases}\dfrac{\partial\phi}{\partial x}=M(x,y)=2y^{-2}e^{2x}+e^{x}\\ \dfrac{\partial\phi}{\partial y}=N(x,y)=-2y^{-3}e^{2x}\end{cases}$$

對兩式分別積分得

$$\phi(x,y)=\begin{cases}\int(2y^{-2}e^{2x}+e^{x})dx+f(y)=y^{-2}e^{2x}+e^{x}+f(y)\\ \int(-2y^{-3}e^{2x})dy+g(x)=y^{-2}e^{2x}+g(x)\end{cases}$$

取兩式之聯集得

$$\phi(x,y)=y^{-2}e^{2x}+e^{x}$$

微分方程式之解為$\phi(x,y)=C$，亦即

$$y^{-2}e^{2x}+e^{x}=C$$

■

類題練習

以下1～10題，若屬於正合微分方程式，則予以求解；但若屬於非正合者，並請說明之。

1. $ydx + xdy = 0$

2. $xy^2 + 6xy + (3x^2 + x^2 y - 6y^3)y' = 0$

3. $y^2 e^x + e^y + (xe^y + 2ye^x)y' = 0$

4. $(y^2 + 1) + (2xy + 4)y' = 0$

5. $y\left(\sin(y^2) - \sin(xy)\right)dx + x\left(2y^2\cos(y^2) + \sin(y^2) - \sin(xy)\right)dy = 0$

6. $(e^{x+y}\cos x + 1)y' = y + e^{x+y}\sin x$

7. $(2e^{2x}\sin 3x + 3e^{2x}\cos 3x + 3y^2)dx + (6xy + 3y^2)dy = 0$

8. $y' = \dfrac{xy^2 + 3x^2 y}{x^2 y + x^3}$

9. $\cos y + y^2 e^x + (2ye^x - x\sin y - 2)y' = 0$，$y(1) = 0$

10. $(x\tan 2y)dx + (x^2 + x^2\tan^2 2y)dy = 0$，$y(1) = \pi/8$

11. 已知 $y' = \dfrac{2xy^3 + 4x^3 - 3y^4}{Axy^3 + Bx^2 y^2}$ 為一正合微分方程式，且 A、B 均為常數：
    (a) 試求常數 A、B 之值。
    (b) 求解此一正合微分方程式。

12. 已知 $\left(y\sin(xy) + 6x^2 y - y^{-1}\right) + N(x, y)\,y' = 0$ 為一正合微分方程式，試求函數 $N(x, y)$。

1-4 積分因子

本節乃考慮在某些場合中，微分方程式並不一定具有正合性質，則此時可經由乘上某個函數 $I(x, y)$ 以變換為正合微分方程式，再行求解，其中函數 $I(x, y)$ 就是本節將介紹的積分因子。

A. 積分因子的定義

茲考慮某一階非正合之常微分方程式

$$M(x, y) + N(x, y)y' = 0 \tag{1.4.1}$$

如將原式乘上函數 $I(x, y)$，可得

$$I(x, y)M(x, y) + I(x, y)N(x, y)y' = 0 \tag{1.4.2}$$

若 $I(x, y) \neq 0$ 且 (1.4.2) 式成為一正合微分方程式，則即滿足

$$\frac{\partial}{\partial y}\big(I(x, y)M(x, y)\big) = \frac{\partial}{\partial x}\big(I(x, y)N(x, y)\big) \tag{1.4.3}$$

此時函數 $I(x, y)$ 稱為微分方程式 (1.4.1) 之積分因子

學習秘訣

在上式求出積分因子後，若將其乘回原微分方程式而成為正合，則即如 (1.4.2) 式所示，而此時即可經由 1-3 節所示之求解正合微分方程式的方法，予以求得其解。

B. 積分因子的求法

將 (1.4.3) 式展開後，可得

$$\frac{\partial I}{\partial y}M(x, y) + I\frac{\partial M(x, y)}{\partial y} = \frac{\partial I}{\partial x}N(x, y) + I\frac{\partial N(x, y)}{\partial x} \tag{1.4.4}$$

亦即

$$I\left(\frac{\partial M(x,y)}{\partial y}-\frac{\partial N(x,y)}{\partial x}\right)=N(x,y)\frac{\partial I}{\partial x}-M(x,y)\frac{\partial I}{\partial y} \tag{1.4.5}$$

此處介紹兩種最常見之積分因子的型式：

(a) 當 $\frac{\frac{\partial M}{\partial y}-\frac{\partial N}{\partial x}}{N}=f(x)$ 時，此時積分因子為 x 的單變數函數，亦即 $I(x,y)=I(x)$

$$\frac{\partial M}{\partial y}-\frac{\partial N}{\partial x}=Nf(x) \tag{1.4.6}$$

將 (1.4.6) 式代回 (1.4.5) 式，可得

$$I(x,y)N(x,y)f(x)=N(x,y)\frac{\partial I(x,y)}{\partial x}-M(x,y)\frac{\partial I(x,y)}{\partial y} \tag{1.4.7}$$

又 $I(x,y)=I(x)$ ，化簡 (1.4.7) 式，可得

$$I(x)N(x,y)f(x)=N(x,y)\frac{dI(x)}{dx} \tag{1.4.8}$$

亦即

$$\frac{dI(x)}{I(x)}=f(x)dx \tag{1.4.9}$$

兩邊分別積分後，可得

$$\ln\left|I(x)\right|=\int f(x)dx \tag{1.4.10}$$

因此，積分因子如下所示

$$I(x,y)=I(x)=e^{\int f(x)dx} \tag{1.4.11}$$

(b) 當 $\frac{\frac{\partial M}{\partial y}-\frac{\partial N}{\partial x}}{-M}=f(y)$ 時，則積分因子為 y 的單變數函數，亦即 $I(x,y)=I(y)$ ，此時

$$\frac{\partial M}{\partial y}-\frac{\partial N}{\partial x}=-Mf(y) \tag{1.4.12}$$

將 (1.4.12) 式代回 (1.4.5) 式得

$$-I(x,y)M(x,y)f(y)=N(x,y)\frac{\partial I(x,y)}{\partial x}-M(x,y)\frac{\partial I(x,y)}{\partial y} \tag{1.4.13}$$

又$I(x,y)=I(y)$，化簡 (1.4.13) 式得

$$-I(y)M(x,y)f(y)=-M(x,y)\frac{dI(y)}{dy} \tag{1.4.14}$$

亦即

$$\frac{dI(y)}{I(y)}=f(y)dy \tag{1.4.15}$$

兩邊分別積分後，可得

$$\ln|I(y)|=\int f(y)dy \tag{1.4.16}$$

因此，積分因子如下所示

$$I(x,y)=I(y)=e^{\int f(y)dy} \tag{1.4.17}$$

學習秘訣

(1) 除了上述兩種常見的型式以外，尚有許多其他種類的積分因子，但這些特殊情況有時可藉由變數變換先行化簡，即可回歸至與此兩種基本型式積分因子相關之微分方程式，本書將在類題練習中予以討論。

(2) 本節亦可採行非正合以及積分因子的觀念來探討 1-2 節所介紹之線性微分方程式，例如考慮一線性微分方程式：$y'+f(x)y=g(x)$，且$f(x)\neq 0$。其中

$$\begin{cases} M=f(x)y-g(x) \\ N=1 \end{cases} \Rightarrow \begin{cases} \dfrac{\partial M}{\partial y}=f(x) \\ \dfrac{\partial N}{\partial x}=0 \end{cases} \Rightarrow \frac{\partial M}{\partial y}\neq\frac{\partial N}{\partial x}$$

$\Rightarrow$ 此乃屬於非正合微分方程式

但經由下式，

$$\frac{\frac{\partial M}{\partial y}-\frac{\partial N}{\partial x}}{N}=\frac{f(x)-0}{1}=f(x)$$

即可推導出線性微分方程式之積分因子為

$$I(x,y)=I(x)=e^{\int f(x)dx}$$

此與 1-2 節所推導出來的結果一致，可用以輔助驗證。

範例 1

求解 $(e^x + y)dx - dy = 0$。

解

分析原式可知

$$\begin{cases} M = e^x + y \\ N = -1 \end{cases} \Rightarrow \begin{cases} \dfrac{\partial M}{\partial y} = 1 \\ \dfrac{\partial N}{\partial x} = 0 \end{cases} \Rightarrow \frac{\partial M}{\partial y} \neq \frac{\partial N}{\partial x} \Rightarrow \text{非正合}$$

由於

$$\frac{\frac{\partial M}{\partial y} - \frac{\partial N}{\partial x}}{N} = \frac{1-0}{-1} = -1$$

因此，積分因子為

$$I(x,y) = I(x) = e^{\int -1dx} = e^{-x}$$

如將原式各項乘上積分因子，可得一正合微分方程式

$$(1 + ye^{-x})dx - e^{-x}dy = 0$$

此時可令其解為 $\phi(x,y) = C$，且此函數 $\phi(x,y)$ 需滿足

$$\begin{cases} \dfrac{\partial \phi}{\partial x} = M'(x,y) = I(x)M(x,y) = 1 + ye^{-x} \\ \dfrac{\partial \phi}{\partial y} = N'(x,y) = I(x)N(x,y) = -e^{-x} \end{cases}$$

因此分別對兩式做積分

$$\phi(x,y) = \begin{cases} \int 1 + ye^{-x}dx + f(y) = x - ye^{-x}f(y) \\ \int -e^{-x}dy + g(x) = -ye^{-x} + g(x) \end{cases}$$

續取兩式之聯集，可得

$$\phi(x,y) = x - ye^{-x}$$

又因本微分方程式之解為 $\phi(x,y) = C$，故本題之解可寫為

$$x - ye^{-x} = C$$

■

範例 2

求解 $4x^3y - y^2 + (2xy + 2x^4)y' = 0$。

解

分析原式可知

$$\begin{cases} M = 4x^3y - y^2 \\ N = 2xy + 2x^4 \end{cases} \Rightarrow \begin{cases} \dfrac{\partial M}{\partial y} = 4x^3 - 2y \\ \dfrac{\partial N}{\partial x} = 2y + 8x^3 \end{cases} \Rightarrow \frac{\partial M}{\partial y} \neq \frac{\partial N}{\partial x} \Rightarrow \text{非正合}$$

由於

$$\frac{\frac{\partial M}{\partial y} - \frac{\partial N}{\partial x}}{N} = \frac{(4x^3 - 2y) - (2y + 8x^3)}{2xy + 2x^4} = -\frac{2}{x}$$

因此，積分因子為

$$I(x, y) = I(x) = e^{\int -\frac{2}{x}dx} = e^{-2\ln|x|} = \frac{1}{x^2}$$

如將原式各項乘上積分因子，可得一正合微分方程式

$$4xy - \frac{y^2}{x^2} + (2\frac{y}{x} + 2x^2)y' = 0$$

此時可令其解為 $\phi(x, y) = C$，且此函數 $\phi(x, y)$ 需滿足

$$\begin{cases} \dfrac{\partial \phi}{\partial x} = M'(x, y) = I(x)M(x, y) = 4xy - \dfrac{y^2}{x^2} \\ \dfrac{\partial \phi}{\partial y} = N'(x, y) = I(x)N(x, y) = 2\dfrac{y}{x} + 2x^2 \end{cases}$$

因此可分別對兩式做積分

$$\phi(x, y) = \begin{cases} \int (4xy - \dfrac{y^2}{x^2})dx + f(y) = 2x^2y + \dfrac{y^2}{x} + f(y) \\ \int (2\dfrac{y}{x} + 2x^2)dy + g(x) = \dfrac{y^2}{x} + 2x^2y + g(x) \end{cases}$$

續取兩式之聯集，可得

$$\phi(x,y)=2x^2y+\frac{y^2}{x}$$

又因本微分方程式之解為 $\phi(x,y)=C$ ，亦即本題之解為

$$2x^2y+\frac{y^2}{x}=C$$

■

範例 3

求解 $2(\cos y+y^2+1)+(2xy-x\sin y)y'=0$ 。

解

分析原式可知

$$\begin{cases} M=2\cos y+2y^2+2 \\ N=2xy-x\sin y \end{cases} \Rightarrow \begin{cases} \dfrac{\partial M}{\partial y}=-2\sin y+4y \\ \dfrac{\partial N}{\partial x}=2y-\sin y \end{cases} \Rightarrow \frac{\partial M}{\partial y}\neq\frac{\partial N}{\partial x} \Rightarrow \text{非正合}$$

由於

$$\frac{\frac{\partial M}{\partial y}-\frac{\partial N}{\partial x}}{N}=\frac{(-2\sin y+4y)-(2y-\sin y)}{2xy-x\sin y}=\frac{1}{x}$$

因此，可求得積分因子如下

$$I(x,y)=I(x)=e^{\int\frac{1}{x}dx}=e^{\ln|x|}=x$$

將原式各項乘上積分因子後，可得一正合微分方程式如下

$$2x\cos y+2xy^2+2x+(2x^2y-x^2\sin y)y'=0$$

此時可令其解為 $\phi(x,y)=C$ ，且函數 $\phi(x,y)$ 需滿足

$$\begin{cases} \dfrac{\partial\phi}{\partial x}=M'(x,y)=I(x)M(x,y)=2x\cos y+2xy^2+2x \\ \dfrac{\partial\phi}{\partial y}=N'(x,y)=I(x)N(x,y)=2x^2y-x^2\sin y \end{cases}$$

於是分別對兩式加以積分

$$\phi(x,y)=\begin{cases}\int(2x\cos y+2xy^2+2x)dx+f(y)=x^2\cos y+x^2y^2+x^2+f(y)\\ \int(2x^2y-x^2\sin y)dy+g(x)=x^2y^2+x^2\cos y+g(x)\end{cases}$$

再取兩式之聯集得

$$\phi(x,y)=x^2\cos y+x^2y^2+x^2$$

由於微分方程式之解原即假設為$\phi(x,y)=C$，故可表示為

$$x^2\cos y+x^2y^2+x^2=C$$ ■

範例 4

考慮一階線性微分方程式 $y'+(1-x^{-1})y=x^2e^{-2x}$，試以非正合的觀點推求其積分因子，同時予以求解。

解

分析原式得

$$\begin{cases}M=y-\dfrac{y}{x}-x^2e^{-2x}\\ N=1\end{cases}\Rightarrow\begin{cases}\dfrac{\partial M}{\partial y}=1-\dfrac{1}{x}\\ \dfrac{\partial N}{\partial x}=0\end{cases}\Rightarrow\ \frac{\partial M}{\partial y}\neq\frac{\partial N}{\partial x}\ \Rightarrow\ \text{本微分方程式非正合}$$

而由於

$$\frac{\frac{\partial M}{\partial y}-\frac{\partial N}{\partial x}}{N}=\frac{1-1/x-0}{1}=1-\frac{1}{x}$$

因此，可推得其積分因子為

$$I(x,y)=I(x)=e^{\int\left(1-\frac{1}{x}\right)dx}=e^{x-\ln|x|}=\frac{e^x}{x}$$

於是將原式各項乘上積分因子後，可得一正合微分方程式如下

$$\frac{e^x}{x}y'+(\frac{1}{x}-\frac{1}{x^2})e^xy-xe^{-x}=0$$

此時其解為 $\phi(x,y)=C$ ，且函數 $\phi(x,y)$ 需滿足

$$\begin{cases}\dfrac{\partial\phi}{\partial x}=M'(x,y)=I(x)M(x,y)=(\dfrac{1}{x}-\dfrac{1}{x^2})e^x y-xe^{-x}\\ \dfrac{\partial\phi}{\partial y}=N'(x,y)=I(x)N(x,y)=\dfrac{e^x}{x}\end{cases}$$

分別對兩式加以積分

$$\phi(x,y)=\begin{cases}\int\left((\dfrac{1}{x}-\dfrac{1}{x^2})e^x y-xe^{-x}\right)dx+f(y)=\dfrac{e^x}{x}y+(x+1)e^{-x}+f(y)\\ \int(\dfrac{e^x}{x})dy+g(x)=\dfrac{e^x}{x}y+g(x)\end{cases}$$

續取兩式之聯集，可得

$$\phi(x,y)=\frac{e^x}{x}y+(x+1)e^{-x}$$

又由於微分方程式之解為 $\phi(x,y)=C$ ，亦即

$$\frac{e^x}{x}y+(x+1)e^{-x}=C$$

■

範例 5

求解 $4ydx+(x+12xy)dy=0$ 。

分析原式可知

$$\begin{cases}M=4y\\ N=x+12xy\end{cases}\Rightarrow\begin{cases}\dfrac{\partial M}{\partial y}=4\\ \dfrac{\partial N}{\partial x}=1+12y\end{cases}\Rightarrow\frac{\partial M}{\partial y}\neq\frac{\partial N}{\partial x}\Rightarrow\text{非正合}$$

由於

$$\frac{\frac{\partial M}{\partial y}-\frac{\partial N}{\partial x}}{-M}=\frac{4-(1+12y)}{-4y}=-\frac{3}{4y}+3$$

因此，可推論得出積分因子

$$I(x,y)=I(y)=e^{\int(-\frac{3}{4y}+3)dy}=e^{-\frac{3}{4}\ln|y|+3y}=y^{-\frac{3}{4}}e^{3y}$$

將原式各項乘上積分因子，可得一正合微分方程式如下：

$$4y^{\frac{1}{4}}e^{3y}dx+(xy^{-\frac{3}{4}}+12xy^{\frac{1}{4}})e^{3y}dy=0$$

此時可令其解為 $\phi(x,y)=C$ ，且函數 $\phi(x,y)$ 滿足

$$\begin{cases}\dfrac{\partial\phi}{\partial x}=M'(x,y)=I(y)M(x,y)=4y^{\frac{1}{4}}e^{3y}\\[2ex]\dfrac{\partial\phi}{\partial y}=N'(x,y)=I(y)N(x,y)=xy^{-\frac{3}{4}}e^{3y}+12xy^{\frac{1}{4}}e^{3y}\end{cases}$$

分別對兩式做積分

$$\phi(x,y)=\begin{cases}\int(4y^{\frac{1}{4}}e^{3y})dx+f(y)=4xy^{\frac{1}{4}}e^{3y}+f(y)\\[1ex]\int(xy^{-\frac{3}{4}}e^{3y}+12xy^{\frac{1}{4}}e^{3y})dy+g(x)=4xy^{\frac{1}{4}}e^{3y}+g(x)\end{cases}$$

並取兩式之聯集得

$$\phi(x,y)=4xy^{\frac{1}{4}}e^{3y}$$

由於此微分方程式之解為 $\phi(x,y)=C$ ，亦即可寫為

$$4xy^{\frac{1}{4}}e^{3y}=C$$

■

範例 6

求解 $1+2x\tan y+(x^2-x\tan y)y'=0$ ， $y(-1)=\pi$ 。

分析原式可知

$$\begin{cases}M=1+2x\tan y\\N=x^2-x\tan y\end{cases}\Rightarrow\begin{cases}\dfrac{\partial M}{\partial y}=2x\sec^2 y\\[2ex]\dfrac{\partial N}{\partial x}=2x-\tan y\end{cases}\Rightarrow\frac{\partial M}{\partial y}\neq\frac{\partial N}{\partial x}\Rightarrow \text{非正合}$$

由於

$$\frac{\partial M}{\partial y}-\frac{\partial N}{\partial x}=2x\sec^2 y-2x+\tan y=2x\tan^2 y+\tan y$$

可推論如下

$$\frac{\frac{\partial M}{\partial y}-\frac{\partial N}{\partial x}}{-M}=\frac{2x\tan^2 y+\tan y}{-1-2x\tan y}=\frac{-\tan y(-1-2x\tan y)}{-1-2x\tan y}=-\tan y$$

因此，積分因子可得

$$I(x,y)=I(y)=e^{\int -\tan y dy}=e^{\int -\frac{\sin y}{\cos y}dy}=e^{\ln|\cos y|}=\cos y$$

將原式各項乘上積分因子，可得一正合微分方程式

$$\cos y+2x\sin y+(x^2\cos y-x\sin y)y'=0$$

此時假設其解為 $\phi(x,y)=C$ ，且函數 $\phi(x,y)$ 滿足

$$\begin{cases}\dfrac{\partial \phi}{\partial x}=M'(x,y)=I(y)M(x,y)=\cos y+2x\sin y\\[2ex]\dfrac{\partial \phi}{\partial y}=N'(x,y)=I(y)N(x,y)=x^2\cos y-x\sin y\end{cases}$$

於是分別對兩式做積分

$$\phi(x,y)=\begin{cases}\int(\cos y+2x\sin y)dx+f(y)=x\cos y+x^2\sin y+f(y)\\[1ex]\int(x^2\cos y-x\sin y)dy+g(x)=x^2\sin y+x\cos y+g(x)\end{cases}$$

並取兩式之聯集得

$$\phi(x,y)=x^2\sin y+x\cos y$$

又根據初始條件，可計算得知

$$\phi(-1,\pi)=0+1=C$$

故微分方程式之解為 $\phi(x,y)=C=1$ ，亦即

$$x^2\sin y+x\cos y=1$$

■

類題練習

以下1～9題，請說明微分方程式是否為非正合，又若該微分方程式並非正合函數時，則求出積分因子，以使其成為正合微分方程式，同時加以求解。

1. $(x+2xy)dx+dy=0$
2. $4x^4y^3+2y-x+(6x^5y^2-x)y'=0$
3. $1+2xye^y+x(xe^y-1)y'=0$
4. $\left(y+xy^2+xe^x\right)dx+\left(2x^2y+x\ln(2x)\right)dy=0$
5. $(xy^2+4xy^4)dx+(1+x^2y+4x^2y^3)dy=0$
6. $(xe^{2x}\sin(y)-x^{-1}y^2e^{2x}-2x)+e^{2x}(x^2\cos(y)+2y)y'=0$
7. $y'=\dfrac{\sec y\cot y}{\cot^2 y-x\sec y}$
8. $(xy^2+y^2-2ye^{-x}\sin x)+(2xy+2e^{-x}\cos x)y'=0$，$y(0)=1$
9. $2y+(x+xy)y'=0$，$y(1)=2$

10. 考慮一微分方程式如下
    $F: x+(x+y)\ln(x+y)+(2x+y)y'=0$
    (a) 說明此微分方程式 F 並非正合。
    (b) 令 $u=x+y$ 代回 F 化簡得一新微分方程式 G，求 G 之積分因子，並加以求解。
    (c) 根據 (b)，說明原微分方程式 F 之積分因子及其解。
    (d) 考慮一非正合微分方程式 $M(x,y)+N(x,y)y'=0$，若 $\dfrac{\frac{\partial M}{\partial y}-\frac{\partial N}{\partial x}}{N-M}=f(x+y)$，則積分因子為 $I(x,y)=I(x+y)=e^{\int f(x+y)d(x+y)}$，根據這個結果，試求微分方程式 F 的積分因子。

11. 考慮一非正合微分方程式 $M(x,y)+\left(2\sin(xy)+xy\cos(xy)+4x^2\right)y'=0$，已知其一積分因子為 xy，試求函數 $M(x,y)$。

1-5 特殊一階微分方程式

本節將介紹另外三種較特殊的一階微分方程式，其可藉由變數變換化簡為 1-1 節的可分離變數微分方程式，或者 1-2 節的線性微分方程式後，即可進行求解。

1-5-1 齊次微分方程式

A. 齊次微分方程式的定義

一階齊次常微分方程式具有以下的型式

$$y' = f\left(\frac{y}{x}\right) \tag{1.5.1}$$

例如下式即為一**齊次微分方程式**（Homogeneous Differential Equation）

$$y' = e^{y/x} + \frac{x}{y} + 2 \tag{1.5.2}$$

但下述 (1.5.3) 式則否

$$x^2 y' = x^2 y + y^2 \tag{1.5.3}$$

因為在化簡上式（同除以 x^2 ）後，可得

$$y' = y + \left(\frac{y}{x}\right)^2$$

但此型式並不符合 (1.5.1) 式中齊次微分方程式的型式。

B. 齊次微分方程式的求解

考慮一齊次微分方程式 $y' = f(y/x)$ ，若可利用變數變換將其化簡成可變數分離的型式，則其求解步驟如下所示：

首先令

$$y = ux \tag{1.5.4}$$

則

$$\begin{cases} y' = u'x + x'u = u'x + u \\ u = y/x \end{cases} \tag{1.5.5}$$

再將 (1.5.5) 式代回原式，可得

$$u'x + u = f(u) \tag{1.5.6}$$

加以整理可得

$$\frac{1}{f(u)-u}du = \frac{1}{x}dx \tag{1.5.7}$$

此時 (1.5.7) 式已成為一個可分離變數微分方程式，將兩邊分別積分後，再將 $u = y/x$ 代回，即可求得此方程式的解。

範例 1

求解 $xy' = 2x + y$ 。

首先改寫原式如下

$$y' = 2 + \frac{y}{x}$$

觀察此乃一齊次微分方程式，於是令 $y = ux$ ，則

$$\begin{cases} y' = u'x + x'u = u'x + u \\ u = y/x \end{cases}$$

代回整理得

$$xu' + u = 2 + u$$

將變數分離

$$du = \frac{2}{x}dx$$

兩邊分別積分

$$u = 2\ln|x| + C$$

將 $u = y/x$ 代回上式得

$$\frac{y}{x} = 2\ln|x| + C$$

整理得解

$$y = 2x\ln|x| + Cx$$

■

範例 2

求解 $x^2y'+2xy-3y^2=0$。

解

改寫原式如下

$$y'+2\left(\frac{y}{x}\right)-3\left(\frac{y}{x}\right)^2=0$$

此乃一齊次微分方程式。令 $y=ux$，則

$$\begin{cases} y'=u'x+x'u=u'x+u \\ u=y/x \end{cases}$$

代回整理得

$$u'x+3u-3u^2=0$$

將變數分離

$$\frac{1}{u-u^2}du+\frac{3}{x}dx=0$$

亦即

$$\left(\frac{1}{u}-\frac{1}{u-1}\right)du+\frac{3}{x}dx=0$$

兩邊分別積分

$$\ln|u|-\ln|u-1|+3\ln|x|=\ln|C|$$

亦即

$$\frac{u}{u-1}x^3=C$$

將 $u=y/x$ 代回上式得

$$\frac{y/x}{y/x-1}x^3=C$$

整理得解

$$x^3y=C(y-x)$$

■

範例 3

求解 $(x-2y)y'=2x-y$。

解

原式可改寫成

$$y'=\frac{2x-y}{x-2y}=\frac{2-y/x}{1-2y/x}$$

此乃一齊次微分方程式。令 $y=ux$，則

$$\begin{cases} y'=u'x+x'u=u'x+u \\ u=y/x \end{cases}$$

代回可得

$$u'x+u=\frac{2-u}{1-2u}$$

整理成

$$u'x=\frac{2u^2-2u+2}{1-2u}$$

將變數分離之後，可得

$$\frac{1-2u}{2u^2-2u+2}du=\frac{1}{x}dx$$

兩邊分別積分

$$-\frac{1}{2}\ln\left|2u^2-2u+2\right|+\ln|C|=\ln|x|$$

亦即

$$x\sqrt{2u^2-2u+2}=C$$

將 $u=y/x$ 代回上式，可求得

$$x\sqrt{2(y/x)^2-2(y/x)+2}=C$$

加以整理後，可求得解為

$$\sqrt{2y^2-2xy+2x^2}=C$$

■

1-5-2 白努利微分方程式

A. 白努利微分方程式的定義

白努利（Bernoulli）微分方程式的標準式為

$$y' + f(x)y = g(x)y^{\alpha}\text{，}\alpha \in R \tag{1.5.8}$$

此時可觀察，當 $\alpha = 0$ 或 $\alpha = 1$ 時，原式就相當於是一階線性微分方程式。

B. 白努利微分方程式的求解

已知白努利微分方程式為 $y' + f(x)y = g(x)y^{\alpha}$，則可藉由變數變換，將其化簡成一階線性微分方程式求解。

首先令

$$u = y^{1-\alpha} \tag{1.5.9}$$

則

$$u' = (1-\alpha)y^{-\alpha}y' \quad \Rightarrow \quad y' = \frac{y^{\alpha}}{1-\alpha}u' \tag{1.5.10}$$

將 (1.5.10) 式代回原式，可得

$$\frac{y^{\alpha}}{1-\alpha}u' + f(x)y = g(x)y^{\alpha} \tag{1.5.11}$$

方程式各項同除以 y^{α} 後，可得

$$\frac{1}{1-\alpha}u' + f(x)y^{1-\alpha} = g(x) \tag{1.5.12}$$

將 $u = y^{1-\alpha}$ 代入上式，並整理得

$$u' + (1-\alpha)f(x)u = (1-\alpha)g(x) \tag{1.5.13}$$

由上可知，此時的化簡結果乃一線性微分方程式，再將 $u = y^{1-\alpha}$ 代回，即可求得方程式之解。

範例 1

求解 $y'+\frac{1}{x}y=xy^4$。

解

此乃一白努利微分方程式，且參數$\alpha=4$。

利用變數變換，首先令

$$u=y^{1-\alpha}=y^{-3}$$

則

$$u'=-3y^{-4}y' \quad \Rightarrow \quad y'=-\frac{1}{3}y^4u'$$

代回原式整理得一線性微分方程式

$$u'-\frac{3}{x}u=-3x$$

此時可求得積分因子為

$$e^{\int -\frac{3}{x}dx}=e^{-3\ln|x|}=x^{-3}$$

再將積分因子與上式相乘，可得

$$x^{-3}u'-3x^{-4}u=-3x^{-2}$$

即

$$d\left(x^{-3}u\right)=-3x^{-2}dx$$

積分後，可得

$$x^{-3}u=3x^{-1}+C$$

將$u=y^{-3}$代回上式，整理得解

$$y=\left(3x^2+Cx^3\right)^{-\frac{1}{3}}$$

■

範例 2

求解 $y'+\frac{1}{x}y=2x^2y^2$。

解

此乃一白努利微分方程式，且參數 $\alpha=2$。

利用變數變換，首先令

$$u=y^{1-\alpha}=y^{-1}$$

則

$$u'=-y^{-2}y' \quad \Rightarrow \quad y'=-y^2u'$$

代回原式整理，可得一線性微分方程式如下

$$u'-\frac{1}{x}u=-2x^2$$

其積分因子為

$$e^{\int -\frac{1}{x}dx}=e^{-\ln|x|}=\frac{1}{x}$$

將此積分因子與上式相乘，可得

$$\frac{1}{x}u'-\frac{1}{x^2}u=-2x$$

即

$$d\left(\frac{u}{x}\right)=-2xdx$$

積分後，可得

$$\frac{u}{x}=C-x^2$$

再將 $u=y^{-1}$ 代回上式，整理求得方程式的解為

$$y=\frac{1}{Cx-x^3}$$

■

範例 3

求解 $2yy'+3y^2=3e^{-2x}\cos(2x)y^{2/3}$ 。

解

改寫原式

$$y'+\frac{3}{2}y=\frac{3}{2}e^{-2x}\cos(2x)y^{-1/3}$$

此乃一白努利微分方程式，參數 $\alpha=-\frac{1}{3}$ 。

利用變數變換，首先令

$$u=y^{1-\alpha}=y^{4/3}$$

則

$$u'=\frac{4}{3}y^{1/3}y' \quad \Rightarrow \quad y'=\frac{3}{4}y^{-1/3}u'$$

代回原式整理得一線性微分方程式

$$u'+2u=2e^{-2x}\cos(2x)$$

其積分因子為

$$e^{\int 2dx}=e^{2x}$$

將積分因子與原式相乘，可得

$$e^{2x}u'+2e^{2x}u=2\cos(2x)$$

即

$$d(e^{2x}u)=2\cos(2x)dx$$

積分得

$$e^{2x}u=\sin(2x)+C$$

再將 $u=y^{4/3}$ 代回上式，整理得解

$$y^{4/3}=e^{-2x}\left(\sin(2x)+C\right)$$

■

1-5-3 Riccati 微分方程式

Ricatti 微分方程式屬於較為特別的一階微分方程式，但在某些工程分析上，確具有其應用價值，故本書對於此微分方程式之性質及求解，將於本節加以列述。

A. Riccati 微分方程式的定義

Ricatti 微分方程式具有以下的型式

$$y' = f(x)y^2 + g(x)y + h(x) \tag{1.5.14}$$

當 $f(x) = 0$ 時，原式可視為一階線性微分方程式；而當 $h(x) = 0$ 時，原式可視為白努利微分方程式。

B. Riccati 微分方程式的求解

茲有 Ricatti 微分方程式 $y' = f(x)y^2 + g(x)y + h(x)$，則其常可藉由較為特殊的變數變換化簡成一階線性微分方程式後，再進行求解。首先，試以觀察法或試誤法求一特解 $S(x)$，而此 $S(x)$ 需滿足

$$S(x)' = f(x)S^2 + g(x)S + h(x) \tag{1.5.15}$$

再令

$$y = S + \frac{1}{u} \tag{1.5.16}$$

則

$$y' = S' - \frac{1}{u^2}u' \tag{1.5.17}$$

將以上二式代回，可得

$$S' - \frac{1}{u^2}u' = f(x)\left(S^2 + 2\frac{S}{u} + \frac{1}{u^2}\right) + g(x)\left(S + \frac{1}{u}\right) + h(x) \tag{1.5.18}$$

亦即

$$\frac{1}{u^2}u' + \frac{1}{u}\big(2Sf(x) + g(x)\big) + \frac{1}{u^2}f(x) = S' - f(x)S^2 - g(x)S - h(x) \tag{1.5.19}$$

又根據 (1.5.15) 式化簡整理，可得

$$u'+\left(2Sf(x)+g(x)\right)u+f(x)=0 \tag{1.5.20}$$

此時由 (1.5.20) 式之型式可知，其已為一線性微分方程式，若再加以求解獲得 $u(x)$ 後，即得原方程式之解：

$$y=S+\frac{1}{u}$$

範例 1

求解 $y'=xy^2-4xy+3x$ 。

解

此乃一 Riccati 微分方程式，首先測試求得其一特解為 $y=S(x)=1$ 。

令其通解如下

$$y=S+\frac{1}{u}=1+\frac{1}{u} \quad \Rightarrow \quad y'=-\frac{1}{u^2}u'$$

將其代入原式，可得

$$-\frac{1}{u^2}u'=x\left(1+\frac{1}{u}\right)^2-4x\left(1+\frac{1}{u}\right)+3x$$

整理得一線性微分方程式

$$u'-2xu+x=0$$

因此可計算積分因子為

$$e^{\int -2x dx}=e^{-x^2}$$

再將積分因子乘回原式，可得

$$e^{-x^2}u'-2xe^{-x^2}u=-xe^{-x^2}$$

即

$$d(e^{-x^2}u)=-xe^{-x^2}dx$$

將上式積分整理後，可得

$$u=\frac{1}{2}+Ce^{x^2}$$

故此 Ricatti 微分方程式之通解為

$$y=1+\frac{1}{u}=1+\frac{1}{1/2+Ce^{x^2}}=\frac{3/2+Ce^{x^2}}{1/2+Ce^{x^2}}=\frac{3+Ke^{x^2}}{1+Ke^{x^2}} \quad (K=2C)$$

■

類題練習

試求解以下微分方程式，並說明其係屬於本節所介紹之特殊微分方程式的哪一種？

1. $(x^2+y^2)dx-yxdy=0$
2. $y'-4xy+2x\sqrt{y}=0$
3. $xy'+2(x-y)=0$
4. $y'+y=y^3$
5. $y'=x(y-1)(y-2)$
6. $x^2y'=x^2+xy+y^2$
7. $xyy'+y^2=xe^{2x}$
8. $xy'+3xy=y^2+2x^2+y$
9. $(x^2+xy)y'=y^2$
10. $2(1+x)^2y'=xy(1-y^2)$
11. $xy'=y(1+\ln y-\ln x)$
12. $y'=e^{-x}y^2-3y+3e^x$

1-6 一階微分方程式之應用

本節將利用一階微分方程式來描述一個簡單的力學問題及兩種簡單型式的一階電路（包括 RC 與 RL 電路）。

A. 自由落體之速度

由實驗可知，空氣阻力與速度之關係非常複雜，在低速時，空氣阻力大致與速度的一次方成正比，當速度提昇之後，則大致正比於速度的平方。今若假設空氣阻力正比於速度的一次方，則空氣阻力可寫為 $f=-kv$，其中 v 為速度，而 k 為比例常數，負號表示空氣阻力與速度之方向相反，再由牛頓第二運動定律可知 $F=m\dfrac{dv}{dt}$，其中 F 為物體所受合力，m 為物體質量。

若物體為自由落體，則所受合力包含重力與空氣阻力，亦即 $F=mg+f$，其中 g 為重力加速度，所以可得一個一階微分方程式如下：

$$mg-kv=m\frac{dv}{dt}$$

整理可得

$$v'+\frac{k}{m}v=g$$

此乃線性微分方程式，積分因子為

$$I(t)=e^{\int\frac{k}{m}dt}=e^{\frac{k}{m}t}$$

將方程式乘上積分因子

$$e^{\frac{k}{m}t}v'+\frac{k}{m}e^{\frac{k}{m}t}v=ge^{\frac{k}{m}t}$$

整理得

$$d\left(e^{\frac{k}{m}t}v\right)=ge^{\frac{k}{m}t}dt$$

兩邊積分後，可得

$$e^{\frac{k}{m}t}v=\frac{mg}{k}e^{\frac{k}{m}t}+C$$

其解為

$$v(t)=\frac{mg}{k}+Ce^{-\frac{k}{m}t}$$

若為自由落體，則初速度為零，亦即 $v(0)=0$，代入上式可得 $C=-\frac{mg}{k}$，所以可得一物體在自由落體時之速度為

$$v(t)=\frac{mg}{k}\left(1-e^{-\frac{k}{m}t}\right)$$

B. 電路原理

(1) 克希荷夫電流定律（Kirchhoff's current law, KCL）：

在任何一個電路中，流入某一節點的電流和，恆等於流出該節點之電流和，亦即任一節點的電流代數和為零。

(2) 克希荷夫電壓定律（Kirchhoff's voltage law, KVL）：

在任何一個閉迴路中，電源提供的的電壓升之和，恆等於各元件電壓降之和，亦即電位變化總和為零。

(3) 電阻 R（以 Ω 為單位）：

若其電阻值為 R，且跨於其上的電壓為 $v_R(t)$，則通過的電流 $i_R(t)$ 為

$$v_R(t)=i_R(t)R$$

或

$$i_R(t)=\frac{v_R(t)}{R}$$

(4) 電容 C（以 F 為單位）：

若電容值為 C，跨於其上的電壓為 $v_C(t)$，通過的電流為 $i_C(t)$，儲存的電荷為 $q(t)$，則其關係式為

$$v_C(t)=\frac{1}{C}q(t)=\frac{1}{C}\int_{t_0}^{t}i_C(\tau)d\tau+v_C(t_0)$$

或

$$i_C(t)=\frac{dq(t)}{dt}=C\frac{dv_C(t)}{dt}$$

(5) 電感 L（以 H 為單位）：

若其電感值為 L，跨於其上的電壓為 $v_L(t)$，通過的電流為 $i_L(t)$，則

$$v_L(t) = L\frac{di_L(t)}{dt}$$

或

$$i_L(t) = \frac{1}{L}\int_{t_0}^{t} v_L(\tau)d\tau + i_L(t_0)$$

C. 一階電路上的應用

(a) 茲有一 RC 電路如圖 1.6.1 所示

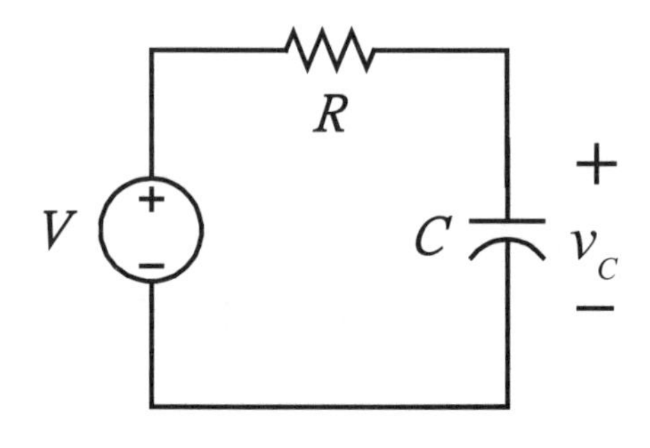

圖 1.6.1 *RC* 電路

欲求解電容的電壓 $v_C(t)$，則根據克希荷夫電流定律，任一節點電流的流進量等於流出量，再加以觀察節點 A，可得

$$\frac{V - v_C(t)}{R} = C\frac{dv_C(t)}{dt}$$

整理得

$$\frac{dv_C(t)}{dt} + \frac{v_C(t)}{RC} = \frac{V}{RC}$$

此乃一階微分方程式，其解為

$$v_C(t) = e^{-t/RC}\left(\frac{1}{RC}\int Ve^{t/RC}dt + K\right)$$

若所供應之電壓為直流型式，則電壓 V 為常數，於是可化簡成可分離變數微分方程式，且其解為

$$v_C(t) = V + ke^{-t/RC}$$

若電容的初始電壓 $v_C(0)=0$，則

$$k=-V$$

因此電容兩端所跨的電壓為

$$v_C(t)=V\left(1-e^{-t/RC}\right)$$

並可計算流過電容的電流值為

$$i_C(t)=C\frac{dv_C(t)}{dt}$$

(b) 茲有一 RL 電路如圖 1.6.2 所示

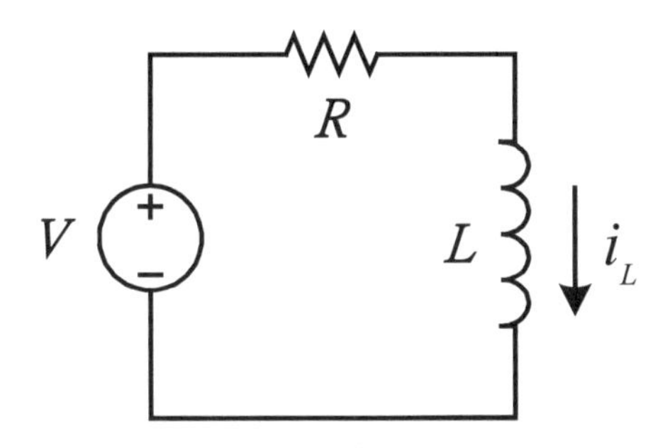

圖 1.6.2 *RL* 電路

欲求解流經電感的電流 $i_L(t)$，則首先根據克希荷夫電壓定律所述，電源提供的電壓需等於各個元件的電壓降總和，亦即

$$V=i_L(t)R+L\frac{di_L(t)}{dt}$$

整理得

$$\frac{di_L(t)}{dt}+\frac{R}{L}i_L(t)=\frac{V}{L}$$

此乃一階微分方程式，其解為

$$i_L(t)=e^{-(R/L)t}\left(\frac{1}{L}\int Ve^{(R/L)t}dt+K\right)$$

而若已知供應之電源為直流電壓，亦即電壓 V 為常數，則可加以化簡成可變數分離微分方程式，再求其解為

$$i_L(t)=\frac{V}{R}+ke^{-(R/L)t}$$

若流經電感的初始電流 $i_L(0)=0$ ，則

$$k=-\frac{V}{R}$$

因此可得流過電感的電流為

$$i_L(t)=\frac{V}{R}\left(1-ke^{-Rt/L}\right)$$

再利用

$$v_L(t)=L\frac{di_L(t)}{dt}$$

於是便可求得跨於電感上的電壓值。

學習秘訣

於電路學中可利用一階微分方程式來描述一階電路，而除了 RC 與 RL 電路之外，另有以主動元件運算放大器組成的一階電路，建議讀者可參閱電路學相關書籍，以獲得更詳盡之介紹。

類題練習

1. 假設一物體由高空自由落體，該物體質量為 10 kg，空氣阻力與速度成正比，比例常數 $k=2$ N · s/m，重力加速度為 9.8 m/s^2，試求經過 10 秒之後，該物體之速度為何？
2. 將一個已完全放電的電容置入 RC 迴路中充電，已知電源供應之直流電壓為 12 V，電容值為 1000 μF，電阻值為 10 kΩ，若經過 10 秒及 100 秒後，試分別計算電容的電壓值與所流過的電流值。
3. 在一個封閉的 RL 迴路中，已知電源供應之直流電壓為 10 V，電感值為 1 H，電阻值為 100 Ω，若 $t=0$ 秒時，流經電感的電流為 0.2 A，求 $t=0.01$ 秒時，流經電感的電流值為何？

chapter

2 二階常微分方程式

本書第一章探討一階常微分方程式，第二章則接著說明二階常微分方程式及其解法。顧名思義，二階微分方程式即指方程式包含未知函數 $y(x)$、一階導數 $y'(x)$ 及二階導數 $y''(x)$，例如：

$$y''-3xy=1$$

或

$$x^2y''+7xy'-2y=e^x$$

概而言之，常微分方程式可分為線性與非線性兩大類，其中線性微分方程式可用於表示許多應用問題，具有多種標準解法可供利用，確較非線性微分方程式簡單。而本章之內容則將先討論二階線性微分方程式之各種解法，進而推廣至更高階之常微分方程式，並於最後簡介較為特殊之高階非線性微分方程式。

2-1 線性微分方程式之求解

A. 二階線性微分方程式的定義

二階線性常微分方程式可概括具有以下型式：

$$y'' + p(x)y' + q(x)y = f(x) \tag{2.1.1}$$

其中， $p(x)$ 、 $q(x)$ 與 $f(x)$ 均為 x 的函數，而當 $f(x)=0$ 時，(2.1.1) 式稱為**齊次**（homogeneous）微分方程式；反之，則為非齊次微分方程式。

B. 二階線性微分方程式之通解

茲假設二階線性微分方程式可表示如下：

$$y'' + p(x)y' + q(x)y = f(x)$$

(1) 首先考慮 $f(x)=0$ 時的齊次微分方程式如下

$$y'' + p(x)y' + q(x)y = 0 \tag{2.1.2}$$

若可求解獲得相異兩函數 $y_1(x)$ 與 $y_2(x)$ 滿足以下兩個性質：

◀ 性質 1▶

$$\begin{cases} y_1'' + p(x)y_1' + q(x)y_1 = 0 \\ y_2'' + p(x)y_2' + q(x)y_2 = 0 \end{cases} \tag{2.1.3}$$

◀ 性質 2▶

Wronskian 行列式滿足

$$W(x) = \begin{vmatrix} y_1(x) & y_2(x) \\ y_1'(x) & y_2'(x) \end{vmatrix} = y_1(x)y_2'(x) - y_1'(x)y_2(x) \neq 0 \tag{2.1.4}$$

則 $y_1(x)$ 與 $y_2(x)$ 互為**線性獨立**（linearly independent），且 $y_1(x)$ 與 $y_2(x)$ 的線性組合 $y_h(x)$，便可稱為該齊次微分方程式的**通解**（general solution）。

$$y_h(x) = c_1y_1(x) + c_2y_2(x) \tag{2.1.5}$$

(2) 接著考慮 $f(x) \neq 0$ 時之非齊次微分方程式，即

$$y'' + p(x)y' + q(x)y = f(x) \tag{2.1.6}$$

首先求出其所對應的齊次方程式 $y'' + p(x)y' + q(x)y = 0$ 之解為

$$y_h(x) = c_1 y_1(x) + c_2 y_2(x)$$

接著找出任一函數 $y_p(x)$，且該函數必須滿足 (2.1.6) 式，亦即符合

$$y_p'' + p(x)y_p' + q(x)y_p = f(x) \tag{2.1.7}$$

則稱 $y_p(x)$ 為此方程式之**特解**（particular solution）。

同時這個二階非齊次微分方程式之通解即如下式所示：

$$y(x) = y_h(x) + y_p(x) = c_1 y_1(x) + c_2 y_2(x) + y_p(x) \tag{2.1.8}$$

C. 降階法求解二階線性微分方程式

於二階線性微分方程式中，若已知一個齊次解，則其餘的解可透過**降階法**（method of reduction of order），將微分方程式降為一階之後，進而加以求解。

例如假設二階線性微分方程式為 $y'' + p(x)y' + q(x)y = f(x)$，且已知一個齊次解為 $y_1(x)$，則可令

$$y = u(x)y_1(x) \tag{2.1.9}$$

接著將上式予以微分之後，可得

$$y' = u(x)y_1'(x) + u'(x)y_1(x) \text{，} y'' = u(x)y_1''(x) + 2u'(x)y_1'(x) + u''(x)y_1(x)$$

再將 y 、 y' 、 y'' 代回微分方程式，整理後可得

$$y_1 u'' + (2y_1' + p(x)y_1)u' + (y_1'' + p(x)y_1' + q(x)y_1)u = f(x) \tag{2.1.10}$$

由於 $y_1(x)$ 為該微分方程式的齊次解，故可滿足

$$y_1'' + p(x)y_1' + q(x)y_1 = 0 \tag{2.1.11}$$

因此 (2.1.10) 式可化簡為

$$y_1 u'' + (2y_1' + p(x)y_1)u' = f(x) \qquad (2.1.12)$$

此可視為 $u'(x)$ 的一階線性微分方程式。因此可先解出 $u'(x)$ 之後，再加以積分，便可求得 $u(x)$ ，同時微分方程式 $y'' + p(x)y' + q(x)y = f(x)$ 的通解即為

$$y = u(x)y_1(x) \qquad (2.1.13)$$

上述乃利用降階法求解二階非齊次微分方程式的流程。

另外若僅考慮 $f(x) = 0$ 的齊次微分方程式，亦即 $y'' + p(x)y' + q(x)y = 0$ ，則 (2.1.12) 式成為

$$y_1 u'' + (2y_1' + p(x)y_1)u' = 0 \qquad (2.1.14)$$

經由觀察可知，此乃 $u'(x)$ 的一階可分離變數微分方程式，因此可先經由分離變數後得

$$\frac{u''}{u'} + \frac{2y_1' + p(x)y_1}{y_1} = 0 \qquad (2.1.15)$$

亦即

$$\frac{du'}{u'} = -2\frac{dy_1}{y_1} - p(x)dx \qquad (2.1.16)$$

積分可得

$$\ln|u'| = -2\ln|y_1| - \int p(x)dx + \ln|c_1| \qquad (2.1.17)$$

即

$$u' = \frac{c_1}{y_1^2} e^{-\int p(x)dx} \qquad (2.1.18)$$

再積分可得 $u(x)$

$$u(x) = c_1 \int \frac{e^{-\int p(x)dx}}{y_1^2(x)} dx + c_2 \qquad (2.1.19)$$

因此齊次微分方程式 $y'' + p(x)y' + q(x)y = 0$ 的通解為

$$y = u(x)y_1(x) = c_1 y_1(x) \int \frac{e^{-\int p(x)dx}}{y_1^2(x)} dx + c_2 y_1(x) \qquad (2.1.20)$$

學習秘訣

在以上的推導過程中，利用降階法由一已知解 $y_1(x)$，可求得另一解 $y_1(x)\int \frac{e^{-\int p(x)dx}}{y_1^2(x)}dx$，並可證明它們的 Wronskian 行列式（2.1.4 式）之計算結果為 $e^{-\int p(x)dx} \neq 0$，故可知此乃線性獨立解。

範例 1

考慮微分方程式 $y''+4y=0$ 以及兩函數 $y_1(x)=\cos(2x)$、$y_2(x)=\sin(2x)$。

解

由於將這兩個函數代入後，可得

$$\begin{cases} y_1''+4y_1=-4\cos(2x)+4\cos(2x)=0 \\ y_2''+4y_2=-4\sin(2x)+4\sin(2x)=0 \end{cases}$$

因此，y_1 與 y_2 均為 $y''+4y=0$ 之解。

又其 Wronskian 行列式之計算結果為

$$W(x)=\begin{vmatrix} \cos(2x) & \sin(2x) \\ -2\sin(2x) & 2\cos(2x) \end{vmatrix}=2\cos^2(2x)+2\sin^2(2x)=2\neq 0$$

因此可知 y_1 與 y_2 確為 $y''+4y=0$ 之線性獨立解，
故線性微分方程式 $y''+4y=0$ 之通解可表示為

$$y(x)=c_1y_1(x)+c_2y_2(x)=c_1\cos(2x)+c_2\sin(2x)$$

■

範例 2

考慮微分方程式 $y''+y'-2y=0$ 與兩函數 $y_1(x)=e^x$、$y_2(x)=e^{-2x}$。

解

由於這兩個函數滿足

$$\begin{cases} y_1''+y_1'-2y_1=e^x+e^x-2e^x=0 \\ y_2''+y_2'-2y_2=4e^{-2x}-2e^{-2x}-2e^{-2x}=0 \end{cases}$$

且其 Wronskian 行列式之計算結果為

$$W(x)=\begin{vmatrix} e^{x} & e^{-2x} \\ e^{x} & -2e^{-2x} \end{vmatrix}=-3e^{-x}\neq 0$$

因此可知 y_1 與 y_2 確為此線性微分方程式 $y''+y'-2y=0$ 之線性獨立解，
故其通解可表示為

$$y(x)=c_1y_1(x)+c_2y_2(x)=c_1e^{x}+c_2e^{-2x}$$ ■

範例 3

考慮微分方程式 $y''-2y'+10y=0$ 與兩函數 $y_1(x)=e^{x}\cos 3x$ 、 $y_2(x)=e^{x}\sin 3x$ 。

解

由於

$$\begin{cases} y_1''-2y_1'+10y_1=(-6e^{x}\sin 3x-8e^{x}\cos 3x)-2(e^{x}\cos 3x-3e^{x}\sin 3x)+10e^{x}\cos 3x=0 \\ y_2''-2y_2'+10y_2=(-8e^{x}\sin 3x+6e^{x}\cos 3x)-2(e^{x}\sin 3x+3e^{x}\cos 3x)+10e^{x}\sin 3x=0 \end{cases}$$

且其 Wronskian 行列式之計算結果為

$$W(x)=\begin{vmatrix} e^{x}\cos 3x & e^{x}\sin 3x \\ -3e^{x}\sin 3x+e^{x}\cos 3x & e^{x}\sin 3x+3e^{x}\cos 3x \end{vmatrix}=3e^{3x}\neq 0$$

因此可知 y_1 與 y_2 確為此線性微分方程式 $y''-2y'+10y=0$ 之線性獨立解，
故其通解可表示為

$$y(x)=c_1y_1(x)+c_2y_2(x)=c_1e^{x}\cos 3x+c_2e^{x}\sin 3x$$ ■

範例 4

考慮微分方程式 $x^2y''-5xy'+9y=0$ 與兩函數 $y_1(x)=x^3$ 、 $y_2(x)=x^3\ln x$ ，且 $x>0$ 。

解

由於

$$\begin{cases} x^2y_1''-5xy_1'+9y_1=6x^3-15x^3+9x^3=0 \\ x^2y_2''-5xy_2'+9y_2=6x^3\ln x+5x^3-15x^3\ln x-5x^3+9x^3\ln x=0 \end{cases}$$

且其 Wronskian 行列式之計算結果為

$$W(x)=\begin{vmatrix} x^3 & x^3\ln x \\ 3x^2 & x^2+3x^2\ln x \end{vmatrix}=x^5\neq 0 \quad (\because x>0)$$

因此可知 y_1 與 y_2 確為線性微分方程式 $x^2y''-5xy'+9y=0$（$x\neq 0$）之線性獨立解，故其通解可表示為

$$y(x)=c_1y_1(x)+c_2y_2(x)=c_1x^3+c_2x^3\ln x$$

■

範例 5

考慮微分方程式 $yy''-(y')^2-3y'=0$，試說明 $y_1(x)=2e^{-x}-3$ 以及 $y_2(x)=1+e^{3x}$ 均為其解，且 y_1 與 y_2 互為線性獨立，但它們的線性組合，例如 $2y_1-3y_2$ 或者 $-y_1$ 卻都不是該微分方程式之解。

解

由於

$$\begin{cases} y_1y_1''-(y_1')^2-3y_1'=2e^{-x}\left(2e^{-x}-3\right)-\left(-2e^{-x}\right)^2-3\left(-2e^{-x}\right)=0 \\ y_2y_2''-(y_2')^2-3y_2'=9e^{3x}\left(1+e^{3x}\right)-\left(3e^{3x}\right)^2-3\left(3e^{3x}\right)=0 \end{cases}$$

因此，y_1 與 y_2 均是微分方程式 $yy''-(y')^2-3y'=0$ 之解，

且其 Wronskian 行列式之計算結果為

$$W(x)=\begin{vmatrix} 2e^{-x}-3 & 1+e^{3x} \\ -2e^{-x} & 3e^{3x} \end{vmatrix}=8e^{2x}-9e^{3x}+2e^{-x}\neq 0$$

因此可知 y_1 與 y_2 互為線性獨立。

然而，此處必須說明的是，由於 $yy''-(y')^2-3y'=0$ 並非一個線性微分方程式，因此，y_1 與 y_2 之任意線性組合 $c_1y_1+c_2y_2$ 並不保證均為該非線性微分方程式之解。

■

學習秘訣

若 $y_1(x)$ 與 $y_2(x)$ 為線性微分方程式 $y''+p(x)y'+q(x)y=0$ 之解，則它們的任意線性組合 $c_1y_1(x)+c_2y_2(x)$ 亦為其解，此乃線性齊次微分方程式之重要特性。

範例 6

已知微分方程式 $y''-2y'+y=0$ 有一解 e^x，試求另一線性獨立解及方程式之通解？

解

因為已知 e^x 為微分方程式之一齊次解，所以可令

$$y=u(x)e^x$$

並加以計算 y'、y'' 如下：

$$y'=u(x)e^x+u'(x)e^x \text{，} y''=u(x)e^x+2u'(x)e^x+u''(x)e^x$$

再將 y、y'、y'' 代回微分方程式，可得

$$u(x)e^x+2u'(x)e^x+u''(x)e^x-2\left[u(x)e^x+u'(x)e^x\right]+u(x)e^x=0$$

予以整理後，可求得

$$u''(x)=0$$

積分之後可求得 $u(x)$

$$u'(x)=c_1 \text{，} u(x)=c_1x+c_2$$

故線性微分方程式 $y''-2y'+y=0$ 之通解可表示為

$$y=u(x)e^x=c_1xe^x+c_2e^x$$

亦即此方程式之另一個線性獨立解為 xe^x。 ■

範例 7

已知微分方程式$(1-2x)y''+4xy'-4y=0$有一解x，試求微分方程式之通解？

解

已知x是微分方程式之一齊次解，所以可令

$$y=xu(x)$$

則

$$y'=u(x)+xu'(x) \text{，} y''=2u'(x)+xu''(x)$$

將y、y'、y''代回微分方程式，可得

$$(1-2x)\left[2u'(x)+xu''(x)\right]+4x\left[u(x)+xu'(x)\right]-4xu(x)=0$$

整理得

$$u''+\left(\frac{2}{1-2x}+\frac{2}{x}-2\right)u'=0$$

上式為u'的一階可分離變數微分方程式，其解為

$$\ln|u'|=\ln|1-2x|-2\ln|x|+2x+\ln|c_1|$$

亦即

$$u'=c_1\left(\frac{1}{x^2}-\frac{2}{x}\right)e^{2x}$$

積分可得

$$u(x)=c_1\frac{e^{2x}}{x}+c_2$$

故線性微分方程式$(1-2x)y''+4xy'-4y=0$之通解可表示為

$$y=xu(x)=c_1e^{2x}+c_2x$$

此亦同時說明本微分方程式之另一個線性獨立解為e^{2x}。

■

類題練習

以下 1 ～ 6 題，(a) 請說明 y_1 與 y_2 是微分方程式之解，(b) 試求出 y_1 與 y_2 的 Wronskian 行列式計算結果，以證明其互為線性獨立，(c) 寫出微分方程式的通解。

1. $y''-9y=0$；$y_1(x)=\cosh(3x)$，$y_2(x)=\sinh(3x)$
2. $y''-5y'+6y=0$；$y_1(x)=e^{2x}$，$y_2(x)=e^{3x}$
3. $y''+8y'+16y=0$；$y_1(x)=e^{-4x}$，$y_2(x)=xe^{-4x}$
4. $y''+7y=0$；$y_1(x)=\cos(\sqrt{7}x)$，$y_2(x)=\sin(\sqrt{7}x)$
5. $y''-2y'+5y=0$；$y_1(x)=e^{x}\cos(2x)$，$y_2(x)=e^{x}\sin(2x)$
6. $x^2y''-xy'+2y=0$；$y_1(x)=x\cos(\ln x)$，$y_2(x)=x\sin(\ln x)$，$x>0$
7. 已知 $y_1(x)$ 與 $y_2(x)$ 為線性微分方程式 $y''+p(x)y'+q(x)y=0$ 之解，試證明 $y_1(x)$ 與 $y_2(x)$ 之任意線性組合亦為方程式之解。

以下 8 ～ 11 題，試根據題目所給定的微分方程式之一齊次解，利用本節所介紹之降階法，予以求出微分方程式之通解。

8. $y''+8y'+16y=0$；$y_1(x)=e^{-4x}$
9. $(x+1)y''+xy'-y=0$；$y_1(x)=x$
10. $(x-1)y''-xy'+y+1=0$；$y_1(x)=-x$
11. $(x+1)y''+xy'-y=(x+1)^2$；

    其中 $(x+1)\dfrac{d^2(e^{-x})}{dx^2}+x\dfrac{d(e^{-x})}{dx}=e^{-x}$

2-2 常係數線性微分方程式之齊次解

A. 常係數線性微分方程式的定義

二階常係數線性微分方程式具有以下型式：

$$y'' + Ay' + By = f(x) \tag{2.2.1}$$

其中係數 A 與 B 均為實數常數。換言之，當此類線性微分方程式之係數均為常數時，即稱此式為常係數線性微分方程式。

B. 常係數線性微分方程式之齊次解

茲考慮二階常係數線性微分方程式如下：

$$y'' + Ay' + By = f(x)$$

則其所對應之齊次微分方程式為

$$y'' + Ay' + By = 0 \tag{2.2.2}$$

而求得 (2.2.2) 式之通解，亦即求得 (2.2.1) 式之原微分方程式之**齊次解**（homogeneous solution）。

又再觀察 (2.2.2) 式，其解 $y(x)$ 必須滿足各階導數與常數之乘積和等於零，方能符合此項特性的函數，而可適用之最簡單函數應屬於指數函數 $e^{\lambda x}$，因為指數函數在微分前後只有常數倍數的差別（即 $e^{\lambda x}$ 與 $\lambda e^{\lambda x}$），故可令

$$y = e^{\lambda x} \tag{2.2.3}$$

則 $y(x)$ 之一、二階導數 y' 與 y'' 將分別為

$$y' = \lambda e^{\lambda x}\text{，}\ y'' = \lambda^2 e^{\lambda x}$$

其中 λ 為常數。再將 y、y'、y'' 代回 (2.2.2) 式整理後，可得

$$e^{\lambda x}(\lambda^2 + A\lambda + B) = 0 \tag{2.2.4}$$

且由於 $e^{\lambda x} \neq 0$，於是可得

$$\lambda^2 + A\lambda + B = 0 \tag{2.2.5}$$

上述 (2.2.5) 式即稱為 $y'' + Ay' + By = 0$ 之**特徵方程式**（characteristic equation），其乃為一個以 λ 為根的二次代數方程式，求解該 λ 值便可得到微分方程式之解 $e^{\lambda x}$。於是並可推得，特徵方程式 (2.2.5) 式的根為

$$\lambda = \frac{-A \pm \sqrt{A^2 - 4B}}{2} \tag{2.2.6}$$

至於根據這些根所可能出現的三種情況：相異實根、重根、共軛複數根，其所對應之常係數線性微分方程式的齊次解，則分別有下列三種不同情形，分述如下：

(1) **特徵方程式具有相異實根**（$A^2 - 4B > 0$）

若此兩相異實根為 λ_1 與 λ_2，且 $\lambda_1 \neq \lambda_2$，則 $y_1(x) = e^{\lambda_1 x}$ 以及 $y_2(x) = e^{\lambda_2 x}$ 為線性獨立解（因為此時 $\lambda_1 \neq \lambda_2$，且其 Wronskian 行列式之計算結果為 $(\lambda_2 - \lambda_1)e^{(\lambda_1+\lambda_2)x} \neq 0$），故微分方程式之齊次解可表示如下：

$$y(x) = c_1 y_1(x) + c_2 y_2(x) = c_1 e^{\lambda_1 x} + c_2 e^{\lambda_2 x} \tag{2.2.7}$$

(2) **特徵方程式之解為重根**（$A^2 - 4B = 0$）

若特徵方程式具有兩實數重根 $\lambda_1 = \lambda_2 = \lambda_0$，則可知必存在有一解 $y_1(x) = e^{\lambda_0 x}$，並可利用 2-1 節所介紹之降階法（參考 2-1 節的範例 5）繼續推導另一線性獨立解 $y_2(x) = xe^{\lambda_0 x}$（此時 y_1 與 y_2 之 Wronskian 行列式之計算結果為 $e^{2\lambda_0 x} \neq 0$），於是微分方程式之齊次解可表示如下：

$$y(x) = c_1 y_1(x) + c_2 y_2(x) = c_1 e^{\lambda_0 x} + c_2 x e^{\lambda_0 x} \tag{2.2.8}$$

(3) **特徵方程式具有共軛複數根**（$A^2 - 4B < 0$）

當 $A^2 - 4B < 0$ 時，即表示特徵方程式具有複數根，且彼此成共軛對，亦即 $\lambda = \alpha \pm i\beta$，此時兩線性獨立解為 $y_1(x) = e^{(\alpha+i\beta)x}$ 以及 $y_2(x) = e^{(\alpha-i\beta)x}$（其 Wronskian 行列式之計算結果為 $-2i\beta e^{2\alpha x} \neq 0$），則微分方程式之齊次解可表示如下：

$$y(x) = c_1 y_1(x) + c_2 y_2(x) = c_1 e^{(\alpha+i\beta)x} + c_2 e^{(\alpha-i\beta)x} \tag{2.2.9}$$

然而，這樣的解是複數函數的型式，因此，一般常利用**尤拉公式**（Euler's formula）：$e^{ix}=\cos(x)+i\sin(x)$，進一步將 (2.2.9) 式整理成實數函數的型式：

$$\begin{aligned} y(x) &= c_1e^{(\alpha+i\beta)x}+c_2e^{(\alpha-i\beta)x}=c_1e^{\alpha x}e^{i\beta x}+c_2e^{\alpha x}e^{-i\beta x} \\ &= c_1e^{\alpha x}\left(\cos(\beta x)+i\sin(\beta x)\right)+c_2e^{\alpha x}\left(\cos(\beta x)-i\sin(\beta x)\right) \\ &= (c_1+c_2)e^{\alpha x}\cos(\beta x)+i(c_1-c_2)e^{\alpha x}\sin(\beta x) \\ &= c_3e^{\alpha x}\cos(\beta x)+c_4e^{\alpha x}\sin(\beta x) \end{aligned} \tag{2.2.10}$$

其中 $c_3=c_1+c_2$ 且 $c_4=i(c_1-c_2)$。

由以上的推導過程可獲知以下結論：

二階常係數線性微分方程式 $y''+Ay'+By=0$ 的特徵方程式為 $\lambda^2+A\lambda+B=0$。而根據特徵方程式之根的三種可能情況，微分方程式之通解也對應到三種不同型式：

(1) 當根為兩相異實數 λ_1、λ_2 時：

微分方程式 $y''+Ay'+By=0$ 之通解為 $y(x)=c_1e^{\lambda_1 x}+c_2e^{\lambda_2 x}$

(2) 當根為兩相等實數 $\lambda_1=\lambda_2=\lambda_0$ 時：

微分方程式 $y''+Ay'+By=0$ 之通解為 $y(x)=c_1e^{\lambda_0 x}+c_2xe^{\lambda_0 x}$

(3) 當根為共軛複數 $\lambda=\alpha\pm i\beta$ 時：

微分方程式 $y''+Ay'+By=0$ 之通解為 $y(x)=c_1e^{\alpha x}\cos(\beta x)+c_2e^{\alpha x}\sin(\beta x)$

範例 1

試求 $y''-8y'-48y=x$ 之齊次解。

解

本式所對應之齊次微分方程式為

$$y''-8y'-48y=0$$

上式之特徵方程式為

$$\lambda^2-8\lambda-48=0$$

求解其根可得

$$\lambda = 12 \text{、} -4$$

故齊次微分方程式的通解為

$$y(x) = c_1 e^{12x} + c_2 e^{-4x}$$

此即原微分方程式之齊次解。 ■

範例 2

求解 $y'' + 10y' + 21y = 0$。

解

此乃為一個常係數齊次微分方程式，其特徵方程式為

$$\lambda^2 + 10\lambda + 21 = 0$$

求解其根，可得

$$\lambda = -3 \text{、} -7$$

故齊次微分方程式的通解為

$$y(x) = c_1 e^{-3x} + c_2 e^{-7x}$$ ■

範例 3

求解 $y'' - \sqrt{12}y' + 3y = 0$。

解

此乃為一個常係數齊次微分方程式，其特徵方程式為

$$\lambda^2 - 2\sqrt{3}\lambda + 3 = 0$$

求解其根，可得

$$\lambda = \sqrt{3} \text{（重根）}$$

故齊次微分方程式的通解為

$$y(x) = c_1 e^{\sqrt{3}x} + c_2 x e^{\sqrt{3}x}$$ ■

範例 4

求解 $y''+4y'+29y=0$ ， $y(0)=2$ ， $y'(0)=1$ 。

解

此齊次微分方程式之特徵方程式為

$$\lambda^2+4\lambda+29=0$$

其根為

$$\lambda=-2\pm 5i$$

因此可得齊次微分方程式的通解為

$$y(x)=c_1e^{-2x}\cos(5x)+c_2e^{-2x}\sin(5x)$$

且可得其微分後為

$$y'(x)=(-2c_1+5c_2)e^{-2x}\cos(5x)-(5c_1+2c_2)e^{-2x}\sin(5x)$$

續將初始條件 $y(0)=2$ 、 $y'(0)=1$ 代入 y 與 y' ，可求得

$$\begin{cases} y(0)=c_1=2 \\ y'(0)=-2c_1+5c_2=1 \end{cases} \Rightarrow \begin{cases} c_1=2 \\ c_2=1 \end{cases}$$

故微分方程式之解為

$$y(x)=2e^{-2x}\cos(5x)+e^{-2x}\sin(5x)$$ ■

範例 5

求解 $y'''+y''+3y'-5y=0$ 。

解

此乃三階齊次微分方程式，其特徵方程式為

$$\lambda^3+\lambda^2+3\lambda-5=0$$

其根為

$$\lambda=-1 \text{ 、 } -1\pm 2i$$

則齊次微分方程式的通解為

$$y(x)=c_1e^{-x}+c_2e^{-x}\cos(2x)+c_3e^{-x}\sin(2x)$$

■

範例 6

某線性微分方程式的通解為 $y(x)=c_1e^{-2x}+c_2xe^{-2x}+c_3x^2e^{-2x}$ ，試求出該微分方程式？

解

由題意可知，該微分方程式對應於一個三次特徵方程式，且根為

$$\lambda=-2 \text{（三重根）}$$

故可得其特徵方程式為

$$(\lambda+2)^3=\lambda^3+6\lambda^2+12\lambda+8=0$$

亦即該齊次微分方程式為

$$y'''+6y''+12y'+8y=0$$

■

範例 7

如下圖之電路，已知 $R=280\ \Omega$ 、 $L=0.1\ \text{H}$ 、 $C=0.4\ \mu\text{F}$ 、 $E(t)=50\ \text{V}$ ，且電流初值 $i(0)=0\ \text{A}$ 、 $i'(0)=500\ \text{A/s}$ ，試求電流 $i(t)=$ ？

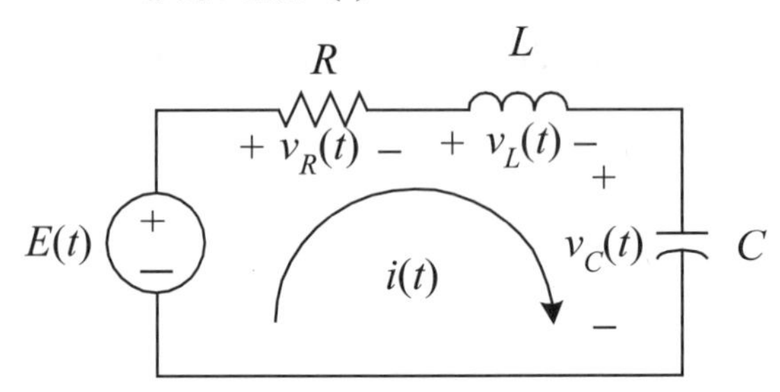

解

由克希荷夫電壓定律可知

$$v_L(t)+v_R(t)+v_C(t)=E(t)$$

代入數值可得

$$0.1\cdot i'(t)+280\cdot i(t)+\frac{1}{0.4\times10^{-6}}\int_0^t i(\tau)d\tau+0=50$$

將上式微分，可得電流的二階常係數線性微分方程式

$$i''(t)+2800i'(t)+2.5\times10^7 i(t)=0$$

此齊次微分方程式之特徵方程式為

$$\lambda^2+2800\lambda+2.5\times10^7=0$$

其根為

$$\lambda=-1400\pm4800i$$

因此可得此微分方程式的通解為

$$i(t)=e^{-1400t}\left(c_1\cos4800t+c_2\sin4800t\right)$$

最後再將電流初值代入

$$i(0)=c_1=0$$

$$i'(0)=-1400c_1+4800c_2=500$$

可求得

$$\begin{cases} c_1=0 \\ c_2=\dfrac{5}{48} \end{cases}$$

所以，電流為

$$i(t)=\frac{5}{48}e^{-1400t}\sin4800t\ \text{A}$$

■

類題練習

以下 1 ～ 12 題，請寫出微分方程式的特徵方程式，並求各題之通解。

1. $y''+y'-30y=0$
2. $y''+y'=0$
3. $y''+12y=0$
4. $y''+14y'+49y=0$
5. $y''-16y'+8y=0$
6. $y''-6y'+11y=0$
7. $y''+5y=0$
8. $y'''-2y''+y'=0$
9. $y'''+4y''+21y'+18y=0$
10. $y''-6y'+9y=0$，$y(1)=0$，$y'(0)=2$
11. $y''+11y'-42y=0$，$y(0)=-2$，$y'(0)=11$
12. $y''-3y'+7y=0$，$y(0)=0$，$y'(0)=2$

以下 13 ～ 17 題，試求出原微分方程式，並使其通解恰為題目所給定的函數 $y(x)$。

13. $y(x)=c_1e^{(-2+3i)x}+c_2e^{(-2-3i)x}$
14. $y(x)=c_1+c_2e^{4x}+c_3e^{7x}$
15. $y(x)=c_1e^{-3x}\cos(5x)+c_2e^{-3x}\sin(5x)$
16. $y(x)=c_1e^{2x}+c_2xe^{2x}$
17. $y(x)=c_1+c_2x+c_3\cos(2x)+c_4\sin(2x)$

2-3 待定係數法

A. 待定係數法的原理

首先考慮二階常係數線性微分方程式如下

$$y''+Ay'+By=f(x) \tag{2.3.1}$$

若 $f(x)\neq 0$ ，則上式為一非齊次微分方程式，且其通解為

$$y=y_h+y_p$$

其中， y_h 是該方程式之齊次解， y_p 為其特解，有關齊次解之求解部分已於 2-2 節討論，至於 y_p 特解之求法，則將於本節中經由**待定係數法**（method of undetermined coefficients）之介紹與應用，藉以求得此特解 y_p 。而經觀察 (2.3.1) 式，可知其特解 y_p 必須滿足 $y_p''+Ay_p'+By_p=f(x)$ ，亦即 y_p'' 及 Ay_p' 與 By_p 的總和需等於 $f(x)$ ，此即蘊含著 $f(x)$ 與 y_p 的型式應有某種程度的關聯。例如：

(1) 若將 $y_p=2x$ 代入 $y''-2y'+y=2x-4$ ，則 $(2x)''-2(2x)'+(2x)=2x-4$ ，表示此微分方程式含有特解 $y_p=2x$ ，又此時 $f(x)=2x-4$ $\Rightarrow$ 此即佐證此時微分方程式之特解與 $f(x)$ 確實均為多項式型式。

(2) 若將 $y_p=e^x$ 代入 $y''-5y'+6y=2e^x$ ，則 $(e^x)''-5(e^x)'+6(e^x)=2e^x$ ，表示此微分方程式含有特解 $y_p=e^x$ ，又此時 $f(x)=2e^x$ $\Rightarrow$ 此即佐證此時微分方程式之特解與 $f(x)$ 均為指數函數型式。

(3) 若將 $y_p=\cos x$ 代入 $y''+4y=3\cos x$ ，則 $(\cos x)''+4(\cos x)=3\cos x$ ，表示此微分方程式含有特解 $y_p=\cos x$ ，又此時 $f(x)=3\cos x$ $\Rightarrow$ 此即佐證此時微分方程式之特解與 $f(x)$ 均為餘弦函數型式。

由以上例子可發現，對於如 (2.3.1) 式所示之常係數線性微分方程式而言，當 $f(x)$ 為多項式、指數函數或正餘弦函數（抑或它們的組合）時，特解 y_p 將具有和 $f(x)$ 極為類似的型式，甚至只是常數係數上的差別。由此並可看出，待定係數法的觀念即在於根據非齊次項 $f(x)$ 之特質，以推斷特解 y_p 的一般型式，再將其代回原微分方程式中，以決定 y_p 中之未定係數，於是計算求得 y_p 之解。

B. 以待定係數法求特解

設 $P(x)=p_0+p_1x+\cdots+p_nx^n$、$Q(x)=q_0+q_1x+\cdots+q_nx^n$、$R(x)=r_0+r_1x+\cdots+r_nx^n$ 均為 n 階多項式（$n=0$ 時則為常數），表 2-1 列出不同型式之非齊次項及其特解之型式。

此時需提醒讀者注意的是，當特解 y_p 的假設項與齊次解 y_h 重複時，應將 y_p 乘上一個修正因子 x^{α} 作修正，其中 α 為使得 y_p 與 y_h 沒有重複項的最小正整數（對於二階微分方程式來說，α 的可能值為 0、1、2）。這與 2-2 節所遇到特徵方程式具有重根的情形類似，我們亦可藉由 2-1 節之降階法加以驗證。

綜上所述，利用待定係數法來求解非齊次微分方程式 $y''+Ay'+By=f(x)$ 的步驟，可整理如下：

(1) 求解 $y''+Ay'+By=0$，得到齊次解 y_h。

(2) 根據 $f(x)$ 之特性，進行特解 y_p 型式之假設，而若經假設後之特解 y_p 與 y_h 有重複之處，則反覆將 y_p 乘上 x，直到完全沒有重複為止，並在計算 y_p' 與 y_p'' 之後，一併將其代回原微分方程式求出待定的係數，以求得特解 y_p。

(3) 故微分方程式的通解即可表示為 $y=y_h+y_p$。

學習秘訣

由以上的討論可發現，利用待定係數法求特解時，具有一些限制條件：

(1) 只能用於常係數微分方程式 $y''+Ay'+By=f(x)$，亦即 A、B 為常數時之方程式。

(2) 非齊次項 $f(x)$ 只能為常數、多項式、指數函數、正餘弦函數或它們的組合。

表 2-1　不同型式之非齊次項及其特解之型式

$f(x)$ 的型式	$y_p(x)$ 的型式
$P(x)$	$Q(x)$
αe^{ax}	Ae^{ax}
$\alpha\cos(ax+b)$ 或 $\beta\sin(ax+b)$	$A\cos(ax+b)+B\sin(ax+b)$
$P(x)e^{ax}$	$Q(x)e^{ax}$
$P(x)\cos(ax+b)$ 或 $P(x)\sin(ax+b)$	$Q(x)\cos(ax+b)+R(x)\sin(ax+b)$
$P(x)e^{ax}\cos(bx+c)$ 或 $P(x)e^{ax}\sin(bx+c)$	$e^{ax}\left[Q(x)\cos(bx+c)+R(x)\sin(bx+c)\right]$

範例 1

求解 $y''-8y'-48y=x$ 。

解

首先寫出本題之齊次微分方程式為

$$y''-8y'-48y=0$$

其特徵方程式 $\lambda^2-8\lambda-48=0$ 之根為 $\lambda=12$ 、 -4 ，所以齊次解為

$$y_h=c_1e^{12x}+c_2e^{-4x}$$

此時因為方程式之非齊次項 $f(x)=x$ ，故假設特解為

$$y_p=Ax+B$$

又因為該假設項與齊次解並無重複，而且

$$y_p'=A \text{ ， } y_p''=0$$

故將 y_p 、 y_p' 以及 y_p'' 代回方程式

$$-8A-48(Ax+B)=x$$

再經由兩端係數比較，可得

$$A=-\frac{1}{48} \text{ ， } B=\frac{1}{288}$$

因此特解為

$$y_p=-\frac{1}{48}x+\frac{1}{288}$$

故微分方程式之通解可表示為

$$y(x)=y_h+y_p=c_1e^{12x}+c_2e^{-4x}-\frac{1}{48}x+\frac{1}{288}$$

■

範例 2

求解 $y''-4y'+3y=e^{2x}$ 。

解

本題對應之齊次微分方程式為

$$y''-4y'+3y=0$$

其特徵方程式 $\lambda^2-4\lambda+3=0$ ，且根為 $\lambda=1$ 、 3 ，故齊次解為

$$y_h=c_1e^x+c_2e^{3x}$$

此時觀察非齊次項 $f(x)=e^{2x}$ ，故假設特解

$$y_p=Ae^{2x}$$

由於該假設項與齊次解並無重複，且

$$y_p'=2Ae^{2x} \text{，} y_p''=4Ae^{2x}$$

故將 y_p 、 y_p' 以及 y_p'' 代回方程式，則可得

$$4Ae^{2x}-8Ae^{2x}+3Ae^{2x}=e^{2x}$$

經整理後可得

$$-Ae^x=e^x$$

故

$$A=-1$$

因此特解為

$$y_p=-e^{2x}$$

亦即微分方程式之通解為

$$y(x)=y_h+y_p=c_1e^x+c_2e^{3x}-e^{2x}$$

■

範例 3

求解 $y''-4y'+3y=2e^x$。

解

本題對應之齊次微分方程式為

$$y''-4y'+3y=0$$

其特徵方程式 $\lambda^2-4\lambda+3=0$，且根為 $\lambda=1$、3，故齊次解為

$$y_h=c_1e^x+c_2e^{3x}$$

此時觀察本題之非齊次項 $f(x)=2e^x$，故假設特解

$$y_p=Ae^x$$

但因這個假設項與齊次解重複，故需將其乘上 x 作修正，於是成為

$$y_p=Axe^x$$

此時修正後之假設項與齊次解已無重複，且

$$y_p'=(Ax+A)e^x \text{，} y_p''=(Ax+2A)e^x$$

於是將 y_p、y_p' 以及 y_p'' 代回方程式，經整理後可得

$$-2Ae^x=2e^x$$

故

$$A=-1$$

因此特解為

$$y_p=-xe^x$$

亦即微分方程式之通解為

$$y(x)=y_h+y_p=c_1e^x+c_2e^{3x}-xe^x$$

■

範例 4

求解 $y''+4y'+29y=13\cos(5x)$ 。

解

本題所對應之齊次微分方程式為

$$y''+4y'+29y=0$$

其特徵方程式 $\lambda^2+4\lambda+29=0$ 之根為 $\lambda=-2\pm 5i$ ，亦即齊次解為

$$y_h=c_1e^{-2x}\cos(5x)+c_2e^{-2x}\sin(5x)$$

又根據非齊次項 $f(x)=13\cos(5x)$ ，因此可假設特解之型式為

$$y_p=A\cos(5x)+B\sin(5x)$$

而由於此時假設項與齊次解並無重複，且可得

$$y_p'=5B\cos(5x)-5A\sin(5x) \text{ ， } y_p''=-25A\cos(5x)-25B\sin(5x)$$

因此可將 y_p 、 y_p' 以及 y_p'' 代回方程式，整理可得

$$(4A+20B)\cos(5x)+(-20A+4B)\sin(5x)=13\cos(5x)$$

再比較兩端係數

$$\begin{cases}4A+20B=13\\-20A+4B=0\end{cases} \Rightarrow A=\frac{1}{8} \text{ ， } B=\frac{5}{8}$$

故特解為

$$y_p=\frac{1}{8}\cos(5x)+\frac{5}{8}\sin(5x)$$

本微分方程式之通解為

$$y(x)=y_h+y_p=c_1e^{-2x}\cos(5x)+c_2e^{-2x}\sin(5x)+\frac{1}{8}\cos(5x)+\frac{5}{8}\sin(5x)$$

■

範例 5

求解 $y''+6y'+9y=12xe^{-3x}$ 。

解

本題對應之齊次微分方程式為

$$y''+6y'+9y=0$$

其特徵方程式為 $\lambda^2+6\lambda+9=0$，該式具有重根 $\lambda=-3$，故齊次解可表示為

$$y_h=c_1e^{-3x}+c_2xe^{-3x}$$

又根據非齊次項 $f(x)=12xe^{-3x}$，而可假設特解為

$$y_p=(Ax+B)e^{-3x}$$

但此時假設項仍與齊次解有重複之處，於是可將其乘上 x，即為

$$y_p=(Ax^2+Bx)e^{-3x}$$

惟此時再觀察其中的 Bxe^{-3x}，其仍與齊次解重複，於是再乘上 x，亦即

$$y_p=(Ax^3+Bx^2)e^{-3x}$$

至此，假設項與齊次解已無重複，故

$$y_p'=\left[-3Ax^3+(3A-3B)x^2+2Bx\right]e^{-3x}$$

$$y_p''=\left[9Ax^3+(9B-18A)x^2+(6A-12B)x+2B\right]e^{-3x}$$

將 y_p 、 y_p' 以及 y_p'' 代回方程式，並整理得

$$\left[(6A-48B)x+2B\right]e^{-3x}=12xe^{-3x}$$

再經係數比較，可得

$$A=2，B=0$$

因此特解為

$$y_p = 2x^3 e^{-3x}$$

且微分方程式之通解為

$$y(x) = y_h + y_p = c_1 e^{-3x} + c_2 x e^{-3x} + 2x^3 e^{-3x}$$

■

範例 6

求解 $y'' - 4y' + 5y = 8x\cos(x) + 4\sin(x)$ 。

解

本題原式所對應之齊次微分方程式為

$$y'' - 4y' + 5y = 0$$

其特徵方程式 $\lambda^2 - 4\lambda + 5 = 0$ 之根為 $\lambda = 2 \pm i$，且齊次解為

$$y_h = c_1 e^{2x} \cos(x) + c_2 e^{2x} \sin(x)$$

又因本題原式之非齊次項 $f(x) = 8x\cos(x) + 4\sin(x)$ ，故可假設特解為

$$y_p = (Ax + B)\cos(x) + (Cx + D)\sin(x)$$

並確認假設項與齊次解並無重複，於是可求得

$$y_p' = (Cx + A + D)\cos(x) + (-Ax - B + C)\sin(x)$$

$$y_p'' = (-Ax - B + 2C)\cos(x) + (-Cx - 2A - D)\sin(x)$$

將 y_p 、 y_p' 以及 y_p'' 代回方程式，整理得

$$\begin{aligned}&(4A - 4C)x\cos(x) + (-4A + 4B + 2C - 4D)\cos(x) + (4A + 4C)x\sin(x)\\&+(-2A + 4B - 4C + 4D)\sin(x) = 8x\cos(x) + 4\sin(x)\end{aligned}$$

比較兩端係數可得

$$\begin{cases} 4A-4C=8 \\ 4A+4C=0 \end{cases} \text{以及} \begin{cases} -4A+4B+2C-4D=0 \\ -2A+4B-4C+4D=4 \end{cases}$$

並可解出

$$A=1，B=1，C=-1，D=-1/2$$

因此特解為

$$y_p=(x+1)\cos(x)-(x+0.5)\sin(x)$$

故微分方程式之通解為

$$y(x)=y_h+y_p=c_1e^{2x}\cos(x)+c_2e^{2x}\sin(x)+(x+1)\cos(x)-(x+0.5)\sin(x)$$

■

學習秘訣

當微分方程式的非齊次項係由數種不同型式的函數組成時，可將待定係數法配合重疊原理予以使用，則將更為方便求解。例如若可求得 y_{p1} 為 $y''+Ay'+By=f_1(x)$ 之特解，且可求得 y_{p2} 為 $y''+Ay'+By=f_2(x)$ 之特解，則

$$y_p=y_{p1}+y_{p2}$$

即為微分方程式 $y''+Ay'+By=f_1(x)+f_2(x)$ 時之特解。

範例 7

求解 $y''-y=x+2e^{2x}$。

解

本題所對應之齊次微分方程式為

$$y''-y=0$$

其特徵方程式 $\lambda^2 - 1 = 0$ 之根為 $\lambda = 1$ 、 -1，齊次解為

$$y_h = c_1 e^x + c_2 e^{-x}$$

令 y_{p1} 為 $y'' - y = x$ 之特解，則非齊次項 $f_1(x) = x$，據此假設

$$y_{p1} = Ax + B$$

此時該假設項與齊次解並無重複，且

$$y_p' = A \text{ ， } y_p'' = 0$$

將以上代回整理得

$$A = -1 \text{ ， } B = 0 \Rightarrow \ y_{p1} = -x$$

又令 y_{p2} 為 $y'' - y = 2e^{2x}$ 之特解，此時非齊次項 $f_2(x) = 2e^{2x}$，據此假設

$$y_{p2} = Ce^{2x}$$

此假設與齊次解並無重複，且

$$y_{p2}' = 2Ce^{2x}$$

$$y_{p2}'' = 4Ce^{2x}$$

將 y_{p2} 、 y_{p2}' 以及 y_{p2}'' 代回整理

$$\left(4C - C\right)e^{2x} = 2e^{2x}$$

比較係數得

$$C = \frac{2}{3} \ \Rightarrow \ y_{p2} = \frac{2}{3}e^{2x}$$

故本題之微分方程式的通解可彙整為

$$y(x) = y_h + y_{p1} + y_{p2} = c_1 e^x + c_2 e^{-x} - x + \frac{2}{3}e^{2x}$$

■

範例 8

求解 $y''-2y'=-2-2e^{2x}\sin(2x)$。

解

本題所對應之齊次微分方程式為

$$y''-2y'=0$$

其特徵方程式 $\lambda^2-2\lambda=0$ 之根為 $\lambda=0$ 、 2，齊次解為

$$y_h=c_1+c_2e^{2x}$$

首先令 y_{p1} 為 $y''-2y'=-2$ 之特解，因此非齊次項 $f_1(x)=-2$ ，據此假設

$$y_{p1}=A$$

但因與齊次解重複，故需修正為

$$y_{p1}=Ax \text{ ， } y'_{p1}=A \text{ ， } y''_{p1}=0$$

將以上代回整理得

$$A=1 \quad\Rightarrow\quad y_{p1}=x$$

接著令 y_{p2} 為 $y''-2y'=-2e^{2x}\sin(2x)$ 之特解，因此非齊次項 $f_2(x)=-2e^{2x}\sin(2x)$ ，據此假設

$$y_{p2}=e^{2x}\left[B\cos(2x)+C\sin(2x)\right]$$

此假設與齊次解並無重複，且

$$y'_{p2}=e^{2x}\left[(2B+2C)\cos(2x)+(2C-2B)\sin(2x)\right]$$

$$y''_{p2}=e^{2x}\left[8C\cos(2x)-8B\sin(2x)\right]$$

將 y_{p2} 、 y'_{p2} 以及 y''_{p2} 代回整理

$$e^{2x}\left[(4C-4B)\cos(2x)+(-4B-4C)\sin(2x)\right]=-2e^{2x}\sin(2x)$$

比較係數後，可得

$$B = C = \frac{1}{4} \quad \Rightarrow \quad y_{p2} = \frac{1}{4}e^{2x}\left[\cos(2x) + \sin(2x)\right]$$

故微分方程式之通解為

$$y(x) = y_h + y_{p1} + y_{p2} = c_1 + c_2 e^{2x} + x + \frac{1}{4}e^{2x}\left[\cos(2x) + \sin(2x)\right]$$

■

範例 9

如下圖之電路，已知 $E(t) = 10\sin 20t$ V，$R = 120\ \Omega$，$L = 10$ H，$C = 0.001$ F，且電流初值 $i(0) = 0$ A，$i'(0) = 0$ A/s，試求電流 $i(t) =$ ？

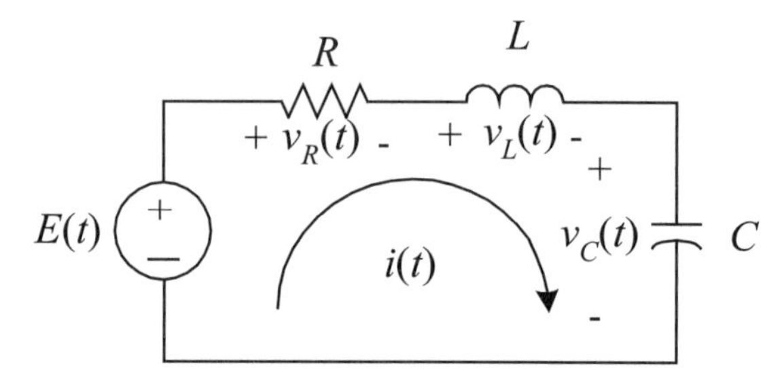

解

由克希荷夫電壓定律可知

$$v_L(t) + v_R(t) + v_C(t) = E(t)$$

代入數值可得

$$10 \cdot i'(t) + 120 \cdot i(t) + \frac{1}{0.001}\int_0^t i(\tau)d\tau + 0 = 10\sin 20t$$

將上式微分，可得電流的二階常係數線性微分方程式

$$i''(t) + 12i'(t) + 100i(t) = 20\cos 20t$$

此微分方程式之特徵方程式為

$$\lambda^2 + 12\lambda + 100 = 0$$

其根為

$$\lambda = -6 \pm 8i$$

因此可得此微分方程式的齊次解為

$$i_h(t) = e^{-6t}\left(c_1 \cos 8t + c_2 \sin 8t\right)$$

又非齊次項 $f(t) = 20\cos 20t$ ，故假設特解為

$$i_p(t) = A\cos 20t + B\sin 20t$$

此時該假設項與齊次解並無重複，且

$$i_p'(t) = -20A\sin 20t + 20B\cos 20t$$

$$i_p''(t) = -400A\cos 20t - 400B\sin 20t$$

將 $i_p(t)$ 、 $i_p'(t)$ 以及 $i_p''(t)$ 代回方程式，則

$$(-300A + 240B)\cos 200t + (-240A - 300B)\sin 200t = 20\cos 20t$$

比較兩端係數，可得

$$A = -\frac{5}{123} \text{，} B = \frac{4}{123}$$

則特解為

$$i_p(t) = -\frac{5}{123}\cos 20t + \frac{4}{123}\sin 20t$$

故微分方程式之通解可表示為

$$i(t) = i_h(t) + i_p(t) = e^{-6t}(c_1 \cos 8t + c_2 \sin 8t) - \frac{5}{123}\cos 20t + \frac{4}{123}\sin 20t$$

最後再將電流初值代入

$$i(0) = c_1 - \frac{5}{123} = 0$$

$$i'(0) = -6c_1 + 8c_2 + \frac{80}{123} = 0$$

可求得

$$\begin{cases} c_1 = \dfrac{5}{123} \\ c_2 = -\dfrac{25}{492} \end{cases}$$

所以，電流為

$$i(t) = e^{-6t}\left(\frac{5}{123}\cos 8t - \frac{25}{492}\sin 8t\right) - \frac{5}{123}\cos 20t + \frac{4}{123}\sin 20t$$

■

類題練習

以下 1 ～ 12 題，請以待定係數法求解各微分方程式：

1. $y'' + 4y' = 2x + 1$
2. $y'' + 3y' - 10y = 2\sin x + 3\cos x$
3. $y'' + y' - 30y = 30(1-x)^2$
4. $y'' - 8y' + 16y = 3e^{4x}$
5. $y'' - y = 2\sinh(x)$
6. $y'' + 11y' - 42y = 4e^{5x}$
7. $y'' + 49y = 14\cos(7x+3)$
8. $y'' - y' - 2y = 18xe^{2x}$
9. $y'' + 16y = 2\sin^2(2x)$
10. $y'' - 6y' + 17y = 2e^{3x}\cos(\sqrt{2}x)\sin(\sqrt{2}x)$
11. $y'' + 3y' + 2y = (x + e^{2x})\sin(2x)$
12. $y'' + 4y' + 4y = 4x^2 + 4x + e^{-2x}$

2-4 參數變異法

A. 參數變異法的推導

考慮二階線性常微分方程式：

$$y'' + p(x)y' + q(x)y = f(x) \tag{2.4.1}$$

此處必須說明的是，當 $p(x)$、$q(x)$ 並非常數，或者 $f(x)$ 是一些比較特殊函數時（如 $\sec x$、$\ln x$ 等），則上節所敘述之待定係數法就較無法派上用場，而必須利用本節介紹之**參數變異法**（method of variation of parameters）來求解，說明如下。

例如 (2.4.1) 式，假設該式具有齊次解 $y_h = c_1 y_1 + c_2 y_2$，且 y_1 與 y_2 為線性獨立，並滿足

$$\begin{cases} y_1'' + p(x)y_1' + q(x)y_1 = 0 \\ y_2'' + p(x)y_2' + q(x)y_2 = 0 \end{cases} \tag{2.4.2}$$

則參數變異法之目的即在於求得兩函數 $u(x)$ 與 $v(x)$，以計算得出微分方程式的特解如下：

$$y_p = u(x)y_1(x) + v(x)y_2(x) \tag{2.4.3}$$

因此首先於此處進行推導。若先對 (2.4.3) 式微分，可得

$$y_p' = uy_1' + vy_2' + u'y_1 + v'y_2$$

而為了簡化公式的推導，在此附加上一個條件，即令

$$u'y_1 + v'y_2 = 0 \tag{2.4.4}$$

於是可化簡得到

$$y_p' = uy_1' + vy_2' \tag{2.4.5}$$

即

$$y_p'' = uy_1'' + vy_2'' + u'y_1' + v'y_2' \tag{2.4.6}$$

再將 y_p 、 y_p' 以及 y_p'' 代回 (2.4.1) 式之微分方程式，可得

$$uy_1''+vy_2''+u'y_1'+v'y_2'+p(x)\left[uy_1'+vy_2'\right]+q(x)\left[u(x)y_1(x)+v(x)y_2(x)\right]=f(x)$$

上式可整理成

$$u\left[y_1''+p(x)y_1'+q(x)y_1\right]+v\left[y_2''+p(x)y_2'+q(x)y_2\right]+u'y_1'+v'y_2'=f(x)$$

且由於 y_1 及 y_2 均為原方程式之解，故根據 (2.4.2) 式之已知恆等式，可知上式兩個中括號之值均等於零，故可化簡為

$$u'y_1'+v'y_2'=f(x) \tag{2.4.7}$$

再輔以聯立 (2.4.4) 式與 (2.4.7) 式，於是形成兩未知函數 $u'(x)$ 與 $v'(x)$ 的聯立方程組

$$\begin{cases} u'y_1+v'y_2=0 \\ u'y_1'+v'y_2'=f(x) \end{cases} \tag{2.4.8}$$

此時求解 (2.4.8) 式，即可得到

$$u'(x)=-\frac{y_2(x)f(x)}{y_1(x)y_2'(x)-y_2(x)y_1'(x)}=-\frac{y_2(x)f(x)}{W(x)}$$

以及

$$v'(x)=\frac{y_1(x)f(x)}{y_1(x)y_2'(x)-y_2(x)y_1'(x)}=\frac{y_1(x)f(x)}{W(x)}$$

其中，$W(x)$ 即是 y_1 與 y_2 的 Wronskian 行列式之計算結果，又由於 y_1 與 y_2 互為線性獨立，故 $W(x)\neq 0$ 。接著分別積分 $u'(x)$ 及 $v'(x)$ ，即可求得函數 $u(x)$ 及 $v(x)$ 如下

$$u(x)=-\int\frac{y_2(x)f(x)}{W(x)}dx \text{ ， } v(x)=\int\frac{y_1(x)f(x)}{W(x)}dx \tag{2.4.9}$$

再將 $u(x)$ 和 $v(x)$ 代回 (2.4.3) 式，即可求得微分方程式的特解 y_p 。至於上述 (2.4.9) 式中之積分常數則通常可予以忽略（設為 0），此乃因為即使分別有積分常數 d_1 及 d_2 ，當其被代回求特解時，仍會得到 $d_1y_1+d_2y_2$ ，而此項實際上已被涵括併入齊次解中。

B. 以參數變異法求特解

本節將參數變異法應用於求解微分方程式$y''+p(x)y'+q(x)y=f(x)$的步驟整理如下：

(1) 求解$y''+p(x)y'+q(x)y=0$，得到齊次解$y_h=c_1y_1+c_2y_2$，並計算其 Wronskian 行列式之計算結果，即$W(x)=y_1y_2'-y_2y_1'$。

(2) 接著令其特解$y_p=uy_1+vy_2$，亦即需先求出$u'(x)$及$v'(x)$，再分別積分後，以求得$u(x)$和$v(x)$如下

$$\begin{cases} u'(x)=-\dfrac{y_2(x)f(x)}{W(x)} \\ v'(x)=\dfrac{y_1(x)f(x)}{W(x)} \end{cases} \Rightarrow \begin{cases} u(x)=\int u'(x)dx=-\int\dfrac{y_2(x)f(x)}{W(x)}dx \\ v(x)=\int v'(x)dx=\int\dfrac{y_1(x)f(x)}{W(x)}dx \end{cases}$$

(3) 微分方程式的通解即表示為$y=y_h+y_p=c_1y_1+c_2y_2+uy_1+vy_2$。

以上結果乃是針對微分方程式$y''+p(x)y'+q(x)y=f(x)$導出，其y''項的係數（亦即該式之領導係數）為 1，因此在應用參數變異法求特解前，必須留意先將方程式同除以y''項的係數（不為 0 的區間中），例如：對於微分方程式$(x^2+1)y''+2xy'+2y=6(x^2+1)^2$，應先將其除以$(x^2+1)$，俟其成為$y''+\dfrac{2x}{x^2+1}y'+\dfrac{2}{x^2+1}y=6(x^2+1)$後，再使用參數變異法加以求解。

範例 1

利用參數變異法求解$y''-8y'-48y=x$。

解

首先求得微分方程式之齊次解為

$$y_h=c_1e^{12x}+c_2e^{-4x}=c_1y_1+c_2y_2$$

y_1與y_2之 Wronskian 行列式計算結果為

$$W(x)=\begin{vmatrix} e^{12x} & e^{-4x} \\ 12e^{12x} & -4e^{-4x} \end{vmatrix}=-16e^{8x}$$

此時令特解為

$$y_p = uy_1 + vy_2$$

由於本題之非齊次項 $f(x) = x$ ，因此

$$\begin{cases} u' = -\dfrac{y_2(x)f(x)}{W(x)} = -\dfrac{e^{-4x} \cdot x}{-16e^{8x}} = \dfrac{1}{16}xe^{-12x} \\ v' = \dfrac{y_1(x)f(x)}{W(x)} = \dfrac{e^{12x} \cdot x}{-16e^{8x}} = -\dfrac{1}{16}xe^{4x} \end{cases}$$

積分後，可得

$$\begin{cases} u = \int u'(x)dx = \int \dfrac{1}{16}xe^{-12x}dx = -\dfrac{1}{192}xe^{-12x} - \dfrac{1}{2304}e^{-12x} \\ v = \int v'(x)dx = \int -\dfrac{1}{16}xe^{4x}dx = -\dfrac{1}{64}xe^{4x} + \dfrac{1}{256}e^{4x} \end{cases}$$

故特解為

$$y_p = uy_1 + vy_2 = -\frac{1}{48}x + \frac{1}{288}$$

所以微分方程式之通解為

$$y(x) = y_h + y_p = c_1e^{-12x} + c_2e^{4x} - \frac{1}{48}x + \frac{1}{288}$$

此題若使用待定係數法，亦可求得一樣的答案，讀者可自我練習。

■

範例 2

求解 $y'' + 2y' + y = x^{-3}e^{-x}$ 。

解

首先求得本微分方程式之齊次解為

$$y_h = c_1e^{-x} + c_2xe^{-x} = c_1y_1 + c_2y_2$$

y_1 與 y_2 之 Wronskian 行列式計算結果為

$$W(x)=\begin{vmatrix} e^{-x} & xe^{-x} \\ -e^{-x} & (1-x)e^{-x} \end{vmatrix}=e^{-2x}$$

接著令特解為

$$y_p=uy_1+vy_2$$

由於本題之非齊次項 $f(x)=x^{-3}e^{-x}$，因此

$$\begin{cases} u'=-\dfrac{y_2(x)f(x)}{W(x)}=-\dfrac{xe^{-x}\cdot x^{-3}e^{-x}}{e^{-2x}}=-x^{-2} \\ v'=\dfrac{y_1(x)f(x)}{W(x)}=\dfrac{e^{-x}\cdot x^{-3}e^{-x}}{e^{-2x}}=x^{-3} \end{cases}$$

積分後，可得

$$\begin{cases} u=\int u'(x)dx=\int -x^{-2}dx=x^{-1} \\ v=\int v'(x)dx=\int x^{-3}dx=-\dfrac{1}{2}x^{-2} \end{cases}$$

故特解為

$$y_p=uy_1+vy_2=\frac{e^{-x}}{2x}$$

微分方程式之通解為

$$y(x)=y_h+y_p=c_1e^{-x}+c_2xe^{-x}+\frac{e^{-x}}{2x}$$

■

範例 3

求解 $y''+4y=4\sec(2x)$。

解

本微分方程式之齊次解為

$$y_h=c_1\cos(2x)+c_2\sin(2x)=c_1y_1+c_2y_2$$

計算 y_1 與 y_2 之 Wronskian 行列式結果為

$$W(x)=\begin{vmatrix}\cos(2x) & \sin(2x)\\ -2\sin(2x) & 2\cos(2x)\end{vmatrix}=2$$

令特解為

$$y_p=uy_1+vy_2$$

又因非齊次項 $f(x)=4\sec(2x)$，因此可計算得出

$$\begin{cases}u'=-\dfrac{y_2(x)f(x)}{W(x)}=-\dfrac{4\sin(2x)\sec(2x)}{2}=-2\tan(2x)\\ v'=\dfrac{y_1(x)f(x)}{W(x)}=\dfrac{4\cos(2x)\sec(2x)}{2}=2\end{cases}$$

再分別對 u' 及 v' 積分得到

$$\begin{cases}u=\int u'(x)dx=\int -2\tan(2x)dx=\ln\left|\cos(2x)\right|\\ v=\int v'(x)dx=\int 2dx=2x\end{cases}$$

故特解為

$$y_p=uy_1+vy_2=\cos(2x)\ln\left|\cos(2x)\right|+2x\sin(2x)$$

本微分方程式之通解為

$$y(x)=y_h+y_p=c_1\cos(2x)+c_2\sin(2x)+\cos(2x)\ln\left|\cos(2x)\right|+2x\sin(2x)$$

■

範例 4

求解 $y''+3y'+2y=\dfrac{e^{-x}}{e^x+1}$。

解

首先求得齊次解為

$$y_h=c_1e^{-x}+c_2e^{-2x}=c_1y_1+c_2y_2$$

其 Wronskian 行列式之計算結果為

$$W(x)=\begin{vmatrix} e^{-x} & e^{-2x} \\ -e^{-x} & -2e^{-2x} \end{vmatrix}=-e^{-3x}$$

令特解

$$y_p=uy_1+vy_2$$

由於本題之非齊次項 $f(x)=\dfrac{e^{-x}}{e^x+1}$，於是可求得

$$\begin{cases} u'=-\dfrac{y_2(x)f(x)}{W(x)}=\dfrac{e^{-2x}e^{-x}}{e^{-3x}(e^x+1)}=\dfrac{1}{e^x+1}=1-\dfrac{e^x}{e^x+1} \\ v'=\dfrac{y_1(x)f(x)}{W(x)}=-\dfrac{e^{-x}e^{-x}}{e^{-3x}(e^x+1)}=-\dfrac{e^x}{e^x+1} \end{cases}$$

分別積分得

$$\begin{cases} u=\int u'(x)dx=\int\left(1-\dfrac{e^x}{e^x+1}\right)dx=x-\ln(e^x+1) \\ v=\int v'(x)dx=\int-\dfrac{e^x}{e^x+1}dx=-\ln(e^x+1) \end{cases}$$

故特解為

$$y_p=uy_1+vy_2=xe^{-x}-\left(e^{-x}+e^{-2x}\right)\ln(e^x+1)$$

本微分方程式之通解為

$$y(x)=y_h+y_p=c_1e^x+c_2e^{2x}+xe^{-x}-\left(e^{-x}+e^{-2x}\right)\ln(e^x+1)$$

■

範例 5

求解 $4y''+36y=\tan(3x)$ 。

解

首先將微分方程式之各項同除以 4，以使得 y'' 項的係數為 1，即如下式：

$$y''+9y=\frac{1}{4}\tan(3x)$$

接著求得齊次解

$$y_h = c_1\cos(3x) + c_2\sin(3x) = c_1 y_1 + c_2 y_2$$

並計算 y_1 與 y_2 之 Wronskian 行列式之計算結果為

$$W(x) = \begin{vmatrix} \cos(3x) & \sin(3x) \\ -3\sin(3x) & 3\cos(3x) \end{vmatrix} = 3$$

令特解為

$$y_p = uy_1 + vy_2$$

由於本題之非齊次項 $f(x) = \frac{1}{4}\tan(3x)$ ，因此可求得

$$\begin{cases} u' = -\frac{1}{12}\sin(3x)\tan(3x) = -\frac{1}{12}\frac{\sin^2(3x)}{\cos(3x)} = -\frac{1}{12}\left[\sec(3x) - \cos(3x)\right] \\ v' = \frac{1}{12}\cos(3x)\tan(3x) = \frac{1}{12}\sin(3x) \end{cases}$$

分別積分後，可得

$$\begin{cases} u = \int -\frac{1}{12}\left[\sec(3x) - \cos(3x)\right]dx = -\frac{1}{36}\left[\ln\left|\sec(3x) + \tan(3x)\right| - \sin(3x)\right] \\ v = \int \frac{1}{12}\sin(3x)dx = -\frac{1}{36}\cos(3x) \end{cases}$$

故特解為

$$y_p = uy_1 + vy_2 = -\frac{1}{36}\ln\left|\sec(3x) + \tan(3x)\right|$$

微分方程式之通解為

$$y(x) = y_h + y_p = c_1\cos(3x) + c_2\sin(3x) - \frac{1}{36}\ln\left|\sec(3x) + \tan(3x)\right|$$

■

範例 6

已知 $y_1(x)=x^2$ 與 $y_2(x)=2x+1$ 均是微分方程式 $(x^2+x)y''-(2x+1)y'+2y=0$ 之解，試求方程式 $(x^2+x)y''-(2x+1)y'+2y=2(x^2+x)^2$ 之解。

解

由題意可知，因為 y'' 項的係數必須為 1，所以可知 $y_1(x)=x^2$ 與 $y_2(x)=2x+1$ 是以下這個微分方程式之齊次解

$$y''-\frac{2x+1}{x^2+x}y'+\frac{2}{x^2+x}y=2x^2+2x$$

亦即

$$y_h=c_1x^2+c_2(2x+1)$$

又計算 y_1 與 y_2 之 Wronskian 行列式計算結果為

$$W(x)=\begin{vmatrix} x^2 & 2x+1 \\ 2x & 2 \end{vmatrix}=-2x^2-2x$$

且令特解為

$$y_p=uy_1+vy_2$$

而此時因本題之非齊次項 $f(x)=2x^2+2x$，於是可得

$$\begin{cases} u'=-\dfrac{y_2(x)f(x)}{W(x)}=\dfrac{(2x+1)(2x^2+2x)}{2x^2+2x}=2x+1 \\ v'=\dfrac{y_1(x)f(x)}{W(x)}=-\dfrac{2x^2(x^2+x)}{2x^2+2x}=-x^2 \end{cases}$$

分別積分後，可得

$$\begin{cases} u=\int u'(x)dx=\int(2x+1)dx=x^2+x \\ v=\int v'(x)dx=\int -x^2dx=-\dfrac{1}{3}x^3 \end{cases}$$

故求得特解為

$$y_p=uy_1+vy_2=\frac{1}{3}x^4+\frac{2}{3}x^3$$

微分方程式之通解為

$$y(x)=y_h+y_p=c_1x^2+c_2(2x+1)+\frac{1}{3}x^4+\frac{2}{3}x^3$$

■

類題練習

以下 1 ~ 11 題，試以參數變異法求解各微分方程式

1. $y''+y=\sec x$

2. $y''-4y'+4y=x^{-2}e^{2x}$

3. $y''-3y'-4y=(5x^{-2}+2x^{-3})e^{-x}$

4. $y''-6y'+10y=e^{3x}\csc x$

5. $y''+5y'+6y=e^{-3x}\sec^2 x(-1+2\tan x)$

6. $y''-3y'+2y=\dfrac{e^x}{e^{-x}+1}$

7. $y''-y=\dfrac{2}{e^x+1}$

8. $y''+6y'+9y=\dfrac{2e^{-3x}}{x^2+1}$

9. $y''-2y'+y=4e^x\ln x$

10. $y''+3y'+2y=(x+1)e^{-x}\ln x$

11. $3y''+12y=2\tan 2x$

2-5 尤拉方程式

A. 尤拉方程式（Euler's Equation）的定義

二階尤拉常微分方程式具有以下的型式：

$$x^2 y'' + Axy' + By = 0 \tag{2.5.1}$$

其中 A 、 B 均為常數。對於此類微分方程式，我們可經由變數變換方法轉換成一個常係數的線性微分方程式，進而予以求解。

B. 尤拉方程式的求解

考慮二階尤拉常微分方程式： $x^2 y'' + Axy' + By = 0$ ，並討論其解在 $x > 0$ 的情況，首先構思應用指數函數推導方程式中之變數變換，即令

$$x = e^t \quad \Rightarrow \quad t = \ln x \text{，} x > 0$$

以及

$$y(x) = y(e^t) = Y(t) \tag{2.5.2}$$

則

$$y'(x) = \frac{dy(x)}{dx} = \frac{dY(t)}{dt}\frac{dt}{dx} = \frac{1}{x}Y'(t) \tag{2.5.3}$$

且

$$\begin{aligned} y''(x) &= \frac{dy'(x)}{dx} = \frac{d}{dx}\left(\frac{1}{x}Y'(t)\right) \\ &= \frac{1}{x}\frac{d}{dx}\big(Y'(t)\big) + Y'(t)\frac{d}{dx}\left(\frac{1}{x}\right) \\ &= \frac{1}{x}\frac{dY'(t)}{dt}\frac{dt}{dx} - \frac{1}{x^2}Y'(t) \\ &= \frac{1}{x^2}Y''(t) - \frac{1}{x^2}Y'(t) \end{aligned} \tag{2.5.4}$$

將 (2.5.2)、(2.5.3) 以及 (2.5.4) 式代回尤拉方程式中，可得

$$x^2\left[\frac{1}{x^2}Y''(t)-\frac{1}{x^2}Y'(t)\right]+Ax\left(\frac{1}{x}Y'(t)\right)+BY(t)=0$$

整理得

$$Y''(t)+(A-1)Y'(t)+BY(t)=0 \tag{2.5.5}$$

由 (2.5.5) 式可知，此時 $Y(t)$ 已為常係數線性二階微分方程式，換言之，此時求解 $Y(t)$ 之方法可參考 2-2 節所述，即可予以解出，不過必須留意的是，求完 $Y(t)$ 之解後，尚需經由 $t=\ln x$ 將 $Y(t)$ 轉換回原尤拉方程式之解 $y(x)$，亦即

$$y(x)=Y(t)\big|_{t=\ln x}=Y(\ln x) \tag{2.5.6}$$

以上是在 $x>0$ 的情況下所做的討論，此外，若欲考慮 $x<0$ 之解，則須將 $\ln x$ 更改為 $\ln|x|$，亦即令 $t=\ln|x|$，且最後的解為 $y(x)=Y\left(\ln|x|\right)$。

學習秘訣

(1) 在求解尤拉方程式時，若欲直接套用如 (2.5.5) 式的轉換結果時，應特別注意此結果乃由 $x^2y''+Axy'+By=0$ 推導而得，其 x^2y'' 項的係數必須為 1，故在套用之前，必須先同除以 x^2y'' 項的係數。例如：對於微分方程式 $2x^2y''+3xy'+4y=0$，應先將其同除以 2 成為 $x^2y''+1.5xy'+2y=0$ 之後，才能直接套用結果，並裨於轉換成 $Y''(t)+0.5Y'(t)+2Y(t)=0$ 而求解。

(2) 對於具有非齊次項之微分方程式 $x^2y''+Axy'+By=f(x)$，同樣可經由 $x=e^t$ 的變數變換，先推導得到非齊次的常係數線性二階微分方程式 $Y''(t)+(A-1)Y'(t)+BY(t)=F(t)$，而其特解則可利用前二節所介紹的待定係數法或者參數變異法來求解。

範例 1

求解 $x^2y''+4xy'-4y=0$。

解

首先觀察此微分方程式為尤拉方程式，因此可利用變數變換，即令

$$x=e^t \;\Rightarrow\; t=\ln x，\; x>0$$

且在 $Y(t)=y(e^t)$ 代入後，可將原微分方程式轉換為

$$Y''(t)+3Y'(t)-4Y(t)=0$$

其特徵方程式具有兩相異實根 $\lambda_t=1$ 、 -4 ，故

$$Y(t)=c_1e^t+c_2e^{-4t}$$

因此本微分方程式之解為

$$y(x)=Y(\ln x)=c_1e^{\ln x}+c_2e^{-4\ln x}=c_1x+c_2x^{-4}\text{，}x>0$$ ■

範例 2

求解 $x^2y''-13xy'+49y=0$ 。

解

觀察此微分方程式為尤拉方程式型式，因此可利用變數變換，即令

$$x=e^t \quad\Rightarrow\quad t=\ln x\text{，}x>0$$

且在 $Y(t)=y(e^t)$ 代入後，可將微分方程式轉換成

$$Y''(t)-14Y'(t)+49Y(t)=0$$

其特徵方程式之根為 $\lambda_t=7$ （重根），故可得

$$Y(t)=c_1e^{7t}+c_2te^{7t}$$

因此本微分方程式之解為

$$y(x)=Y(\ln x)=c_1x^7+c_2x^7\ln x\text{，}x>0$$ ■

範例 3

求解 $2x^2y''-10xy'+27y=0$ 。

解

首先將微分方程式同除以 2，以確定 x^2y'' 項之係數等於 1，因此可得

$$x^2y''-5xy'+\frac{27}{2}y=0$$

由於本式為尤拉方程式，因此可利用變數變換，即令

$$x = e^t \quad \Rightarrow \quad t = \ln x \text{，} x > 0$$

又 $Y(t) = y(e^t)$，於是可將原式轉換成

$$Y''(t) - 6Y'(t) + \frac{27}{2}Y(t) = 0$$

其特徵方程式具有共軛複數根為 $3 \pm \frac{3}{2}\sqrt{2}i$，故

$$Y(t) = c_1 e^{3t}\cos(\frac{3}{2}\sqrt{2}t) + c_2 e^{3t}\sin(\frac{3}{2}\sqrt{2}t)$$

則本微分方程式之解可求得為

$$y(x) = Y(\ln x) = c_1 x^3 \cos(\frac{3}{2}\sqrt{2}\ln x) + c_2 x^3 \sin(\frac{3}{2}\sqrt{2}\ln x) \text{，} x > 0$$

■

範例 4

求解 $x^2 y'' + 6xy' + 6y = \ln x$。

解

觀察此微分方程式為尤拉方程式，因此可利用變數變換，即令

$$x = e^t \quad \Rightarrow \quad t = \ln x \text{，} x > 0$$

且在 $Y(t) = y(e^t)$ 代入後，可將原式轉換為

$$Y''(t) + 5Y'(t) + 6Y(t) = t$$

其齊次解為

$$Y_h(t) = c_1 e^{-2t} + c_2 e^{-3t}$$

此時非齊次項 $F(t) = t$，故可假設特解為

$$Y_p(t) = At + B$$

並在微分後，可求得

$$Y_p'(t) = A \text{，} Y_p''(t) = 0$$

續將 Y_p 、Y_p' 以及 Y_p'' 代回方程式，並予以係數比較後，可得

$$5A+6At+6B=t \quad \Rightarrow \quad A=\frac{1}{6}\text{，}B=-\frac{5}{36}$$

故特解為

$$Y_p(t)=\frac{1}{6}t-\frac{5}{36}$$

亦即，轉換後之微分方程式之通解為

$$Y(t)=Y_h(t)+Y_p(t)=c_1e^{-2t}+c_2e^{-3t}+\frac{1}{6}t-\frac{5}{36}$$

因此原微分方程式之通解為

$$y(x)=Y(\ln x)=c_1e^{-2\ln x}+c_2e^{-3\ln x}+\frac{1}{6}\ln x-\frac{5}{36}=c_1x^{-2}+c_2x^{-3}+\frac{1}{6}\ln x-\frac{5}{36}\text{，}x>0$$

■

範例 5

求解 $x^2y''+xy'-y=2(x-x^{-1})$ 。

觀察此微分方程式為尤拉方程式，因此可利用變數變換，即令

$$x=e^t \quad \Rightarrow \quad t=\ln x\text{，}x>0$$

且在 $Y(t)=y(e^t)$ 代入後，可將原式轉換為

$$Y''(t)-Y(t)=2(e^t-e^{-t})$$

其齊次解為

$$Y_h(t)=c_1e^t+c_2e^{-t}$$

此時非齊次項 $F(t)=2(e^t-e^{-t})$，故可假設特解為

$$Y_p(t)=Ae^t+Be^{-t}$$

惟此恰與齊次解有重複之處，故需修正為

$$Y_p(t)=Ate^t+Bte^{-t}$$

且將其微分後，求得

$$Y_p'(t)=(At+A)e^t+(-Bt+B)e^{-t}\text{ ， }Y_p''(t)=(At+2A)e^t+(Bt-2B)e^{-t}$$

續再將 Y_p 、 Y_p' 以及 Y_p'' 代回方程式，並予以係數比較後，可得

$$2Ae^t-2Be^{-t}=2e^t-2e^{-t}\quad\Rightarrow\quad A=B=1$$

故特解為

$$Y_p(t)=t(e^t+e^{-t})$$

亦即，轉換後之微分方程式之通解為

$$Y(t)=Y_h(t)+Y_p(t)=c_1e^t+c_2e^{-t}+t(e^t+e^{-t})$$

因此本微分方程式之通解為

$$\begin{aligned}y(x)=Y(\ln x)&=c_1e^{\ln x}+c_2e^{-\ln x}+\ln x(e^{\ln x}+e^{-\ln x})\\&=c_1x+c_2x^{-1}+(x+x^{-1})\ln x\text{ ， }x>0\end{aligned}$$

■

範例 6

求解 $x^2y''-2xy'+2y=\sin(x^{-1})$ 。

解

觀察此微分方程式為尤拉方程式，可令

$$x=e^t\quad\Rightarrow\quad t=\ln x\text{ ， }x>0$$

且在 $Y(t)=y(e^t)$ 予以代入後，即將微分方程式轉換成

$$Y''(t)-3Y'(t)+2Y(t)=\sin(e^{-t})$$

首先求得齊次解為

$$Y_h(t)=c_1e^t+c_2e^{2t}=c_1Y_1(t)+c_2Y_2(t)$$

至於其特解則需以參數變異法求解，因此首先計算 Wronskian 行列式結果為

$$W(t)=Y_1(t)Y_2'(t)-Y_1'(t)Y_2(t)=e^{3t}$$

又因本題之非齊次項 $F(t)=\sin(e^{-t})$，於是可用參數變異法求得

$$\begin{cases} u=\int -\dfrac{Y_2(t)F(t)}{W(t)}dt=\int -\dfrac{e^{2t}\sin(e^{-t})}{e^{3t}}dt=\int -e^{-t}\sin(e^{-t})dt=-\cos(e^{-t}) \\ v=\int \dfrac{Y_1(t)F(t)}{W(t)}dt=\int \dfrac{e^{t}\sin(e^{-t})}{e^{3t}}dt=\int e^{-2t}\sin(e^{-t})dt=e^{-t}\cos(e^{-t})-\sin(e^{-t}) \end{cases}$$

亦即本題之特解為

$$Y_p(t)=uY_1(t)+vY_2(t)=-e^{2t}\sin(e^{-t})$$

故轉換後的微分方程式之通解為

$$Y(t)=Y_h(t)+Y_p(t)=c_1e^{t}+c_2e^{2t}-e^{2t}\sin(e^{-t})$$

而原微分方程式之通解即可求得為

$$y(x)=Y(\ln x)=c_1x+c_2x^2-x^2\sin(x^{-1})\text{，}x>0$$

■

範例 7

某微分方程式的通解為 $y(x)=x^{-2}\left[c_1\cos(3\ln x)+c_2\sin(3\ln x)\right]$，試求出該微分方程式？

解

利用變數變換，令

$$x=e^{t} \quad\Rightarrow\quad t=\ln x\text{，}x>0$$

因此可將原式轉換為

$$Y(t)=y(e^{t})=e^{-2t}\left[c_1\cos(3t)+c_2\sin(3t)\right]$$

此乃一常係數的二階齊次微分方程式之通解，亦即該微分方程式可因而表示為

$$Y''(t)+4Y'(t)+13Y(t)=0$$

最後，再由 $t=\ln x$ 以及 $y(x)=Y(\ln x)$ 之代換，即可轉換回原微分方程式如下

$$x^2y''+5xy'+13y=0$$

此處並可看出本題之解乃一尤拉方程式。

■

類題練習

試求解以下 1 ～ 12 題之微分方程式。

1. $x^2y''-8xy'-36y=0$

2. $4x^2y''+y=0$

3. $x^2y''+4xy'=0$

4. $x^2y''+7xy'+12y=0$

5. $x^2y''+xy'+24y=0$

6. $\sqrt{2}y''-2x^{-1}y'+2x^{-2}y'=0$

7. $x^2y''-5xy'+9y=x^{-2}$

8. $x^2y''+5xy'+4y=x^{-2}(2+x\ln x)$

9. $xy''-y'+2x^{-1}y=2\cos(\ln x)$

10. $y''-2x^{-1}y'+2x^{-2}y=(x+1)^{-1}$

11. $x^2y''+xy'+y=\sec(\ln x)$

12. $xy''-y'=(1+x)x^2e^{-x}$

13. 若 $x^2y''+p(x)y'+q(x)y=q(x)\ln(\ln x)$ 之齊次解為 $y(x)=x\left(c_1+c_2\ln x\right)$，試求其通解。

14. 試利用 $ax+b=e^t$ 的變數變換，將微分方程式 $(ax+b)^2y''+A(ax+b)y'+By=0$ 轉換為常係數線性微分方程式。

請根據第 14 題的結果求解 15 ～ 16 題。

15. $(x+2)^2y''+5(x+2)y'+8y=0$

16. $(9+12x+4x^2)y''-(6+4x)y'+4y=0$

17. 試利用 $x=e^t$ 的變換將三階尤拉方程式 $x^3y'''+Ax^2y''+Bxy'+Cy=0$ 轉換為常係數線性微分方程式。

請根據第 17 題的結果求解 18 ～ 19 題。

18. $x^3y'''+xy'-y=0$

19. $x^3y'''+2xy''-xy'-15y=0$

2-6 高階正合方程式（選讀）

A. 正合微分方程式的定義

考慮 n 階線性常微分方程式如下：

$$p_n(x)y^{(n)}+p_{n-1}(x)y^{(n-1)}+\cdots+p_1(x)y'+p_0(x)y=f(x) \tag{2.6.1}$$

其中 $p_0(x)$ 、 $p_1(x)$ 、 ⋯ 、 $p_n(x)$ 均為 x 的函數，若其滿足

$$p_0(x)-p_1'(x)+p_2''(x)+\cdots+(-1)^n p_n^{(n)}(x)=0 \tag{2.6.2}$$

則稱 (2.6.1) 式為 n 階正合微分方程式。

B. 正合微分方程式的求解

以二階正合微分方程式 $p_2(x)y''+p_1(x)y'+p_0(x)y=f(x)$ 為例：

由於

$$\left[p_2(x)y'\right]'=p_2(x)y''+p_2'(x)y'$$

即

$$p_2(x)y''=\left[p_2(x)y'\right]'-p_2'(x)y'$$

代回整理得

$$\left[p_2(x)y'\right]'+\left[p_1(x)-p_2'(x)\right]y'+p_0(x)y=f(x)$$

又

$$\left[\left(p_1(x)-p_2'(x)\right)y\right]'=\left[p_1(x)-p_2'(x)\right]y'+\left[p_1(x)-p_2'(x)\right]'y$$

亦即

$$\left[p_1(x)-p_2'(x)\right]y'=\left[\left(p_1(x)-p_2'(x)\right)y\right]'-\left[p_1'(x)-p_2''(x)\right]y$$

再代回整理可得

$$\left[p_2(x)y'\right]' + \left[\left(p_1(x) - p_2'(x)\right)y\right]' + \left[p_0(x) - p_1'(x) + p_2''(x)\right]y = f(x)$$

根據定義，正合微分方程式須滿足式 (2.6.2) 式，而對二階而言，即符合

$$p_0(x) - p_1'(x) + p_2''(x) = 0 \tag{2.6.3}$$

故正合方程式可整理成

$$\left[p_2(x)y'\right]' + \left[\left(p_1(x) - p_2'(x)\right)y\right]' = f(x) \tag{2.6.4}$$

此時對 (2.6.4) 式中之各項分別積分一次，即成為一階線性常微分方程式

$$p_2(x)y' + \left[p_1(x) - p_2'(x)\right]y = \int f(x)dx + c$$

最後，求解該一階線性微分方程式即得原正合方程式之解。

範例 1

求解 $x^2y'' + 5xy' + 3y = 0$。

解

此為一尤拉方程式，其中

$$p_0(x) = 3\text{，}\ p_1(x) = 5x\text{，}\ p_2(x) = x^2$$

且

$$p_0(x) - p_1'(x) + p_2''(x) = 3 - 5 + 2 = 0$$

故此微分方程式正合，可化簡為

$$\left(x^2y'\right)' + (3xy)' = 0$$

再將兩端分別積分後，可得

$$x^2y' + 3xy = c_1 \quad \Rightarrow \quad y' + 3x^{-1}y = c_1x^{-2}$$

此時已可看出上式乃為一階線性微分方程式，其積分因子為

$$e^{\int 3x^{-1}dx} = e^{3\ln x} = x^3$$

且

$$d(x^3 y) = c_1 x dx \quad \Rightarrow \quad x^3 y = c_1 x^2 + c_2$$

故本題之正合方程式之解為

$$y(x) = c_1 x^{-1} + c_2 x^{-3}$$

■

範例 2

求解 $x(x-1)y'' + xy' - y = 0$ 。

解

分析本題之方程式可知

$$p_0(x) = -1 \text{，} \ p_1(x) = x \text{，} \ p_2(x) = x^2 - x$$

又

$$p_0(x) - p_1'(x) + p_2''(x) = -1 - 1 + 2 = 0$$

故此微分方程式正合，可化簡為

$$\left[\left(x^2 - x\right)y'\right]' + \left[\left(-x+1\right)y\right]' = 0$$

再經兩端分別積分後，可得

$$x(x-1)y' - (x-1)y = c_1 \quad \Rightarrow \quad y' - \frac{1}{x}y = \frac{c_1}{x(x-1)}$$

此乃一階線性微分方程式，積分因子為

$$e^{\int -\frac{1}{x}dx} = e^{-\ln x} = x^{-1}$$

又

$$d(x^{-1}y) = \left(\frac{c_1}{x^2(x-1)}\right)dx \quad \Rightarrow \quad x^{-1}y = c_1\left(\frac{1}{x} + \ln\frac{x-1}{x}\right) + c_2$$

因此本題之正合方程式之解可求得為

$$y(x)=c_1\left(1+x\ln\frac{x-1}{x}\right)+c_2x$$

■

範例 3

求解 $y''+\sin xy'+\cos xy=0$ 。

解

分析本題之方程式可知

$$p_0(x)=\cos x\text{ ，}\ p_1(x)=\sin x\text{ ，}\ p_2(x)=1$$

又

$$p_0(x)-p_1'(x)+p_2''(x)=\cos x-\cos x+0=0$$

故此微分方程式正合，可化簡為

$$[y']'+[\sin x\cdot y]'=0$$

再經兩端分別積分後，可得

$$y'+\sin x\cdot y=c_1$$

此乃一階線性微分方程式，積分因子為

$$e^{\int\sin x dx}=e^{-\cos x}$$

又

$$d(e^{-\cos x}y)=c_1dx\ \Rightarrow\ e^{-\cos x}y=c_1x+c_2$$

因此本題之正合方程式之解可求得為

$$y(x)=c_1xe^{\cos x}+c_2e^{\cos x}$$

■

範例 4

求解 $x(x+1)y''+(4x+1)y'+2y=2x+1$ 。

解

分析本題之方程式可知

$$p_0(x)=2，\ p_1(x)=4x+1，\ p_2(x)=x^2+x$$

又因

$$p_0(x)-p_1'(x)+p_2''(x)=2-4+2=0$$

故此為正合微分方程式，可化簡為

$$\left[x(x+1)y'\right]'+\left(2xy\right)'=2x+1$$

再經兩端分別積分後，可得

$$x(x+1)y'+2xy=x^2+x+c_1 \quad \Rightarrow \quad y'+\frac{2}{x+1}y=\frac{c_1}{x(x+1)}+1$$

此乃一階線性微分方程式，積分因子為

$$e^{\int\frac{2}{x+1}dx}=e^{2\ln(x+1)}=(x+1)^2$$

且

$$d\left((x+1)^2 y\right)=\left(c_1\frac{x+1}{x}+(x+1)^2\right)dx \quad \Rightarrow \quad (x+1)^2 y=c_1(x+\ln x)+\frac{1}{3}(x+1)^3+c_2$$

因此本題之正合方程式之解為

$$y(x)=\frac{1}{(x+1)^2}\left[c_1(x+\ln x)+c_2\right]+\frac{1}{3}(x+1)$$

■

2-7 高階非線性方程式（選讀）

高階非線性常微分方程式的型式較為繁雜而且變化極多，建議可以選讀，因此以下僅簡單介紹兩種：

(1) 微分方程式中，因變數 y 不出現（即缺 y 項）

此類方程式可以如下的型式代表之：

$$F(x, y', \cdots, y^{(n-1)}, y^{(n)}) = 0$$

例如

$$y'' + 2xy' - (y')^2 = 0$$

以及

$$y' + xy''' = \ln x$$

(2) 微分方程式中，自變數 x 不出現（即缺 x 項）

此類方程式可以如下型式代表之：

$$F(y, y', \cdots, y^{(n-1)}, y^{(n)}) = 0$$

例如

$$y'' + \sin y = 0$$

以及

$$yy'' - (y')^2 + 2y = 0$$

範例 1

求解 $y''+(y')^2+1=0$ 。

解

分析本題之方程式可知缺少 y 項，所以令

$$p(x)=y'$$

故此微分方程式可化為

$$p'+p^2+1=0$$

此為一階可變數分離之微分方程式，將變數分離後可得

$$\frac{dp}{p^2+1}+dx=0$$

再分別積分後，可得

$$\tan^{-1}p+x=c_1$$

化簡後，可得

$$p=\tan(c_1-x)$$

又因 $p(x)=y'$ ，所以可寫為

$$y=\int pdx=\int\tan(c_1-x)dx=-\ln|\cos(c_1-x)|+c_2$$

■

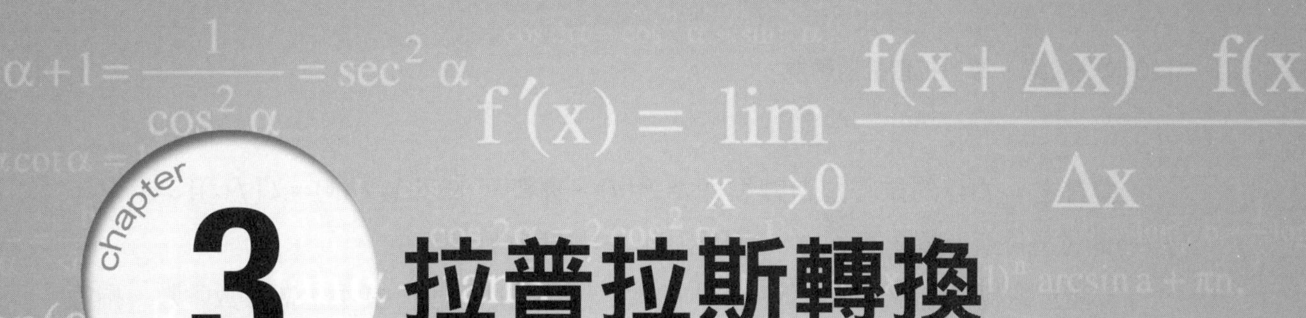

chapter 3 拉普拉斯轉換

拉**普拉斯轉換**（Laplace transform）可應用於協助科學研究及工程應用領域之分析及觀察訊號變化，尤其透過拉普拉斯轉換，恰可將原為**時域**（time domain）的問題轉換至**頻域**（*s* domain）的問題，因而可形成簡單的代數方程式，進而方便求解。此外，經由拉普拉斯轉換之助，亦可求解微分方程式。因此，本章即介紹拉普拉斯轉換，並探討拉普拉斯轉換的定理與特性，俾以作為分析相關工程問題之準備。

3-1 基本函數之拉普拉斯轉換

茲假設 $t \geq 0$ 之時域函數為 $f(t)$，則 $f(t)$ 的拉普拉斯轉換表示如下：

$$F(s) = \mathcal{L}[f(t)] = \int_0^\infty f(t)e^{-st}dt$$

換言之，$f(t)$的拉普拉斯轉換即為$F(s)$，亦即可表示為$F(s)=\mathcal{L}[f(t)]$；反之，$F(s)$的拉普拉斯反轉換為$f(t)$，可利用$f(t)=\mathcal{L}^{-1}[F(s)]$表示之。

本節首先利用定義，計算數種基本函數之拉普拉斯轉換，其中包括常數函數、指數函數以及正弦函數，而對於較複雜函數之拉普拉斯轉換，則將在後續章節分別介紹。

範例 1

假設$f(t)=e^{\alpha t}$，α為任意常數，試求$\mathcal{L}[f(t)]$。

解

根據拉普拉斯轉換之定義可得

$$F(s)=\mathcal{L}[f(t)]=\int_0^{\infty} e^{\alpha t}e^{-st}dt=\int_0^{\infty} e^{-(s-\alpha)t}dt$$

若$s>\alpha$時，則

$$\mathcal{L}[e^{\alpha t}]=\frac{1}{s-\alpha}$$

此$s>\alpha$即為此拉普拉斯轉換之收斂區間。

■

範例 2

若$f(t)$為任意常數α，試求$\mathcal{L}[f(t)]$。

解

$$\mathcal{L}[f(t)]=\int_0^{\infty}\alpha e^{-st}dt=\alpha\int_0^{\infty} e^{-st}dt$$

$$=-\frac{\alpha}{s}e^{-st}\Big|_0^{\infty}=\frac{\alpha}{s}$$

■

範例 3

若 $f(t)=t$ ，試求 $\mathcal{L}[f(t)]$ 。

解

$$\mathcal{L}[f(t)]=\int_0^\infty te^{-st}dt$$

$$=-\frac{1}{s}\int_0^\infty tde^{-st}$$

$$=-\frac{1}{s}\left[te^{-st}\Big|_0^\infty-\int_0^\infty e^{-st}dt\right]$$

$$=-\frac{1}{s}\left[\lim_{t\to\infty}te^{-st}-0+\frac{1}{s}e^{-st}\Big|_0^\infty\right]$$

$$=-\frac{1}{s}\left[-\frac{1}{s}\right]=\frac{1}{s^2}$$

■

範例 4

若 $f(t)=t^2$ ，試求 $\mathcal{L}[f(t)]$ 。

解

$$\mathcal{L}[f(t)]=\int_0^\infty t^2e^{-st}dt$$

$$=-\frac{1}{s}\int_0^\infty t^2de^{-st}$$

$$=-\frac{1}{s}\left[t^2e^{-st}\Big|_0^\infty-\int_0^\infty e^{-st}dt^2\right]$$

$$=\frac{1}{s}\left[\int_0^\infty e^{-st}\cdot 2tdt\right]$$

$$=\frac{2}{s}\int_0^\infty te^{-st}dt$$

$$=\frac{2}{s}\cdot\frac{1}{s^2}=\frac{2}{s^3}$$

■

若將範例 3 及範例 4 之結果予以推廣，可得 t^n 之拉普拉斯轉換為 $\dfrac{n!}{s^{n+1}}$，此時 $n>-1$。

範例 5

試求函數 $\sin(\alpha t)$ 之拉普拉斯轉換，其中 α 為任意常數。

解

根據拉普拉斯轉換定義，可得

$$\begin{aligned}\mathcal{L}[e^{i\alpha t}] &= \int_0^\infty e^{i\alpha t}e^{-st}dt = \int_0^\infty e^{(i\alpha-s)t}dt \\ &= \frac{1}{i\alpha-s}e^{-st}e^{i\alpha t}\Big|_0^\infty = \frac{-s-i\alpha}{s^2+\alpha^2}e^{-st}e^{i\alpha t}\Big|_0^\infty \\ &= \frac{s+i\alpha}{s^2+\alpha^2} = \frac{s}{s^2+\alpha^2} + i\frac{\alpha}{s^2+\alpha^2}\end{aligned}$$

又

$$\begin{aligned}\mathcal{L}[e^{i\alpha t}] &= \int_0^\infty e^{i\alpha t}e^{-st}dt = \int_0^\infty e^{-st}[\cos(\alpha t)+i\sin(\alpha t)]dt \\ &= \int_0^\infty e^{-st}\cos(\alpha t)dt + i\int_0^\infty e^{-st}\sin(\alpha t)dt\end{aligned}$$

兩式互作比較即可得

$$\mathcal{L}[\cos(\alpha t)] = \int_0^\infty e^{-st}\cos(\alpha t)dt = \frac{s}{s^2+\alpha^2}$$

$$\mathcal{L}[\sin(\alpha t)] = \int_0^\infty e^{-st}\sin(\alpha t)dt = \frac{\alpha}{s^2+\alpha^2}$$

■

範例 6

試求 $\mathcal{L}[\cosh \alpha t]$，其中 α 為任意常數。

解

$$\mathcal{L}[\cosh \alpha t] = \mathcal{L}\left[\frac{1}{2}(e^{\alpha t} + e^{-\alpha t})\right]$$

$$= \frac{1}{2}\left(\mathcal{L}[e^{\alpha t}] + \mathcal{L}[e^{-\alpha t}]\right)$$

$$= \frac{1}{2}\left(\frac{1}{s-\alpha} + \frac{1}{s+\alpha}\right) = \frac{s}{s^2 - \alpha^2}$$

■

範例 7

試求 $\mathcal{L}[\sin^2(2t)]$。

解

$$\mathcal{L}[\sin^2(2t)] = \mathcal{L}\left[\frac{1}{2}(1 - \cos 4t)\right]$$

$$= \frac{1}{2}\left(\mathcal{L}[1] - \mathcal{L}[\cos(4t)]\right)$$

$$= \frac{1}{2}\left(\frac{1}{s} - \frac{s}{s^2 + 16}\right)$$

■

類題練習

試求下列函數之拉普拉斯轉換。

1. $f(t) = 3e^{-4t}$
2. $f(t) = 4t^2 + \cos 3t$
3. $f(t) = -\sinh(3t) + \cos(t) - 5$
4. $f(t) = \cos^3(t)$
5. $f(t) = 1 - 2t + 3t^4$
6. $f(t) = \sin(4t)\cos(3t)$
7. $f(t) = t\sin(t)$
8. $f(t) = 7\sin^2(t) + 9\cos^2(t)$
9. $f(t) = \cosh^2(5t)$
10. $f(t) = \sinh(3t)\sinh(4t)$

3-2 重要性質與定理

在上一節中已經介紹過數種基本函數之拉普拉斯轉換，但若每一函數之拉普拉斯轉換皆使用定義求得，將甚為費時，因此本節介紹常用之拉普拉斯轉換特性，期能藉由這些特性之熟練，有助於提升不同函數之拉普拉斯轉換之計算效能。

A. 拉普拉斯轉換之線性特性

拉普拉斯轉換具有線性轉換之特性，即

$$\mathcal{L}[af_1(t)+bf_2(t)]=a\mathcal{L}[f_1(t)]+b\mathcal{L}[f_2(t)]$$

其中 a、b 為任意常數，且 $\mathcal{L}[f_1(t)]$ 與 $\mathcal{L}[f_2(t)]$ 皆存在。此可由下式推導得證：

$$\begin{aligned}\mathcal{L}[af_1(t)+bf_2(t)]&=\int_0^\infty[af_1(t)+bf_2(t)]e^{-st}dt\\&=a\int_0^\infty f_1(t)e^{-st}dt+b\int_0^\infty f_2(t)e^{-st}dt\\&=a\mathcal{L}[f_1(t)]+b\mathcal{L}[f_2(t)]\end{aligned}$$

B. 頻域平移特性

假設函數 $f(t)$ 之拉普拉斯轉換存在，則函數 $e^{at}f(t)$ 的拉普拉斯轉換將等效於 $F(s)$ 在頻域向右平移 a 個單位，亦即 $\mathcal{L}[e^{at}f(t)]=F(s-a)$，其中 a 為任意常數，且 $s>a$。茲將此定理說明如下：

已知函數 $f(t)$ 之拉普拉斯轉換存在，則

$$F(s)=\mathcal{L}[f(t)]=\int_0^\infty f(t)e^{-st}dt$$

故

$$\mathcal{L}[e^{at}f(t)]=\int_0^\infty e^{at}f(t)e^{-st}dt=\int_0^\infty f(t)e^{-(s-a)t}dt$$

又當 $s>a$ 成立時

$$\mathcal{L}[e^{at}f(t)]=\int_0^\infty f(t)e^{-(s-a)t}dt=F(s-a)$$

範例 1

假設 $f(t)$ 為**單位步階函數**（unit step function, $u(t)$），試求 $\mathcal{L}[e^{at}f(t)]$，其中 a 為常數。

解

已知單位步階函數在 $t>0$ 時，$u(t)=1$，而當 $t<0$ 時，$u(t)=0$，故

$$\mathcal{L}[u(t)]=\int_0^{\infty}u(t)e^{-st}dt=\mathcal{L}[1]=\frac{1}{s}$$

則

$$\mathcal{L}[e^{at}u(t)]=F(s-a)=\frac{1}{s-a}$$

■

範例 2

若 $f(t)=\cos(at)$，試求 $\mathcal{L}[e^{ct}f(t)]$，其中 a 及 c 為常數。

解

已知

$$\mathcal{L}[f(t)]=\mathcal{L}[\cos(at)]=\frac{s}{s^2+a^2}$$

又

$$\mathcal{L}[e^{ct}f(t)]=F(s-c)$$

則

$$\mathcal{L}[e^{ct}\cos(at)]=\frac{s-c}{(s-c)^2+a^2}$$

■

範例 3

試求 $\mathcal{L}[t^3e^{-2t}]$。

解

$$\mathcal{L}[t^3]=\frac{6}{s^4}$$

則

$$\mathcal{L}[t^3e^{-2t}]=\frac{6}{(s+2)^4}$$

■

範例 4

試求 $\mathcal{L}[e^{3t}\cosh(3t)]$。

解

已知

$$\cosh(3t)=\frac{e^{3t}+e^{-3t}}{2}$$

$$\mathcal{L}[\cosh(3t)]=\frac{1}{2}\mathcal{L}[e^{3t}+e^{-3t}]=\frac{1}{2}\left(\frac{1}{s-3}+\frac{1}{s+3}\right)=\frac{s}{s^2-9}$$

則

$$\mathcal{L}[e^{3t}\cosh(3t)]=\frac{s-3}{(s-3)^2-9}$$

■

C. 時域平移特性

假設函數 $F(s)$ 的拉普拉斯反轉換存在，則函數 $e^{-as}F(s)$ 之拉普拉斯反轉換即等效於將 $f(t)$ 向右平移 a 個單位，其中 a 為任意常數。換言之，$\mathcal{L}[f(t-a)u(t-a)]=e^{-as}F(s)$，茲將該式之推導說明如下：

根據拉普拉斯轉換之定義可得

$$\mathcal{L}[f(t-a)u(t-a)]=\int_0^\infty f(t-a)u(t-a)e^{-st}dt=\int_a^\infty f(t-a)e^{-st}dt$$

設 $x=t-a$，則 $dx=dt$，故

$$\mathcal{L}[f(t-a)u(t-a)]=\int_a^\infty f(t-a)e^{-st}dt=\int_0^\infty f(x)e^{-s(x+a)}dx=e^{-as}\int_0^\infty f(x)e^{-sx}dx$$

又 $F(s)=\int_0^\infty f(x)e^{-sx}dx$，所以

$$\mathcal{L}[f(t-a)u(t-a)]=e^{-as}F(s)$$

範例 5

已知 $f(t)=\begin{cases}0, t<1\\(t-1)^5, t>1\end{cases}$，試求 $\mathcal{L}[f(t)]$。

解

$$\begin{aligned}\mathcal{L}[f(t)] &= \mathcal{L}[(t-1)^5u(t-1)]\\&= e^{-s}\mathcal{L}[t^5]\\&= \frac{5!}{s^6}e^{-s} = \frac{120}{s^6}e^{-s}\end{aligned}$$

■

範例 6

試求 $\mathcal{L}[\sinh(t-3)u(t-3)]$。

解

$$\mathcal{L}[\sinh(t-3)u(t-3)] = e^{-3s}\mathcal{L}[\sinh(t)]$$

已知

$$\sinh(t) = \frac{1}{2}(e^t - e^{-t})$$

則

$$\begin{aligned}\mathcal{L}[\sinh(t)] &= \frac{1}{2}\mathcal{L}[e^t - e^{-t}]\\&= \frac{1}{2}\left(\frac{1}{s-1} - \frac{1}{s+1}\right) = \frac{1}{s^2-1}\end{aligned}$$

因此原式之解即為 $\dfrac{1}{s^2-1}e^{-3s}$。

■

範例 7

若 $g(t)=\begin{cases}5, t>2\\0, t<2\end{cases}$，$h(t)=\begin{cases}5, t>3\\0, t<3\end{cases}$，試求 $\mathcal{L}[g(t)-h(t)]$。

解

令

$$f(t)=g(t)-h(t)$$

則

$$f(t)=5u(t-2)-5u(t-3)$$

因此

$$\mathcal{L}[f(t)]=5\mathcal{L}[u(t-2)]-5\mathcal{L}[u(t-3)]=\frac{5}{s}e^{-2s}-\frac{5}{s}e^{-3s}$$ ■

範例 8

已知 $f(t)=\begin{cases}0, t<8\\t-3, t>8\end{cases}$，試求 $\mathcal{L}[f(t)]$。

解

$$t-3=(t-8)+5$$

因此可得

$$\mathcal{L}[f(t)]=\mathcal{L}[(t-8)u(t-8)]+5\mathcal{L}[u(t-8)]$$

$$=e^{-8s}\mathcal{L}[t]+5e^{-8s}\mathcal{L}[1]=\frac{1}{s^2}e^{-8s}+\frac{5}{s}e^{-8s}$$ ■

範例 9

已知 $f(t)=\begin{cases}0, t<2\\e^t, t>2\end{cases}$，試求 $\mathcal{L}[f(t)]$。

解

$$\mathcal{L}[f(t)]=\mathcal{L}[e^t u(t-2)]=\mathcal{L}[e^{t-2}e^2 u(t-2)]=e^2\mathcal{L}[e^{t-2}u(t-2)]$$

$$=e^2 e^{-2s}\mathcal{L}[e^t]=\frac{1}{s-1}e^{2-2s}$$ ■

類題練習

試求下列拉普拉斯轉換。

1. $\mathcal{L}\left[t^2e^{4t}\right]$

2. $\mathcal{L}\left[e^{-3t}\sin 5t\right]$

3. $\mathcal{L}\left[e^t\sinh\left(\dfrac{1}{2}t\right)\right]$

4. $\mathcal{L}[e^{-2t}\sin(5t)\sin(t)]$

5. $\mathcal{L}[e^t\cos(5t)\cos(2t)\cos(3t)]$

6. $\mathcal{L}[\sinh(t)\sin(t)]$

7. 已知 $f(t)=\begin{cases}0, 0\le t<2\\(t-2)^3, t>2\end{cases}$，
 試求 $\mathcal{L}[f(t)]$。

8. 若 $f(t)=\begin{cases}0, 0\le t<5\\t^2, t>5\end{cases}$，
 試求 $\mathcal{L}[f(t)]$。

9. 已知 $f(t)=\begin{cases}0, 0\le t<3\\\cos t, t>3\end{cases}$，
 試求 $\mathcal{L}[f(t)]$。

10. 已知下圖所示函數 $f(t)$，試求 $\mathcal{L}[f(t)]$。

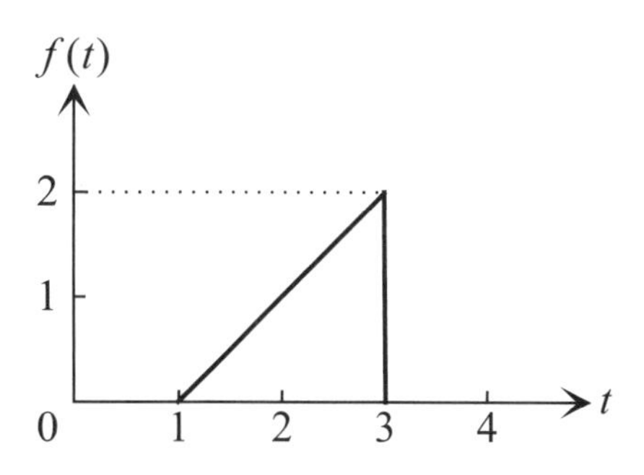

11. 如下圖所繪之函數 $f(t)$，試求 $\mathcal{L}[f(t)]$。

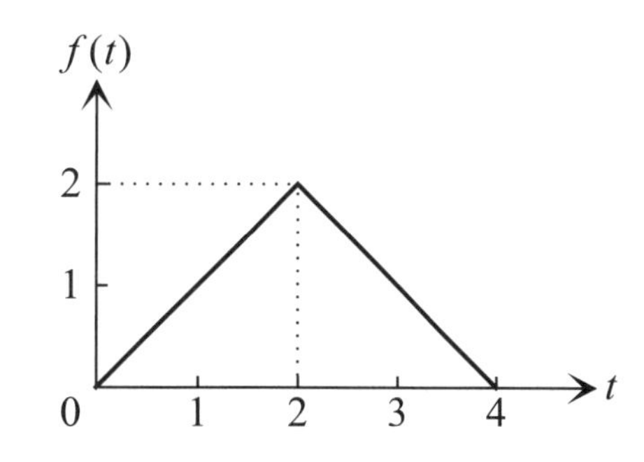

12. 已知函數 $f(t)$ 如下圖，試求 $\mathcal{L}[f(t)]$。

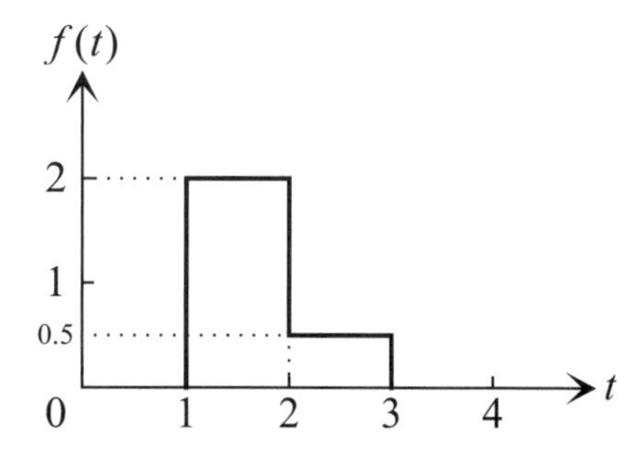

3-3 微分與積分之拉普拉斯轉換

A. 微分之拉普拉斯轉換

若函數 $f(t)$ 之導數及拉普拉斯轉換均存在，則該函數之一次微分之拉普拉斯轉換將等效於 $sF(s)-f(0)$，即 $\mathcal{L}[f'(t)]=sF(s)-f(0)$，說明如下：

依據拉普拉斯轉換定義，得知

$$\mathcal{L}[f'(t)]=\int_0^\infty f'(t)e^{-st}dt$$

$$=f(t)e^{-st}\Big|_0^\infty-\int_0^\infty f(t)(-s)e^{-st}dt$$

$$=0-f(0)e^{-0}+s\int_0^\infty f(t)e^{-st}dt$$

$$=sF(s)-f(0)$$

故 $\mathcal{L}[f'(t)]=sF(s)-f(0)$ 成立。

範例 1

假設函數 $f(t)$ 之導數及拉普拉斯轉換均存在，試求該函數二次微分之拉普拉斯轉換。

解

$$\mathcal{L}[f''(t)]=\int_0^\infty f''(t)e^{-st}dt$$

$$=f'(t)e^{-st}\Big|_0^\infty-\int_0^\infty f'(t)(-s)e^{-st}dt$$

$$=f'(\infty)e^{-\infty}-f'(0)e^{-0}+s\int_0^\infty f'(t)e^{-st}dt$$

又已知

$$\mathcal{L}[f'(t)]=\int_0^\infty f'(t)e^{-st}dt=sF(s)-f(0)$$

故

$$\mathcal{L}[f''(t)]=s[sF(s)-f(0)]-f'(0)$$

$$=s^2F(s)-sf(0)-f'(0)$$

■

範例 2

若函數 $f(t)$ 之導數及拉普拉斯轉換均存在，試求三階導數函數 $f^{(3)}(t)$ 之拉普拉斯轉換。

解

已知

$$\mathcal{L}[f^{(3)}(t)] = \int_0^\infty f^{(3)}(t)e^{-st}dt$$

$$= f''(t)e^{-st}\Big|_0^\infty - \int_0^\infty f''(t)(-s)e^{-st}dt$$

$$= f''(\infty)e^{-\infty} - f''(0)e^{-0} + s\int_0^\infty f''(t)e^{-st}dt$$

又

$$\mathcal{L}[f''(t)] = \int_0^\infty f''(t)e^{-st}dt$$

$$= s^2F(s) - sf(0) - f'(0)$$

故

$$\mathcal{L}[f^{(3)}(t)] = s[s^2F(s) - sf(0) - f'(0)] - f''(0)$$

$$= s^3F(s) - s^2f(0) - sf'(0) - f''(0)$$

■

範例 3

若 $f(t) = e^{3t}$，試求 $\mathcal{L}[f'(t)]$。

解

已知

$$\mathcal{L}[f(t)] = F(s) = \frac{1}{s-3}$$

因此

$$\mathcal{L}[f'(t)] = sF(s) - f(0)$$

$$= s \times \frac{1}{s-3} - e^0 = \frac{s}{s-3} - 1 = \frac{3}{s-3}$$

■

範例 4

若 $f(t) = \cos 3t$，試求 $\mathcal{L}[f''(t)]$。

解

已知

$$\mathcal{L}[f''(t)] = s^2F(s) - sf(0) - f'(0)$$

其中

$$F(s) = \mathcal{L}[\cos 3t] = \frac{s}{s^2+9}$$

且 $f(0)=1$，$f'(0)=0$，故

$$\mathcal{L}[f''(t)] = s^2 \cdot \frac{s}{s^2+9} - s - 0 = \frac{-9s}{s^2+9}$$

■

範例 5

若 $f(t) = t+5$，試求 $\mathcal{L}[f''(t)]$。

解

已知

$$\mathcal{L}[f''(t)] = s^2F(s) - sf(0) - f'(0)$$

其中

$$F(s)=\mathcal{L}[t]+\mathcal{L}[5]=\frac{1}{s^2}+\frac{5}{s}$$

故

$$\mathcal{L}[f''(t)]=s^2\left(\frac{1}{s^2}+\frac{5}{s}\right)-s(0+5)-1$$

$$=s^2\left(\frac{1}{s^2}+\frac{5}{s}\right)-5s-1=0$$

■

B. 積分之拉普拉斯轉換

假設函數 $f(t)$ 之拉普拉斯轉換存在，則該函數積分之拉普拉斯轉換等效於 $\frac{F(s)}{s}$，即 $\mathcal{L}\left[\int_0^t f(\tau)d\tau\right]=\frac{F(s)}{s}$，至於此積分之拉普拉斯轉換，說明如下：

今假設

$$y(t)=\int_0^t f(\tau)d\tau\ ,\ f(t)=y'(t)$$

已知

$$\mathcal{L}[y'(t)]=s\mathcal{L}[y(t)]-y(0)$$

則

$$\mathcal{L}[f(t)]=F(s)=s\mathcal{L}\left[\int_0^t f(\tau)d\tau\right]-\int_0^0 f(\tau)d\tau$$

因此可知

$$\mathcal{L}\left[\int_0^t f(\tau)d\tau\right]=\frac{F(s)}{s}$$

範例 6

若函數 $f(t)$ 之拉普拉斯轉換存在，試求 $\mathcal{L}\left[\int_0^t\int_0^{t_2} f(t_1)dt_1dt_2\right]$。

解

假設

$$y(t)=\int_0^t\int_0^{t_2} f(t_1)dt_1dt_2$$

則

$$f(t)=y''(t)$$

又

$$\mathcal{L}[y''(t)]=s^2\mathcal{L}[y(t)]-sy(0)-y'(0)$$

則

$$\mathcal{L}[f(t)]=F(s)=s^2\mathcal{L}[y(t)]-0-0$$

故

$$\mathcal{L}\left[\int_0^t\int_0^{t_2} f(t_1)dt_1dt_2\right]=\frac{F(s)}{s^2}$$

■

範例 7

若 $f(t)=e^{-3t}$，試求 $\mathcal{L}\left[\int_0^t f(\tau)d\tau\right]$。

解

已知

$$\mathcal{L}[f(t)]=F(s)=\frac{1}{s+3}$$

故

$$\mathcal{L}\left[\int_0^t f(\tau)d\tau\right]=\frac{F(s)}{s}=\frac{1}{s(s+3)}$$

■

範例 8

若 $f(t)=2t$ ，試求 $\mathcal{L}\left[\int_0^t f(\tau)d\tau\right]$ 。

解

已知

$$\mathcal{L}[f(t)]=F(s)=\frac{2}{s^2}$$

故

$$\mathcal{L}\left[\int_0^t f(\tau)d\tau\right]=\frac{F(s)}{s}=\frac{2}{s^3}$$

■

範例 9

若 $f(t)=5t+e^t$ ，試求 $\mathcal{L}\left[\int_0^t\int_0^{t_2} f(t_1)dt_1dt_2\right]$ 。

解

$$F(s)=\mathcal{L}[5t]+\mathcal{L}[e^t]=\frac{5}{s^2}+\frac{1}{s-1}$$

故

$$\mathcal{L}\left[\int_0^t\int_0^{t_2} f(t_1)dt_1dt_2\right]=\frac{F(s)}{s^2}$$

$$=\frac{1}{s^2}\left(\frac{5}{s^2}+\frac{1}{s-1}\right)$$

■

類題練習

試求下列拉普拉斯轉換。

1. $f(t)=6t-\sin(6t)$，試求$\mathcal{L}[f''(t)]$。

2. $f(t)=\sinh(3t)-\sin(3t)$，試求$\mathcal{L}[f''(t)]$。

3. 假設$\mathcal{L}[f(t)]=F(s)$，試證明$\mathcal{L}[tf(t)]=-\dfrac{d}{ds}F(s)$。

利用第 3 題之結果計算 4 ～ 8 題。

4. $f(t)=t\cos(t)$，試求$\mathcal{L}[f(t)]$。

5. $f(t)=te^{3t}$，試求$\mathcal{L}[f(t)]$。

6. $f(t)=t\sinh(t)$，試求$\mathcal{L}[f(t)]$。

7. $f(t)=\cosh(5t)-1$，試求$\mathcal{L}[t^2 f(t)]$。

8. $f(t)=t\cos(t)$，試求$\mathcal{L}[f'(t)]$。

9. $f(t)=\cosh(t)-\cos(t)$，試求$\mathcal{L}\left[\int_0^t f(x)dx\right]$。

10. $f(t)=3\cos(3t)$，試求$\mathcal{L}\left[\int_0^t f(x)dx\right]$。

11. 假設$\mathcal{L}[f(t)]=F(s)$，試證明$\mathcal{L}\left[\dfrac{f(t)}{t}\right]=\int_s^\infty F(\sigma)d\sigma$。

利用第 11 題之結果計算 12 ～ 14 題。

12. $f(t)=2t+\sin(2t)$，試求$\mathcal{L}\left[\dfrac{f(t)}{t}\right]$。

13. $f(t)=\cos(2t)-1$，試求$\mathcal{L}\left[\dfrac{f(t)}{t}\right]$。

14. $f(t)=e^t\sin(t)$，試求$\mathcal{L}\left[\dfrac{f(t)}{t}\right]$。

15. 試求$\mathcal{L}\left[\int_0^t \dfrac{\sin\tau}{\tau}d\tau\right]$。

3-4 摺積定理

假設函數 $f(t)$ 與 $g(t)$ 之拉普拉斯轉換存在，即 $\mathcal{L}[f(t)]=F(s)$ ，$\mathcal{L}[g(t)]=G(s)$ ，則函數 $f(t)$ 與 $g(t)$ 作**摺積**（convolution）運算後之拉普拉斯轉換將等效於 $F(s)G(s)$ ，此可說明如下：

若 $f(t)$ 與 $g(t)$ 為定義於 $t\ge 0$ 的函數，則

$$f(t)*g(t)=\int_0^t f(\tau)g(t-\tau)d\tau$$

根據拉普拉斯轉換定義得

$$\begin{aligned}\mathcal{L}[f(t)*g(t)]&=\int_0^\infty \big(f(t)*g(t)\big)e^{-st}dt\\&=\int_0^\infty\left[\int_0^t f(\tau)g(t-\tau)d\tau\right]e^{-st}dt\\&=\int_{\tau=0}^{\tau=\infty} f(\tau)\left[\int_{t=\tau}^{t=\infty} g(t-\tau)e^{-st}dt\right]d\tau\end{aligned}$$

此時若假設 $x=t-\tau$ ，則 $dx=dt$ ，即

$$\begin{aligned}\mathcal{L}[f(t)*g(t)]&=\int_0^\infty f(\tau)\left[\int_0^\infty g(x)e^{-s(x+\tau)}dx\right]d\tau\\&=\int_0^\infty f(\tau)\left[\int_0^\infty g(x)e^{-sx}e^{-s\tau}dx\right]d\tau\\&=\left[\int_0^\infty f(\tau)e^{-st}d\tau\right]\left[\int_0^\infty g(x)e^{-sx}dx\right]\\&=\mathcal{L}[f(t)]L[g(t)]=F(s)G(s)\end{aligned}$$

另由此定理反推，則可得知 $\mathcal{L}^{-1}[F(s)G(s)]=f(t)*g(t)$ 。

範例 1

若 $f(t)=2$ ，$g(t)=5t$ ，試求 $\mathcal{L}[f(t)*g(t)]$ 。

解

$$\mathcal{L}[f(t)*g(t)]=F(s)G(s)$$

其中

$$F(s)=\mathcal{L}[f(t)]=\frac{2}{s}\text{，}G(s)=\mathcal{L}[g(t)]=\frac{5}{s^2}$$

故

$$\mathcal{L}[f(t)*g(t)]=\frac{2}{s}\times\frac{5}{s^2}=\frac{10}{s^3}$$

■

範例 2

假設 $f(t)=u(t)$，$g(t)=e^t$，試求 $\mathcal{L}[f(t)*g(t)]$。

解

$$\mathcal{L}[u(t)]=F(s)=\frac{1}{s}\text{，}\mathcal{L}[e^t]=G(s)=\frac{1}{s-1}$$

因此

$$\mathcal{L}[f(t)*g(t)]=F(s)G(s)=\frac{1}{s(s-1)}$$

■

範例 3

試求 $\mathcal{L}^{-1}\left[\frac{2s^2}{(s^2+1)(s^2+9)}\right]$。

解

$$\frac{2s^2}{(s^2+1)(s^2+9)}=\frac{2s}{s^2+1}\times\frac{s}{s^2+9}$$

已知

$$\mathcal{L}^{-1}\left[\frac{2s}{s^2+1}\right]=2\cos(t)\text{，}\mathcal{L}^{-1}\left[\frac{s}{s^2+9}\right]=\cos(3t)$$

故

$$\mathcal{L}^{-1}\left[\frac{2s^2}{(s^2+1)(s^2+9)}\right]=2\cos(t)*\cos(3t)$$

由摺積運算之定義得

$$\cos(3t)*2\cos(t)=\int_0^t[\cos(3\tau)\times 2\cos(t-\tau)]d\tau$$

$$=\int_0^t[\cos(2\tau+t)+\cos(4\tau-t)]d\tau$$

$$=\left[\frac{1}{4}\sin(4\tau-t)+\frac{1}{2}\sin(2\tau+t)\right]\Bigg|_0^t$$

$$=\frac{3}{4}\sin(3t)-\frac{1}{4}\sin(t)$$

故所求為

$$\frac{3}{4}\sin(3t)-\frac{1}{4}\sin(t)$$

■

類題練習

1. 已知下圖所示 $f(t)$ 與 $g(t)$ 兩函數，試求 $\mathcal{L}[f(t)*g(t)]$。

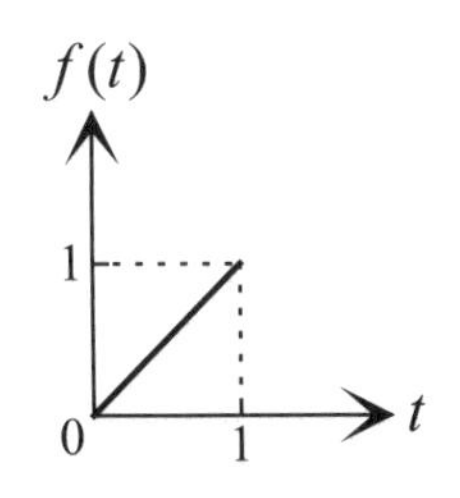

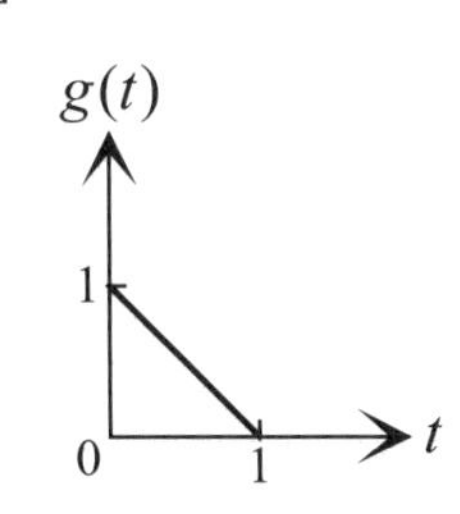

2. $f(t)=\cos(\omega t+\theta)$，$g(t)=\sin(\omega t+\theta)$，$\omega$ 與 θ 為常數，試求 $\mathcal{L}[f(t)*g(t)]$。

3. 若 $f(t)=2\sin(t)$，$g(t)=\cos(t)$，試求 $f(t)*g(t)$。

4. 若 $f(t)=g(t)=e^{0.5t}$，試求 $f(t)*g(t)$。

5. 若 $Y(s)=\dfrac{12}{(s^2+4)(s^2+9)}$，試以摺積定理求解 $y(t)$。

6. 若 $Y(s)=\dfrac{1}{s^2(s-1)}$，試以摺積定理求解 $y(t)$。

7. 已知 $Y(s)=\dfrac{1}{(s^2+1)^2}$，試以摺積定理求解 $y(t)$。

8. $f(t)=\cos(t)u(t-\pi)$，$g(t)=\sin(t)u(t-\pi)$，試求 $\mathcal{L}[f(t)*g(t)]$。

9. 試求 $\mathcal{L}[u(t-5)*u(t-7)]$。

10. 若 $Y(s)=\dfrac{s^2-1}{(s^2+1)^2}$，試以摺積定理求解 $y(t)$。

11. 試求 $\mathcal{L}\big[t*[u(t)-u(t-1)]\big]$。

3-5 拉普拉斯反轉換

已知函數 $f(t)$ 之拉普拉斯轉換可表示為

$$\mathcal{L}[f(t)] = F(s) = \int_0^\infty f(t)e^{-st}dt$$

今假設 $F(s)$ 滿足下列兩項條件，即 $\lim_{s\to\infty} F(s) = 0$ 與 $\lim_{s\to\infty} sF(s) < \infty$，則拉普拉斯反轉換 $\mathcal{L}^{-1}[F(s)] = f(t)$ 將存在，而本節乃由下述範例及相關求解過程之說明，期能協助瞭解拉普拉斯反轉換於工程數學上之應用。

範例 1

試證 $\mathcal{L}^{-1}\left[aF(s)+bG(s)\right] = a\mathcal{L}^{-1}[F(s)] + b\mathcal{L}^{-1}[G(s)]$，其中 a、b 為常數。

解

令

$$F(s) = \mathcal{L}[f(t)]，\ G(s) = \mathcal{L}[g(t)]$$

已知

$$\begin{aligned} aF(s)+bG(s) &= a\mathcal{L}[f(t)] + b\mathcal{L}[g(t)] \\ &= \mathcal{L}[af(t)+bg(t)] \end{aligned}$$

則

$$\begin{aligned} \mathcal{L}^{-1}[aF(s)+bG(s)] &= \mathcal{L}^{-1}\left[\mathcal{L}[af(t)+bg(t)]\right] \\ &= af(t)+bg(t) \\ &= a\mathcal{L}^{-1}[F(s)] + b\mathcal{L}^{-1}[G(s)] \end{aligned}$$

■

範例 2

假設 $F(s)=\frac{3}{s^5}$，試求 $\mathcal{L}^{-1}[F(s)]$。

解

$$\mathcal{L}^{-1}[F(s)]=\mathcal{L}^{-1}\left[\frac{3}{s^5}\right]=\mathcal{L}^{-1}\left[\frac{3}{4!}\times\frac{4!}{s^{4+1}}\right]=\frac{3}{4!}\mathcal{L}^{-1}\left[\frac{4!}{s^{4+1}}\right]=\frac{1}{8}t^4$$

■

範例 3

假設 $F(s)=\frac{2s+5}{s^2+9}$，試求 $\mathcal{L}^{-1}[F(s)]$。

解

$$\mathcal{L}^{-1}[F(s)]=\mathcal{L}^{-1}\left[\frac{2s+5}{s^2+9}\right]=2\mathcal{L}^{-1}\left[\frac{s}{s^2+9}\right]+\frac{5}{3}\mathcal{L}^{-1}\left[\frac{3}{s^2+9}\right]=2\cos 3t+\frac{5}{3}\sin 3t$$

■

範例 4

試求 $\mathcal{L}^{-1}\left[\frac{4}{(s-1)^2}\right]$。

解

$$\mathcal{L}^{-1}\left[\frac{4}{(s-1)^2}\right]=4\mathcal{L}^{-1}\left[\frac{1}{(s-1)^2}\right]=4te^t$$

■

範例 5

試求 $\mathcal{L}^{-1}\left[\frac{1}{s^3+s^2-12s}\right]$。

解

$$\frac{1}{s^3+s^2-12s}=\frac{1}{s(s^2+s-12)}=\frac{1}{s(s-3)(s+4)}$$

由部分分式法，可令

$$\frac{1}{s(s-3)(s+4)}=\frac{A}{s}+\frac{B}{s-3}+\frac{C}{s+4}$$

則

$$A(s-3)(s+4)+Bs(s+4)Cs(s-3)=1$$

若 $s=3$，則

$$B\times 3\times(3+4)=1，B=\frac{1}{21}$$

若 $s=-4$，則

$$C\times(-4)\times(-4-3)=1，C=\frac{1}{28}$$

若 $s=0$，則

$$A\times(-3)\times 4=1，A=-\frac{1}{12}$$

故

$$\frac{1}{s(s-3)(s+4)}=\frac{-1/12}{s}+\frac{1/21}{s-3}+\frac{1/28}{s+4}$$

因此

$$\mathcal{L}^{-1}\left[\frac{1}{s^3+s^2-12s}\right]=\mathcal{L}^{-1}\left[\frac{-1/12}{s}+\frac{1/21}{s-3}+\frac{1/28}{s+4}\right]$$

$$=\frac{-1}{12}\mathcal{L}^{-1}\left[\frac{1}{s}\right]+\frac{1}{21}\mathcal{L}^{-1}\left[\frac{1}{s-3}\right]+\frac{1}{28}\mathcal{L}^{-1}\left[\frac{1}{s+4}\right]$$

$$=\frac{-1}{12}+\frac{1}{21}e^{3t}+\frac{1}{28}e^{-4t}$$

■

範例 6

假設 $F(s)=\dfrac{s+3}{s^2+2s+5}$，試求 $\mathcal{L}^{-1}[F(s)]$。

解

$$\mathcal{L}^{-1}[F(s)]=\mathcal{L}^{-1}\left[\frac{s+3}{s^2+2s+5}\right]=\mathcal{L}^{-1}\left[\frac{(s+1)+2}{(s+1)^2+4}\right]=e^{-t}\mathcal{L}^{-1}\left[\frac{s+2}{s^2+4}\right]$$

$$=e^{-t}(\cos 2t+\sin 2t)$$

■

範例 7

試求 $\mathcal{L}^{-1}\left[\frac{1}{s(s+1)^2}\right]$。

解

由部分分式法，可知

$$\frac{1}{s(s+1)^2}=\frac{A}{s}+\frac{B}{s+1}+\frac{C}{(s+1)^2}$$

則

$$A(s+1)^2+Bs(s+1)+Cs=1$$

當 $s=-1$，則

$$C\times(-1)=1\text{，}C=-1$$

當 $s=0$，則

$$A=1$$

當 $s-1$，則

$$1\times(1+1)^2+B\times1\times(1+1)+(-1)\times1=1\text{，}B=-1$$

故

$$\frac{1}{s(s+1)^2}=\frac{1}{s}+\frac{-1}{s+1}+\frac{-1}{(s+1)^2}$$

即

$$\begin{aligned}\mathcal{L}^{-1}\left[\frac{1}{s(s+1)^2}\right]&=\mathcal{L}^{-1}\left[\frac{1}{s}+\frac{-1}{s+1}+\frac{-1}{(s+1)^2}\right]\\&=\mathcal{L}^{-1}\left[\frac{1}{s}\right]+\mathcal{L}^{-1}\left[\frac{-1}{s+1}\right]+\mathcal{L}^{-1}\left[\frac{-1}{(s+1)^2}\right]\\&=1-e^{-t}-te^{-t}\end{aligned}$$

■

範例 8

試求 $\mathcal{L}^{-1}\left[\dfrac{3e^{-3s}}{s^2+s-2}\right]$。

解

由部分分式法，可知

$$\frac{3}{s^2+s-2}=\frac{3}{(s-1)(s+2)}=\frac{A}{s-1}+\frac{B}{s+2}$$

則

$$A(s+2)+B(s-1)=3$$

若 $s=-2$，則

$$B\times(-3)=3\text{，}B=-1$$

若 $s=1$，則

$$3A=3\text{，}A=1$$

故

$$\frac{3}{s^2+s-2}=\frac{1}{s-1}+\frac{-1}{s+2}$$

即

$$\mathcal{L}^{-1}\left[\frac{3}{s^2+s-2}\right]=\mathcal{L}^{-1}\left[\frac{1}{s-1}\right]+\mathcal{L}^{-1}\left[\frac{-1}{s+2}\right]$$

$$=e^{t}-e^{-2t}$$

因此

$$\mathcal{L}^{-1}\left[\frac{3e^{-3s}}{s^2+s-2}\right]=[e^{(t-3)}-e^{-2(t-3)}]u(t-3)$$

■

範例 9

試求 $\mathcal{L}^{-1}\left[\dfrac{s^2+s+1}{s(s+1)^4}\right]$。

解

由部分分式法，可令

$$\frac{s^2+s+1}{s(s+1)^4}=\frac{A}{s}+\frac{B}{s+1}+\frac{C}{(s+1)^2}+\frac{D}{(s+1)^3}+\frac{E}{(s+1)^4}$$
$$=\frac{A}{s}+F(s)$$

當 $s=0$，$A=1$

故

$$F(s)=\frac{s^2+s+1}{s(s+1)^4}-\frac{1}{s}=\frac{-s^3-4s^2-5s-3}{(s+1)^4}$$

再利用部分分式法，可得 $B=-1$，$C=-1$，$D=0$，$E=-1$

又已知

$$\mathcal{L}[e^{nt}t^c]=\frac{c!}{(s-n)^{c+1}}$$

因此

$$\mathcal{L}^{-1}\left[\frac{s^2+s+1}{s(s+1)^4}\right]=\mathcal{L}^{-1}\left[\frac{1}{s}\right]+\mathcal{L}^{-1}\left[\frac{-1}{s+1}\right]+\mathcal{L}^{-1}\left[\frac{-1}{(s+1)^2}\right]+\mathcal{L}^{-1}\left[\frac{-1}{(s+1)^4}\right]$$
$$=1-e^{-t}-te^{-t}-\frac{1}{6}t^3e^{-t}$$

■

範例 10

試求 $\mathcal{L}^{-1}\left[\dfrac{s^3+1}{s^3(s^2+1)}\right]$。

解

由部分分式法，可令

$$\frac{s^3+1}{s^3(s^2+1)}=\frac{A}{s}+\frac{B}{s^2}+\frac{C}{s^3}+\frac{Ds+E}{s^2+1}$$

則

$$As^2(s^2+1)+Bs(s^2+1)+C(s^2+1)+(Ds+E)s^3=s^3+1$$

當 $s=0$，$C=1$

此時，上式可整理為

$$(A+D)s^4+(B+E)s^3+(A+1)s^2+Bs+1=s^3+1$$

由兩邊係數比較可知

$$A+D=0，B+E=1，A+1=0，B=0$$

故得

$$A=-1，D=1，E=1$$

因此

$$\mathcal{L}^{-1}\left[\frac{s^3+1}{s^3(s^2+1)}\right]=\mathcal{L}^{-1}\left[\frac{-1}{s}\right]+\mathcal{L}^{-1}\left[\frac{1}{s^3}\right]+\mathcal{L}^{-1}\left[\frac{s}{s^2+1}\right]+\mathcal{L}^{-1}\left[\frac{1}{s^2+1}\right]$$

$$=-1+\frac{t^2}{2}+\cos(t)+\sin(t)$$

■

類題練習

1. $H(s)=\dfrac{-2s}{(s^2+1)^2}$，試求 $\mathcal{L}^{-1}[H(s)]$。

2. 試求 $\mathcal{L}^{-1}\left[\dfrac{s+5}{s^2-s-6}\right]$。

3. 試求 $\mathcal{L}^{-1}\left[\dfrac{s-2}{s^2+6s+9}\right]$。

4. 試求 $\mathcal{L}^{-1}\left[\dfrac{s+7}{s^2-6s+11}\right]$。

5. 試求 $\mathcal{L}^{-1}\left[\dfrac{s+5}{(s-4)^3}\right]$。

6. 試求 $\mathcal{L}^{-1}\left[\dfrac{s^4+1}{s(s^2+1)^2}\right]$。

7. 試求 $\mathcal{L}^{-1}\left[\dfrac{s^2+2s-1}{s(s+1)(s+2)}\right]$。

8. 試求 $\mathcal{L}^{-1}\left[\dfrac{s^2-s-20}{(s-1)(s^2+4)}\right]$。

9. 試求 $\mathcal{L}^{-1}\left[\dfrac{2s+3}{(s+1)(s-2)^2}\right]$。

10. 試求 $\mathcal{L}^{-1}\left[\dfrac{1}{s^4-1}\right]$。

11. 試求 $\mathcal{L}^{-1}\left[\dfrac{8s+32}{s^3-3s^2-9s-5}\right]$。

12. 已知函數 $F(s)=\ln\left(\dfrac{s+1}{s-1}\right)$，試求其拉普拉斯反轉換 $f(t)$。

13. 若函數 $F(s)=\ln(4s+1)$，試求其拉普拉斯反轉換 $f(t)$。

14. 試求 $\mathcal{L}^{-1}\left[\dfrac{8}{(s^2+4s+5)(s^2+4s+13)}\right]$。

15. 若 $F(s)=\tan^{-1}\left(\dfrac{s-2}{5}\right)$，試求其拉普拉斯反轉換 $f(t)$。

16. 試求 $\mathcal{L}^{-1}\left[\dfrac{5}{s^3+9s}\right]$。

3-6 應用拉普拉斯轉換求解微分方程式

經由上述各節之介紹，可知拉普拉斯轉換之主旨在於將時域之相關資訊予以轉換至頻域，再透過若干特性及定理，即可完成分析並協助解決相關問題。因此，於微分方程式之求解上，亦可經由此拉普拉斯轉換予以變成代數式後，再予以求解，如此在某些場合，將有助於簡化求解上的困難度。故本節即針對拉普拉斯轉換應用於微分方程式之求解，予以闡述說明。

範例 1

試應用拉普拉斯轉換，求解一階微分方程式 $x'(t)+x(t)=0$ ， $x(0)=1$ 。

解

假設

$$\mathcal{L}[x(t)]=X(s)$$

則

$$\mathcal{L}[x'(t)]=sX(s)-x(0)$$

故

$$\begin{aligned}\mathcal{L}[x'(t)+x(t)]&=\mathcal{L}[x'(t)]+\mathcal{L}[x(t)]\\&=sX(s)-1+X(s)=(s+1)X(s)-1\end{aligned}$$

因此原式可改寫為 $(s+1)X(s)-1=\mathcal{L}[0]=0$ ，即

$$X(s)=\frac{1}{s+1}$$

故

$$x(t)=\mathcal{L}^{-1}[X(s)]=\mathcal{L}^{-1}\left[\frac{1}{s+1}\right]=e^{-t}$$

■

範例 2

試以拉普拉斯轉換求解一階微分方程式 $x'(t)+x(t)=e^t$ ， $x(0)=0$ 。

解

令

$$\mathcal{L}[x(t)]=X(s)$$

原式透過拉普拉斯轉換可得

$$\mathcal{L}[x'(t)+x(t)]=sX(s)-x(0)+X(s)=\mathcal{L}[e^t]=\frac{1}{s-1}$$

故

$$(s+1)X(s)=\frac{1}{s-1}$$

$$X(s)=\frac{1}{(s+1)(s-1)}$$

又由部分分式法，可知

$$X(s)=\frac{1}{(s+1)(s-1)}=\frac{A}{s+1}+\frac{B}{s-1}$$

則

$$A(s-1)+B(s+1)=1$$

若 $s=1$ ，則

$$B=\frac{1}{2}$$

若 $s=-1$ ，則

$$A=-\frac{1}{2}$$

即

$$X(s)=\left(-\frac{1}{2}\right)\frac{1}{s+1}+\frac{1}{2}\frac{1}{s-1}$$

因此

$$x(t) = \mathcal{L}^{-1}[X(s)]$$
$$= \mathcal{L}^{-1}\left[\left(-\frac{1}{2}\right)\frac{1}{s+1} + \frac{1}{2}\frac{1}{s-1}\right] = -\frac{1}{2}e^{-t} + \frac{1}{2}e^{t}$$

■

範例 3

試以拉普拉斯轉換求解二階微分方程式 $y''(t)+3y(t)=1$，$y(0)=0$，$y'(0)=0$。

解

令

$$\mathcal{L}[y(t)] = Y(s)$$

已知

$$\mathcal{L}[y''(t)] = s^2Y(s) - sy(0) - y'(0)$$

原式之拉普拉斯轉換為

$$s^2Y(s) - sy(0) - y'(0) + 3Y(s) = \frac{1}{s}$$

則

$$(s^2+3)Y(s) = \frac{1}{s}，Y(s) = \frac{1}{s(s^2+3)}$$

令

$$Y(s) = \frac{1}{s(s^2+3)} = \frac{A}{s} + \frac{Bs+C}{s^2+3}$$

則

$$A(s^2+3) + s(Bs+C) = 1$$

若 $s=0$，$A=\frac{1}{3}$ 代回上式得

$$\frac{1}{3}(s^2+3) + Bs^2 + Cs = 1，B = -\frac{1}{3}，C = 0$$

故

$$Y(s)=\frac{1}{3}\times\frac{1}{s}+\left(-\frac{1}{3}s\right)\times\frac{1}{s^2+3}$$

因此

$$\begin{aligned}y(t)&=\mathcal{L}^{-1}[Y(s)]\\&=\mathcal{L}^{-1}\left[\frac{1}{3s}+\left(-\frac{1}{3}s\right)\frac{1}{s^2+3}\right]\\&=\frac{1}{3}\mathcal{L}^{-1}\left[\frac{1}{s}\right]-\frac{1}{3}\mathcal{L}^{-1}\left[\frac{s}{s^2+(\sqrt{3})^2}\right]\\&=\frac{1}{3}-\frac{1}{3}\cos(\sqrt{3}t)\end{aligned}$$

■

範例 4

試以拉普拉斯轉換求解二階微分方程式 $y''-3y'+2y=e^{3t}$ ，$y(0)=0$ ，$y'(0)=0$ 。

解

令

$$\mathcal{L}[y(t)]=Y(s)$$

已知

$$\mathcal{L}[y''(t)]=s^2Y(s)-sy(0)-y'(0)=s^2Y(s)$$

$$\mathcal{L}[y'(t)]=sY(s)-y(0)=sY(s)$$

原式之拉普拉斯轉換為

$$s^2Y(s)-3sY(s)+2Y(s)=\frac{1}{s-3}$$

則

$$(s^2-3s+2)Y(s)=\frac{1}{s-3}$$

$$Y(s)=\frac{1}{(s-3)(s^2-3s+2)}=\frac{1}{(s-3)(s-1)(s-2)}$$

令

$$Y(s)=\frac{1}{(s-1)(s-2)(s-3)}=\frac{A}{s-1}+\frac{B}{s-2}+\frac{C}{s-3}$$

則

$$A(s-2)(s-3)+B(s-1)(s-3)+C(s-1)(s-2)=1$$

若 $s=1$，$A=\frac{1}{2}$

若 $s=2$，$B=-1$

若 $s=3$，$C=\frac{1}{2}$

故

$$Y(s)=\frac{\frac{1}{2}}{s-1}+\frac{-1}{s-2}+\frac{\frac{1}{2}}{s-3}$$

因此

$$\begin{aligned}y(t)&=\mathcal{L}^{-1}[Y(s)]\\&=\mathcal{L}^{-1}\left[\frac{\frac{1}{2}}{s-1}+\frac{-1}{s-2}+\frac{\frac{1}{2}}{s-3}\right]\\&=\frac{1}{2}\mathcal{L}^{-1}\left[\frac{1}{s-1}\right]-\mathcal{L}^{-1}\left[\frac{1}{s-2}\right]+\frac{1}{2}\mathcal{L}^{-1}\left[\frac{1}{s-3}\right]\\&=\frac{1}{2}e^{t}-e^{2t}+\frac{1}{2}e^{3t}\end{aligned}$$

■

範例 5

試以拉普拉斯轉換求解二階微分方程式 $f''(t)=\cos(2)t-4f(t)$，$f(0)=0$，$f'(0)=0$。

解

設

$$\mathcal{L}[f(t)]=F(s)$$

由原式可得

$$\mathcal{L}[f''(t)]=\mathcal{L}[\cos(2t)]-4\mathcal{L}[f(t)]$$

$$s^2F(s)-sf(0)-f'(0)=\frac{s}{s^2+4}-4F(s)$$

$$(s^2+4)F(s)=\frac{s}{s^2+4}$$

$$F(s)=\frac{s}{(s^2+4)(s^2+4)}=\frac{1}{2}\times\frac{2}{s^2+2^2}\times\frac{s}{s^2+2^2}$$

則

$$f(t)=\mathcal{L}^{-1}[F(s)]=\frac{1}{2}\sin(2t)*\cos(2t)$$

由 3-4 節之摺積定理可得

$$\begin{aligned}
f(t)&=\frac{1}{2}\int_0^t\sin(2\tau)\cos 2(t-\tau)d\tau\\
&=\frac{1}{2}\int_0^t\left\{\frac{1}{2}\left[\sin(2t)+\sin(4\tau-2t)\right]\right\}d\tau\\
&=\frac{1}{4}\int_0^t\left[\sin(2t)+\sin(4\tau-2t)\right]d\tau\\
&=\frac{1}{4}\left[\tau\sin(2t)+4\cos(4\tau-2t)\right]\Big|_0^t\\
&=\frac{1}{4}\left[t\sin(2t)+4\cos(2t)-0-4\cos(-2t)\right]\\
&=\frac{1}{4}t\sin(2t)
\end{aligned}$$

■

範例 6

試以拉普拉斯轉換求解二階微分方程式 $y''-2y'-3y=f(t)$ ， $y(0)=1$ ， $y'(0)=0$ ， $f(t)=\begin{cases}0, & t<4\\ 3, & t\ge 4\end{cases}$ 。

解

令

$$\mathcal{L}[y(t)]=Y(s)$$

已知

$$\mathcal{L}[y''(t)]=s^2Y(s)-sy(0)-y'(0)=s^2Y(s)-s$$

$$\mathcal{L}[y'(t)]=sY(s)-y(0)=sY(s)-1$$

而

$$\mathcal{L}[f(t)]=\mathcal{L}[3u(t-4)]=\frac{3e^{-4s}}{s}$$

原式之拉普拉斯轉換為

$$\left(s^2Y(s)-s\right)-2\left(sY(s)-1\right)-3Y(s)=\frac{3}{s}e^{-4s}$$

則

$$(s^2-2s-3)Y(s)=\frac{3}{s}e^{-4s}+s-2$$

$$Y(s)=\frac{3}{s(s+1)(s-3)}e^{-4s}+\frac{s-2}{(s+1)(s-3)}$$

令

$$\frac{3}{s(s+1)(s-3)}=\frac{A}{s}+\frac{B}{s+1}+\frac{C}{s-3}$$

則

$$A(s+1)(s-3)+Bs(s-3)+Cs(s+1)=3$$

若 $s=0$，$A=-1$

若 $s=-1$，$B=\frac{3}{4}$

若 $s=3$，$C=\frac{1}{4}$

再令

$$\frac{s-2}{(s+1)(s-3)}=\frac{D}{s+1}+\frac{E}{s-3}$$

則

$$D(s-3)+E(s+1)=s-2$$

若 $s=-1$，$D=\frac{3}{4}$

若 $s=3$，$E=\frac{1}{4}$

故

$$Y(s)=\left(\frac{-1}{s}+\frac{\frac{3}{4}}{s+1}+\frac{\frac{1}{4}}{s-3}\right)e^{-4s}+\frac{\frac{3}{4}}{s+1}+\frac{\frac{1}{4}}{s-3}$$

因此

$$\begin{aligned}
y(t)&=\mathcal{L}^{-1}[Y(s)]\\
&=\mathcal{L}^{-1}\left[\left(\frac{-1}{s}+\frac{\frac{3}{4}}{s+1}+\frac{\frac{1}{4}}{s-3}\right)e^{-4s}+\frac{\frac{3}{4}}{s+1}+\frac{\frac{1}{4}}{s-3}\right]\\
&=\mathcal{L}^{-1}\left[\left(\frac{-1}{s}+\frac{\frac{3}{4}}{s+1}+\frac{\frac{1}{4}}{s-3}\right)e^{-4s}\right]+\frac{3}{4}\mathcal{L}^{-1}\left[\frac{1}{s+1}\right]+\frac{1}{4}\mathcal{L}^{-1}\left[\frac{1}{s-3}\right]
\end{aligned}$$

因為

$$\mathcal{L}^{-1}\left[\frac{-1}{s}+\frac{\frac{3}{4}}{s+1}+\frac{\frac{1}{4}}{s-3}\right]=-\mathcal{L}^{-1}\left[\frac{1}{s}\right]+\frac{3}{4}\mathcal{L}^{-1}\left[\frac{1}{s+1}\right]+\frac{1}{4}\mathcal{L}^{-1}\left[\frac{1}{s-3}\right]$$

$$=-1+\frac{3}{4}e^{-t}+\frac{1}{4}e^{3t}$$

所以

$$y(t)=\mathcal{L}^{-1}\left[\left(\frac{-1}{s}+\frac{\frac{3}{4}}{s+1}+\frac{\frac{1}{4}}{s-3}\right)e^{-4s}\right]+\frac{3}{4}\mathcal{L}^{-1}\left[\frac{1}{s+1}\right]+\frac{1}{4}\mathcal{L}^{-1}\left[\frac{1}{s-3}\right]$$

$$=\left(-1+\frac{3}{4}e^{-(t-4)}+\frac{1}{4}e^{3(t-4)}\right)u(t-4)+\frac{3}{4}e^{-t}+\frac{1}{4}e^{3t}$$

■

範例 7

下列電路圖之電壓源$v_i(t)=\begin{cases}5\text{ V}, t\geq 0\\ 0, t<0\end{cases}$，電阻$R=100\,\Omega$，電容$C=0.01\text{ F}$，且 $v_o(0)=0$，試以拉普拉斯轉換求解跨於電容上之電壓$v_o(t)$ 。

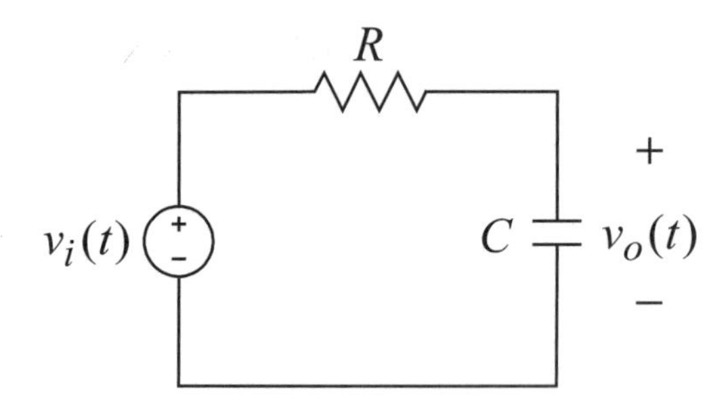

解

已知

$$i_c=C\frac{dv_o(t)}{dt}=0.01v_o'(t)$$

由電路圖可知

$$v_o(t)=v_i(t)-Ri_c=5u(t)-100\times 0.01v_o'(t)$$

則

$$v_o'(t)+v_o(t)=5u(t)$$

令

$$\mathcal{L}[v_o(t)]=V_o(s)$$

故取拉普拉斯轉換後可得

$$sV_o(s)-v_o(0)+V_o(s)=\frac{5}{s}$$

則

$$V_o(s)=\frac{5}{(s+1)s}=\frac{5}{s}-\frac{5}{s+1}$$

因此

$$v_o(t)=\mathcal{L}^{-1}[V_o(s)]=(5-5e^{-t})u(t)\text{ V}$$

■

範例 8

下列電路圖中，電感 $L=0.1\text{ H}$ 且電流之初始值 $i(0)=1\text{A}$ ，試以拉普拉斯轉換求解流過電感之電流 $i(t)$ 。

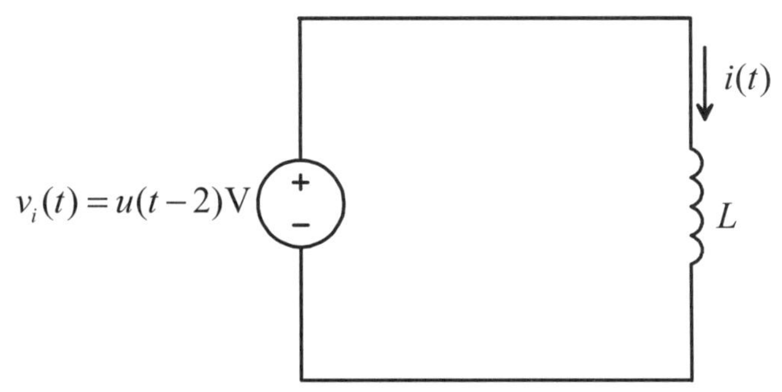

解

已知

$$v_i(t)=L\frac{di(t)}{dt}=0.1i'(t)$$

則

$$0.1L[i'(t)] = L[v_i(t)] = L[u(t-2)]$$

$$0.1[sI(s) - i(0)] = \frac{1}{s}e^{-2s}$$

$$sI(s) = \frac{10}{s}e^{-2s} + 1$$

$$I(s) = \frac{10}{s^2}e^{-2s} + \frac{1}{s}$$

故

$$\begin{aligned} i(t) &= \mathcal{L}^{-1}[I(s)] = \mathcal{L}^{-1}\left[\frac{10}{s^2}e^{-2s} + \frac{1}{s}\right] \\ &= 10(t-2)u(t-2) + 1 \text{ A} \end{aligned}$$

■

類題練習

試以拉普拉斯轉換求解下列微分方程式。

1. $y''(t) + y'(t) = t$，
   $y(0) = 0$，$y'(0) = 1$。
2. $y''(t) + 7y'(t) + 10y(t) = 3e^{-4t}$，
   $y(0) = 0$，$y'(0) = 2$。
3. $y''(t) - 3y'(t) + 2y(t) = \sin t$，
   $y(0) = 0$，$y'(0) = 0$。
4. $y'(t) + 25y(t) = \sinh(3t)$，
   $y(0) = -1$。
5. $y''(t) - 4y(t) = \sinh(2t)$，
   $y(0) = y'(0) = 0$。
6. $y''(t) - y(t) = \sinh^2(t)$，
   $y(0) = 1$，$y'(0) = 0$。
7. $y''(t) - 3y'(t) - 4y(t) = u(t-1)$，
   $y(0) = 2$，$y'(0) = 4$。
8. $y'(t) - y(t) = t^2 u(t-\pi)$，$y(0) = 0$。
9. $y''(t) - 2y'(t) + 5y(t) = 1$，
   $y(0) = y'(0) = 0$。
10. $\frac{1}{2}y'(t) = \sin(2t)\cos(4t) + 3y(t)$，
    $y(0) = 2$。
11. $\begin{cases} f'(t) = f(t) + 4g(t) \\ g'(t) = 2f(t) - 3g(t) \end{cases}$，
    $f(0) = 1$，$g(0) = -2$。
12. $y''(t) - 3y(t) = te^{3t}$，
    $y(0) = y'(0) = 0$。

chapter

4 矩陣分析

4-1 矩陣

矩陣（matrix）在數學及工程上具有許多應用，其中包含了求解線性聯立方程組、聯立常微分方程式及特徵值問題探討等。本章將先介紹一些矩陣理論。而在探討矩陣分析之前，則首先介紹**列向量**（row vector）與**行向量**（column vector）。

列向量 a 之數學表示法，即如 $a=[a_{11} \quad a_{12} \quad \cdots \quad a_{1n}]$，亦可視為 $1\times n$ 階矩陣。另行向量 b 則可表示為

$$b=\begin{bmatrix} b_{11} \\ b_{21} \\ \vdots \\ b_{m1} \end{bmatrix}$$

並可視為 $m\times1$ 階矩陣。上述列向量與行向量中之數值通稱為**元素**（elements）。而矩陣即是由若干個列向量或行向量所組成之表示式。又如將 $m\times n$ 階矩陣表示為 $A_{m\times n}$ ，且 m 與 n 為正整數，則可表示如下：

$$A_{m\times n}=\begin{bmatrix} a_{11} & a_{12} & \cdots & \cdots & a_{1n} \\ a_{21} & a_{22} & \cdots & \cdots & a_{2n} \\ \vdots & \vdots & \ddots & \cdots & \vdots \\ \vdots & \vdots & \cdots & \ddots & \vdots \\ a_{m1} & a_{m2} & \cdots & \cdots & a_{mn} \end{bmatrix}=\left[a_{ij}\right]_{m\times n}，i=1,2,\ldots,m，j=1,2,\ldots,n$$

其中，a_{ij} 稱為矩陣 A 之第 i 列第 j 行之元素。

範例 1

已知矩陣 $A=\begin{bmatrix} 3 & 1 & 0 & 9 \\ 2 & 5 & 5 & 0 \\ 7 & 8 & 9 & 9 \\ 1 & 0 & 1 & 7 \end{bmatrix}$，則

(1) A 為 $m\times n$ 階之矩陣，試問 m 與 n 各為若干？

(2) 試問矩陣 A 中第 4 列第 1 行之元素及第 3 列第 4 行之元素為何？

(3) 試求將矩陣 A 之第 4 列第 4 行元素予以刪除後之新矩陣為何？

解

(1) $m=4$，$n=4$

(2) $a_{41}=1$，$a_{34}=9$

(3) $\begin{bmatrix} 3 & 1 & 0 \\ 2 & 5 & 5 \\ 7 & 8 & 9 \end{bmatrix}$

該矩陣稱為 A 之子矩陣，亦即刪除若干第 i 列與若干第 j 行後所得之新矩陣。

■

範例 2

若矩陣 $A=\begin{bmatrix}4\\3\end{bmatrix}$，$B=\begin{bmatrix}2 & 5 & 6 & 1 & 8\end{bmatrix}$，試問列向量之元素總和與行向量之元素總和各為若干？

解

矩陣 $B=\begin{bmatrix}2 & 5 & 6 & 1 & 8\end{bmatrix}$ 為列向量，其元素總和為 22；

矩陣 $A=\begin{bmatrix}4\\3\end{bmatrix}$ 為行向量，其元素總和為 7。

■

今若以矩陣 $A_{m\times n}$ 為例，假設列向量 m 等於行向量 n，則稱該矩陣為 m 階**方陣**（square matrix）。又當方陣中僅主對角線元素均為 1，其餘為 0，則稱為**單位矩陣**（identity matrix），常以 I_m 標註之。例如：

$$I_2=\begin{bmatrix}1 & 0\\0 & 1\end{bmatrix}，I_3=\begin{bmatrix}1 & 0 & 0\\0 & 1 & 0\\0 & 0 & 1\end{bmatrix}$$

至若矩陣之主對角線元素非全為 0，而其餘元素均為 0 時，則稱此矩陣為**對角線矩陣**（diagonal matrix）。另若矩陣之主對角線以上元素均為 0（不含主對角線元素），其餘元素非全為 0，則稱為**下三角矩陣**（lower triangular matrix）；此外若矩陣之主對角線以下之元素皆為 0（不含主對角線元素），其餘元素非全為 0，則稱為**上三角矩陣**（upper triangular matrix）。

範例 3

假設 $A=\begin{bmatrix}3&1&0&9\\2&5&5&0\\7&8&9&9\\1&0&1&7\end{bmatrix}$，$B=\begin{bmatrix}3&1&0&9\\0&5&5&0\\0&0&9&9\\0&0&0&7\end{bmatrix}$，$C=\begin{bmatrix}1&0&0&0\\0&1&0&0\\0&0&1&0\\0&0&0&1\end{bmatrix}$，

$D=\begin{bmatrix}3&0&0&0\\2&5&0&0\\7&8&9&0\\1&0&1&7\end{bmatrix}$，$E=\begin{bmatrix}6&0&0&0\\0&0&0&0\\0&0&0&0\\0&0&0&2\end{bmatrix}$，

試問矩陣 A、B、C、D 與 E 各為單位矩陣、下三角矩陣、方陣、對角線矩陣或上三角矩陣？

解

矩陣 A、B、C、D 與 E 均為方陣，其中，矩陣 B 為上三角矩陣，矩陣 C 為單位矩陣，矩陣 D 為下三角矩陣，矩陣 E 為對角線矩陣。

■

介紹矩陣定義後，本節續說明矩陣之相關定理及基本運算，如下所述。

A. 矩陣之加減運算

假設矩陣 $A=\left[a_{ij}\right]_{m\times n}$，$B=\left[b_{ij}\right]_{m\times n}$，則矩陣 A 與 B 之相加減將等效於對應之元素相加減。

範例 4

若矩陣 $A=\begin{bmatrix}0&-5\\6&2\end{bmatrix}$，$B=\begin{bmatrix}2&2\\-9&3\end{bmatrix}$，試求 $A-B$ 與 $A+B$。

解

$A-B=\begin{bmatrix}0-2&-5-2\\6-(-9)&2-3\end{bmatrix}=\begin{bmatrix}-2&-7\\15&-1\end{bmatrix}$，$A+B=\begin{bmatrix}0+2&-5+2\\6+(-9)&2+3\end{bmatrix}=\begin{bmatrix}2&-3\\-3&5\end{bmatrix}$

■

範例 5

假設矩陣 $A=\begin{bmatrix}1 & 5\end{bmatrix}$，$B=\begin{bmatrix}2 & 2\\ -9 & 3\end{bmatrix}$，試求 $A+B$。

解

此時矩陣的階數不相等，不可進行矩陣加減運算，故本題無解。

■

B. 矩陣之相乘運算

令矩陣 $A=\left[a_{ij}\right]_{m\times n}$，當矩陣 A 乘上非零常數 c 或將非零常數 c 乘上矩陣 A，則等於非零常數 c 乘上矩陣 A 之各個元素，亦即 $\left[ca_{ij}\right]_{m\times n}$ 之意。

範例 6

若常數 $K=2$，矩陣 $B=\begin{bmatrix}-2 & 1.5\\ -3.5 & 5\end{bmatrix}$，試求 $K\times B$。

解

$$K\times B=\begin{bmatrix}-4 & 3\\ -7 & 10\end{bmatrix}$$

■

範例 7

若矩陣 $A=\begin{bmatrix}2 & 0\\ 1 & 1\end{bmatrix}$，$B=\begin{bmatrix}0 & 1\\ -1 & 2\end{bmatrix}$，試求 $2A+3B$。

解

$$\begin{aligned}2A+3B&=2\begin{bmatrix}2 & 0\\ 1 & 1\end{bmatrix}+3\begin{bmatrix}0 & 1\\ -1 & 2\end{bmatrix}\\ &=\begin{bmatrix}4 & 0\\ 2 & 2\end{bmatrix}+\begin{bmatrix}0 & 3\\ -3 & 6\end{bmatrix}=\begin{bmatrix}4 & 3\\ -1 & 8\end{bmatrix}\end{aligned}$$

■

令矩陣 $A=\left[a_{ij}\right]_{m\times n}$，$B=\left[b_{ij}\right]_{p\times q}$，當 A 之行數等於 B 之列數時，即 $n=p$，則矩陣 A 乘上矩陣 B 將等於矩陣 $C=\left[c_{ij}\right]_{m\times q}$，其中元素 $c_{ij}=\sum_{k=1}^{n}a_{ik}b_{kj}$。在此必需注意的是，$A\times B$ 不一定等於 $B\times A$，此可由下述範例驗證得知。

範例 8

若矩陣 $A=\begin{bmatrix}1 & 0\\ 1 & 3\end{bmatrix}$，$B=\begin{bmatrix}2 & 1\\ -1 & 0\end{bmatrix}$，試求 $A\times B$。

解

$$A\times B=\begin{bmatrix}2 & 1\\ -1 & 1\end{bmatrix}$$

■

範例 9

承上所述，試求 $B\times A$。

解

$$B\times A=\begin{bmatrix}3 & 3\\ -1 & 0\end{bmatrix}$$

■

由上面兩個範例可知 $A\times B\neq B\times A$。

範例 10

若矩陣 $A=\begin{bmatrix}1 & 0\\ 1 & 3\end{bmatrix}$，$B=\begin{bmatrix}1 & 2\end{bmatrix}$，試求 $A\times B$。

解

由於 A 之行數不等於 B 之列數，故 $A\times B$ 無法運算。

■

範例 11

若矩陣 $I=\begin{bmatrix}1 & 0\\ 0 & 1\end{bmatrix}$，$A=\begin{bmatrix}2 & 2\\ -9 & 3\end{bmatrix}$，試求 IA 與 AI。

解

$$IA=\begin{bmatrix}1 & 0\\ 0 & 1\end{bmatrix}\begin{bmatrix}2 & 2\\ -9 & 3\end{bmatrix}=\begin{bmatrix}2 & 2\\ -9 & 3\end{bmatrix}=A$$

$$AI=\begin{bmatrix}2 & 2\\ -9 & 3\end{bmatrix}\begin{bmatrix}1 & 0\\ 0 & 1\end{bmatrix}=\begin{bmatrix}2 & 2\\ -9 & 3\end{bmatrix}=A$$

■

換言之，m 階方陣 A 與 m 階單位矩陣 I 相乘後之結果等於原矩陣 A。

C. 矩陣之轉置運算

令矩陣 $A=\left[a_{ij}\right]_{m\times n}$，當該矩陣作**轉置**（transpose）運算時，則等效於將矩陣元素之行列互換，即 $A^T=\left[a_{ji}\right]_{n\times m}$，其中上標 T 代表矩陣之轉置運算。

範例 12

假設矩陣 $A=\begin{bmatrix}3 & 5 & 1.1\\ 4 & 6.9 & 0\end{bmatrix}$，$B=\begin{bmatrix}1\\ 8\end{bmatrix}$，試求 A^T 與 B^T。

解

$$A^T=\begin{bmatrix}3 & 4\\ 5 & 6.9\\ 1.1 & 0\end{bmatrix}，B^T=\begin{bmatrix}1 & 8\end{bmatrix}$$

■

範例 13

若矩陣 $A=\begin{bmatrix} 2.6 & -1 \\ -5.9 & 7.2 \end{bmatrix}$，試求 $\left(A^T\right)^T$。

解

$$A^T=\begin{bmatrix} 2.6 & -5.9 \\ -1 & 7.2 \end{bmatrix}，則 \left(A^T\right)^T=A=\begin{bmatrix} 2.6 & -1 \\ -5.9 & 7.2 \end{bmatrix}。$$

■

範例 14

若矩陣 $A=\left[a_{ij}\right]_{m\times n}$，$B=\left[b_{ij}\right]_{n\times q}$，試證 $\left(AB\right)^T=B^T A^T$。

解

令矩陣 $C=\left[c_{ij}\right]_{m\times q}=AB$，其元素 $c_{ij}=\sum_{k=1}^{n}a_{ik}b_{kj}$

則 $C^T=(AB)^T$

換言之，$c_{ij}^T=c_{ji}=\sum_{k=1}^{n}a_{jk}b_{ki}=\sum_{k=1}^{n}a_{kj}^T b_{ik}^T=\sum_{k=1}^{n}b_{ik}^T a_{kj}^T$

因此，$C^T=B^T A^T$

故 $\left(AB\right)^T=B^T A^T$ 可得證

■

範例 15

假設 $A=\begin{bmatrix} 2.6 & -1 \\ -5.9 & 7.2 \end{bmatrix}$，$B=\begin{bmatrix} 1 & -1 \\ 0 & 1 \end{bmatrix}$，試求 $B-A^T$。

解

$$B-A^T=\begin{bmatrix} 1 & -1 \\ 0 & 1 \end{bmatrix}-\begin{bmatrix} 2.6 & -5.9 \\ -1 & 7.2 \end{bmatrix}=\begin{bmatrix} -1.6 & 4.9 \\ 1 & -6.2 \end{bmatrix}$$

■

D. 矩陣之共軛運算

假設矩陣 $A=\left[a_{ij}\right]_{m\times n}$，執行矩陣之**共軛**（conjugate）運算時，即等效於矩陣中每一元素均取共軛運算，即 $\overline{A}=\left[\overline{a}_{ij}\right]_{m\times n}$。

範例 16

假設 $A=\begin{bmatrix}5-2i & 7\\ -3 & i\end{bmatrix}$，試求 $\overline{A}$。

解

$$\overline{A}=\begin{bmatrix}5+2i & 7\\ -3 & -i\end{bmatrix}$$

■

範例 17

假設 $\overline{A}=\begin{bmatrix}1+i & -6-2i\\ 4i & -3\end{bmatrix}$，$B=\begin{bmatrix}1 & i\\ 12 & -9i\end{bmatrix}$，試求 $\overline{A}^T+2\overline{B}$。

解

$$\overline{A}^T+2\overline{B}=\begin{bmatrix}1-i & -4i\\ -6+2i & -3\end{bmatrix}+\begin{bmatrix}2 & -2i\\ 24 & 18i\end{bmatrix}=\begin{bmatrix}3-i & -6i\\ 18+2i & -3+18i\end{bmatrix}$$

■

範例 18

試求 $\begin{bmatrix}2+3i & i\\ 1 & -i\end{bmatrix}^2$。

解

$$\begin{bmatrix}2+3i & i\\ 1 & -i\end{bmatrix}^2=\begin{bmatrix}2+3i & i\\ 1 & -i\end{bmatrix}\begin{bmatrix}2+3i & i\\ 1 & -i\end{bmatrix}=\begin{bmatrix}-5+13i & -2+2i\\ 2+2i & -1+i\end{bmatrix}$$

■

類題練習

1. 試問此 $1\times n$ 階矩陣 $\begin{bmatrix}1 & -3 & 2\end{bmatrix}$ 為行向量或列向量，又其 n 值為若干？

2. 若 $A=\begin{bmatrix}5 & -1\\ 1 & 9\\ 2 & 3\end{bmatrix}$，$B=\begin{bmatrix}0 & -1\\ 2 & 3\\ -2 & 4\end{bmatrix}$，試求 $(3A+2B)^T$。

3. 若 $A^T=\begin{bmatrix}1 & 2\\ 3 & 0\end{bmatrix}$，$B^T=\begin{bmatrix}-4 & 0.5\\ 2.5 & 1\end{bmatrix}$，試求 $(AB)^T$。

4. $A=\begin{bmatrix}1 & -1\\ 2 & -3\end{bmatrix}$，$B=\begin{bmatrix}-4\\ 5\end{bmatrix}$，試求 AB。

5. $A=\begin{bmatrix}1 & 0\\ -3 & -1\\ 4 & 3\end{bmatrix}$，$B=\begin{bmatrix}6 & 0 & -1\\ 2 & 5 & -2\end{bmatrix}$，試求 AB。

6. 承上題，試求 BA。

7. 已知 $A=\begin{bmatrix}-3 & 0 & 2\\ 1 & 5 & 1\end{bmatrix}$，試求 $2\left(A^T\right)^T$。

8. 假設 $A=\begin{bmatrix}1 & 2\\ 3 & -4\end{bmatrix}$，$B=\begin{bmatrix}-3 & 1\\ 5 & 3\end{bmatrix}$，$C=\begin{bmatrix}-1 & 0\\ 0 & 2\end{bmatrix}$，試求 $2AB-C$。

9. 已知 $A=\begin{bmatrix}-1 & 0 & 0\\ 0 & -1 & 0\\ 0 & 0 & 1\end{bmatrix}$，試求 A^{200}。

10. 若 $\overline{A}^T=\begin{bmatrix}1 & 0\\ 7i & 2-6i\end{bmatrix}$，$\overline{B}^T=\begin{bmatrix}-4 & 0.5\\ 2.5 & 1\end{bmatrix}$，且 $C=AB$，試求 $\overline{C}^T$。

11. 已知 $A=\begin{bmatrix}-2i & 2\\ 3.5i & 1+i\end{bmatrix}$，$k=2i$，試求 $\left(\overline{kA}\right)^T$。

4-2 行列式

令矩陣 $A_{m\times m}=\begin{bmatrix} a_{11} & a_{12} & \cdots & \cdots & a_{1m} \\ a_{21} & a_{22} & \cdots & \cdots & a_{2m} \\ \vdots & \vdots & \ddots & \cdots & \vdots \\ \vdots & \vdots & \cdots & \ddots & \vdots \\ a_{m1} & a_{m2} & \cdots & \cdots & a_{mm} \end{bmatrix}$ 為 m 階方陣，則該矩陣之**行列式**（determinant）標註為 $\det(A)$，定義如下：

$$\det(A)=|A|=\begin{vmatrix} a_{11} & a_{12} & \cdots & \cdots & a_{1m} \\ a_{21} & a_{22} & \cdots & \cdots & a_{2m} \\ \vdots & \vdots & \ddots & \cdots & \vdots \\ \vdots & \vdots & \cdots & \ddots & \vdots \\ a_{m1} & a_{m2} & \cdots & \cdots & a_{mm} \end{vmatrix}$$

$$=(-1)^{i+1}a_{i1}A_{i1}+(-1)^{i+2}a_{i2}A_{i2}+\cdots+(-1)^{i+m}a_{im}A_{im}$$

$$=(-1)^{1+j}a_{1j}A_{1j}+(-1)^{2+j}a_{2j}A_{2j}+\cdots+(-1)^{m+j}a_{mj}A_{mj}$$

其中，

A_{im} 為刪除第 i 列第 m 行後之 $(m-1)$ 階子行列式

A_{mj} 為刪除第 m 列第 j 行後之 $(m-1)$ 階子行列式

範例 1

(1) 試求 $\begin{vmatrix} -1 & -3 \\ 1 & 0 \end{vmatrix}$。

(2) 試求 $\begin{vmatrix} 2 & 3 & 0 \\ 0 & 2 & 0.5 \\ -1 & 0 & 0.1 \end{vmatrix}$。

解

(1) $\begin{vmatrix} -1 & -3 \\ 1 & 0 \end{vmatrix}=[(-1)^{1+1}\times(-1)\times 0]+[(-1)^{2+1}\times 1\times(-3)]=3$

亦可寫成

$\begin{vmatrix} -1 & -3 \\ 1 & 0 \end{vmatrix}=[(-1)^{1+1}\times(-1)\times 0]+[(-1)^{1+2}\times(-3)\times 1]=3$

(2) $\begin{vmatrix} 2 & 3 & 0 \\ 0 & 2 & 0.5 \\ -1 & 0 & 0.1 \end{vmatrix} = \left[(-1)^{1+1} \times 2 \times \begin{vmatrix} 2 & 0.5 \\ 0 & 0.1 \end{vmatrix}\right] + \left[(-1)^{1+2} \times 3 \times \begin{vmatrix} 0 & 0.5 \\ -1 & 0.1 \end{vmatrix}\right] + 0$

$$= 2 \times [(-1)^{1+1} \times 2 \times 0.1 + 0] + (-3) \times [0 + (-1)^{2+1} \times (-1) \times 0.5] = -1.1$$

亦可寫成

$$\begin{vmatrix} 2 & 3 & 0 \\ 0 & 2 & 0.5 \\ -1 & 0 & 0.1 \end{vmatrix} = \left[(-1)^{1+1} \times 2 \times \begin{vmatrix} 2 & 0.5 \\ 0 & 0.1 \end{vmatrix}\right] + 0 + \left[(-1)^{3+1} \times (-1) \times \begin{vmatrix} 3 & 0 \\ 2 & 0.5 \end{vmatrix}\right]$$

$$= 2 \times [(-1)^{1+1} \times 2 \times 0.1 + 0] + (-1) \times [(-1)^{1+1} \times 3 \times 0.5 + 0] = -1.1$$

■

範例 2

試求 $\begin{vmatrix} a & b \\ c & d \end{vmatrix}$。

解

$$\begin{vmatrix} a & b \\ c & d \end{vmatrix} = (-1)^{1+1} ad + (-1)^{1+2} bc = ad - bc$$

■

範例 3

試求 $\begin{vmatrix} 1 & 2 \\ -3 & 4 \end{vmatrix}$。

解

由範例 2 可知

$$\begin{vmatrix} 1 & 2 \\ -3 & 4 \end{vmatrix} = 1 \times 4 - 2 \times (-3) = 10$$

■

此外，方陣之行列式具有多項運算特點，整理如下：

◈ 當方陣 A 之任一列或任一行之元素均乘上非零係數 M 後，則該矩陣之行列式將等於 $M\det(A)$。

◈ 若矩陣 A 為 k 階方陣，則矩陣 A 與非零係數 M 相乘後，其行列式將等於 $M^k\det(A)$。

◈ 對於行列式 $\det(A)$ 而言，若存有下列兩種情況時，則 $\det(A)=0$：即 (1) 任兩列或行之元素成比例，(2) 任一列或行之元素全為 0。

◈ 將方陣 A 中之任兩列或任兩行互相對調時，其行列式之值等於 $-\det(A)$。

◈ 在方陣 A 中，將某一列或行乘上非零係數後，再加至另一列或行，可得到一個新的方陣 B，且 $\det(B)=\det(A)$。

◈ 假設矩陣 A 與 B 均為 m 階方陣，則 $\det(AB)=\det(A)\det(B)$。

◈ 假設方陣 G 可劃分為 $G=\begin{bmatrix} A & B \\ C & D \end{bmatrix}$，其中 A、B、C、D 均為矩陣。若當 A、D 為方陣，B、C 為零矩陣（所有矩陣元素均為 0）時，則 $\det(G)=\det(A)\det(D)$。但須注意的是，當 A、D 為零矩陣，B、C 為方陣時，則 $\det(G)$ 不一定等於 $-\det(B)\det(C)$。

範例 4

已知行列式 $\begin{vmatrix} 3 & -0.6 \\ 0 & 1.5 \end{vmatrix}=4.5$，試求 $\begin{vmatrix} 9 & -1.8 \\ 0 & 1.5 \end{vmatrix}$。

解

$$\begin{vmatrix} 9 & -1.8 \\ 0 & 1.5 \end{vmatrix}=\begin{vmatrix} 3\times 3 & -0.6\times 3 \\ 0 & 1.5 \end{vmatrix}=3\times 4.5=13.5$$

此即說明當方陣 A 之任一列或任一行之元素均乘上非零係數 M 後，則該矩陣之行列式將等於 $M\det(A)$。

■

範例 5

已知行列式 $\begin{vmatrix} 3 & -0.6 \\ 0 & 1.5 \end{vmatrix}=4.5$，試求 $\begin{vmatrix} 9 & -1.8 \\ 0 & 4.5 \end{vmatrix}$。

解

$$\begin{vmatrix} 9 & -1.8 \\ 0 & 1.5 \end{vmatrix} = \begin{vmatrix} 3\times 3 & -0.6\times 3 \\ 0 & 1.5\times 3 \end{vmatrix} = 3^2 \times 4.5 = 40.5$$

此即說明若矩陣 A 為 k 階方陣，當矩陣 A 與非零係數 M 相乘後，其行列式之值將等於 $M^k \det(A)$。

■

範例 6

試求 $\begin{vmatrix} 1 & 0 & 3 \\ 0 & 5 & 0 \\ -3.5 & 9 & -10.5 \end{vmatrix}$。

解

$$\begin{vmatrix} 1 & 0 & 3 \\ 0 & 5 & 0 \\ -3.5 & 9 & -10.5 \end{vmatrix} = \begin{vmatrix} 1 & 0 & 1\times 3 \\ 0 & 5 & 0\times 3 \\ -3.5 & 9 & -3.5\times 3 \end{vmatrix} = 0$$

此即說明當矩陣之第 1 行與第 3 行之元素成比例時，即使得矩陣之行列式之值為零。

■

範例 7

已知行列式 $\begin{vmatrix} 3 & -0.6 \\ 0 & 1.5 \end{vmatrix} = 4.5$，試求 $\begin{vmatrix} 0 & 1.5 \\ 3 & -0.6 \end{vmatrix}$。

解

$$\begin{vmatrix} 0 & 1.5 \\ 3 & -0.6 \end{vmatrix} = -4.5$$

此即說明當互相調換 $\det(A)$ 之任兩列或行之元素時，則將等於 $-\det(A)$。

■

範例 8

已知行列式 $A = \begin{vmatrix} 3 & -0.6 \\ 0 & 1.5 \end{vmatrix} = 4.5$，$B = \begin{vmatrix} 3 & -0.6+6 \\ 0 & 1.5+0 \end{vmatrix}$，試求矩陣 B 之行列式值為何？

解

$$\begin{vmatrix} 3 & -0.6+6 \\ 0 & 1.5+0 \end{vmatrix} = \begin{vmatrix} 3 & -0.6+3\times 2 \\ 0 & 1.5+0\times 2 \end{vmatrix} = 4.5$$

上述 B 矩陣之第 2 行元素係由矩陣 A 之元素乘上 2 後再續加而得，因此行列式之值不變。

■

範例 9

若矩陣 $A=\begin{bmatrix} 1 & 2 \\ 3 & 4 \end{bmatrix}$，$B=\begin{bmatrix} 9 & 8 \\ 7 & -6 \end{bmatrix}$，且行列式之值 $\det(A)=-2$，$\det(B)=-110$，試求 $\det\left(\begin{bmatrix} 1 & 2 \\ 3 & 4 \end{bmatrix}\begin{bmatrix} 9 & 8 \\ 7 & -6 \end{bmatrix}\right)$。

解

$$\det\left(\begin{bmatrix} 1 & 2 \\ 3 & 4 \end{bmatrix}\begin{bmatrix} 9 & 8 \\ 7 & -6 \end{bmatrix}\right) = \det\left(\begin{bmatrix} 1 & 2 \\ 3 & 4 \end{bmatrix}\right)\det\left(\begin{bmatrix} 9 & 8 \\ 7 & -6 \end{bmatrix}\right)$$
$$= (-2)\times(-110) = 220$$

■

範例 10

假設方陣 $G=\begin{bmatrix} 3 & -0.6 & 0 & 0 & 0 \\ 0 & 1.5 & 0 & 0 & 0 \\ 0 & 0 & 1 & 1 & 3 \\ 0 & 0 & 5 & 9 & 9 \\ 0 & 0 & -5 & 7 & -1 \end{bmatrix}$，試求 $\det(G)$。

解

已知 $\begin{vmatrix} 3 & -0.6 \\ 0 & 1.5 \end{vmatrix} = 4.5$，$\begin{vmatrix} 1 & 1 & 3 \\ 5 & 9 & 9 \\ -5 & 7 & -1 \end{vmatrix} = 128$

因此 $\det(G) = \begin{vmatrix} 3 & -0.6 \\ 0 & 1.5 \end{vmatrix} \times \begin{vmatrix} 1 & 1 & 3 \\ 5 & 9 & 9 \\ -5 & 7 & -1 \end{vmatrix} = 4.5\times 128 = 576$

■

範例 11

承上題，試求 $\det\left(G^T\right)$。

解

$$G^T = \begin{bmatrix} 3 & 0 & 0 & 0 & 0 \\ -0.6 & 1.5 & 0 & 0 & 0 \\ 0 & 0 & 1 & 5 & -5 \\ 0 & 0 & 1 & 9 & 7 \\ 0 & 0 & 3 & 9 & -1 \end{bmatrix}$$

$$\det(G^T) = \begin{vmatrix} 3 & 0 \\ -0.6 & 1.5 \end{vmatrix} \times \begin{vmatrix} 1 & 5 & -5 \\ 1 & 9 & 7 \\ 3 & 9 & -1 \end{vmatrix} = 576 = \det(G)$$

■

範例 12

試求 m 階之單位矩陣 I 之行列式 $\begin{vmatrix} 1 & 0 & 0 & \cdots & 0 \\ 0 & 1 & 0 & \cdots & 0 \\ 0 & 0 & \ddots & 0 & 0 \\ \vdots & \vdots & 0 & \ddots & \vdots \\ 0 & 0 & 0 & \cdots & 1 \end{vmatrix}_{m\times m}$ 之值。

解

$$\begin{vmatrix} 1 & 0 & 0 & \cdots & 0 \\ 0 & 1 & 0 & \cdots & 0 \\ 0 & 0 & \ddots & 0 & 0 \\ \vdots & \vdots & 0 & \ddots & \vdots \\ 0 & 0 & 0 & \cdots & 1 \end{vmatrix}_{m\times m} = (-1)^{1+1} \times 1 \times \begin{vmatrix} 1 & 0 & \cdots & 0 \\ 0 & \ddots & 0 & 0 \\ \vdots & 0 & \ddots & \vdots \\ 0 & 0 & \cdots & 1 \end{vmatrix}_{(m-1)\times(m-1)}$$

$$= 1 \times (-1)^{1+1} \times 1 \times \begin{vmatrix} 1 & 0 & \cdots & 0 \\ 0 & 1 & \cdots & 0 \\ \vdots & \vdots & \ddots & \vdots \\ 0 & 0 & \cdots & 1 \end{vmatrix}_{(m-2)\times(m-2)} = 1 \times 1 \times 1 \times \cdots \times 1 = 1$$

■

類題練習

1. 已知 $A=\begin{bmatrix} 15 & 1 \\ -2 & -8 \end{bmatrix}$，試求 $\det(A)$。

2. 承上題，試求 $\det(3A)$。

3. 計算 $A=\begin{bmatrix} 1 & -2 & 3 \\ 0 & 5 & 5 \\ -7 & 8 & 9 \end{bmatrix}$之行列式之值。

4. 試求 $A=\begin{bmatrix} 10 & 8 & 5 \\ -5 & 8 & 7 \\ 1 & 5 & 7 \end{bmatrix}$之行列式之值。

5. 若 $A=\begin{bmatrix} 15 & 3 \\ -20 & 7 \end{bmatrix}$，試求 $|A^T|$。

6. 試求 $\begin{vmatrix} 10 & 0 & 0 & 0 & 0 \\ 13 & 9 & 0 & 0 & 0 \\ -1 & 9 & -8 & 0 & 0 \\ -35 & 4 & 0 & 7 & 0 \\ 0 & 55 & -7 & 11 & -6 \end{vmatrix}$。

7. 已知 $\begin{vmatrix} 100 & 7 & 5 \\ 8 & -13 & 3 \\ -7 & 0 & 1 \end{vmatrix}=-1958$，

試求 $\begin{vmatrix} 500 & 35 & 25 \\ 8 & -13 & 3 \\ -7 & 0 & 1 \end{vmatrix}$。

8. 已知 $|A|=\begin{vmatrix} -1 & 0 & 3 \\ 3 & 1 & 2 \\ 1 & 2 & 0 \end{vmatrix}=19$，

試求 $|10A|$。

9. 若 $|A|=\begin{vmatrix} 18 & 7 \\ 3 & -5 \end{vmatrix}=-111$，

$|B|=\begin{vmatrix} -2 & 23 \\ -6 & 4 \end{vmatrix}=130$，

試求 $|AB|$ 之值為何？

10. 若 $A=\begin{bmatrix} 3 & 4 & 101 & -3 & 15 \\ -2 & 1 & 19 & 7 & -5 \\ 0 & 0 & 1 & 2 & -7 \\ 0 & 0 & -3 & 6 & 1 \\ 0 & 0 & 5 & 0 & 0 \end{bmatrix}$，

試求 $|A|$。

11. 試求

$$A=\begin{bmatrix} 1+1 & 2 & 3 & 4 & 5 \\ 1 & 1+2 & 3 & 4 & 5 \\ 1 & 2 & 1+3 & 4 & 5 \\ 1 & 2 & 3 & 1+4 & 5 \\ 1 & 2 & 3 & 4 & 1+5 \end{bmatrix}$$

之行列式之值。

12. 試求 $\begin{vmatrix} 0 & -2 & 0 & 9 \\ -5 & 5 & -7.5 & -3 \\ 10 & 1 & 15 & 0 \\ 7 & -1 & 10.5 & 13 \end{vmatrix}$。

4-3 反矩陣

若兩個 m 階方陣 F 與 G 之關係，可滿足下式

$$F_{m\times m}G_{m\times m}=G_{m\times m}F_{m\times m}=I_{m\times m}$$

則定義 F 為 G 之**反矩陣**（inverse matrix），或稱 G 為 F 之反矩陣，其可利用 $F=G^{-1}$ 或 $G=F^{-1}$ 予以註記，其中上標 -1 為反矩陣運算之意。

反矩陣具有下列各項運算特性，茲分述如下：

假設 m 階方陣 G 具有反矩陣 G^{-1}（即可逆），則有下述性質：

〈性質 1〉

G^{-1} 之反矩陣等效於 G，即 $\left(G^{-1}\right)^{-1}=G$。此性質可予以推導說明如下：

令 $X=G^{-1}$

又已知 $XX^{-1}=I$，因此 $G^{-1}X^{-1}=I$

而又因 $GG^{-1}X^{-1}=GI=G$

所以 $IX^{-1}=X^{-1}=G$

因此 $\left(G^{-1}\right)^{-1}=G$

〈性質 2〉

若 m 階方陣 F 之反矩陣 F^{-1} 存在，則 $\left(FG\right)^{-1}=G^{-1}F^{-1}$。此性質可說明如下：

首先令 $X=\left(FG\right)^{-1}$

又已知 $X^{-1}X=I$，則 $\left(\left(FG\right)^{-1}\right)^{-1}X=FGX=I$

而將式子之兩邊乘上 F^{-1} 後，可得

$$F^{-1}FGX=F^{-1}I$$

亦即，

$$IGX=F^{-1}$$

再將式子兩邊乘上 G^{-1} 即得

$$G^{-1}GX = G^{-1}F^{-1}$$

故 $X = (FG)^{-1} = G^{-1}F^{-1}$

＜性質 3＞

方陣 G 作轉置運算後之反矩陣等效於 G 之反矩陣的轉置矩陣，即 $(G^T)^{-1} = (G^{-1})^T$，此性質說明如下：

已知 $G^T(G^T)^{-1} = I$

又 $G^T(G^{-1})^T = (G^{-1}G)^T = I^T = I$

因此可整合而得：

$(G^T)^{-1} = (G^{-1})^T$

＜性質 4＞

反矩陣 G^{-1} 之行列式之值可由原 G 矩陣行列式之值推導得知，亦即 $|G^{-1}|$ 之值即等於 $\dfrac{1}{|G|}$，此性質說明如下：

已知 $|GG^{-1}| = |I| = 1$，又 $|GG^{-1}| = |G||G^{-1}|$

故 $|G||G^{-1}| = 1$

則 $|G^{-1}| = \dfrac{1}{|G|}$ 得證

範例 1

假設 $A = \begin{bmatrix} 0.1 & -5 \\ 3 & 4 \end{bmatrix}$，且其反矩陣存在，試求 $(A^{-1})^{-1}$。

解

$$(A^{-1})^{-1} = A = \begin{bmatrix} 0.1 & -5 \\ 3 & 4 \end{bmatrix}$$

■

範例 2

假設 $A=\begin{bmatrix}1 & 2\\ 3 & 4\end{bmatrix}$，$B=\begin{bmatrix}5 & 6\\ 7 & 8\end{bmatrix}$，且已知 $A^{-1}=\begin{bmatrix}-2 & 1\\ 1.5 & -0.5\end{bmatrix}$，$B^{-1}=\begin{bmatrix}-4 & 3\\ 3.5 & -2.5\end{bmatrix}$，試求 $(AB)^{-1}$。

解

$$(AB)^{-1}=B^{-1}A^{-1}=\begin{bmatrix}-4 & 3\\ 3.5 & -2.5\end{bmatrix}\begin{bmatrix}-2 & 1\\ 1.5 & -0.5\end{bmatrix}=\begin{bmatrix}12.5 & -5.5\\ -10.75 & 4.75\end{bmatrix}$$

■

範例 3

已知 $A=\begin{bmatrix}1 & 2\\ 3 & 4\end{bmatrix}$，$A^{-1}=\begin{bmatrix}-2 & 1\\ 1.5 & -0.5\end{bmatrix}$，試求 $(0.5A)^{-1}$。

解

$$(0.5A)^{-1}=\frac{1}{0.5}A^{-1}=2\times\begin{bmatrix}-2 & 1\\ 1.5 & -0.5\end{bmatrix}=\begin{bmatrix}-4 & 2\\ 3 & -1\end{bmatrix}$$

■

範例 4

已知 $A=\begin{bmatrix}1 & 2\\ 3 & 4\end{bmatrix}$，$A^{-1}=\begin{bmatrix}-2 & 1\\ 1.5 & -0.5\end{bmatrix}$，試求 $\left(A^{T}\right)^{-1}$。

解

$$\left(A^{T}\right)^{-1}=\left(A^{-1}\right)^{T}=\begin{bmatrix}-2 & 1\\ 1.5 & -0.5\end{bmatrix}^{T}=\begin{bmatrix}-2 & 1.5\\ 1 & -0.5\end{bmatrix}$$

■

範例 5

若 $A=\begin{bmatrix}1 & 2\\ 3 & 4\end{bmatrix}$，試求 $\left|A^{-1}\right|$。

解

$$\left|A^{-1}\right| = \frac{1}{|A|}\text{，又}|A| = -2\text{，故}\left|A^{-1}\right| = \frac{1}{-2} = -0.5\text{。}$$

■

又承 4-2 節所介紹之 m 階矩陣 A 之行列式定義，可知

$$\begin{aligned}|A| &= a_{i1}(-1)^{i+1}A_{i1} + a_{i2}(-1)^{i+2}A_{i2} + \cdots + a_{im}(-1)^{i+m}A_{im} \\ &= a_{i1}c_{i1} + a_{i2}c_{i2} + \cdots + a_{im}c_{im} \\ &= \sum_{k=1}^{m} a_{ik}c_{ik}\end{aligned}$$

此矩陣 A 亦可表示如下，即

$$\begin{aligned}|A| &= a_{1j}(-1)^{1+j}A_{1j} + a_{2j}(-1)^{2+j}A_{2j} + \cdots + a_{mj}(-1)^{m+j}A_{mj} \\ &= a_{1j}c_{1j} + a_{2j}c_{2j} + \cdots + a_{mj}c_{mj} \\ &= \sum_{k=1}^{m} a_{kj}c_{kj}\end{aligned}$$

因此可定義矩陣 A 之**伴隨矩陣**（adjoint matrix）$adj(A)$ 如下：

$$adj(A) = \left[c_{ij}\right]_{m\times m}^{T} = \left[c_{ji}\right]_{m\times m}$$

其中 $c_{ij} = (-1)^{i+j}A_{ij}$ 。

此外令 $Aadj(A) = \left[\alpha_{ij}\right]_{m\times m}$ ，$adj(A)A = \left[\beta_{ij}\right]_{m\times m}$

亦即

$$\alpha_{ij} = a_{i1}c_{j1} + a_{i2}c_{j2} + \cdots + a_{im}c_{jm}$$

$$\beta_{ij} = a_{1i}c_{1j} + a_{2i}c_{2j} + \cdots + a_{mi}c_{mj}$$

當 $i = j$ 時，$\alpha_{ii} = \beta_{ii} = |A|$，

當 $i \neq j$ 時，$\alpha_{ij} = \beta_{ij} = 0$

因此，

$$Aadj(A) = adj(A)A = |A|\begin{bmatrix} 1 & 0 & \cdots & 0 \\ 0 & 1 & \cdots & 0 \\ \vdots & \vdots & \ddots & \vdots \\ 0 & 0 & \cdots & 1 \end{bmatrix}_{m\times m} = |A|I$$

則 $I = A\dfrac{adj(A)}{|A|} = \dfrac{adj(A)}{|A|}A$，故可得 $A^{-1} = \dfrac{adj(A)}{|A|}$ 。

範例 6

今假設矩陣 $A = \begin{bmatrix} a & b \\ c & d \end{bmatrix}$，$a$、$b$、$c$ 及 d 均為常數，且 $\det(A)$ 存在，試求反矩陣 A^{-1} 。

解

首先，令伴隨矩陣 $adj(A) = \begin{bmatrix} c_{11} & c_{21} \\ c_{12} & c_{22} \end{bmatrix}$

又由於

$$c_{11} = (-1)^{1+1}d = d \text{ ，} c_{12} = (-1)^{1+2}c = -c$$

$$c_{21} = (-1)^{2+1}b = -b \text{ ，} c_{22} = (-1)^{2+2}a = a$$

因此 $adj(A) = \begin{bmatrix} d & -b \\ -c & a \end{bmatrix}$

再續求解行列式之值 $|A| = ad - bc$

故

$$A^{-1} = \frac{adj(A)}{|A|} = \frac{1}{ad-bc}\begin{bmatrix} d & -b \\ -c & a \end{bmatrix}$$

■

範例 7

已知矩陣 $A=\begin{bmatrix}0 & 1\\ 3 & 4\end{bmatrix}$，試求反矩陣 A^{-1}。

解

由範例 6 可知 $A^{-1}=\dfrac{1}{ad-bc}\begin{bmatrix}d & -b\\ -c & a\end{bmatrix}=-\dfrac{1}{3}\begin{bmatrix}4 & -1\\ -3 & 0\end{bmatrix}$

■

範例 8

已知矩陣 $A=\begin{bmatrix}1 & 0 & -1\\ 0 & 2 & 3\\ 3 & -4 & 1\end{bmatrix}$，試求反矩陣 A^{-1}。

解

可先求得 A 的行列式之值，$|A|=20$

又由於

$$c_{11}=(-1)^{1+1}\begin{vmatrix}2 & 3\\ -4 & 1\end{vmatrix}=14，c_{21}=(-1)^{2+1}\begin{vmatrix}0 & -1\\ -4 & 1\end{vmatrix}=4，c_{31}=(-1)^{3+1}\begin{vmatrix}0 & -1\\ 2 & 3\end{vmatrix}=2$$

$$c_{12}=(-1)^{1+2}\begin{vmatrix}0 & 3\\ 3 & 1\end{vmatrix}=9，c_{22}=(-1)^{2+2}\begin{vmatrix}1 & -1\\ 3 & 1\end{vmatrix}=4，c_{32}=(-1)^{3+2}\begin{vmatrix}1 & -1\\ 0 & 3\end{vmatrix}=-3$$

$$c_{13}=(-1)^{1+3}\begin{vmatrix}0 & 2\\ 3 & -4\end{vmatrix}=-6，c_{23}=(-1)^{2+3}\begin{vmatrix}1 & 0\\ 3 & -4\end{vmatrix}=4，c_{33}=(-1)^{3+3}\begin{vmatrix}1 & 0\\ 0 & 2\end{vmatrix}=2$$

因此 $adj(A)=\begin{bmatrix}14 & 4 & 2\\ 9 & 4 & -3\\ -6 & 4 & 2\end{bmatrix}$

所以 $A^{-1}=\dfrac{adj(A)}{|A|}=\dfrac{1}{20}\begin{bmatrix}14 & 4 & 2\\ 9 & 4 & -3\\ -6 & 4 & 2\end{bmatrix}$

■

類題練習

1. 試求 $A=\begin{bmatrix}3 & 1\\1 & 5\end{bmatrix}$ 之反矩陣。

2. 試求 $A=\begin{bmatrix}-1 & 6\\-1 & 8\end{bmatrix}$ 之反矩陣。

3. 試求 $A=\begin{bmatrix}3 & 2 & 4\\5 & 2 & 6\\4 & 2 & 4\end{bmatrix}$ 之反矩陣。

4. 試求 $A=\begin{bmatrix}1 & 0 & 0\\3 & 2 & 0\\3 & 3 & 3\end{bmatrix}$ 之反矩陣。

5. $A=\begin{bmatrix}5 & 0 & 0\\0 & 2 & 0\\0 & 0 & 0.5\end{bmatrix}$，試求 A^{-1}。

6. 試問 $A=\begin{bmatrix}1 & 4 & 7\\2 & 5 & 8\\3 & 6 & 9\end{bmatrix}$ 之反矩陣是否存在？

7. 已知 $A^{-1}=\begin{bmatrix}-2 & 1\\1.5 & -0.5\end{bmatrix}$，

   $B^{-1}=\begin{bmatrix}-1 & 0.5\\0 & 0.5\end{bmatrix}$，試求 $(AB)^{-1}$。

8. 若 $A=\begin{bmatrix}10 & 0 & 0\\2 & 15 & -1\\-9 & 5 & 3\end{bmatrix}$，試求 $\left|A^{-1}\right|$。

9. 假設 $A^{-1}=\begin{bmatrix}-22 & 16 & -9\\64 & 0 & 58\\5 & -13 & 100\end{bmatrix}$，

   試求 $(2A)^{-1}$。

10. 試求 $\begin{bmatrix}-0.08 & 0.04 & 0.04\\0.03 & -0.07 & 0.01\\0.04 & 0.12 & -0.08\end{bmatrix}^{-1}$。

11. 假設 A 為 3 階方陣且 A^{-1} 存在，試證 $\left|adj(A)\right|=\left|A\right|^2$。

12. 若伴隨矩陣 $adj(A)=\begin{bmatrix}4 & 0 & 0\\-8 & 4 & 0\\2 & -3 & 1\end{bmatrix}$，

    試求 A。

4-4 矩陣之秩與聯立方程組

考慮某一矩陣 A，則矩陣之**秩**（rank）即定義為該矩陣所含線性獨立列或獨立行之最大數目。換言之，刪除線性相依的列或行之後，亦即刪除下列兩種情形：

(1) 任兩列或行之元素成比例；

(2) 任一列或行之元素全為 0。

最後所得之列或行數目即為秩，以 rank(A) 標註之。其中，當非零係數與 A 矩陣任一列或任一行相乘，或相乘後加至另一列或行時，矩陣之秩 rank(A) 維持固定不變。

範例 1

若 $G=\begin{bmatrix} 3 & 1 & -5 \\ 1 & -2 & 1 \end{bmatrix}$，試求 rank($G$)。

解

<方法一>

由矩陣之列，求解矩陣之秩

根據基本列運算，$\begin{bmatrix} 3 & 1 & -5 \\ 1 & -2 & 1 \end{bmatrix}$

將第二列乘以（–3），再與第一列相加後置於第二列，即為$\begin{bmatrix} 3 & 1 & -5 \\ 0 & 7 & -8 \end{bmatrix}$

於是可知

$\begin{bmatrix} 3 & 1 & -5 \end{bmatrix}$與$\begin{bmatrix} 0 & 7 & -8 \end{bmatrix}$相互獨立，故 rank($G$) = 2。

<方法二>

由矩陣之行，求解矩陣之秩

根據基本行運算，$\begin{bmatrix} 3 & 1 & -5 \\ 1 & -2 & 1 \end{bmatrix}$

將第一行加上第三行乘以（–1）後之結果，再置於第三行，即為$\begin{bmatrix} 3 & 1 & 8 \\ 1 & -2 & 0 \end{bmatrix}$

將第一行元素乘以 2 後，即為$\begin{bmatrix} 6 & 1 & 8 \\ 2 & -2 & 0 \end{bmatrix}$

將第一行與第二行相加，並置於第二行，即為$\begin{bmatrix} 6 & 7 & 8 \\ 2 & 0 & 0 \end{bmatrix}$

於是可發現

$\begin{bmatrix} 7 \\ 0 \end{bmatrix}$與$\begin{bmatrix} 8 \\ 0 \end{bmatrix}$相依，故僅$\begin{bmatrix} 6 \\ 2 \end{bmatrix}$與$\begin{bmatrix} 7 \\ 0 \end{bmatrix}$或$\begin{bmatrix} 6 \\ 2 \end{bmatrix}$與$\begin{bmatrix} 8 \\ 0 \end{bmatrix}$相互獨立，換言之 rank($G$) 亦等於 2。

■

上述求解矩陣之秩的觀念亦可推廣至求解聯立方程組。今以下述線性聯立方程組為例：

$$\begin{cases} a_{11}x_1 + a_{12}x_2 + \cdots + a_{1n}x_n = b_1 \\ a_{21}x_1 + a_{22}x_2 + \cdots + a_{2n}x_n = b_2 \\ \quad \vdots \\ a_{m1}x_1 + a_{m2}x_2 + \cdots + a_{mn}x_n = b_m \end{cases}$$

其中，a_{mn} 與 b_m 均為常數，x_n 為變數。上式若依矩陣形式予以表示，即

$$\begin{bmatrix} a_{11} & a_{12} & \cdots & \cdots & a_{1n} \\ a_{21} & a_{22} & \cdots & \cdots & \vdots \\ \vdots & \vdots & \ddots & \ddots & \vdots \\ \vdots & \vdots & \ddots & \ddots & \vdots \\ a_{m1} & \cdots & \cdots & \cdots & a_{mn} \end{bmatrix} \begin{bmatrix} x_1 \\ x_2 \\ \vdots \\ \vdots \\ x_n \end{bmatrix} = \begin{bmatrix} b_1 \\ b_2 \\ \vdots \\ \vdots \\ b_m \end{bmatrix}$$

若令係數矩陣 $A=\begin{bmatrix} a_{11} & a_{12} & \cdots & \cdots & a_{1n} \\ a_{21} & a_{22} & \cdots & \cdots & \vdots \\ \vdots & \vdots & \ddots & \ddots & \vdots \\ \vdots & \vdots & \ddots & \ddots & \vdots \\ a_{m1} & \cdots & \cdots & \cdots & a_{mn} \end{bmatrix}_{m\times n}$，變數矩陣 $X=\begin{bmatrix} x_1 \\ x_2 \\ \vdots \\ \vdots \\ x_n \end{bmatrix}_{n\times 1}$，常數矩陣

$B=\begin{bmatrix} b_1 \\ b_2 \\ \vdots \\ \vdots \\ b_m \end{bmatrix}_{m\times 1}$，則原式可改寫成 $AX=B$。又若將矩陣表示為係數矩陣與常數矩陣之整合，

即成為

$$C=\begin{bmatrix} a_{11} & a_{12} & \cdots & \cdots & a_{1n} & b_1 \\ a_{21} & a_{22} & \cdots & \cdots & \vdots & b_2 \\ \vdots & \vdots & \ddots & \ddots & \vdots & \vdots \\ \vdots & \vdots & \ddots & \ddots & \vdots & \vdots \\ a_{m1} & \cdots & \cdots & \cdots & a_{mn} & b_{mn} \end{bmatrix}_{m\times(n+1)}$$

上述矩陣 C 又稱為**增廣矩陣**（augmented matrix）。

此聯立方程組之解可討論如下：

1. 當 $\text{rank}(A)=\text{rank}(C)=$ 常數 k，且 $k=n$，則表示 n 個線性獨立方程式具有 n 個變數，且該聯立方程組具有唯一解。
2. 當 $\text{rank}(A)=\text{rank}(C)=$ 常數 k，且 $k<n$ 時，則表示該聯立方程組具有無限多組解。
3. 另當 $\text{rank}(A)\neq\text{rank}(C)$ 時，則表示此聯立方程組為無解。

已知聯立方程式為$\begin{cases} 3x+y+(c^2-5)z=c-1 \\ 3x+y-z=1 \\ 3x+6y+7z=6 \end{cases}$，$c$ 為常數，若聯立方程式具有無限多組解，試求其成立條件。

原式可改寫為 $AX=B$ 之形式，即

$$\begin{bmatrix} 3 & 1 & c^2-5 \\ 3 & 1 & -1 \\ 3 & 6 & 7 \end{bmatrix}\begin{bmatrix} x \\ y \\ z \end{bmatrix}=\begin{bmatrix} c-1 \\ 1 \\ 6 \end{bmatrix}$$

此時增廣矩陣 C 可表示為

$$C=\begin{bmatrix} 3 & 1 & c^2-5 & c-1 \\ 3 & 1 & -1 & 1 \\ 3 & 6 & 7 & 6 \end{bmatrix}$$

將上述矩陣 C 之第一列減去第二列，且將矩陣 C 之第三列減去第二列後，即可得

$$\begin{bmatrix} 0 & 0 & c^2-4 & c-2 \\ 3 & 1 & -1 & 1 \\ 0 & 5 & 8 & 5 \end{bmatrix}$$

又已知此聯立方程式具有無限多組解，亦即

$$\text{rank}(A)=\text{rank}(C)<3$$

所以$c^2-4=0$且$c-2=0$，因此$c=2$。

■

至於若欲利用矩陣方式求解聯立方程式，一般以**高斯消去法**（Gauss elimination）、反矩陣法與 Cramer 法則最為常見，此處利用範例予以說明之。

範例 3

試以高斯消去法求解 $\begin{cases} 2x+3y=4 \\ 4x+6y=5 \end{cases}$。

解

由聯立方程組可知，增廣矩陣 $C=\begin{bmatrix} 2 & 3 & 4 \\ 4 & 6 & 5 \end{bmatrix}$，

此時根據矩陣之基本列運算，為設法使得零的個數增加，可將矩陣之第一列乘以（–2）後，再與第二列相加，且置於第二列，於是可得

$$\begin{bmatrix} 2 & 3 & 4 \\ 0 & 0 & -3 \end{bmatrix}$$

則原聯立方程組可化簡為 $\begin{cases} 2x+3y=4 \\ 0=-3 \end{cases}$，第二式為矛盾，所以此題無解。

■

範例 4

試以高斯消去法求解 $\begin{cases} 3x-y+z=9 \\ -x+3y+4z=-2 \\ -x+y+2z=1 \end{cases}$。

解

由聯立方程組可知，增廣矩陣 $C=\begin{bmatrix} 3 & -1 & 1 & 9 \\ -1 & 3 & 4 & -2 \\ -1 & 1 & 2 & 1 \end{bmatrix}$，

此時根據矩陣之基本列運算，為設法使得零的個數增加，可將矩陣之第三列乘以 3 後，與第一列相加，且置於第一列，再將第二列減去第三列，且置於第二列，於是可得

$$\begin{bmatrix} 0 & 2 & 7 & 12 \\ 0 & 2 & 2 & -3 \\ -1 & 1 & 2 & 1 \end{bmatrix}$$

續將矩陣之第一列乘以（–1）後加上第二列，且置於第二列，可得

$$\begin{bmatrix} 0 & 2 & 7 & 12 \\ 0 & 0 & -5 & -15 \\ -1 & 1 & 2 & 1 \end{bmatrix}$$

則原聯立方程組可化簡為$\begin{cases} 2y+7z=12 \\ -5z=-15 \\ -x+y+2z=1 \end{cases}$

故求得 $z=3$，$y=-4.5$，$x=0.5$。

■

範例 5

試以高斯消去法求解$\begin{cases} 2y-y+z=5 \\ -3x+3y-z=1 \\ x+y-6z=2 \end{cases}$。

解

依原式可知增廣矩陣 $C=\begin{bmatrix} 2 & -1 & 1 & 5 \\ -3 & 3 & -1 & 1 \\ 1 & 1 & -6 & 2 \end{bmatrix}$，

再根據矩陣基本列運算，可經由第三列元素乘以（–2）再加上第一列元素，及將第三列元素乘以 3 再加上第二列後，可得

$$\begin{bmatrix} 0 & -3 & 13 & 1 \\ 0 & 6 & -19 & 7 \\ 1 & 1 & -6 & 2 \end{bmatrix}$$

接著若將第一列元素乘以 2 之後與第二列元素相加，即得

$$\begin{bmatrix} 0 & 0 & 7 & 9 \\ 0 & 6 & -19 & 7 \\ 1 & 1 & -6 & 2 \end{bmatrix}$$

因此可得$\begin{cases} 7z=9 \\ 6y-19z=7 \\ x+y-6z=2 \end{cases}$

故求得$z=\dfrac{9}{7}$，$y=\dfrac{110}{21}$，$x=\dfrac{94}{21}$。

■

範例 6

試以高斯消去法求解$\begin{cases} w+2x-y+z=2 \\ 2w+x+y-z=3 \\ w+2x-3y+2z=2 \end{cases}$。

解

依原式可知增廣矩陣$C=\begin{bmatrix} 1 & 2 & -1 & 1 & 2 \\ 2 & 1 & 1 & -1 & 3 \\ 1 & 2 & -3 & 2 & 2 \end{bmatrix}$，

根據矩陣基本列運算，可經由第一列元素乘以（–2）再加上第二列元素，及將第一列元素乘以（–1）再加上第三列後，可得

$$\begin{bmatrix} 1 & 2 & -1 & 1 & 2 \\ 0 & -3 & 3 & -3 & -1 \\ 0 & 0 & -2 & 1 & 0 \end{bmatrix}$$

因此可寫為

$$\begin{cases} w+2x-y+z=2 \\ -3x+3y-3z=-1 \\ -2y+z=0 \end{cases}$$

令 $y=c$ 代入第三式，可得 $z=2c$，再代回第一式與第二式，可得 $x=c+\dfrac{2}{3}$，$y=-c+\dfrac{1}{3}$，其中 c 為任意常數，此方程式屬於無限多組解。

■

範例 7

試以反矩陣法求解 $\begin{cases} x+2y=-1 \\ 3x+4y=3 \end{cases}$。

解

原式可寫成 $AX=B$ 之矩陣形式，即 $\begin{bmatrix} 1 & 2 \\ 3 & 4 \end{bmatrix}\begin{bmatrix} x \\ y \end{bmatrix}=\begin{bmatrix} -1 \\ 3 \end{bmatrix}$

其中 $A=\begin{bmatrix} 1 & 2 \\ 3 & 4 \end{bmatrix}$，$X=\begin{bmatrix} x \\ y \end{bmatrix}$，$B=\begin{bmatrix} -1 \\ 3 \end{bmatrix}$

由 $AX=B$ 可知 $X=A^{-1}B$

又 $A^{-1}=\dfrac{adj(A)}{|A|}=\dfrac{1}{1\times4-2\times3}\begin{bmatrix} 4 & -2 \\ -3 & 1 \end{bmatrix}=\begin{bmatrix} -2 & 1 \\ 1.5 & -0.5 \end{bmatrix}$

因此 $X=\begin{bmatrix} -2 & 1 \\ 1.5 & -0.5 \end{bmatrix}\begin{bmatrix} -1 \\ 3 \end{bmatrix}=\begin{bmatrix} 5 \\ -3 \end{bmatrix}$，故 $x=5$，$y=-3$。

■

除上述高斯消去法與反矩陣法外，本處另介紹 Cramer 法則予以求解聯立方程組。如以線性聯立方程組 $\begin{cases} a_{11}x_1+a_{12}x_2+\cdots+a_{1m}x_m=b_1 \\ a_{21}x_1+a_{22}x_2+\cdots+a_{2m}x_m=b_2 \\ \vdots \\ a_{m1}x_1+a_{m2}x_2+\cdots+a_{mm}x_m=b_m \end{cases}$ 為例，假設係數矩陣 A 之行列式不等於 0，即 $\det(A)=\begin{vmatrix} a_{11} & a_{12} & \cdots & a_{1m} \\ a_{21} & a_{22} & \cdots & \vdots \\ \vdots & \vdots & \ddots & \vdots \\ a_{m1} & \cdots & \cdots & a_{mm} \end{vmatrix}\neq0$，則可得聯立方程組之解為 $x_i=\dfrac{\det(R_i)}{\det(A)}$，$i=1,2,\cdots,m$。其中，$R_i$ 係以常數矩陣 $\begin{bmatrix} b_1 \\ b_2 \\ \vdots \\ \vdots \\ b_m \end{bmatrix}$ 置換係數矩陣 A 之第 i 行所得之矩陣，亦即

$$x_1 = \frac{\begin{vmatrix} b_1 & a_{12} & \cdots & a_{1m} \\ b_2 & a_{22} & \cdots & a_{2m} \\ \vdots & \vdots & \ddots & \vdots \\ b_m & a_{m2} & \cdots & a_{mm} \end{vmatrix}}{\det(A)}$$

$$x_2 = \frac{\begin{vmatrix} a_{11} & b_1 & \cdots & a_{1m} \\ a_{21} & b_2 & \cdots & a_{2m} \\ \vdots & \vdots & \ddots & \vdots \\ a_{m1} & b_m & \cdots & a_{mm} \end{vmatrix}}{\det(A)}$$

$$x_3 = \frac{\begin{vmatrix} a_{11} & a_{12} & b_1 & \cdots a_{1m} \\ a_{21} & a_{22} & b_2 & \cdots \vdots \\ \vdots & \vdots & \vdots & \ddots \vdots \\ a_{m1} & a_{m2} & b_m & \cdots a_{mm} \end{vmatrix}}{\det(A)}$$

依此類推即得。以下經由範例說明。

範例 8

試以 Cramer 法則求解 $\begin{cases} 2x+3y+z=0 \\ x+5y+2z=6 \\ 3x+y-z=2 \end{cases}$。

解

已知 $|A| = \begin{vmatrix} 2 & 3 & 1 \\ 1 & 5 & 2 \\ 3 & 1 & -1 \end{vmatrix} = -7$

則可得

$$x = \frac{\begin{vmatrix} 0 & 3 & 1 \\ 6 & 5 & 2 \\ 2 & 1 & -1 \end{vmatrix}}{\det(A)} = \frac{-26}{7}，y = \frac{\begin{vmatrix} 2 & 0 & 1 \\ 1 & 6 & 2 \\ 3 & 2 & -1 \end{vmatrix}}{\det(A)} = \frac{36}{7}，z = \frac{\begin{vmatrix} 2 & 3 & 0 \\ 1 & 5 & 6 \\ 3 & 1 & 2 \end{vmatrix}}{\det(A)} = -8$$

■

類題練習

1. 試求 $A=\begin{bmatrix}1 & 2\\ -11 & 13\end{bmatrix}$ 之秩。

2. 試求 $A=\begin{bmatrix}-4 & 2 & 6\\ 2 & -1 & -3\\ 0 & 0 & 1\end{bmatrix}$ 之秩。

3. 已知 $A=\begin{bmatrix}1 & 0 & 2\\ -4 & a+5 & 3\\ 7 & 0 & 13\end{bmatrix}$ 且 a 為常數，試求 rank(A)。

4. 若 $A=\begin{bmatrix}1 & 1 & 2\\ 2 & 3 & 6\\ 3 & 3 & a^2+3\end{bmatrix}$，試求能使得 rank($A$) = 3 條件成立之常數 a。

5. 假設 $\begin{cases}5x-5y+7z=7\\ 2x-2y+4z=4\\ 0.25x-0.25y+0.75z=0.5\end{cases}$，試利用矩陣之秩，判斷該聯立方程組是否有解？

6. 試以矩陣之秩判斷聯立方程組 $\begin{cases}4x-y=0\\ 2.5x-1.5y+0.5z=0\end{cases}$ 是否有解？

7. 試利用高斯消去法求解 $\begin{cases}2x+y=-1\\ 5x-3y=-8\end{cases}$

8. 試利用高斯消去法求解 $\begin{cases}x_1-6x_2+2x_3=2\\ -x_1+3x_2-4x_3=5\\ 2x_1+2x_2+x_3=-3\end{cases}$

9. 試以反矩陣法求解 $\begin{cases}3x-y+z=6\\ 2x+2y+5z=10\\ 2x+3z=8\end{cases}$

10. 試利用 Cramer 法則求解 $\begin{cases}5x-9y+7z=8\\ x-2+z=2\\ 4x+y=6\end{cases}$

11. 試以反矩陣法求解 $\begin{cases}-2x+y-z=-3.5\\ -2y+7z=10\\ x-10y-12z=0\end{cases}$

4-5 特徵值與特徵向量

對於線性轉換函數 $L(x)=\lambda X$ 而言，恆存在矩陣 A 可滿足 $AX=\lambda X$ 之條件，其中 λ 為矩陣 A 的**特徵值**（eigenvalue），而其個數則與 A 的階數相同，且此 λ 相對應之 X 稱為矩陣 A 的**特徵向量**（eigenvector）。換言之，不同的特徵值 λ_1、λ_2、⋯、λ_n 均有其相對應之特徵向量 X_1、X_2、⋯、X_n，且可將 $AX=\lambda X$ 改寫成下式：

$$(A-\lambda I)X=0$$

當上式滿足 $|A-\lambda I|=0$，其即稱為特徵方程式。

茲考慮矩陣 $A=\begin{bmatrix} a_{11} & a_{12} & \cdots & a_{1n} \\ a_{21} & a_{22} & \cdots & \vdots \\ \vdots & \vdots & \ddots & \vdots \\ a_{n1} & a_{n2} & \cdots & a_{nn} \end{bmatrix}$，其特徵方程式即為

$$|A-\lambda I|=\begin{vmatrix} a_{11}-\lambda & a_{12} & \cdots & a_{1n} \\ a_{21} & a_{22}-\lambda & \cdots & \vdots \\ \vdots & \vdots & \ddots & \vdots \\ a_{n1} & \cdots & \cdots & a_{nn}-\lambda \end{vmatrix}=(-1)^n[\lambda^n-b_1\lambda^{n-1}+b_2\lambda^{n-2}-\cdots+(-1)^n b_n]=0$$

若已知矩陣 A 之特徵值為 λ_1、λ_2、⋯、λ_n，則上述之特性方程式可展開為

$$\begin{aligned}&(\lambda-\lambda_1)(\lambda-\lambda_2)\cdots(\lambda-\lambda_n)\\&=\lambda^n-b_1\lambda^{n-1}+b_2\lambda^{n-2}+\cdots+(-1)^i b_i\lambda^{n-i}+\cdots+(-1)^{n-1}b_{n-1}\lambda+(-1)^n b_n=0\end{aligned}$$

因此可推論得知

$b_1=\lambda_1+\lambda_2+\cdots+\lambda_n=$ 所有特徵值之總和

$b_2=\lambda_1\lambda_2+\lambda_1\lambda_3+\lambda_2\lambda_3+\cdots=$ 任兩個特徵值乘積之總和

$\vdots$

$b_i=\lambda_1\lambda_2\cdots\lambda_i+\cdots=$ 任意 i 個特徵值乘積之總和

$\vdots$

$b_{n-1}=\lambda_1\lambda_2\cdots\lambda_{n-1}+\cdots=$ 任意 $(n-1)$ 個特徵值乘積之總和

$b_n=\lambda_1\lambda_2\cdots\lambda_n=$ 全部 n 個特徵值之乘積 $=$ 矩陣之行列式值

範例 1

若矩陣 $A=\begin{bmatrix}-3 & 2\\ -10 & 6\end{bmatrix}$，試求其特徵值與特徵向量。

解

由 $|A-\lambda I|=0$，可得

$$\begin{vmatrix}-3-\lambda & 2\\ -10 & 6-\lambda\end{vmatrix}=0，\lambda^2-3\lambda+2=0$$

則特徵值 $\lambda=1$、2

當 $\lambda=1$，代入 $(A-\lambda I)X=0$，則可列式如下

$$\begin{bmatrix}-4 & 2\\ -10 & 5\end{bmatrix}\begin{bmatrix}x_1\\ x_2\end{bmatrix}=\begin{bmatrix}0\\ 0\end{bmatrix}，-4x_1+2x_2=0$$

若令 $x_1=c$，則 $x_2=2c$，並可表示為

$$X=\begin{bmatrix}x_1\\ x_2\end{bmatrix}=\begin{bmatrix}c\\ 2c\end{bmatrix}=c\begin{bmatrix}1\\ 2\end{bmatrix}$$

當 $\lambda=2$，代入 $(A-\lambda I)X=0$，則

$$\begin{bmatrix}-5 & 2\\ -10 & 4\end{bmatrix}\begin{bmatrix}x_1\\ x_2\end{bmatrix}=\begin{bmatrix}0\\ 0\end{bmatrix}，-5x_1+2x_2=0$$

若令 $x_1=c$，則 $x_2=\frac{5}{2}c$，並可表示為

$$X=\begin{bmatrix}x_1\\ x_2\end{bmatrix}=\begin{bmatrix}c\\ \frac{5}{2}c\end{bmatrix}=\frac{c}{2}\begin{bmatrix}2\\ 5\end{bmatrix}$$

因此特徵向量為 $\begin{bmatrix}1\\ 2\end{bmatrix}$，$\begin{bmatrix}2\\ 5\end{bmatrix}$。

■

範例 2

已知矩陣 $A=\begin{bmatrix}-1 & 3 & 1\\ 6 & 2 & -2\\ 0 & 0 & 5\end{bmatrix}$，且 λ_1、λ_2 與 λ_3 為其特徵值，

試求：(1) $\lambda_1+\lambda_2+\lambda_3$，(2) $\lambda_1\lambda_2+\lambda_1\lambda_3+\lambda_2\lambda_3$，(3) $\lambda_1\lambda_2\lambda_3$。

解

此矩陣之特徵方程式為

$$\begin{aligned}|A-\lambda I| &= (-1-\lambda)(2-\lambda)(5-\lambda)-18(5-\lambda)\\ &= -\lambda^3+6\lambda^2+15\lambda-100\\ &= -(\lambda+4)(\lambda-5)^2=0\end{aligned}$$

則特徵值即為特徵方程式之解，分別為 $\lambda=-4$、5、5

(1) $\lambda_1+\lambda_2+\lambda_3=-4+5+5=6$

(2) $\lambda_1\lambda_2+\lambda_1\lambda_3+\lambda_2\lambda_3=-20-20+25=-15$

(3) $\lambda_1\lambda_2\lambda_3=-4\times5\times5=-100$

■

範例 3

若矩陣 $A=\begin{bmatrix}1 & 0 & 1\\ 0 & 6 & 0\\ 0 & 0 & -2\end{bmatrix}$，試求其特徵值與特徵向量。

解

矩陣 A 為一上三角矩陣，其特徵值恰為對角線元素，即 $\lambda=1$、6、-2

當 $\lambda=1$，代入 $(A-\lambda I)X=0$，則

$$\begin{bmatrix}0 & 0 & 1\\ 0 & 5 & 0\\ 0 & 0 & -3\end{bmatrix}\begin{bmatrix}x_1\\ x_2\\ x_3\end{bmatrix}=\begin{bmatrix}0\\ 0\\ 0\end{bmatrix},\ \begin{cases}x_3=0\\ 5x_2=0\\ -3x_3=0\end{cases},\ x_2=x_3=0$$

令 $x_1 = c$，則 $X = \begin{bmatrix} x_1 \\ x_2 \\ x_3 \end{bmatrix} = \begin{bmatrix} c \\ 0 \\ 0 \end{bmatrix} = c\begin{bmatrix} 1 \\ 0 \\ 0 \end{bmatrix}$

當 $\lambda = 6$，代入 $(A-\lambda I)X = 0$，則

$$\begin{bmatrix} -5 & 0 & 1 \\ 0 & 0 & 0 \\ 0 & 0 & -8 \end{bmatrix}\begin{bmatrix} x_1 \\ x_2 \\ x_3 \end{bmatrix} = \begin{bmatrix} 0 \\ 0 \\ 0 \end{bmatrix}，\begin{cases} -5x_1 + x_3 = 0 \\ -8x_3 = 0 \end{cases}，x_1 = x_3 = 0$$

令 $x_2 = c$，則 $X = \begin{bmatrix} x_1 \\ x_2 \\ x_3 \end{bmatrix} = \begin{bmatrix} 0 \\ c \\ 0 \end{bmatrix} = c\begin{bmatrix} 0 \\ 1 \\ 0 \end{bmatrix}$

當 $\lambda = -2$，代入 $(A-\lambda I)X = 0$，則

$$\begin{bmatrix} 3 & 0 & 1 \\ 0 & 8 & 0 \\ 0 & 0 & 0 \end{bmatrix}\begin{bmatrix} x_1 \\ x_2 \\ x_3 \end{bmatrix} = \begin{bmatrix} 0 \\ 0 \\ 0 \end{bmatrix}，\begin{cases} 3x_1 + x_3 = 0 \\ 8x_2 = 0 \end{cases}，x_2 = 0$$

令 $x_1 = c$，則 $x_3 = -3c$，$X = \begin{bmatrix} x_1 \\ x_2 \\ x_3 \end{bmatrix} = \begin{bmatrix} c \\ 0 \\ -3c \end{bmatrix} = c\begin{bmatrix} 1 \\ 0 \\ -3 \end{bmatrix}$

因此特徵向量為 $\begin{bmatrix} 1 \\ 0 \\ 0 \end{bmatrix}$，$\begin{bmatrix} 0 \\ 1 \\ 0 \end{bmatrix}$，$\begin{bmatrix} 1 \\ 0 \\ -3 \end{bmatrix}$。

■

範例 4

試求矩陣 $A = \begin{bmatrix} -3 & 0 & 0 \\ 3 & -4 & 0 \\ 7 & -1 & 1 \end{bmatrix}$ 之特徵值與特徵向量。

解

矩陣 A 為一下三角矩陣，其特徵值恰為主對角線元素，即 $\lambda=-3$、-4、1

當 $\lambda=-3$，代入 $(A-\lambda I)X=0$，則

$$\begin{bmatrix}0&0&0\\3&-1&0\\7&-1&4\end{bmatrix}\begin{bmatrix}x_1\\x_2\\x_3\end{bmatrix}=\begin{bmatrix}0\\0\\0\end{bmatrix}，\begin{cases}3x_1-x_2=0\\7x_1-x_2+4x_3=0\end{cases}$$

令 $x_1=c$，則 $x_2=3c$，$x_3=-c$

$$X=\begin{bmatrix}x_1\\x_2\\x_3\end{bmatrix}=\begin{bmatrix}c\\3c\\-c\end{bmatrix}=c\begin{bmatrix}1\\3\\-1\end{bmatrix}$$

當 $\lambda=-4$，代入 $(A-\lambda I)X=0$，則

$$\begin{bmatrix}1&0&0\\3&0&0\\7&-1&5\end{bmatrix}\begin{bmatrix}x_1\\x_2\\x_3\end{bmatrix}=\begin{bmatrix}0\\0\\0\end{bmatrix}，\begin{cases}x_1=0\\3x_1=0\\7x_1-x_2+5x_3=0\end{cases}，x_1=0$$

令 $x_3=c$，則 $x_2=5c$

$$X=\begin{bmatrix}x_1\\x_2\\x_3\end{bmatrix}=\begin{bmatrix}0\\5c\\c\end{bmatrix}=c\begin{bmatrix}0\\5\\1\end{bmatrix}$$

當 $\lambda=1$ 代入 $(A-\lambda I)X=0$，則

$$\begin{bmatrix}-4&0&0\\3&-5&0\\7&-1&0\end{bmatrix}\begin{bmatrix}x_1\\x_2\\x_3\end{bmatrix}=\begin{bmatrix}0\\0\\0\end{bmatrix}，\begin{cases}-4x_1=0\\3x_1-5x_2=0\\7x_1-x_2=0\end{cases}，x_1=x_2=0$$

令 $x_3 = c$，則 $X = \begin{bmatrix} x_1 \\ x_2 \\ x_3 \end{bmatrix} = \begin{bmatrix} 0 \\ 0 \\ c \end{bmatrix} = c\begin{bmatrix} 0 \\ 0 \\ 1 \end{bmatrix}$

因此特徵向量為 $\begin{bmatrix} 1 \\ 3 \\ -1 \end{bmatrix}$，$\begin{bmatrix} 0 \\ 5 \\ 1 \end{bmatrix}$，$\begin{bmatrix} 0 \\ 0 \\ 1 \end{bmatrix}$。

■

範例 5

已知矩陣 $A = \begin{bmatrix} 6 & 1 & 1 \\ 1 & 6 & 1 \\ 1 & 1 & 6 \end{bmatrix}$，若 λ_1、λ_2、λ_3 為該矩陣之特徵值，試求 $\lambda_1^2 + \lambda_2^2 + \lambda_3^2$ 之值為何？

解

已知 $b_1 = \lambda_1 + \lambda_2 + \lambda_3 = 6+6+6 = 18$

且 $b_2 = \lambda_1\lambda_2 + \lambda_1\lambda_3 + \lambda_2\lambda_3 = 3\times\begin{vmatrix} 6 & 1 \\ 1 & 6 \end{vmatrix} = 105$

因此

$$\lambda_1^2 + \lambda_2^2 + \lambda_3^2 = (\lambda_1 + \lambda_2 + \lambda_3)^2 - 2(\lambda_1\lambda_2 + \lambda_1\lambda_3 + \lambda_2\lambda_3) = 18^2 - 2\times105 = 114$$

■

範例 6

試求矩陣 $A = \begin{bmatrix} -14 & 1 & 0 \\ 0 & 2 & 0 \\ 1 & 0 & 2 \end{bmatrix}$ 之特徵值與特徵向量。

解

由$|A-\lambda I|=0$，可得

$$\begin{vmatrix} -14-\lambda & 1 & 0 \\ 0 & 2-\lambda & 0 \\ 1 & 0 & 2-\lambda \end{vmatrix}=0，(-14-\lambda)(2-\lambda)^2=0$$

即$\lambda=-14$、2、2

當$\lambda=-14$，代入$(A-\lambda I)X=0$，則

$$\begin{bmatrix} 0 & 1 & 0 \\ 0 & 16 & 0 \\ 1 & 0 & 16 \end{bmatrix}\begin{bmatrix} x_1 \\ x_2 \\ x_3 \end{bmatrix}=\begin{bmatrix} 0 \\ 0 \\ 0 \end{bmatrix}，\begin{cases} x_2=0 \\ 16x_2=0 \\ x_1+16x_3=0 \end{cases}，x_2=0$$

令$x_3=c$，則$x_1=-16c$，因此$X=\begin{bmatrix} x_1 \\ x_2 \\ x_3 \end{bmatrix}=\begin{bmatrix} -16c \\ 0 \\ c \end{bmatrix}=c\begin{bmatrix} -16 \\ 0 \\ 1 \end{bmatrix}$

當$\lambda=2$，代入$(A-\lambda I)X=0$，則

$$\begin{bmatrix} -16 & 1 & 0 \\ 0 & 0 & 0 \\ 1 & 0 & 0 \end{bmatrix}\begin{bmatrix} x_1 \\ x_2 \\ x_3 \end{bmatrix}=\begin{bmatrix} 0 \\ 0 \\ 0 \end{bmatrix}，\begin{cases} -16x_1+x_2=0 \\ x_1=0 \end{cases}，x_1=0，x_2=0$$

令$x_3=c$，即$X=\begin{bmatrix} x_1 \\ x_2 \\ x_3 \end{bmatrix}=\begin{bmatrix} 0 \\ 0 \\ c \end{bmatrix}=c\begin{bmatrix} 0 \\ 0 \\ 1 \end{bmatrix}$

因此特徵向量為$\begin{bmatrix} -16 \\ 0 \\ 1 \end{bmatrix}$，$\begin{bmatrix} 0 \\ 0 \\ 1 \end{bmatrix}$。

由此題可知，三階方陣並不一定具有三個特徵向量。

■

範例 7

若矩陣 $A=\begin{bmatrix}4 & 6\\10 & 8\end{bmatrix}$，試求 A^3 之特徵值。

解

已知 $AX=\lambda X$，λ 為 A 之特徵值

則 $AAX=\lambda AX$，$A^2X=\lambda\lambda X=\lambda^2X$

因此 $A^3X=\lambda^2AX=\lambda^3X$，換言之 A^3 的特徵值為 λ^3

由原式可知 $b_1=4+8=12$，$b_2=\begin{vmatrix}4 & 6\\10 & 8\end{vmatrix}=-28$

則 $|A-\lambda I|=(\lambda^2-12\lambda-28)=0$，$(\lambda+2)(\lambda-14)=0$

故可得特徵值為 $\lambda=-2$、14

因此 A^3 之特徵值為 -8、2744。

■

類題練習

1. 已知 λ_1、λ_2、λ_3、λ_4 為

$$A=\begin{bmatrix}-3 & 0 & 2 & 2\\ 0 & 1 & 5 & 0\\ -6 & -1 & -11 & 0\\ 4 & 0 & 5 & -8\end{bmatrix}$$ 之特徵值，

試求 $\lambda_1+\lambda_2+\lambda_3+\lambda_4$。

2. 試求 $A=\begin{bmatrix}2 & -1\\ 2 & 6\end{bmatrix}$ 之特徵值。

3. 試求 $A=\begin{bmatrix}-\sin 3\theta & \cos 3\theta\\ \cos 3\theta & \sin 3\theta\end{bmatrix}$ 之特徵值。

4. 假設 $A=\begin{bmatrix}0 & 0 & 3\\ 0 & 1 & 0\\ 1 & 0 & 0\end{bmatrix}$，

試求 A^{-1} 之特徵值。

5. 假設 $A=\begin{bmatrix}1 & 16 & -8\\ 0 & -3 & 2\\ 0 & -8 & 5\end{bmatrix}$，

試求 A^T 之特徵值。

6. 若矩陣 $A=\begin{bmatrix}5 & 0 & 0 & 0 & 0\\ 0 & 4 & 0 & 0 & 0\\ 9 & 7 & 3 & 0 & 0\\ 0 & 0 & 7 & 2 & 0\\ 0 & 6 & 0 & 0 & 1\end{bmatrix}$，

試求 A^4 之特徵值。

7. 試求 $A=\begin{bmatrix}1 & 0 & 0\\ 8 & -1 & -4\\ -4 & 1 & 3\end{bmatrix}$ 之特徵值。

8. 試求 $A=\begin{bmatrix}2 & 1\\ 0 & 6\end{bmatrix}$ 之特徵向量。

9. 試求 $A=\begin{bmatrix}2 & 2 & 2\\ 1 & 1 & 0\\ 1 & 1 & 2\end{bmatrix}$ 之特徵向量。

10. 試求 $A=\begin{bmatrix}2.5 & -1.5 & 0\\ -1.5 & 2.5 & 0\\ 0 & 0 & 4\end{bmatrix}$ 之特徵向量。

11. 試求 $A=\begin{bmatrix}2 & -1 & 3\\ 3 & -2 & 3\\ 0 & 0 & 1\end{bmatrix}$ 之特徵向量。

12. 已知 $A=\begin{bmatrix}6 & 6 & 4\\ 5 & 5 & 6\\ 5 & 5 & 6\end{bmatrix}$，試求其特徵向量。

4-6 矩陣之對角化

在探討矩陣對角化課題之前，須先說明相關運算定義，以便於進行闡述分析。首先說明相似矩陣，亦即若有某矩陣 M 可滿足 $M^{-1}AM = B$ 之條件，其中 A 與 B 為方陣，且 M^{-1} 存在，則此運算式 $M^{-1}AM = B$ 成立，此即為相似轉換，且稱 A 與 B 為**相似矩陣**（similar matrix）。

又若假設矩陣 S（其反矩陣存在）能使得相似轉換 $S^{-1}AS = D$ 成立，且式中 D 為一**對角線矩陣**（diagonal matrix），則此時矩陣 A 必可對角化。另外，若 n 階方陣 $A_{n\times n}$ 具有 n 個不同的特徵值（即 λ_1、λ_2、⋯、λ_n），或具有 n 個線性獨立的特徵向量（即 X_1、X_2、⋯、X_n），則 A 亦可對角化。其中，D 為特徵值所組成之對角線矩陣，即 $\begin{bmatrix} \lambda_1 & 0 & \cdots & 0 \\ 0 & \lambda_2 & \cdots & 0 \\ \vdots & \vdots & \ddots & \vdots \\ 0 & 0 & \cdots & \lambda_n \end{bmatrix}$，而 S 則為特徵向量所組成之矩陣，即 $\begin{bmatrix} X_1 & X_2 & \cdots & X_n \end{bmatrix}$。

範例 1

已知 $A = \begin{bmatrix} 2 & 1 \\ 1 & 2 \end{bmatrix}$，試問該矩陣能否對角化？

解

由 $|A - \lambda I| = 0$，可得

$$\begin{vmatrix} 2-\lambda & 1 \\ 1 & 2-\lambda \end{vmatrix} = 0 \text{，} \lambda^2 - 4\lambda + 3 = 0$$

故可得特徵值 $\lambda = 1$、3

因二階方陣 $A_{2\times 2}$ 具有 2 個不同的特徵值，所以 A 矩陣可以被對角化。

■

範例 2

已知 $A=\begin{bmatrix}6&1&1\\1&6&1\\1&1&8\end{bmatrix}$，試問該矩陣能否對角化？

解

已知 $b_1=6+6+8=20$

$$b_2=\begin{vmatrix}6&1\\1&8\end{vmatrix}+\begin{vmatrix}6&1\\1&8\end{vmatrix}+\begin{vmatrix}6&1\\1&6\end{vmatrix}=47+47+35=129$$

$$b_3=\begin{vmatrix}6&1&1\\1&6&1\\1&1&8\end{vmatrix}=270$$

又 $|A-\lambda I|=(-1)^3(\lambda^3-b_1\lambda^2+b_2\lambda-b_3)=0$

亦即 $\lambda^3-20\lambda^2+129\lambda-270=(\lambda-5)(\lambda-6)(\lambda-9)=0$

故可得特徵值 $\lambda=5$、6、9

因三階方陣 $A_{3\times3}$ 具有 3 個不同的特徵值，所以 A 矩陣可以被對角化。

■

範例 3

試問 $A=\begin{bmatrix}2&-1&1\\3&-2&1\\0&0&1\end{bmatrix}$ 能否對角化？

解

已知 $b_1=2-2+1=1$

$$b_2=\begin{vmatrix}-2&1\\0&1\end{vmatrix}+\begin{vmatrix}2&1\\0&1\end{vmatrix}+\begin{vmatrix}2&-1\\3&-2\end{vmatrix}=-2+2-1=-1$$

$$b_3=1\times\begin{vmatrix}2&-1\\3&-2\end{vmatrix}=-1$$

又$|A-\lambda I|=(-1)^3(\lambda^3-b_1\lambda^2+b_2\lambda-b_3)=0$

亦即$\lambda^3-\lambda^2-\lambda+1=(\lambda+1)(\lambda-1)^2=0$

故可得特徵值$\lambda=-1$、1、1

又因此時之特徵值有重根，故須再判斷特徵向量。

當$\lambda=-1$代入$(A-\lambda I)X=0$，則

$$\begin{bmatrix}3 & -1 & 1\\ 3 & -1 & 1\\ 0 & 0 & 2\end{bmatrix}\begin{bmatrix}x_1\\ x_2\\ x_3\end{bmatrix}=\begin{bmatrix}0\\ 0\\ 0\end{bmatrix}，\begin{cases}3x_1-x_2+x_3=0\\ 2x_3=0\end{cases}，x_3=0$$

令$x_1=c$，則$x_2=3c$，因此$X=\begin{bmatrix}x_1\\ x_2\\ x_3\end{bmatrix}=\begin{bmatrix}c\\ 3c\\ 0\end{bmatrix}=c\begin{bmatrix}1\\ 3\\ 0\end{bmatrix}$

當$\lambda=1$，代入$(A-\lambda I)X=0$，則

$$\begin{bmatrix}1 & -1 & 1\\ 3 & -3 & 1\\ 0 & 0 & 0\end{bmatrix}\begin{bmatrix}x_1\\ x_2\\ x_3\end{bmatrix}=\begin{bmatrix}0\\ 0\\ 0\end{bmatrix}，\begin{cases}x_1-x_2+x_3=0\\ 3x_1-3x_2+x_3=0\end{cases}$$

令$x_1=c$，則$x_2=c$，$x_3=0$

因此$X=\begin{bmatrix}x_1\\ x_2\\ x_3\end{bmatrix}=\begin{bmatrix}c\\ c\\ 0\end{bmatrix}=c\begin{bmatrix}1\\ 1\\ 0\end{bmatrix}$

故特徵向量為$\begin{bmatrix}1\\ 3\\ 0\end{bmatrix}$，$\begin{bmatrix}1\\ 1\\ 0\end{bmatrix}$

此時因缺少一個特徵向量，所以A矩陣無法對角化。

■

範例 4

若 $A=\begin{bmatrix}2 & -1\\3 & -2\end{bmatrix}$，試求可滿足 $S^{-1}AS=D$ 運算式之 S 與 D 矩陣，其中 S 為可逆，D 為對角線矩陣。

解

已知 $b_1=2-2=0$，$b_2=\begin{vmatrix}2 & -1\\3 & -2\end{vmatrix}=-1$

因此 $|A-\lambda I|=\lambda^2-1=0$，故可得特徵值 $\lambda=-1$、1

當 $\lambda=-1$ 代入 $(A-\lambda I)X=0$，則

$$\begin{bmatrix}3 & -1\\3 & -1\end{bmatrix}\begin{bmatrix}x_1\\x_2\end{bmatrix}=\begin{bmatrix}0\\0\end{bmatrix}，3x_1-x_2=0$$

令 $x_1=c$，則 $x_2=3c$

因此 $X=\begin{bmatrix}c\\3c\end{bmatrix}=c\begin{bmatrix}1\\3\end{bmatrix}$

當 $\lambda=1$ 代入 $(A-\lambda I)X=0$，則

$$\begin{bmatrix}1 & -1\\3 & -3\end{bmatrix}\begin{bmatrix}x_1\\x_2\end{bmatrix}=\begin{bmatrix}0\\0\end{bmatrix}，x_1-x_2=0$$

令 $x_1=c$，則 $x_2=c$

因此 $X=\begin{bmatrix}c\\c\end{bmatrix}=c\begin{bmatrix}1\\1\end{bmatrix}$，即特徵向量為 $\begin{bmatrix}1\\3\end{bmatrix}$，$\begin{bmatrix}1\\1\end{bmatrix}$

故可令矩陣 $S=\begin{bmatrix}1 & 1\\3 & 1\end{bmatrix}$，則得 $D=S^{-1}AS=\begin{bmatrix}-1 & 0\\0 & 1\end{bmatrix}$。

■

範例 5

已知 $A=\begin{bmatrix}-2 & 7 & 3\\ 6 & 0 & 0\\ 2 & 0 & 0\end{bmatrix}$可對角化，試求其對角線矩陣。

解

已知 $b_1=-2+0+0=-2$

$$b_2=\begin{vmatrix}-2 & 3\\ 2 & 0\end{vmatrix}+\begin{vmatrix}-2 & 7\\ 6 & 0\end{vmatrix}=-6-42=-48$$

$$b_3=2\times\begin{vmatrix}7 & 3\\ 0 & 0\end{vmatrix}=0$$

則 $|A-\lambda I|=\lambda^3+2\lambda^2-48\lambda=0$

亦即 $\lambda(\lambda-6)(\lambda+8)=0$，故可得特徵值 $\lambda=0$ 、 6 、 -8

因此 A 之對角線矩陣為 $\begin{bmatrix}0 & 0 & 0\\ 0 & 6 & 0\\ 0 & 0 & -8\end{bmatrix}$。

■

範例 6

已知$A=\begin{bmatrix}0&0&-1\\0&-1&0\\-1&0&0\end{bmatrix}$可對角化，試求$S^{-1}A^{15}S$。

解

由原式可知

$$b_1=0-1+0=-1$$

$$b_2=\begin{vmatrix}-1&0\\0&0\end{vmatrix}+\begin{vmatrix}0&-1\\-1&0\end{vmatrix}+\begin{vmatrix}0&0\\0&-1\end{vmatrix}=0-1=-1$$

$$b_3=(-1)\times\begin{vmatrix}0&-1\\-1&0\end{vmatrix}=1$$

因此$|A-\lambda I|=\lambda^3+\lambda^2-\lambda-1=0$

即$(\lambda+1)^2(\lambda-1)=0$，故可得特徵值$\lambda=-1$、$-1$、$1$

又已知A可對角化，故$S^{-1}AS=D=\begin{bmatrix}-1&0&0\\0&-1&0\\0&0&1\end{bmatrix}$

再由$S^{-1}AS=D$可推得$A=SDS^{-1}$，$A^2=(SDS^{-1})(SDS^{-1})=SD^2S^{-1}$

依此類推，可得$A^{15}=SD^{15}S^{-1}=S\begin{bmatrix}(-1)^{15}&0&0\\0&(-1)^{15}&0\\0&0&1^{15}\end{bmatrix}S^{-1}$

故$S^{-1}A^{15}S=\begin{bmatrix}-1&0&0\\0&-1&0\\0&0&1\end{bmatrix}$。

■

類題練習

1. 試問 $A=\begin{bmatrix}5 & 1\\1 & 5\end{bmatrix}$ 能否對角化？

2. 試求 $A=\begin{bmatrix}2 & 2\\2 & -2\end{bmatrix}$ 之對角線矩陣。

3. 若 $A=\begin{bmatrix}1 & 1\\1 & 1\end{bmatrix}$，試求可滿足 $S^{-1}AS=D$ 運算式之 S 與 D 矩陣，其中 S^{-1} 存在，且 D 為對角線矩陣。

4. 試問 $A=\begin{bmatrix}1 & 2 & -2\\2 & -2 & -1\\2 & 1 & 2\end{bmatrix}$ 能否對角化？

5. 已知 $A=\begin{bmatrix}1 & 1 & 1\\0 & 2 & 1\\0 & 0 & 3\end{bmatrix}$，試求 $S^{-1}A^6S$。

6. 若 $A=\begin{bmatrix}3 & 3 & 1\\0 & 3 & 0\\1 & 3 & 3\end{bmatrix}$，試求 $S^{-1}AS$。

7. 試問 $A=\begin{bmatrix}4 & 5 & 6\\1 & 2 & 3\\7 & 8 & 9\end{bmatrix}$ 能否對角化？

8. 若 $A=\begin{bmatrix}-3 & 2\sqrt{2}\\2\sqrt{2} & -1\end{bmatrix}$，試求 $S^{-1}A^5S$。

9. 假設 $A=\begin{bmatrix}4.5 & -3.5 & 0\\-3.5 & 4.5 & 0\\0 & 0 & 16\end{bmatrix}$，試求可滿足 $S^{-1}AS=D$ 運算式之 S 與 D 矩陣，其中 S^{-1} 存在，且 D 為對角線矩陣。

4-7 特殊矩陣

本節旨在探討若干具有特殊性質之矩陣，諸如對稱矩陣、赫米特矩陣等，茲分別說明如下。

今考慮 n 階方陣 $A_{n\times n}=\begin{bmatrix} a_{11} & \cdots & a_{1n} \\ \vdots & \ddots & \vdots \\ a_{n1} & \cdots & a_{nn} \end{bmatrix}$，

(1) 若滿足 $A=A^T$ 運算式，則稱 A 為**對稱矩陣**（symmetric matrix）。

(2) 若滿足 $A=\overline{A}^T$ 運算式，則稱 A 為**赫米特矩陣**（Hermitian matrix）。

(3) 若滿足 $-A=A^T$ 運算式，則稱 A 為**偏斜對稱矩陣**（skew-symmetric matrix）。

(4) 若滿足 $-A=\overline{A}^T$ 運算式，則稱 A 為**偏斜赫米特矩陣**（skew-Hermitian matrix）。

(5) 若滿足 $A^{-1}=A^T$ 運算式，則稱 A 為**正交矩陣**（orthogonal matrix）。

(6) 若滿足 $A^{-1}=\overline{A}^T$ 運算式，則稱 A 為**單元矩陣**（unitary matrix）。

範例 1

試問 $A=\begin{bmatrix} 0 & 1 \\ -1 & 0 \end{bmatrix}$ 與 $B=\begin{bmatrix} -i & -1 \\ 1 & i \end{bmatrix}$ 各為何種矩陣？

解

$A^T=\begin{bmatrix} 0 & -1 \\ 1 & 0 \end{bmatrix}=-A$，因此 A 為偏斜對稱矩陣；

$\overline{B}^T=\begin{bmatrix} i & 1 \\ -1 & -i \end{bmatrix}=-B$，因此 B 為偏斜赫米特矩陣。

■

範例 2

試問 $A=\begin{bmatrix} i & 0 \\ 0 & -i \end{bmatrix}$ 與 $B=\begin{bmatrix} 0.4046 & 0.9145 \\ 0.9145 & -0.4046 \end{bmatrix}$ 各為何種矩陣？

解

$$\overline{A}^T=\begin{bmatrix}-i & 0\\ 0 & i\end{bmatrix}，A^{-1}=\begin{bmatrix}\frac{1}{i} & 0\\ 0 & -\frac{1}{i}\end{bmatrix}=\begin{bmatrix}-i & 0\\ 0 & i\end{bmatrix}$$，因此 A 為單元矩陣；

$$B^T=\begin{bmatrix}0.4046 & 0.9145\\ 0.9145 & -0.4046\end{bmatrix}，B^{-1}=\begin{bmatrix}0.4046 & 0.9145\\ 0.9145 & -0.4046\end{bmatrix}$$，因此 B 為正交矩陣。

■

範例 3

試問 $A=\begin{bmatrix}1 & 1+i\\ 1-i & 1\end{bmatrix}$ 與 $B=\begin{bmatrix}0 & 1\\ 1 & 0\end{bmatrix}$ 各為何種矩陣？

解

$$\overline{A}^T=\begin{bmatrix}1 & 1+i\\ 1-i & 1\end{bmatrix}=A$$，因此 A 為赫米特矩陣；

$$B^T=\begin{bmatrix}0 & 1\\ 1 & 0\end{bmatrix}=B$$，因此 B 為對稱矩陣。

■

範例 4

試問 $A=\begin{bmatrix}0 & -1 & 2\\ 1 & 0 & 3\\ -2 & -3 & 0\end{bmatrix}$ 與 $B=\begin{bmatrix}2 & -3+i & 1+2i\\ -3-i & -1 & 4\\ 1-2i & 4 & 3\end{bmatrix}$ 各為何種矩陣？

解

$$A^T=\begin{bmatrix}0 & 1 & -2\\ -1 & 0 & -3\\ 2 & 3 & 0\end{bmatrix}=-A$$，因此 A 為偏斜對稱矩陣；

$$\overline{B}^T=\begin{bmatrix}2 & -3+i & 1+2i\\ -3-i & -1 & 4\\ 1-2i & 4 & 3\end{bmatrix}=B$$，因此 B 為赫米特矩陣。

■

範例 5

試求 $A=\begin{bmatrix}1 & 1+i\\ 1-i & 1\end{bmatrix}$ 之特徵值。

解

由 $|A-\lambda I|=0$ 可得 $\begin{vmatrix}1-\lambda & 1+i\\ 1-i & 1-\lambda\end{vmatrix}=0$，則 $\lambda^2-2\lambda-1=0$，$\lambda=1\pm\sqrt{2}$。

■

範例 6

試求 $A=\begin{bmatrix}0 & 1\\ -1 & 0\end{bmatrix}$ 之特徵值。

解

由 $|A-\lambda I|=0$ 可得 $\begin{vmatrix}-\lambda & 1\\ -1 & -\lambda\end{vmatrix}=0$，則 $\lambda^2+1=0$，$\lambda=\pm i$。

■

範例 7

試求 $A=\begin{bmatrix}i & 0\\ 0 & -i\end{bmatrix}$ 之特徵值的絕對值及特徵向量。

解

由 $|A-\lambda I|=0$ 可得 $\begin{vmatrix}i-\lambda & 0\\ 0 & -i-\lambda\end{vmatrix}=0$，則 $\lambda^2+1=0$，$\lambda=\pm i$，故得 $|\lambda|=1$

當 $\lambda=i$ 代入 $(A-\lambda I)X=0$，則

$$\begin{bmatrix}0 & 0\\ 0 & -2i\end{bmatrix}\begin{bmatrix}x_1\\ x_2\end{bmatrix}=\begin{bmatrix}0\\ 0\end{bmatrix}，-2ix_2=0，x_2=0$$

令 $x_1=c$，可得 $X=\begin{bmatrix}x_1\\ x_2\end{bmatrix}=\begin{bmatrix}c\\ 0\end{bmatrix}=c\begin{bmatrix}1\\ 0\end{bmatrix}$

當 $\lambda = -i$ 代入 $(A-\lambda I)X = 0$，則

$$\begin{bmatrix} 2i & 0 \\ 0 & 0 \end{bmatrix}\begin{bmatrix} x_1 \\ x_2 \end{bmatrix} = \begin{bmatrix} 0 \\ 0 \end{bmatrix}，2ix_1 = 0，x_1 = 0$$

令 $x_2 = c$，可得 $X = \begin{bmatrix} x_1 \\ x_2 \end{bmatrix} = \begin{bmatrix} 0 \\ c \end{bmatrix} = c\begin{bmatrix} 0 \\ 1 \end{bmatrix}$

故特徵向量為 $\begin{bmatrix} 1 \\ 0 \end{bmatrix}$，$\begin{bmatrix} 0 \\ 1 \end{bmatrix}$。 ■

範例 8

試問 $A = \begin{bmatrix} 3 & -3 \\ 3 & 3 \end{bmatrix}$ 相異特徵值相應的特徵向量是否正交？

解

由 $|A-\lambda I| = 0$ 可得 $\begin{vmatrix} 3-\lambda & -3 \\ 3 & 3-\lambda \end{vmatrix} = 0$，則 $\lambda^2 - 6\lambda + 18 = 0$，$\lambda = 3 \pm 3i$

當 $\lambda = 3+3i$ 代入 $(A-\lambda I)X = 0$，則

$$\begin{bmatrix} -3i & -3 \\ 3 & -3i \end{bmatrix}\begin{bmatrix} x_1 \\ x_2 \end{bmatrix} = \begin{bmatrix} 0 \\ 0 \end{bmatrix}，\begin{cases} -3ix_1 - 3x_2 = 0 \\ 3x_1 - 3ix_2 = 0 \end{cases}$$

令 $x_1 = c$，$x_2 = -ci$，可得 $X = \begin{bmatrix} x_1 \\ x_2 \end{bmatrix} = \begin{bmatrix} c \\ -ci \end{bmatrix} = c\begin{bmatrix} 1 \\ -i \end{bmatrix}$

當 $\lambda = 3-3i$ 代入 $(A-\lambda I)X = 0$，則

$$\begin{bmatrix} 3i & -3 \\ 3 & 3i \end{bmatrix}\begin{bmatrix} x_1 \\ x_2 \end{bmatrix} = \begin{bmatrix} 0 \\ 0 \end{bmatrix}，\begin{cases} 3ix_1 - 3x_2 = 0 \\ 3x_1 + 3ix_2 = 0 \end{cases}$$

令 $x_1 = c$，$x_2 = ci$，可得 $X = \begin{bmatrix} x_1 \\ x_2 \end{bmatrix} = \begin{bmatrix} c \\ ci \end{bmatrix} = c\begin{bmatrix} 1 \\ i \end{bmatrix}$

亦即特徵向量可為 $X_1=\begin{bmatrix}1\\-i\end{bmatrix}$，$X_2=\begin{bmatrix}1\\i\end{bmatrix}$

則 $\overline{X}_1^T X_2=0$，故特徵向量彼此正交。

■

範例 9

試問 $A=\begin{bmatrix}9&1&1\\1&9&1\\1&1&9\end{bmatrix}$ 是否可對角化？

解

已知 $b_1=9+9+9=27$，$b_2=3\times\begin{vmatrix}9&1\\1&9\end{vmatrix}=240$，$b_3=\begin{vmatrix}9&1&1\\1&9&1\\1&1&9\end{vmatrix}=704$

則 $\lambda^3-27\lambda^2+240\lambda-704=0$，$(\lambda-8)^2(\lambda-11)=0$，$\lambda=8$、$8$、$11$

特徵值有重根，故須再判斷特徵向量。

當 $\lambda=8$ 代入 $(A-\lambda I)X=0$，則

$$\begin{bmatrix}1&1&1\\1&1&1\\1&1&1\end{bmatrix}\begin{bmatrix}x_1\\x_2\\x_3\end{bmatrix}=\begin{bmatrix}0\\0\\0\end{bmatrix}，x_1+x_2+x_3=0$$

令 $x_1=c$，$x_2=d$，則 $x_3=-c-d$

可得 $X=\begin{bmatrix}x_1\\x_2\\x_3\end{bmatrix}=\begin{bmatrix}c\\d\\-c-d\end{bmatrix}=c\begin{bmatrix}1\\0\\-1\end{bmatrix}+d\begin{bmatrix}0\\1\\-1\end{bmatrix}$

當 $\lambda = 11$ 代入 $(A - \lambda I)X = 0$，則

$$\begin{bmatrix} -2 & 1 & 1 \\ 1 & -2 & 1 \\ 1 & 1 & -2 \end{bmatrix} \begin{bmatrix} x_1 \\ x_2 \\ x_3 \end{bmatrix} = \begin{bmatrix} 0 \\ 0 \\ 0 \end{bmatrix} , \begin{cases} -2x_1 + x_2 + x_3 = 0 \\ x_1 - 2x_2 + x_3 = 0 \\ x_1 + x_2 - 2x_3 = 0 \end{cases}$$

令 $x_1 = c$，則 $x_2 = x_3 = c$，可得 $X = \begin{bmatrix} x_1 \\ x_2 \\ x_3 \end{bmatrix} = \begin{bmatrix} c \\ c \\ c \end{bmatrix} = c \begin{bmatrix} 1 \\ 1 \\ 1 \end{bmatrix}$

因此得特徵向量為 $\begin{bmatrix} 1 \\ 0 \\ -1 \end{bmatrix}$，$\begin{bmatrix} 0 \\ 1 \\ -1 \end{bmatrix}$，$\begin{bmatrix} 1 \\ 1 \\ 1 \end{bmatrix}$

由上述分析可知，三階方陣 A 具有 3 個獨立特徵向量，故本題之 A 可以對角化。

■

類題練習

1. 試問 $A = \begin{bmatrix} -10 & 10 \\ 10 & 10 \end{bmatrix}$ 是否為赫米特矩陣，並求其特徵值？

2. 試問 $A = \begin{bmatrix} i & 0 \\ 0 & i \end{bmatrix}$ 是否為赫米特矩陣，並求其特徵值？

3. 試問 $A = \begin{bmatrix} \sqrt{2} & -1 \\ -1 & \sqrt{2} \end{bmatrix}$ 為何種矩陣，並求其特徵向量？

4. 試問 $A = \begin{bmatrix} \sqrt{2} & 1 \\ 1 & -\sqrt{2} \end{bmatrix}$ 為何種矩陣，該矩陣是否可以對角化？

5. 試證 $A = \frac{1}{9}\begin{bmatrix} 1 & -4 & -8 \\ -4 & 7 & -4 \\ 8 & 4 & -1 \end{bmatrix}$ 為單位矩陣且為正交矩陣。

6. 當 A 為對稱矩陣且 B 為偏斜對稱矩陣時，試證 BA 既非對稱矩陣亦非偏斜對稱矩陣。

7. 試證正交矩陣與其轉置矩陣相乘等於單位矩陣。

向量在工程上具有許多應用，尤其某些工程分析之中包含方向特性之物理量，均必須以向量表示，例如力學上的位移、速度、加速度、施力，電磁學上的電場及磁場等均是。本章先從基本向量介紹，接著再介紹向量函數，其中包括單變數及多變數向量函數，最後介紹梯度、散度及旋度。

5-1 基本向量分析

以空間中之三維向量來說，此向量乃包含三個分量，並可寫為

$$\vec{v} = a\hat{i} + b\hat{j} + c\hat{k} \tag{5.1.1}$$

其中 a、b 與 c 即為此向量沿 x 軸、y 軸與 z 軸之分量，而 $\hat{i}$ 、 $\hat{j}$ 與 $\hat{k}$ 則為沿著 x 軸、y 軸與 z 軸之單位向量，如圖 5.1.1 所示。

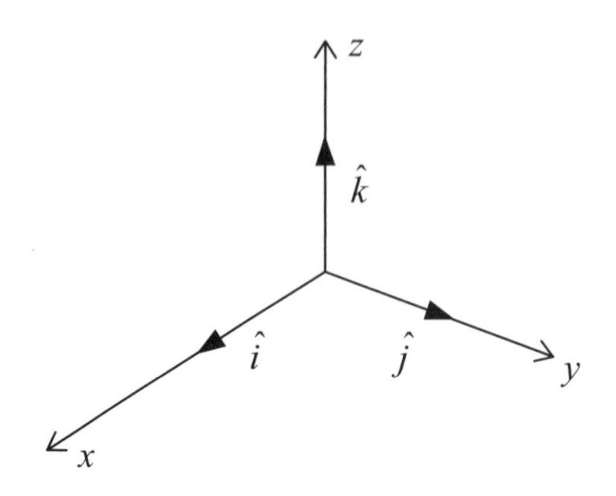

圖 5.1.1　沿 x 軸、y 軸與 z 軸之單位向量

向量的絕對值，或稱為向量的大小，可定義為

$$|\vec{v}| = \sqrt{a^2 + b^2 + c^2} \tag{5.1.2}$$

向量的絕對值為純量，其代表的幾何意義為此向量之長度。長度為 1 之向量，稱為單位向量。

範例 1

已知一向量 $\vec{v} = 2\hat{i} + 3\hat{j} - 5\hat{k}$，請問此向量之大小為何？是否為單位向量？

解

此向量之大小為

$$|\vec{v}| = \sqrt{2^2 + 3^2 + (-5)^2} = \sqrt{38}$$

此向量不是單位向量。

■

A. 向量的加法

向量的加法運算非常簡單，與一般純量加法非常類似，假設 $\vec{v}_1 = a_1\hat{i} + b_1\hat{j} + c_1\hat{k}$ 及 $\vec{v}_2 = a_2\hat{i} + b_2\hat{j} + c_2\hat{k}$，則

$$\vec{v}_1 + \vec{v}_2 = (a_1 + a_2)\hat{i} + (b_1 + b_2)\hat{j} + (c_1 + c_2)\hat{k} \tag{5.1.3}$$

若以圖形表示，則如圖 5.1.2 所示。

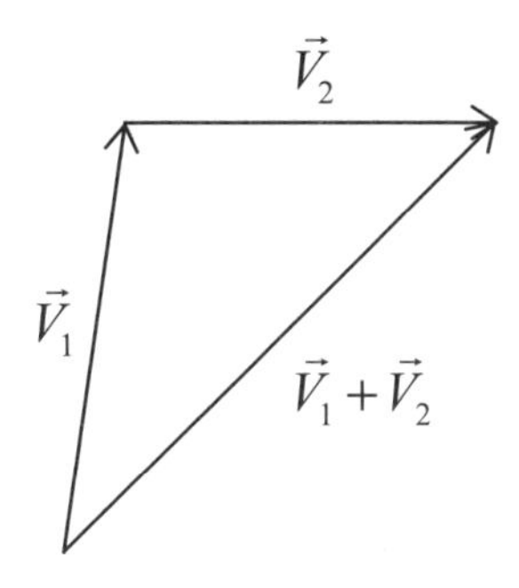

圖 5.1.2 向量的加法

範例 2

已知向量 $\vec{v}_1=2\hat{i}+3\hat{j}-5\hat{k}$ 及 $\vec{v}_2=\hat{i}-2\hat{j}+3\hat{k}$，試求 $\vec{v}_1+\vec{v}_2$。

解

$$\vec{v}_1+\vec{v}_2=(2+1)\hat{i}+(3-2)\hat{j}+(-5+3)\hat{k}=3\hat{i}+\hat{j}-2\hat{k}$$

■

B. 純量乘法

向量的純量乘法與一般的乘法相同，假設一向量 $\vec{v}=a\hat{i}+b\hat{j}+c\hat{k}$，$m$ 為純量，則

$$m\vec{v}=ma\hat{i}+mb\hat{j}+mc\hat{k} \tag{5.1.4}$$

若一向量不是單位向量，我們可以除以此向量之大小，使之成為單位向量

$$\hat{e}_v=\frac{\vec{v}}{|\vec{v}|} \tag{5.1.5}$$

因為此向量僅除以一個純量，所以其方向不會改變。

範例 3

已知向量 $\vec{v}_1=2\hat{i}+3\hat{j}-5\hat{k}$ 及 $\vec{v}_2=\hat{i}-2\hat{j}+3\hat{k}$，試求 $2\vec{v}_1+3\vec{v}_2$。

解

$$2\vec{v}_1+3\vec{v}_2=4\hat{i}+6\hat{j}-10\hat{k}+3\hat{i}-6\hat{j}+9\hat{k}=7\hat{i}-\hat{k}$$

■

範例 4

由範例 1 可知向量 $\vec{v}=2\hat{i}+3\hat{j}-5\hat{k}$ 不是單位向量，試將其化為單位向量。

解

$$\hat{e}_v=\frac{\vec{v}}{|\vec{v}|}=\frac{2\hat{i}+3\hat{j}-5\hat{k}}{\sqrt{38}}=\frac{2}{\sqrt{38}}\hat{i}+\frac{3}{\sqrt{38}}\hat{j}-\frac{5}{\sqrt{38}}\hat{k}$$

■

C. 向量的內積

向量的內積常可應用於計算物理力學中之作功，幾何上之投影或夾角之計算，內積為兩個向量之乘法，假設 $\vec{v}_1=a_1\hat{i}+b_1\hat{j}+c_1\hat{k}$ 及 $\vec{v}_2=a_2\hat{i}+b_2\hat{j}+c_2\hat{k}$，則內積可定義為

$$\vec{v}_1\cdot\vec{v}_2=a_1a_2+b_1b_2+c_1c_2 \tag{5.1.6}$$

這裡需注意的是，(5.1.6) 式中的「·」讀作 dot，並不可省略或以其他符號代替。另外也須特別注意的是，兩個向量的內積結果為一純量。由 (5.1.6) 式也可看出向量的內積滿足乘法交換律，即

$$\vec{v}_1\cdot\vec{v}_2=\vec{v}_2\cdot\vec{v}_1 \tag{5.1.7}$$

若此兩個向量為相同向量時，可得 $\vec{v}_1\cdot\vec{v}_1=a_1^2+b_1^2+c_1^2=|\vec{v}_1|^2$，所以一向量之大小也可寫為

$$|\vec{v}|=\sqrt{\vec{v}\cdot\vec{v}} \tag{5.1.8}$$

假設 $\vec{v}_1$ 與 $\vec{v}_2$ 之夾角為 θ，如圖 5.1.3 所示，則由餘弦定理可知

$$|\vec{v}_1-\vec{v}_2|^2=|\vec{v}_1|^2+|\vec{v}_2|^2-2|\vec{v}_1||\vec{v}_2|\cos\theta$$

再將 (5.1.8) 式代入，可得

$$\vec{v}_1\cdot\vec{v}_2=|\vec{v}_1||\vec{v}_2|\cos\theta \tag{5.1.9}$$

由 (5.1.9) 式可知，若 $\vec{v}_1$ 與 $\vec{v}_2$ 為垂直時，則 $\vec{v}_1\cdot\vec{v}_2=|\vec{v}_1||\vec{v}_2|\cos 90^\circ=0$。

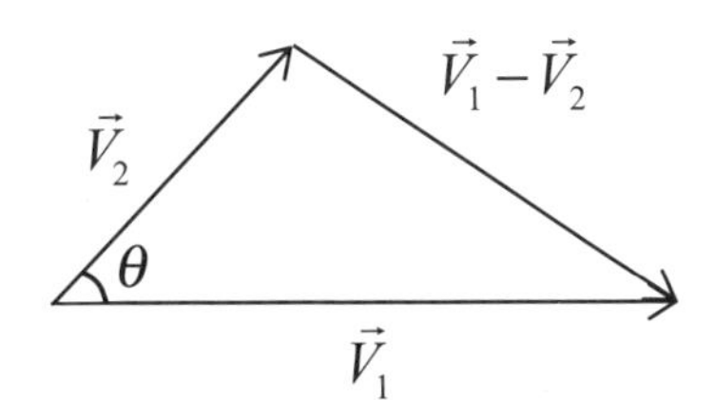

圖 5.1.3 兩向量之夾角

範例 5

已知向量 $\vec{v}_1 = 2\hat{i} + 3\hat{j} - 5\hat{k}$ 及 $\vec{v}_2 = \hat{i} - 2\hat{j} + 3\hat{k}$，試求 $\vec{v}_1 \cdot \vec{v}_2$ 之值及 $\vec{v}_1$ 與 $\vec{v}_2$ 之夾角 θ。

解

$$\vec{v}_1 \cdot \vec{v}_2 = 2 \cdot 1 + 3 \cdot (-2) - 5 \cdot 3 = -19$$

由 (5.1.9) 式可知

$$\cos\theta = \frac{\vec{v}_1 . \vec{v}_2}{|\vec{v}_1||\vec{v}_2|} = \frac{-19}{\sqrt{38}\sqrt{14}} = -\frac{\sqrt{133}}{14}$$

所以

$$\theta = \cos^{-1}\left(-\frac{\sqrt{133}}{14}\right)$$

■

範例 6

已知作用於某物體之力量 $\vec{F} = 3\hat{i} + \hat{j} - \hat{k}$ 牛頓，此物體受力後，位移 $\vec{S} = 2\hat{i} + 2\hat{j} + 3\hat{k}$ 公尺，試求此力所作之功。

解

由作功之定義可知

$$w = \vec{F} \cdot \vec{S} = 3 \cdot 2 + 1 \cdot 2 - 1 \cdot 3 = 5 \text{ 焦耳}$$

■

D. 向量的外積

向量的外積常可應用於求得力學中之力矩，幾何上之面積或體積，外積也可視為兩個向量之乘法，不過與內積大不相同，外積的結果為一向量。假設 $\vec{v}_1 = a_1\hat{i} + b_1\hat{j} + c_1\hat{k}$ 及 $\vec{v}_2 = a_2\hat{i} + b_2\hat{j} + c_2\hat{k}$，則外積可定義為

$$\vec{v}_1 \times \vec{v}_2 = \begin{vmatrix} \hat{i} & \hat{j} & \hat{k} \\ a_1 & b_1 & c_1 \\ a_2 & b_2 & c_2 \end{vmatrix} \tag{5.1.10}$$

這裡需注意的是，(5.1.10) 式中的「×」讀作 cross，並不可省略或以其他符號代替。此外也必須留意，兩個向量的外積結果仍為一向量。而由 (5.1.10) 式可看出，向量的外積並不滿足乘法交換律，其結果相差一個負號，即

$$\vec{v}_1 \times \vec{v}_2 = -\vec{v}_2 \times \vec{v}_1 \tag{5.1.11}$$

至於若是此兩個向量為相同向量時，可得

$$\vec{v}_1 \times \vec{v}_1 = \begin{vmatrix} \hat{i} & \hat{j} & \hat{k} \\ a_1 & b_1 & c_1 \\ a_1 & b_1 & c_1 \end{vmatrix} = \vec{0} \tag{5.1.12}$$

若 $\vec{v} = \vec{v}_1 \times \vec{v}_2$，則 $\vec{v}$ 的大小

$$|\vec{v}| = |\vec{v}_1||\vec{v}_2|\sin\theta \tag{5.1.13}$$

其中 θ 為 $\vec{v}_1$ 與 $\vec{v}_2$ 之夾角，而 $\vec{v}$ 的方向則同時垂直 $\vec{v}_1$ 與 $\vec{v}_2$，再由右手法則決定，如圖 5.1.4 所示。

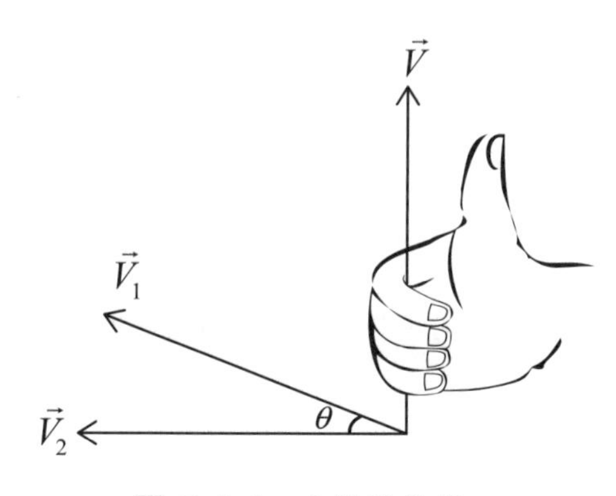

圖 5.1.4　向量的外積

範例 7

已知向量 $\vec{v}_1 = 2\hat{i} + 3\hat{j} - 5\hat{k}$ 及 $\vec{v}_2 = \hat{i} - 2\hat{j} + 3\hat{k}$，試求 $\vec{v}_1 \times \vec{v}_2$ 及 $\vec{v}_2 \times \vec{v}_1$。

解

$$\vec{v}_1 \times \vec{v}_2 = \begin{vmatrix} \hat{i} & \hat{j} & \hat{k} \\ 2 & 3 & -5 \\ 1 & -2 & 3 \end{vmatrix} = -\hat{i} - 11\hat{j} - 7\hat{k}$$

$$\vec{v}_2 \times \vec{v}_1 = \begin{vmatrix} \hat{i} & \hat{j} & \hat{k} \\ 1 & -2 & 3 \\ 2 & 3 & -5 \end{vmatrix} = \hat{i} + 11\hat{j} + 7\hat{k}$$

此結果驗證 $\vec{v}_1 \times \vec{v}_2 = -\vec{v}_2 \times \vec{v}_1$。

■

類題練習

下列 1 ～ 3 題，求向量之大小為何？是否為單位向量？若不是，請化為單位向量。

1. $\vec{v} = 2\hat{i} + \hat{j} - \hat{k}$。
2. $\vec{v} = \frac{1}{\sqrt{2}}\hat{i} + \frac{1}{\sqrt{2}}\hat{k}$。
3. $\vec{v} = 2\hat{j}$。
4. 已知向量 $\vec{v}_1 = 3\hat{i} - 2\hat{j} + \hat{k}$ 及 $\vec{v}_2 = -4\hat{j} - 3\hat{k}$，試求 $\vec{v}_1 + \vec{v}_2$ 及 $2\vec{v}_1 + 3\vec{v}_2$。

下列 5 ～ 7 題，試求 $\vec{v}_1 \cdot \vec{v}_2$ 及 $\vec{v}_1$ 與 $\vec{v}_2$ 之夾角 θ。

5. $\vec{v}_1 = 3\hat{j} - 5\hat{k}$，$\vec{v}_2 = 2\hat{i} - 2\hat{j}$。
6. $\vec{v}_1 = \hat{i} + \hat{j} - 5\hat{k}$，$\vec{v}_2 = -3\hat{i} + 8\hat{j} + \hat{k}$。
7. $\vec{v}_1 = 2\hat{i} + \hat{j} - \hat{k}$，$\vec{v}_2 = -4\hat{i} - 2\hat{j} + 2\hat{k}$。
8. 已知作用於某物體之力量 $\vec{F} = 3\hat{i} - 2\hat{j} + \hat{k}$ 牛頓，當此物體受力後，位移 $\vec{S} = \hat{i} + 3\hat{j} + \hat{k}$ 公尺，試求此力所作的功。

下列 9 ～ 11 題，試求 $\vec{v}_1 \times \vec{v}_2$ 及 $\vec{v}_2 \times \vec{v}_1$。

9. $\vec{v}_1 = 3\hat{j} - 5\hat{k}$，$\vec{v}_2 = 2\hat{i} - 2\hat{j}$。
10. $\vec{v}_1 = \hat{i} + \hat{j} - 5\hat{k}$，$\vec{v}_2 = -3\hat{i} + 8\hat{j} + \hat{k}$。
11. $\vec{v}_1 = 2\hat{i} + \hat{j} - \hat{k}$，$\vec{v}_2 = -4\hat{i} - 2\hat{j} + 2\hat{k}$。

5-2 向量函數

向量函數乃指有方向及有數量之函數，此類函數可由數個純量函數定義，其不但具有向量之特性，可作內、外積運算，亦具有可微分性質。該類函數若為一個三維單變數之向量函數，則可由三個單變數純量函數定義如下：

$$\vec{F}(t)=x(t)\hat{i}+y(t)\hat{j}+z(t)\hat{k} \tag{5.2.1}$$

至若向量函數為一個三維之多變數向量函數，則可由三個多變數純量函數定義如下：

$$\vec{F}(x,y,z)=f_1(x,y,z)\hat{i}+f_2(x,y,z)\hat{j}+f_3(x,y,z)\hat{k} \tag{5.2.2}$$

單變數之向量函數可用於表達一空間曲線，此時則稱為位置向量，或稱為參數表示法。例如一位置向量 $\vec{r}(t)=x(t)\hat{i}+y(t)\hat{j}+z(t)\hat{k}$ ，則其端點隨著時間 t 之變動所形成的軌跡，即可視為一空間曲線。

向量函數除了可用於表示空間中的曲線、曲面之外，也可用於表示分佈在空間中之具方向性的物理量，諸如電場、磁場等，此時可稱為**向量場**（vector field）。

範例 1

請使用位置向量 $\vec{r}(t)$ 表示一圓，此圓位於 $x-y$ 平面，圓心為原點，半徑為 a。

解

因為此圓位於 $x-y$ 平面，故 $z(t)=0$ ，

且由圓之參數式可知

$$x(t)=a\cos t\text{ ，}\ y(t)=a\sin t$$

所以，位置向量為

$$\vec{r}(t)=x(t)\hat{i}+y(t)\hat{j}+z(t)\hat{k}=a\cos t\hat{i}+a\sin t\hat{j}$$

■

範例 2

請使用位置向量$\vec{r}(t)$表示一橢圓，此橢圓位於$y-z$平面，中心為原點，長軸長為a，沿y軸方向；短軸長為b，沿z軸方向。

解

因為此橢圓位於$y-z$平面，故$x(t)=0$，
且由橢圓之參數式可知

$$y(t)=a\cos t\text{，}z(t)=b\sin t$$

所以，位置向量為

$$\vec{r}(t)=x(t)\hat{i}+y(t)\hat{j}+z(t)\hat{k}=a\cos t\hat{j}+b\sin t\hat{k}$$

■

範例 3

假設原點處存在一點電荷，其電量為q庫侖，試以向量函數表示其電場。

解

點電荷所產生之電場大小為

$$E(r)=\frac{q}{4\pi\varepsilon_0 r^2}\text{，其中 } r=\sqrt{x^2+y^2+z^2}$$

其電場方向為徑向方向，如圖 5.2.1 所示。

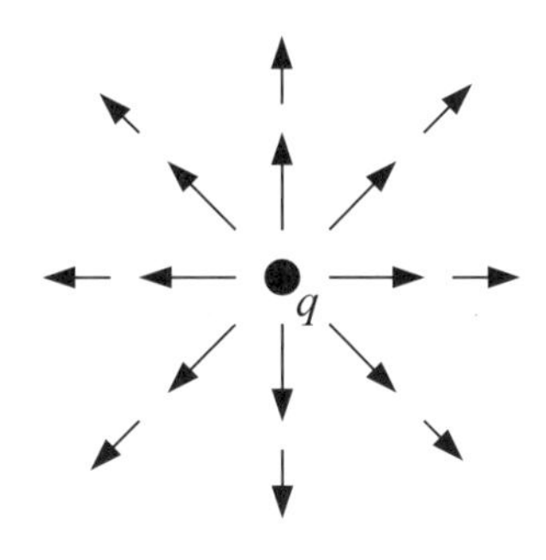

圖 5.2.1 點電荷所形成之電場

則

$$\vec{E}(x,y,z)=E(r)\cdot\frac{\vec{r}}{r}$$

$$=\frac{q}{4\pi\varepsilon_0(x^2+y^2+z^2)}\cdot\frac{x\hat{i}+y\hat{j}+z\hat{k}}{\sqrt{x^2+y^2+z^2}}$$

$$=\frac{q}{4\pi\varepsilon_0(x^2+y^2+z^2)^{\frac{3}{2}}}\cdot(x\hat{i}+y\hat{j}+z\hat{k})$$

■

類題練習

1. 請使用位置向量$\vec{r}(t)$表示一圓，而此圓係位於$x-z$平面，圓心為原點，半徑為a。
2. 設C為直線線段，其自$A(1,1,-6)$延伸至$B(1,-2,4)$，試使用位置向量$\vec{r}(t)$表示之。
3. 設C為曲線$y=x^2$，$1\le x\le 3$且位於$z=5$中，試使用位置向量$\vec{r}(t)$表示之。
4. 已知在$z=3$之平面上，有一$y=\sin x$之曲線，試求其位置向量。
5. 已知在$z=0$之平面上，有一曲線$y=f(x)$，試求其位置向量。
6. 已知一曲線之位置向量$\vec{r}(t)=3\hat{i}+\sin t\hat{j}+\cos t\hat{k}$，請問此為何種曲線？
7. 已知一曲線之位置向量$\vec{r}(t)=\sin\hat{i}+\cos t\hat{j}+45t\hat{k}$，請問此為何種曲線？
8. 假設原點處存在一點電荷，其電量為5庫侖，試以向量函數表示其電場。

5-3 向量函數之微分

由於向量函數亦具有函數之特性，因此可依照一般純量函數微分之定義進行探討，亦即若已知一單變數向量函數$\vec{F}(t)$為連續函數，則其導函數可如下定義：

$$\frac{d\vec{F}(t)}{dt}=\lim_{\Delta t\to 0}\frac{\vec{F}(t+\Delta t)-\vec{F}(t)}{\Delta t} \tag{5.3.1}$$

此乃如同純量函數一樣，於向量函數之導函數運算中，並不會使用定義計算，而可將$\hat{i}$、$\hat{j}$、$\hat{k}$視為常數，即可得到下面式子

$$\frac{d\vec{F}(t)}{dt}=\frac{d}{dt}\left(x(t)\hat{i}+y(t)\hat{j}+z(t)\hat{k}\right)=\frac{dx(t)}{dt}\hat{i}+\frac{dy(t)}{dt}\hat{j}+\frac{dz(t)}{dt}\hat{k} \tag{5.3.2}$$

同樣地，我們亦可使用此特性於多變數之向量函數，如：

$$\frac{\partial}{\partial x}\vec{F}(x,y,z)=\frac{\partial}{\partial t}(f_1(x,y,z)\hat{i}+f_2(x,y,z)\hat{j}+f_3(x,y,z)\hat{k})$$

$$=\frac{\partial f_1(x,y,z)}{\partial x}\hat{i}+\frac{\partial f_2(x,y,z)}{\partial y}\hat{j}+\frac{\partial f_3(x,y,z)}{\partial z}\hat{k} \tag{5.3.3}$$

由於向量函數與一般函數之性質接近，所以一般微分性質亦適用於向量函數，舉例如下，$\vec{F}$與$\vec{G}$為單變數向量函數，ϕ為一般單變數函數，c為常數，則下述性質存在：

$$(c\vec{F})'=c\vec{F}' \tag{5.3.4}$$

$$(\vec{F}\pm\vec{G})'=\vec{F}'\pm\vec{G}' \tag{5.3.5}$$

$$(\phi\vec{F})'=\phi'\vec{F}+\phi\vec{F}' \tag{5.3.6}$$

$$(\vec{F}\cdot\vec{G})'=\vec{F}'\cdot\vec{G}+\vec{F}\cdot\vec{G}' \tag{5.3.7}$$

$$(\vec{F}\times\vec{G})'=\vec{F}'\times\vec{G}+\vec{F}\times\vec{G}' \tag{5.3.8}$$

此外，向量函數之微分亦可應用於計算空間曲線之切向量與長度，如於前一節中，已知可用一單變數向量函數 $\vec{r}(t)$ 表達一空間曲線，則其導函數 $\frac{d}{dt}\vec{r}(t)$ 之方向恰好是此空間曲線之切線方向，如圖 5.3.1 所示：

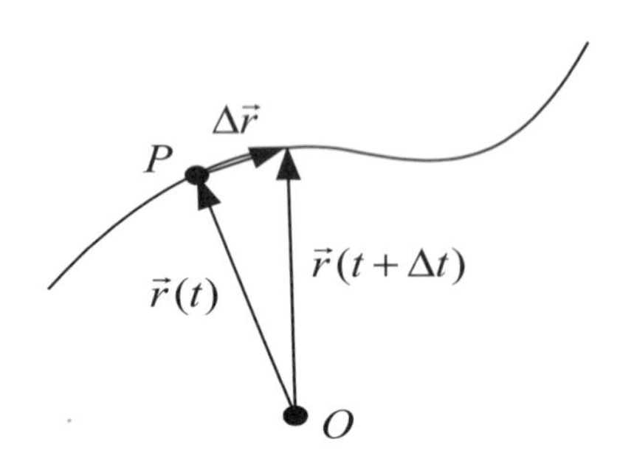

圖 5.3.1　空間曲線之切線

由圖可知向量函數 $\vec{r}(t)$ 在 P 點之微分為 $\frac{d\vec{r}(t)}{dt}=\lim_{\Delta t\to 0}\frac{\vec{r}(t+\Delta t)-\vec{r}(t)}{\Delta t}=\lim_{\Delta t\to 0}\frac{\Delta\vec{r}}{\Delta t}$，$\Delta\vec{r}$ 之方向為 P 點之割線方向，但當 $\Delta t\to 0$ 時，$\Delta\vec{r}$ 之方向即為切線方向，所以 $\frac{d\vec{r}(t)}{dt}$ 即為此曲線之切向量，而若將之單位化，則可定義單位切線向量為：

$$\hat{u}(t)=\frac{1}{\left|\frac{d\vec{r}(t)}{dt}\right|}\frac{d\vec{r}(t)}{dt} \tag{5.3.9}$$

向量函數之微分除了可應用於計算切線向量之外，亦可應用於計算曲線之長度，一曲線 $r(t)$ 從 P 點（$t=a$）到 Q 點（$t=b$）之長度可計算如下

$$\ell=\int_a^b\left|\frac{d\vec{r}(t)}{dt}\right|dt=\int_a^b\sqrt{\vec{r}'(t)\cdot\vec{r}'(t)}dt \tag{5.3.10}$$

範例 1

已知 $\vec{F}(t)=\sin t\hat{i}+\cos t\hat{j}+5t\hat{k}$，試求 $\frac{d}{dt}\vec{F}(t)$。

解

$$\frac{d}{dt}\vec{F}(t)=\frac{d}{dt}\sin t\hat{i}+\frac{d}{dt}\cos t\hat{j}+\frac{d}{dt}5t\hat{k}=\cos t\hat{i}-\sin t\hat{j}+5\hat{k}$$

■

範例 2

已知 $\vec{F}(t)=t^2\hat{i}+2t\hat{j}+3\hat{k}$，試求 $\frac{d}{dt}\vec{F}(t)$。

解

$$\frac{d}{dt}\vec{F}(t)=\frac{d}{dt}t^2\hat{i}+\frac{d}{dt}2t\hat{j}+\frac{d}{dt}3\hat{k}=2t\hat{i}+2\hat{j}$$

■

範例 3

已知 $\vec{F}(x,y,z)=xy\hat{i}+z^2\sin y\hat{j}+e^{x+y}\hat{k}$，試求 $\frac{\partial}{\partial x}\vec{F}(x,y,z)$。

解

$$\frac{\partial}{\partial x}\vec{F}(x,y,z)=\frac{\partial(xy)}{\partial x}\hat{i}+\frac{\partial(z^2\sin y)}{\partial x}\hat{j}+\frac{\partial(e^{x+y})}{\partial x}\hat{k}=y\hat{i}+e^{x+y}\hat{k}$$

■

範例 4

已知 $\vec{F}(t)=\sin t\hat{i}+t^2\hat{j}+e^t\hat{k}$，$\phi(t)=t$，試求 $\frac{d}{dt}\left[\phi(t)\vec{F}(t)\right]$。

解

$$\begin{aligned}(\phi\vec{F})'&=\phi'\vec{F}+\phi\vec{F}'\\&=1\cdot\left(\sin t\hat{i}+t^2\hat{j}+e^t\hat{k}\right)+t\cdot\left(\cos t\hat{i}+2t\hat{j}+e^t\hat{k}\right)\\&=(\sin t+t\cos t)\hat{i}+3t^2\hat{j}+(e^t+te^t)\hat{k}\end{aligned}$$

■

範例 5

已知 $\vec{F_1}(t)=\hat{i}+3t^2\hat{j}+2t\hat{k}$，$\vec{F_2}(t)=t\hat{i}-3t^2\hat{j}$，試求 $\frac{d}{dt}\left[\vec{F_1}(t)\cdot\vec{F_2}(t)\right]$。

解

$$\vec{F_1}(t)\cdot\vec{F_2}(t)=\left(\hat{i}+3t^2\hat{j}+2t\hat{k}\right)\cdot\left(t\hat{i}-3t^2\hat{j}\right)=t-9t^4$$

$$\frac{d}{dt}\left[\vec{F_1}(t)\cdot\vec{F_2}(t)\right]=\frac{d}{dt}(t-9t^4)=1-36t^3$$

■

範例 6

已知 $\vec{F}(t)=t\hat{i}+\hat{j}+4\hat{k}$，$\vec{G}(t)=t\hat{i}-t\hat{j}+\hat{k}$，試求 $\frac{d}{dt}\left[\vec{F}(t)\times\vec{G}(t)\right]$。

解

$$\begin{aligned}\frac{d}{dt}\left[\vec{F}(t)\times\vec{G}(t)\right]&=\vec{F}'(t)\times\vec{G}(t)+\vec{F}(t)\times\vec{G}'(t)\\&=\hat{i}\times\left(t\hat{i}-t\hat{j}+\hat{k}\right)+\left(t\hat{i}+\hat{j}+4\hat{k}\right)\times\left(\hat{i}-\hat{j}\right)\\&=\begin{vmatrix}\hat{i}&\hat{j}&\hat{k}\\1&0&0\\t&-t&1\end{vmatrix}+\begin{vmatrix}\hat{i}&\hat{j}&\hat{k}\\t&1&4\\1&-1&0\end{vmatrix}\\&=\left(-\hat{j}-t\hat{k}\right)+\left[4\hat{i}+4\hat{j}+(-t-1)\hat{k}\right]\\&=4\hat{i}+3\hat{j}+(-2t-1)\hat{k}\end{aligned}$$

■

範例 7

已知一空間曲線 $\vec{r}(t)=t\hat{i}+t^2\hat{j}+t^3\hat{k}$，試求在點 $p(1,1,1)$ 之單位切向量。

解

點 $p(1,1,1)$ 對應至 $t=1$

故所求之單位切線向量$\vec{u}(1)=\dfrac{1}{\left|\vec{r}'(1)\right|}\vec{r}'(1)$

又$\vec{r}'(1)=\hat{i}+2t\hat{j}+3t^2\hat{k}$，$\left|\vec{r}'(1)\right|=\sqrt{1^2+2^2+3^2}=\sqrt{14}$

$\therefore\ \hat{u}(1)=\dfrac{1}{\sqrt{14}}\left(\hat{i}+2\hat{j}+3\hat{k}\right)$

■

範例 8

已知一空間曲線$\vec{r}(t)=\sinh(t)\hat{j}-t\hat{k}$，試求其單位切向量。

解

$$\frac{d}{dt}\vec{r}(t)=\frac{d}{dt}\left[\sinh(t)\hat{j}-t\hat{k}\right]=\cosh(t)\hat{j}-\hat{k}$$

$$\left|\frac{d\vec{r}(t)}{dt}\right|=\sqrt{\cosh^2(t)+1}$$

單位切線向量$\hat{u}(t)=\dfrac{1}{\left|\dfrac{d\vec{r}(t)}{dt}\right|}\dfrac{d\vec{r}(t)}{dt}=\dfrac{\cosh(t)\hat{j}-\hat{k}}{\sqrt{\cosh^2(t)+1}}$

■

範例 9

已知一空間曲線$\vec{r}(t)=\cos t\hat{i}+\sin t\hat{j}+2t\hat{k}$，試求在點$P(1,0,0)$至點$Q(-1,0,2\pi)$之曲線長度。

解

點$P(1,0,0)$對應至$t=0$

點$Q(-1,0,2\pi)$對應至$t=\pi$

又$\vec{r}'(t)=-\sin t\hat{i}+\cos t\hat{j}+2\hat{k}$

曲線長度$\ell=\int_0^{\pi}\sqrt{\vec{r}'(t)\cdot\vec{r}'(t)}dt=\int_0^{\pi}\sqrt{5}dt=\sqrt{5}\pi$

■

範例 10

已知平面上有一拋物線 $y=ax^2$，其中 a 為常數，試求此曲線在 $0\le x\le 1$ 之長度。

解

將此拋物線以參數式表達，即 $\begin{cases} x(t)=t \\ y(t)=at^2 \end{cases}$，且 $0\le t\le 1$ 為所求區域

其位置向量 $\vec{r}(t)=t\hat{i}+at^2\hat{j}$

$$曲線長度\ \ell=\int_0^1\sqrt{\vec{r}'(t)\cdot\vec{r}'(t)}dt$$

$$=\int_0^1\sqrt{\left(\hat{i}+2at\hat{j}\right)\cdot\left(\hat{i}+2at\hat{j}\right)}dt$$

$$=\int_0^1\sqrt{1+4a^2t^2}\,dt$$

$$=\left[\frac{1}{2}t\sqrt{1+4a^2t^2}+\frac{1}{4a}\ln\left(2at+\sqrt{1+4a^2t^2}\right)\right]\Bigg|_0^1$$

$$=\frac{1}{2}\sqrt{1+4a^2}+\frac{1}{4a}\ln\left(2a+\sqrt{1+4a^2}\right)$$

■

由於 $\vec{r}(t)$ 可用於表示一條空間曲線，同時也可用於表示一個質點的運動軌跡或位移，故按照物理學之定義，位移對時間 t 之微分，因此可求得速度 $\vec{v}(t)$，即

$$\vec{v}(t)=\vec{r}'(t) \tag{5.3.11}$$

而速度 $\vec{v}(t)$ 的絕對值 $|\vec{v}(t)|$ 即為速率。若再將速度 $\vec{v}(t)$ 對時間 t 微分，即可得到加速度 $\vec{a}(t)$，即

$$\vec{a}(t)=\vec{v}'(t)=\vec{r}''(t) \tag{5.3.12}$$

一般來說，加速度 $\vec{a}(t)$ 可分解為兩個方向，沿著切線方向的分量，稱為切線加速度 $\vec{a}_T(t)$ ，而與切線方向垂直的分量，則稱為法線加速度或向心加速度 $\vec{a}_N(t)$ ，它們可分別計算如下

$$\vec{a}_T = \left(\vec{a}\cdot\frac{\vec{v}}{|\vec{v}|}\right)\frac{\vec{v}}{|\vec{v}|} \tag{5.3.13}$$

$$\vec{a}_N = \vec{a} - \vec{a}_T \tag{5.3.14}$$

範例 11

已知一質點的運動軌跡為 $\vec{r}(t) = 2\cos 3t\vec{i} + 2\sin 3t\vec{j} + 8t\vec{k}$ ，試求其速度、速率、加速度、切線加速度以及法線加速度。

解

速度：$\vec{v}(t) = \vec{r}'(t) = -6\sin 3t\vec{i} + 6\cos 3t\vec{j} + 8\vec{k}$

速率：$v(t) = |\vec{v}(t)| = \sqrt{(-6\sin 3t)^2 + (6\cos 3t)^2 + 8^2} = 10$

加速度：$\vec{a}(t) = \vec{v}'(t) = -18\cos 3t\vec{i} - 18\sin 3t\vec{j}$

切線加速度：$\vec{a}_T = \left(\vec{a}\cdot\frac{\vec{v}}{|\vec{v}|}\right)\frac{\vec{v}}{|\vec{v}|}$

$$= \frac{108\sin 3t\cos 3t - 108\sin 3t\cos 3t}{10} \cdot \frac{-6\sin 3t\vec{i} + 6\cos 3t\vec{j} + 8\vec{k}}{10} = \vec{0}$$

法線加速度：$\vec{a}_N = \vec{a} - \vec{a}_T = -18\cos 3t\vec{i} - 18\sin 3t\vec{j}$

本題中，因為質點的速率為定值，所以其切線加速度為 0。

■

範例 12

已知一質點的運動軌跡為 $\vec{r}(t)=t^2\hat{i}+\sin t\hat{j}+\cos t\hat{k}$，試求其速度、速率、加速度、切線加速度以及法線加速度。

解

速度：$\vec{v}(t)=\vec{r}'(t)=2t\hat{i}+\cos t\hat{j}-\sin t\hat{k}$

速率：$v(t)=|\vec{v}(t)|=\sqrt{(2t)^2+(\cos t)^2+(-\sin t)^2}=\sqrt{4t^2+1}$

加速度：$\vec{a}(t)=\vec{v}'(t)=2\hat{i}-\sin t\hat{j}-\cos t\hat{k}$

切線加速度：
$$\vec{a}_T=\left(\vec{a}\cdot\frac{\vec{v}}{|\vec{v}|}\right)\frac{\vec{v}}{|\vec{v}|}$$
$$=\frac{4t-\cos t\sin t+\cos t\sin t}{\sqrt{4t^2+1}}\cdot\frac{2t\hat{i}+\cos t\hat{j}-\sin t\hat{k}}{\sqrt{4t^2+1}}$$
$$=\frac{8t^2}{4t^2+1}\hat{i}+\frac{4t\cos t}{4t^2+1}\hat{j}-\frac{4t\sin t}{4t^2+1}\hat{k}$$

法線加速度：
$$\vec{a}_N=\vec{a}-\vec{a}_T$$
$$=\frac{2}{4t^2+1}\hat{i}+\left(-\sin t-\frac{4t\cos t}{4t^2+1}\right)\hat{j}+\left(-\cos t+\frac{4t\sin t}{4t^2+1}\right)\hat{k}$$

■

類題練習

1. 假設 $\vec{F}(t)=\hat{i}+2t^2\hat{j}+t\hat{k}$，$f(t)=2\cos(2t)$，試求 $\frac{d}{dt}\left[f(t)\vec{F}(t)\right]$。

2. 假設 $\vec{F}(t)=\hat{i}+t^2\hat{j}-\hat{k}$，$f(t)=-3e^{2t}$，試求 $\frac{d}{dt}\left[f(t)\vec{F}(t)\right]$。

3. 設兩向量分別為 $\vec{F}(t)=t^3\hat{i}+9\hat{j}-e^t\hat{k}$，$\vec{G}(t)=\hat{i}+\hat{j}-3t\hat{k}$，試求 $\frac{d}{dt}\left[\vec{F}(t)\cdot\vec{G}(t)\right]$。

4. 設兩向量分別為 $\vec{F}(t)=-\frac{1}{4}t\hat{i}-2\hat{j}+e^t\hat{k}$，$\vec{G}(t)=2t^3\hat{j}$，試求 $\frac{d}{dt}\left[\vec{F}(t)\times\vec{G}(t)\right]$。

5. 設兩向量分別為 $\vec{F}(t)=\hat{i}+8t\hat{j}+t^2\hat{k}$，$\vec{G}(t)=-3t\hat{i}+2e^t\hat{j}+\ln(t)\hat{k}$，試求 $\frac{d}{dt}\left[\vec{F}(t)\times\vec{G}(t)\right]$。

6. 若一曲線之參數式為 $x=x$，$y=\sin(\pi x)$，$z=\cos(\pi x)$，$0\le x\le 1$，試求其切線向量。

7. 若一曲線之參數式為 $x=e^{4t}\cos(t)$，$y=e^{3t}\sin(t)$，$z=e^{2t}$，$0\le t\le\pi$，求其切線向量。

8. 若一曲線之參數式為 $x=4\ln(t+1)$，$y=2\sinh(2t)$，$z=1$，$3\le t\le 9$，求其切線向量。

試求下列 9 ～ 11 題之曲線長度。

9. $x=t$，$y=\cosh(t)$，$z=2$；$0\le t\le\pi$

10. $x=y=z=t^2$；$0\le t\le 1$

11. $x=3t^2$，$y=4t^2$，$z=5t^2$；$0\le t\le 2$

12. 已知一質點的運動軌跡為 $\vec{r}(t)=3t^2\hat{j}$，試求其速度、速率、加速度、切線加速度以及法線加速度。

13. 已知一質點的運動軌跡為 $\vec{r}(t)=\cos t\hat{i}+2\sin t\hat{j}$，試求其速度、速率、加速度、切線加速度以及法線加速度。

5-4 梯度

在定義**梯度**（gradient）之前，需先了解純量場，純量場之數學形式為一般多變數函數，如$\phi(x,y,z)$，它可用以表達一個區域內不具方向性之物理量，如溫度或密度等。例如：若以$\phi(x,y,z)$代表空間中之溫度，則在點(x_0,y_0,z_0)之溫度為$\phi(x_0,y_0,z_0)$。

微分運算子∇之定義為

$$\nabla=\frac{\partial}{\partial x}\hat{i}+\frac{\partial}{\partial y}\hat{j}+\frac{\partial}{\partial z}\hat{k} \tag{5.4.1}$$

則$\phi(x,y,z)$之梯度為

$$\nabla\phi(x,y,z)=\frac{\partial\phi}{\partial x}\hat{i}+\frac{\partial\phi}{\partial y}\hat{j}+\frac{\partial\phi}{\partial z}\hat{k} \tag{5.4.2}$$

梯度除了可應用於電磁學計算電場之外，也可用於計算曲面之法向量。若一空間曲面S表示為

$$\phi(x,y,z)=k \tag{5.4.3}$$

其中k為常數，則一空間曲線C可表示為

$$\vec{r}(t)=x(t)\hat{i}+y(t)\hat{j}+z(t)\hat{k} \tag{5.4.4}$$

若曲線C位於曲面S上，則

$$\phi\big(x(t),y(t),z(t)\big)=k \tag{5.4.5}$$

將 (5.4.5) 式對t微分，並利用**鏈微法則**（chain rule）可得

$$\begin{aligned}\frac{d\phi}{dt}&=\frac{\partial\phi}{\partial x}\frac{dx}{dt}+\frac{\partial\phi}{\partial y}\frac{dy}{dt}+\frac{\partial\phi}{\partial z}\frac{dz}{dt}\\&=\left(\frac{\partial\phi}{\partial x}\hat{i}+\frac{\partial\phi}{\partial y}\hat{j}+\frac{\partial\phi}{\partial z}\hat{k}\right)\cdot\left(\frac{dx}{dt}\hat{i}+\frac{dy}{dt}\hat{j}+\frac{dz}{dt}\hat{k}\right)\\&=\nabla\phi\cdot\vec{r}'(t)=0\end{aligned} \tag{5.4.6}$$

又由前一節可知，$\vec{r}'(t)$ 的方向恰為曲線 C 之切線方向，且由 (5.4.6) 式可知 $\nabla\phi$ 與 $\vec{r}'(t)$ 為正交，而 $\vec{r}(t)$ 為曲面 S 上之任意曲線，所以 $\nabla\phi$ 之方向即為曲面 S 之法向量，且單位法向量可定義為

$$\hat{n} = \pm\frac{\nabla\phi}{|\nabla\phi|} \tag{5.4.7}$$

範例 1

已知一純量函數 $\phi(x,y,z) = x + y + z$，試求其梯度為何？

解

$$\begin{aligned}\nabla\phi &= \frac{\partial\phi}{\partial x}\hat{i} + \frac{\partial\phi}{\partial y}\hat{j} + \frac{\partial\phi}{\partial z}\hat{k} \\ &= \frac{\partial}{\partial x}(x+y+z)\hat{i} + \frac{\partial}{\partial y}(x+y+z)\hat{j} + \frac{\partial}{\partial z}(x+y+z)\hat{k} \\ &= \hat{i} + \hat{j} + \hat{k}\end{aligned}$$

■

範例 2

已知一純量函數 $\phi(x,y,z) = xy^2 - ye^z$，試求其梯度為何？

解

$$\begin{aligned}\nabla\phi &= \frac{\partial\phi}{\partial x}\hat{i} + \frac{\partial\phi}{\partial y}\hat{j} + \frac{\partial\phi}{\partial z}\hat{k} \\ &= \frac{\partial}{\partial x}(xy^2 - ye^z)\hat{i} + \frac{\partial}{\partial y}(xy^2 - ye^z)\hat{j} + \frac{\partial}{\partial z}(xy^2 - ye^z)\hat{k} \\ &= y^2\hat{i} + (2xy - e^z)\hat{j} + (-ye^z)\hat{k}\end{aligned}$$

■

範例 3

已知一純量函數 $\phi(x,y,z)=2x^2+3y^2+\sin z$，試求此函數在點 $(2,1,0)$ 之梯度為何？

解

$$\nabla\phi=\frac{\partial\phi}{\partial x}\hat{i}+\frac{\partial\phi}{\partial y}\hat{j}+\frac{\partial\phi}{\partial z}\hat{k}$$

$$=\frac{\partial}{\partial x}(2x^2+3y^2+\sin z)\hat{i}+\frac{\partial}{\partial y}(2x^2+3y^2+\sin z)\hat{j}+\frac{\partial}{\partial z}(2x^2+3y^2+\sin z)\hat{k}$$

$$=4x\hat{i}+6y\hat{j}+\cos z\hat{k}$$

$$\therefore\ \nabla\phi(x,y,z)\big|_{(2,1,0)}=8\hat{i}+6\hat{j}+\hat{k}$$

■

範例 4

已知空間中之電位分佈為 $v(x,y,z)=\dfrac{KQ}{\sqrt{x^2+y^2+z^2}}$，試求其電場。

解

電場與電位分佈的關係為

$$\vec{E}=-\nabla v=-\nabla\frac{KQ}{\sqrt{x^2+y^2+z^2}}$$

$$=-\frac{\partial}{\partial x}\frac{KQ}{\sqrt{x^2+y^2+z^2}}\hat{i}-\frac{\partial}{\partial y}\frac{KQ}{\sqrt{x^2+y^2+z^2}}\hat{j}-\frac{\partial}{\partial z}\frac{KQ}{\sqrt{x^2+y^2+z^2}}\hat{k}$$

$$=\frac{KQ}{\left(x^2+y^2+z^2\right)^{3/2}}\left(x\hat{i}+y\hat{j}+z\hat{k}\right)$$

■

範例 5

已知一圓錐方程式為 $z^2=9(x^2+y^2)$，試求在點 $(1,0,3)$ 時之法向量。

解

令此圓錐為 $\phi(x,y,z)=9(x^2+y^2)-z^2=0$

則 $\nabla\phi=\dfrac{\partial\phi}{\partial x}\hat{i}+\dfrac{\partial\phi}{\partial y}\hat{j}+\dfrac{\partial\phi}{\partial z}\hat{k}=18x\hat{i}+18y\hat{j}-2z\hat{k}$

代入$(1,0,3)$得$\nabla\phi = 18\hat{i} - 6\hat{k}$

故單位法向量$\hat{n} = \pm\dfrac{18\hat{i} - 6\hat{k}}{\left|18\hat{i} - 6\hat{k}\right|} = \pm\left(\dfrac{3}{\sqrt{10}}\hat{i} - \dfrac{1}{\sqrt{10}}\hat{k}\right)$

■

範例 6

已知一曲面方程式為$z = \sin(xy)$，試求在點$(1,0,0)$時之法向量。

解

令此曲面為$\phi(x,y,z) = \sin(xy) - z = 0$

則$\nabla\phi = \dfrac{\partial\phi}{\partial x}\hat{i} + \dfrac{\partial\phi}{\partial y}\hat{j} + \dfrac{\partial\phi}{\partial z}\hat{k} = y\cos(xy)\hat{i} + x\cos(xy)\hat{j} - \hat{k}$

代入$(1,0,0)$得$\nabla\phi = \hat{j} - \hat{k}$

故單位法向量$\hat{n} = \pm\dfrac{\hat{j} - \hat{k}}{\left|\hat{j} - \hat{k}\right|} = \pm\left(\dfrac{1}{\sqrt{2}}\hat{j} - \dfrac{1}{\sqrt{2}}\hat{k}\right)$

■

範例 7

試求平面$ax + by + cz + d = 0$之單位法向量。

解

令此平面為$\phi(x,y,z) = ax + by + cz + d = 0$

則$\nabla\phi = \dfrac{\partial\phi}{\partial x}\hat{i} + \dfrac{\partial\phi}{\partial y}\hat{j} + \dfrac{\partial\phi}{\partial z}\hat{k} = a\hat{i} + b\hat{j} + c\hat{k}$

故單位法向量為

$$\hat{n} = \pm\frac{a\hat{i} + b\hat{j} + c\hat{k}}{\left|a\hat{i} + b\hat{j} + c\hat{k}\right|} = \pm\left(\frac{a}{\sqrt{a^2+b^2+c^2}}\hat{i} + \frac{b}{\sqrt{a^2+b^2+c^2}}\hat{j} + \frac{c}{\sqrt{a^2+b^2+c^2}}\hat{k}\right)$$

■

類題練習

1. 已知 $\phi = xyz$，試求於點 $P(1,1,1)$ 時之 $\nabla\phi(P)$。

2. 已知 $\phi = x + 2yz$，試求於點 $P(1,2,3)$ 時之 $\nabla\phi(P)$。

3. 已知 $\phi = \cosh(3xy) - \sinh(2z)$，試求於點 $P(-3,1,1)$ 時之 $\nabla\phi(P)$。

4. 已知 $\phi = \sqrt{x^2 + y^2 + z^2}$，其上一點 $P:(0,0,1)$，試求 $\nabla\phi(P)$。

5. 已知 $\phi = e^x \sin(y)\sin(z)$，其上一點 $P:(0,\pi/2,\pi/2)$，試求 $\nabla\phi(P)$。

6. 已知 $\phi = x - \cos(y+z)$，其上一點 $P:(0,\pi/2,\pi/2)$，試求 $\nabla\phi(P)$。

7. 有一曲面 $z = x^2 + y^2$，其上一點 $P:(1,1,2)$，試求位在 P 點處之法向量與切面方程式。

8. 有一曲面 $\sin(x) + \cos(y) + z = 1$，其上一點 $P:(\pi,0,2)$，試求位在 P 點處之法向量與切面方程式。

試求下列 9 ～ 12 題曲面在其上一點 P 之切面方程式。

9. $x^2 + y^2 + z^2 = 9$，$P:(2,2,1)$

10. $z = x^2 + 2y$，$P:(0,1,2)$

11. $x^2 + y^2 - z^2 = 0$，$P:(1,0,1)$

12. $4x^2 + y^2 + z^2 = 4$，$P:(1,0,0)$

5-5 方向導數

純量場ϕ沿單位向量$\hat{u}$之變化率，常表示為$D_u\phi$，此又稱為ϕ沿$\hat{u}$方向之**方向導數**（directional derivative），若$\phi=\phi(x,y,z)$，P_0座標為(x_0,y_0,z_0)，$\hat{u}=(a,b,c)$，則

$$D_u\phi(P_0)=\left[\frac{d}{dt}\phi(x_0+at,y_0+bt,z_0+ct)\right]\Bigg|_{t=0} \tag{5.5.1}$$

(5.5.1) 式之物理意義可視為純量場ϕ在P_0點沿著單位向量$\hat{u}$之變化率，若再由鏈微法則推導可知

$$\begin{aligned}\frac{d\phi}{dt}&=\frac{\partial\phi}{\partial x}\frac{dx}{dt}+\frac{\partial\phi}{\partial y}\frac{dy}{dt}+\frac{\partial\phi}{\partial z}\frac{dz}{dt}\\&=\frac{\partial\phi}{\partial x}\frac{d}{dt}(x_0+at)+\frac{\partial\phi}{\partial y}\frac{d}{dt}(y_0+bt)+\frac{\partial\phi}{\partial z}\frac{d}{dt}(z_0+ct)\\&=\frac{\partial\phi}{\partial x}a+\frac{\partial\phi}{\partial y}b+\frac{\partial\phi}{\partial z}c=\nabla\phi\cdot\hat{u}\end{aligned} \tag{5.5.2}$$

由 (5.5.2) 式可知方向導數為$\nabla\phi\cdot\hat{u}$，且由向量內積之性質可知

$$\nabla\phi\cdot\hat{u}=|\nabla\phi|\,|\hat{u}|\cos\theta=|\nabla\phi|\cos\theta$$

當$\theta=0^\circ$時，方向導數等於$|\nabla\phi|$，此時為最大值，所以，一純量場之梯度方向乃指該純量場之最大變化率的方向，而其梯度之絕對值即代表該純量場之最大變化率。

範例 1

已知一純量場$\phi(x,y,z)=x^2+2y^2+3z^3$，在點$P_0=(0,1,2)$沿$\vec{a}=(-1,0,1)$之方向導數為何？

解

$$\nabla\phi=\frac{\partial\phi}{\partial x}\hat{i}+\frac{\partial\phi}{\partial y}\hat{j}+\frac{\partial\phi}{\partial z}\hat{k}=2x\hat{i}+4y\hat{j}+9z^2\hat{k}$$

則$\nabla\phi(P_0)=\nabla\phi(x,y,z)\big|_{(0,1,2)}=4\hat{j}+36\hat{k}$

將方向向量予以單位化，可得 $\hat{a}=\frac{\vec{a}}{|\vec{a}|}=\frac{1}{\sqrt{2}}\left(-\hat{i}+\hat{k}\right)$

其方向導數為

$$D_a\phi(P_0)=\nabla\phi(P_0)\cdot\hat{a}=\left(4\hat{j}+36\hat{k}\right)\cdot\left(-\frac{1}{\sqrt{2}}\hat{i}+\frac{1}{\sqrt{2}}\hat{k}\right)=18\sqrt{2}$$

■

範例 2

已知一純量場 $\phi(x,y,z)=x^2-y^2$，試求其在點 (x_0,y_0,z_0) 時，沿 $a\hat{i}+b\hat{j}+c\hat{k}$ 之方向導數為何？

解

$$\begin{aligned}\nabla\phi(x_0,y_0,z_0)\cdot\hat{u}&=\nabla(x^2-y^2)\cdot\frac{a\hat{i}+b\hat{j}+c\hat{k}}{\sqrt{a^2+b^2+c^2}}\\&=\left(2x\hat{i}-2y\hat{j}\right)\Big|_{(x_0,y_0,z_0)}\cdot\frac{a\hat{i}+b\hat{j}+c\hat{k}}{\sqrt{a^2+b^2+c^2}}\\&=\left(2x_0\hat{i}-2y_0\hat{j}\right)\cdot\frac{a\hat{i}+b\hat{j}+c\hat{k}}{\sqrt{a^2+b^2+c^2}}\\&=\frac{2ax_0-2by_0}{\sqrt{a^2+b^2+c^2}}\end{aligned}$$

■

範例 3

試求純量場 $\phi(x,y,z)=x^2+2y^2+3z^3$ 在 $P=(-1,1,2)$ 時之函數增加最快的方向及最大增加率。

解

$$\nabla\phi=\frac{\partial\phi}{\partial x}\hat{i}+\frac{\partial\phi}{\partial y}\hat{j}+\frac{\partial\phi}{\partial z}\hat{k}=(y+z)\hat{i}+(x+z)\hat{j}+(x+y)\hat{k}$$

則 $\nabla\phi(P)=\nabla\phi(x,y,z)\big|_{(-1,1,2)}=3\hat{i}+\hat{j}$，且 $|\nabla\phi|=\sqrt{10}$

故此純量場在點 $P(-1,1,2)$ 處，沿著 $3\hat{i}+\hat{j}$ 方向有最大的增加率，其值為 $\sqrt{10}$。

■

範例 4

試求純量場 $\phi(x,y,z)=\dfrac{1}{\sqrt{x^2+y^2+z^2}}$ 在 $P=(1,1,1)$ 處之函數增加最快的方向及最大增加率。

解

$$\nabla\phi=\frac{\partial\phi}{\partial x}\hat{i}+\frac{\partial\phi}{\partial y}\hat{j}+\frac{\partial\phi}{\partial z}\hat{k}$$
$$=\frac{-x}{\left(x^2+y^2+z^2\right)^{3/2}}\hat{i}+\frac{-y}{\left(x^2+y^2+z^2\right)^{3/2}}\hat{j}+\frac{-z}{\left(x^2+y^2+z^2\right)^{3/2}}\hat{k}$$

則 $\nabla\phi(P)=\nabla\phi(x,y,z)\big|_{(1,1,1)}=-\dfrac{\sqrt{3}}{9}\hat{i}-\dfrac{\sqrt{3}}{9}\hat{j}-\dfrac{\sqrt{3}}{9}\hat{k}$，且 $|\nabla\phi|=\dfrac{1}{3}$

故此純量場在點 $P(1,1,1)$ 處，沿著 $-\dfrac{\sqrt{3}}{9}\hat{i}-\dfrac{\sqrt{3}}{9}\hat{j}-\dfrac{\sqrt{3}}{9}\hat{k}$ 方向有最大的增加率，其值為 $\dfrac{1}{3}$。 ■

類題練習

1. 已知一純量場 $\phi(x,y,z)=x+y+z$，在點 $P_0=(0,1,0)$ 沿 $\vec{a}=(1,2,3)$ 之方向導數為何？

2. 已知一純量場 $\phi(x,y,z)=x^2+2yz$，在點 $P_0=(1,1,2)$ 沿 $\vec{a}=(0,0,1)$ 之方向導數為何？

3. 已知 $\phi=\left(\dfrac{1}{x}\right)-3yz$，點 $P:(1,0,0)$，試求一單位向量，使得純量場 ϕ 於 P 點處沿著該方向時，可獲得最大變化率，並求該變化率之最大值。

4. 已知 $\phi=-2z^2+e^x\cos(y)+x$，點 $P:(0,0,2)$，試求一單位向量，使得純量場 ϕ 於 P 點處沿著該方向時，可獲得最大變化率，並求其變化率之最大值。

試求下列 5 ～ 12 題中純量場 ϕ 沿 $\vec{a}$ 之方向導數。

5. $\phi(x,y,z)=8xy^2+xz$，$\vec{a}=\dfrac{1}{\sqrt{3}}\left(\hat{i}+\hat{j}+\hat{k}\right)$

6. $\phi(x,y,z)=x^2yz^2$，$\vec{a}=2\hat{j}+\hat{k}$

7. $\phi(x,y,z)=\sin(x+y+z)$，$\vec{a}=\hat{i}-\hat{j}+2\hat{k}$

8. $\phi(x,y,z)=\cos(x+y)+e^z$，$\vec{a}=-\hat{i}+\hat{j}+\hat{k}$

9. $\phi(x,y,z)=xy+yz+zx$，$\vec{a}=\hat{i}+3\hat{k}$

10. $\phi(x,y,z)=2x^3y+ze^y$，$\vec{a}=\hat{i}+\hat{j}+2\hat{k}$

11. $\phi(x,y,z)=x^2y-\sin xz$，$\vec{a}=\hat{j}+\hat{k}$

12. $\phi(x,y,z)=\ln(x+y+z)$，$\vec{a}=3\hat{i}+\hat{j}-2\hat{k}$

5-6 散度與旋度

設 $\vec{F}(x,y,z)$ 為可微分之三維向量函數，而 $f_1(x,y,z)$、$f_2(x,y,z)$ 及 $f_3(x,y,z)$ 為 $\vec{F}(x,y,z)$ 之三個分量，亦即 $\vec{F}(x,y,z)=f_1(x,y,z)\hat{i}+f_2(x,y,z)\hat{j}+f_3(x,y,z)\hat{k}$，則 $\vec{F}(x,y,z)$ 之**散度**（divergence）定義為

$$\begin{aligned}\nabla\cdot\vec{F}&=\left(\frac{\partial}{\partial x}\hat{i}+\frac{\partial}{\partial y}\hat{j}+\frac{\partial}{\partial z}\hat{k}\right)\cdot\left(f_1\hat{i}+f_2\hat{j}+f_3\hat{k}\right)\\&=\frac{\partial f_1}{\partial x}+\frac{\partial f_2}{\partial y}+\frac{\partial f_3}{\partial z}\end{aligned}\tag{5.6.1}$$

由 (5.6.1) 式之定義可看出向量場之散度為一純量場。散度常可用以評估氣體或液體流動分散之程度。

除了散度之外，另一個廣泛應用於各工程領域之工具即為**旋度**（curl）。向量函數 $\vec{F}(x,y,z)$ 之旋度定義為

$$\begin{aligned}\nabla\times\vec{F}&=\begin{vmatrix}\hat{i}&\hat{j}&\hat{k}\\\frac{\partial}{\partial x}&\frac{\partial}{\partial y}&\frac{\partial}{\partial z}\\f_1&f_2&f_3\end{vmatrix}\\&=\left(\frac{\partial f_3}{\partial y}-\frac{\partial f_2}{\partial z}\right)\hat{i}+\left(\frac{\partial f_1}{\partial z}-\frac{\partial f_3}{\partial x}\right)\hat{j}+\left(\frac{\partial f_2}{\partial x}-\frac{\partial f_1}{\partial y}\right)\hat{k}\end{aligned}\tag{5.6.2}$$

必須留意的是，旋度的運算結果為一向量，請參考相關範例說明。

範例 1

已知一向量場 $\vec{F}(x,y,z)=x\hat{i}+z\sin y\hat{j}+xe^z\hat{k}$，試求其散度。

解

$$\begin{aligned}\nabla\cdot\vec{F}&=\left(\frac{\partial}{\partial x}\hat{i}+\frac{\partial}{\partial y}\hat{j}+\frac{\partial}{\partial z}\hat{k}\right)\cdot\left(f_1\hat{i}+f_2\hat{j}+f_3\hat{k}\right)\\&=\frac{\partial f_1}{\partial x}+\frac{\partial f_2}{\partial y}+\frac{\partial f_3}{\partial z}\\&=1+z\cos y+xe^z\end{aligned}$$

■

範例 2

已知一電場 $\vec{E}=k\dfrac{x\hat{i}+y\hat{j}+z\hat{k}}{(x^2+y^2+z^2)^{3/2}}$，其中 k 為常數，且已知電荷密度 $\rho=\dfrac{1}{\varepsilon}\nabla\cdot\vec{E}$，試計算在 P 點 $(1,2,3)$ 之電荷密度。

解

由上述之電荷密度公式 $\rho=\dfrac{1}{\varepsilon}\nabla\cdot\vec{E}$，可求得

$$\rho=\frac{k}{\varepsilon}\left[\frac{\partial}{\partial x}\frac{x}{(x^2+y^2+z^2)^{3/2}}+\frac{\partial}{\partial y}\frac{y}{(x^2+y^2+z^2)^{3/2}}+\frac{\partial}{\partial z}\frac{z}{(x^2+y^2+z^2)^{3/2}}\right]=0$$

所以此電場分佈情形係在 $(0,0,0)$ 外之電荷密度皆為零。

■

範例 3

已知一向量場 $\vec{F}(x,y,z)=x^2\hat{i}+y^2\hat{j}+(x+y+z)\hat{k}$，試求其散度 $\nabla\cdot\vec{F}$。

解

$$\begin{aligned}\nabla\cdot\vec{F}&=\nabla\cdot\left(x^2\hat{i}+y^2\hat{j}+(x+y+z)\hat{k}\right)\\&=\frac{\partial}{\partial x}x^2+\frac{\partial}{\partial y}y^2+\frac{\partial}{\partial z}(x+y+z)\\&=2x+2y+1\end{aligned}$$

■

範例 4

已知空間中有一向量場 $\vec{F}=xy\hat{i}+e^z\hat{j}+z\sin x\hat{k}$，試求其在 $(0,0,0)$ 之旋度為何？

解

$$\nabla\times\vec{F}=\begin{vmatrix}\hat{i}&\hat{j}&\hat{k}\\\dfrac{\partial}{\partial x}&\dfrac{\partial}{\partial y}&\dfrac{\partial}{\partial z}\\xy&e^z&z\sin x\end{vmatrix}=-e^z\hat{i}-z\cos x\hat{j}-x\hat{k}$$

則 $\nabla\times\vec{F}(x,y,z)\big|_{(0,0,0)}=-\hat{i}$

■

範例 5

已知一向量場$\vec{F}(x,y,z)=x\hat{i}+y^2\hat{j}+z^3\hat{k}$，試求其旋度$\nabla\times\vec{F}$。

解

$$\nabla\times\vec{F}=\begin{vmatrix}\hat{i} & \hat{j} & \hat{k}\\ \dfrac{\partial}{\partial x} & \dfrac{\partial}{\partial y} & \dfrac{\partial}{\partial z}\\ x & y^2 & z^3\end{vmatrix}=\vec{0}$$

■

範例 6

已知一向量場$\vec{F}(x,y,z)=x\hat{i}+2y\hat{j}+xz\hat{k}$，試求$\nabla\cdot(\nabla\times\vec{F})$。

解

$$\nabla\times\vec{F}=\begin{vmatrix}\hat{i} & \hat{j} & \hat{k}\\ \dfrac{\partial}{\partial x} & \dfrac{\partial}{\partial y} & \dfrac{\partial}{\partial z}\\ x & 2y & xz\end{vmatrix}=-z\hat{j}$$

所以$\nabla\cdot(\nabla\times\vec{F})=\nabla\cdot(-z\hat{j})=\dfrac{\partial}{\partial y}(-z)=0$

■

範例 7

已知一純量場$\phi(x,y,z)=xy^2+3x^2z$，試求$\nabla\times(\nabla\phi)$。

解

$$\nabla\phi=\frac{\partial\phi}{\partial x}\hat{i}+\frac{\partial\phi}{\partial y}\hat{j}+\frac{\partial\phi}{\partial z}\hat{k}=(y^2+6xz)\hat{i}+2xy\hat{j}+3x^2\hat{k}$$

所以$\nabla\times(\nabla\phi)=\begin{vmatrix}\hat{i} & \hat{j} & \hat{k}\\ \dfrac{\partial}{\partial x} & \dfrac{\partial}{\partial y} & \dfrac{\partial}{\partial z}\\ y^2+6xz & 2xy & 3x^2\end{vmatrix}=(-6x+6x)\hat{j}+(2y-2y)\hat{k}=\vec{0}$

此題同時說明函數之梯度具有**非旋轉**（irrotational）特性，亦即若一連續可微分的向量函數恰為一純量函數的梯度，則此梯度之旋度必為零向量。

■

類題練習

1. 假設 $\overrightarrow{F}=2x\hat{i}+2y\hat{j}+2z\hat{k}$，試求 $\nabla\cdot\overrightarrow{F}$。

2. 假設 $\overrightarrow{F}=2xy\hat{i}+e^{2y}\hat{j}+z\hat{k}$，試求 $\nabla\cdot\overrightarrow{F}$。

3. 假設 $\overrightarrow{F}=\cos(xy)\hat{i}-z\hat{j}+(z+2x)\hat{k}$，試求 $\nabla\cdot\overrightarrow{F}$。

4. 假設 $\overrightarrow{F}=\cosh(x)\hat{i}+\sinh(y)\hat{j}-xz\hat{k}$，試求 $\nabla\cdot\overrightarrow{F}$。

5. 假設 $\overrightarrow{F}=xz\hat{i}+yz\hat{j}+xyz\hat{k}$，試驗證 $\nabla\cdot(\nabla\times\overrightarrow{F})=0$。

6. 假設 $\overrightarrow{F}=e^{z}\hat{i}-yz\hat{j}+2x\hat{k}$，試驗證 $\nabla\cdot(\nabla\times\overrightarrow{F})=0$。

7. 假設 $\phi=\sin(x+y+z)$，試驗證 $\nabla\times(\nabla\phi)=\vec{0}$。

8. 假設 $\phi=3x+2yz+e^{z}$，試驗證 $\nabla\times(\nabla\phi)=\vec{0}$。

9. 已知 $\overrightarrow{F}=x\hat{i}+2y\hat{j}+3z\hat{k}$，試求其旋度 $\nabla\times\overrightarrow{F}$。

10. 已知 $\overrightarrow{F}=2xy\hat{i}+xe^{y}\hat{j}+z\hat{k}$，試求其旋度 $\nabla\times\overrightarrow{F}$。

11. 已知 $\overrightarrow{F}=\sinh(x-z)\hat{i}+3y\hat{j}+(z-y^{2})\hat{k}$，試求其旋度 $\nabla\times\overrightarrow{F}$。

12. 假設 $\overrightarrow{F}=xyz\hat{i}+xy^{2}\hat{j}+z\hat{k}$，試求 $\nabla\times(\nabla\times\overrightarrow{F})$。

13. 假設 $\phi=x+e^{yz}$，試求 $\nabla\cdot(\nabla\phi)$。

chapter

6 向量積分

6-1 線積分

於微積分之問題探討中，定積分之計算係沿著 x 軸對一純量函數積分，而向量函數之線積分則是沿著平面或空間中一曲線 C 對向量函數積分，今由前一章可知，曲線 C 可用 $\vec{r}(t)$ 表示，於是向量函數 $\vec{F}$ 沿曲線 C 之線積分可定義為

$$\int_C \vec{F} \cdot d\vec{r} = \int_a^b \vec{F} \cdot \frac{d\vec{r}}{dt} dt \tag{6.1.1}$$

式中的 a 與 b 分別代表積分路徑之起點與終點所對應之值。

此時若假設 $\vec{F}$ 為區域 D 中之向量場，且存在 ϕ 為 D 中之單值且有連續偏導數之純量，同時滿足

$$\vec{F} = \nabla \phi \tag{6.1.2}$$

則此向量場 $\vec{F}$ 稱為保守場，ϕ 為 $\vec{F}$ 的純量。

至若擬判斷一向量場 $\vec{F}$ 是否為保守場時，則可使用旋度判斷，說明如下。已知 $\vec{F}=\nabla\phi$，則：

$$\vec{F}=\frac{\partial\phi}{\partial x}\hat{i}+\frac{\partial\phi}{\partial y}\hat{j}+\frac{\partial\phi}{\partial z}\hat{k} \tag{6.1.3}$$

且 $\vec{F}$ 之旋度計算如下

$$\nabla\times\vec{F}=\begin{vmatrix}\hat{i} & \hat{j} & \hat{k}\\ \frac{\partial}{\partial x} & \frac{\partial}{\partial y} & \frac{\partial}{\partial z}\\ \frac{\partial\phi}{\partial x} & \frac{\partial\phi}{\partial y} & \frac{\partial\phi}{\partial z}\end{vmatrix}$$

$$=(\frac{\partial^2\phi}{\partial y\partial z}-\frac{\partial^2\phi}{\partial z\partial y})\hat{i}+(\frac{\partial^2\phi}{\partial z\partial x}-\frac{\partial^2\phi}{\partial x\partial z})\hat{j}+(\frac{\partial^2\phi}{\partial x\partial y}-\frac{\partial^2\phi}{\partial y\partial x})\hat{k} \tag{6.1.4}$$

若 $\vec{F}$ 之一階導數為連續，則它的偏微分之次序並不影響結果，即

$$\frac{\partial^2\phi}{\partial x\partial y}=\frac{\partial^2\phi}{\partial y\partial x}$$

$$\frac{\partial^2\phi}{\partial y\partial z}=\frac{\partial^2\phi}{\partial z\partial y}$$

$$\frac{\partial^2\phi}{\partial x\partial z}=\frac{\partial^2\phi}{\partial z\partial x}$$

將上面三式代入 (6.1.4) 式中，可得

$$\nabla\times\vec{F}=\vec{0} \tag{6.1.5}$$

於是可知，(6.1.5) 式確可作為一個簡易判斷 $\vec{F}$ 是否為保守場之方法。

換言之，現若已知 $\vec{F}$ 為保守場時，則將存在一純量 ϕ，使得 $\vec{F}=\nabla\phi$，所以 $\vec{F}$ 從 (x_1,y_1,z_1) 到 (x_2,y_2,z_2) 沿路徑 C 的線積分便可計算如下

$$\int_C\vec{F}\cdot d\vec{r}=\int_C\nabla\phi\cdot d\vec{r} \tag{6.1.6}$$

再將 (5.4.6) 式的結果 $\nabla\phi\cdot d\vec{r}(t)=d\phi$ 代入上式，於是可得

$$\int_C \vec{F}\cdot d\vec{r} = \int_{(x_1,y_1,z_1)}^{(x_2,y_2,z_2)} d\phi = \phi(x_2,y_2,z_2) - \phi(x_1,y_1,z_1) \tag{6.1.7}$$

此時由 (6.1.7) 式可看出，保守場的線積分與路徑無關，只與積分路徑的起點及終點有關，又若路徑 C 為一個封閉路徑，而且起點與終點均為同一點時，則該線積分之值為 0。

$$\oint_C \vec{F}\cdot d\vec{r} = 0 \tag{6.1.8}$$

範例 1

已知向量函數 $\vec{F} = -y\hat{i} + xy\hat{j}$，$C$ 為圖 6.1.1 所示之積分路徑，試求 $\int_C \vec{F}\cdot d\vec{r}$。

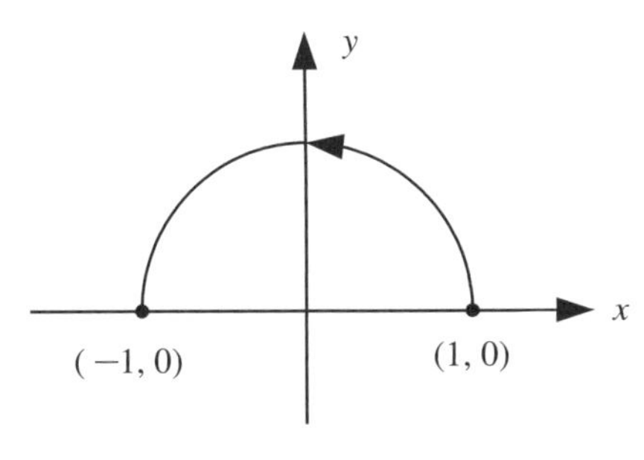

圖 6.1.1

解

因積分路徑為一半圓

$$\vec{r}(t) = \cos t\hat{i} + \sin t\hat{j}，\ 0 \le t \le \pi$$

則

$$\int_C \vec{F}\cdot d\vec{r} = \int_0^{\pi} (-\sin t\hat{i} + \cos t\sin t\hat{j})\cdot \frac{d}{dt}(\cos t\hat{i} + \sin t\hat{j})dt$$

$$= \int_0^{\pi} (-\sin t\hat{i} + \cos t\sin t\hat{j})\cdot(-\sin t\hat{i} + \cos t\hat{j})dt$$

$$= \int_0^{\pi} \left(\sin^2 t + \cos^2 t\sin t\right)dt$$

$$= \frac{\pi}{2} + \frac{2}{3}$$

■

範例 2

已知向量函數 $\overrightarrow{F}=x^2\hat{i}+xy\hat{j}$，且積分路徑 c 如圖 6.1.2 所示，試求其線積分 $\int_c \overrightarrow{F}\cdot d\vec{r}$。

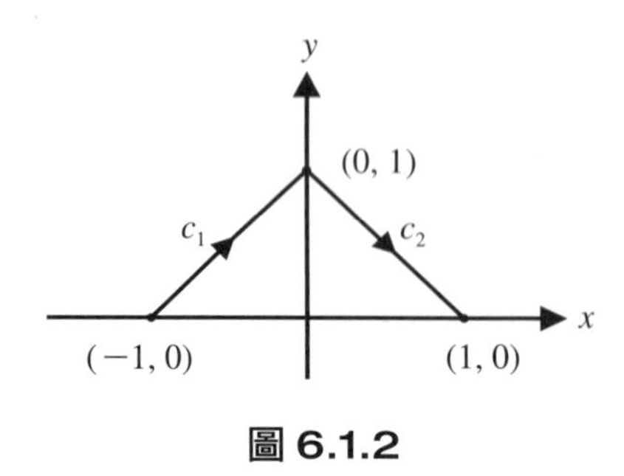

圖 6.1.2

解

首先將路徑 c 分為兩段 c_1 及 c_2，

其中，c_1 為 $(-1,0)$ 至 $(0,1)$ 之線段，而 c_2 為 $(0,1)$ 至 $(1,0)$ 之線段。

(i) c_1 之位置向量：$\vec{r}(t)=t\hat{i}+(t+1)\hat{j}$，$-1\le t\le 0$

$$\frac{d\vec{r}}{dt}=\hat{i}+\hat{j}$$

$$\vec{F}=x^2\hat{i}+xy\hat{j}=t^2\hat{i}+t(t+1)\hat{j}=t^2\hat{i}+(t^2+t)\hat{j}$$

$$\therefore \int_{c_1}\vec{F}\cdot d\vec{r}=\int_{-1}^{0}\vec{F}\cdot\frac{d\vec{r}}{dt}dt$$

$$=\int_{-1}^{0}\left[t^2\hat{i}+(t^2+t)\hat{j}\right]\cdot\left(\hat{i}+\hat{j}\right)dt$$

$$=\int_{-1}^{0}\left(2t^2+t\right)dt$$

$$=\frac{1}{6}$$

(ii) c_2之位置向量：$\vec{r}(t)=t\hat{i}+(-t+1)\hat{j}$，$0\le t\le 1$

$$\frac{d\vec{r}}{dt}=\hat{i}-\hat{j}$$

$$\vec{F}=x^2\hat{i}+xy\hat{j}=t^2\hat{i}+t(-t+1)\hat{j}=t^2\hat{i}+(-t^2+t)\hat{j}$$

$$\therefore\ \int_{c_2}\vec{F}\cdot d\vec{r}=\int_{-1}^{0}\vec{F}\cdot\frac{d\vec{r}}{dt}dt$$

$$=\int_0^1\left[t^2\hat{i}+(-t^2+t)\hat{j}\right]\cdot\left(\hat{i}-\hat{j}\right)dt$$

$$=\int_0^1 2t^2-tdt$$

$$=\frac{1}{6}$$

$$\therefore\ \int_c\vec{F}\cdot d\vec{r}=\int_{c1}\vec{F}\cdot d\vec{r}+\int_{c2}\vec{F}\cdot d\vec{r}$$

$$=\frac{1}{6}+\frac{1}{6}$$

$$=\frac{1}{3}$$

■

範例 3

已知一靜電場$\vec{E}=E\hat{k}$，其中E為常數，試求將一電荷量q之電荷，沿直線自原點至P點(x_0,y_0,z_0)移動所需之功。

解

自原點至P點(x_0,y_0,z_0)之直線C，可表為

$$\vec{r}(t)=x_0t\hat{i}+y_0t\hat{j}+z_0t\hat{k}，0\le t\le 1$$

則做功

$$W=\int_C\vec{F}\cdot d\vec{r}=\int_0^1 q\vec{E}\cdot\frac{d\vec{r}}{dt}dt=qEz_0$$

■

範例 4

同上題，但將路徑改為三段直線，C_1 為點 $(0,0,0)$ 至 $(x_0,0,0)$ 之直線，C_2 為點 $(x_0,0,0)$ 至 $(x_0,y_0,0)$ 之直線，C_3 為點 $(x_0,y_0,0)$ 至 (x_0,y_0,z_0) 之直線。

解

$C_1 : \vec{r}_1(t) = x_0 t\hat{i}$，$0 \le t \le 1$

$$W_1 = \int_{C_1} \vec{F} \cdot d\vec{r}_1 = \int_0^1 q\vec{E} \cdot \frac{d\vec{r}_1}{dt} dt = 0$$

$C_2 : \vec{r}_2(t) = x_0\hat{i} + y_0 t\hat{j}$，$0 \le t \le 1$

$$W_2 = \int_{C_2} \vec{F} \cdot d\vec{r}_2 = 0$$

$C_3 : \vec{r}_3(t) = x_0\hat{i} + y_0\hat{j} + z_0 t\hat{k}$，$0 \le t \le 1$

$$W_3 = \int_{C_3} \vec{F} \cdot d\vec{r}_3 = qEz_0$$

$$W = W_1 + W_2 + W_3 = qEz_0$$

■

範例 5

若 $\vec{F} = E\hat{k}$，其中 E 為常數，試判斷 $\vec{F}$ 是否為保守場？

解

$$\nabla \times \vec{F} = \begin{vmatrix} \hat{i} & \hat{j} & \hat{k} \\ \dfrac{\partial}{\partial x} & \dfrac{\partial}{\partial y} & \dfrac{\partial}{\partial z} \\ 0 & 0 & E \end{vmatrix} = \vec{0}$$

$\therefore$ $\vec{F} = E\hat{k}$ 為保守場，其線積分與積分路徑無關。

■

範例 6

若 $\vec{F} = (y^2 \cos x + z^3)\hat{i} + (2y\sin x - 4)\hat{j} + (3xz^2 + 2)\hat{k}$，試求 $\oint_C \vec{F} \cdot d\vec{r}$，且已知路徑 C 為逆時針之單位圓。

解

$$\nabla\times\vec{F}=\begin{vmatrix}\hat{i} & \hat{j} & \hat{k}\\ \dfrac{\partial}{\partial x} & \dfrac{\partial}{\partial y} & \dfrac{\partial}{\partial z}\\ y^2\cos x+z^3 & 2y\sin x-4 & 3xz^2+2\end{vmatrix}$$

$$=(-3z^2+3z^2)\hat{j}+(2y\cos x-2y\cos x)\hat{k}=\vec{0}$$

$\vec{F}=(y^2\cos x+z^3)\hat{i}+(2y\sin x-4)\hat{j}+(3xz^2+2)\hat{k}$ 為保守場。

$\therefore \oint_C \vec{F}\cdot d\vec{r}=0$

■

範例 7

若 $\vec{F}=x\hat{i}+y\hat{j}+z\hat{k}$ ，試判斷 $\vec{F}$ 是否為保守場？若是保守場，試求其純量 ϕ 。

解

$$\nabla\times\vec{F}=\begin{vmatrix}\hat{i} & \hat{j} & \hat{k}\\ \dfrac{\partial}{\partial x} & \dfrac{\partial}{\partial y} & \dfrac{\partial}{\partial z}\\ x & y & z\end{vmatrix}=\vec{0}$$

$\therefore \vec{F}=x\hat{i}+y\hat{j}+z\hat{k}$ 為保守場。

已知 $\vec{F}=\nabla\phi$ ，所以

$$\begin{cases}\dfrac{\partial\phi}{\partial x}=x\\ \dfrac{\partial\phi}{\partial y}=y\\ \dfrac{\partial\phi}{\partial z}=z\end{cases}\Rightarrow\begin{cases}\phi=\dfrac{1}{2}x^2+f_1(y,z)\\ \phi=\dfrac{1}{2}y^2+f_2(x,z)\\ \phi=\dfrac{1}{2}z^2+f_3(x,y)\end{cases}$$

所以，純量 $\phi(x,y,z)=\dfrac{1}{2}x^2+\dfrac{1}{2}y^2+\dfrac{1}{2}z^2+c$ 。

■

類題練習

1. 已知$\vec{F}=x\hat{i}+y\hat{j}+z\hat{k}$，曲線$C:x=t$，$y=t^2$，$z=t^3$，$t=1$至$t=2$，試求線積分$\int_C \vec{F}\cdot d\vec{r}$。

2. 已知$\vec{F}=xy\hat{i}+z\hat{j}$，曲線$C:x=t$，$y=2t$，$z=1-t$，$t=0$至$t=1$，試求線積分$\int_C \vec{F}\cdot d\vec{r}$。

3. 已知$\vec{F}=\sin(xy)\hat{j}$，曲線$C:x=1$，$y=t$，$z=t^2$，$t=\dfrac{\pi}{2}$至$t=\dfrac{3\pi}{2}$，試求線積分$\int_C \vec{F}\cdot d\vec{r}$。

4. 已知$\vec{F}=\cos(xy)\hat{i}+2y\hat{k}$，曲線$C:x=t$，$y=2\pi$，$z=2t^2$，$t=1$至$t=2$，試求線積分$\int_C \vec{F}\cdot d\vec{r}$。

5. 已知$\vec{F}=e^x\hat{i}+ze^y\hat{j}$，曲線$C:x=1$，$y=t$，$z=(t-1)$，$t=0$至$t=1$，試求線積分$\int_C \vec{F}\cdot d\vec{r}$。

6. 已知$\vec{F}=xe^x\hat{i}+z\hat{k}$，曲線$C:x=t$，$y=1$，$z=1-t$，$t=1$至$t=2$，試求線積分$\int_C \vec{F}\cdot d\vec{r}$。

7. 已知$\vec{F}=x^3\hat{i}-2z\hat{j}+xy\hat{k}$，曲線$C:x=t^2$，$y=\sqrt{t}$，$z=2\sqrt{t}$，$t=2$至$t=4$，試求線積分$\int_C \vec{F}\cdot d\vec{r}$。

8. 已知$\vec{F}=3x^2\hat{j}-2yz\hat{k}$，曲線$C:x=1-t$，$y=1+t$，$z=2t$，$t=1$至$t=2$，試求線積分$\int_C \vec{F}\cdot d\vec{r}$。

9. 已知$\vec{F}=8xz\hat{i}+2y\hat{j}$，曲線$C:x=\cos(t)$，$y=\sin(t)$，$z=t$，$t=0$至$t=2\pi$，試求$\vec{F}$沿著$C$所做的功。

10. 已知$\vec{F}=x\hat{i}+2y\hat{j}+3z\hat{k}$，且$\vec{F}$為連續可微分函數，試計算由點$A(1,1,1)$至$B(1,2,-1)$之線積分。

11. 已知$\vec{F}=(xy+3)\hat{i}+(\frac{1}{2}x^2-3z)\hat{j}-3y\hat{k}$，且$\vec{F}$為連續可微分函數，試計算由點$A(0,1,-1)$至$B(1,2,-3)$之線積分。

12. 已知$\vec{F}=x^2\hat{i}+y^2\hat{j}+z^2\hat{k}$，曲線$C$為逆時針單位圓，試計算線積分$\oint_C \vec{F}\cdot d\vec{r}$。

13. 已知$\vec{F}=e^x\hat{i}+\sin y\hat{j}+z^5\hat{k}$，曲線$C$為任意封閉路徑，試計算線積分$\oint_C \vec{F}\cdot d\vec{r}$。

6-2 面積分

在本節討論面積分之前，我們需先討論二重積分，首先考慮在 $x-y$ 平面上，對雙變數函數 $f(x,y)$ 在區域 R_{xy} 的二重積分可寫為

$$\iint_{R_{xy}} f(x,y)dxdy \tag{6.2.1}$$

若假設區域 R_{xy} 如圖 6.2.1 所示，此區域在 y 方向介於 $g_2(x)$ 與 $g_1(x)$ 之間，在 x 方向介於 a 與 b 之間，則 (6.2.1) 式可寫為

$$\iint_{R_{xy}} f(x,y)dxdy = \int_a^b \int_{g_2(x)}^{g_1(x)} f(x,y)dydx \tag{6.2.2}$$

在此需注意的是，(6.2.1) 式中的 dx 與 dy 並無次序問題，但是在 (6.2.2) 式中，則需注意 dx 與 dy 的次序。

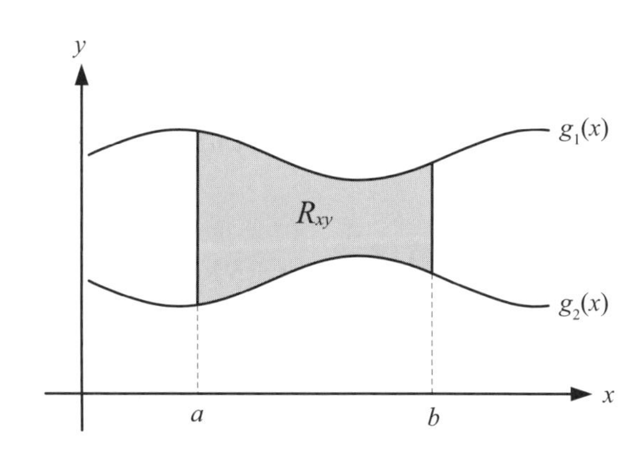

圖 6.2.1 積分區域 R_{xy}

範例 1

假設 $f(x,y)=x+y$，R_{xy} 如圖 6.2.2 所示，試求 $\iint_{R_{xy}} f(x,y)dxdy$。

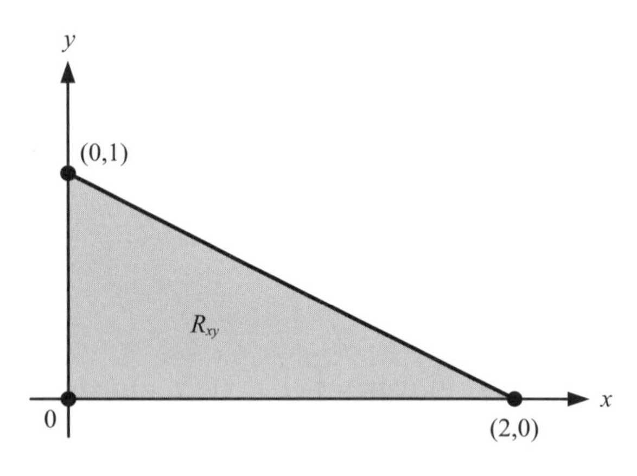

圖 6.2.2　積分區域 R_{xy}

解

由 (6.2.2) 式可知

$$\iint_{R_{xy}} f(x,y)dxdy=\int_a^b\int_{g_2(x)}^{g_1(x)} f(x,y)dydx$$

$$=\int_0^2\int_0^{-\frac{1}{2}x+1}(x+y)dydx$$

$$=\int_0^2\left(xy+\frac{1}{2}y^2\Big|_0^{-\frac{1}{2}x+1}\right)dx$$

$$=\int_0^2\left(-\frac{3}{8}x^2+\frac{1}{2}x+\frac{1}{2}\right)dx$$

$$=-\frac{1}{8}x^3+\frac{1}{4}x^2+\frac{1}{2}x\Big|_0^2$$

$$=1$$

■

範例 2

假設 $f(x,y)=xy$，R_{xy} 如圖 6.2.3 所示，試求 $\iint_{R_{xy}} f(x,y)dxdy$。

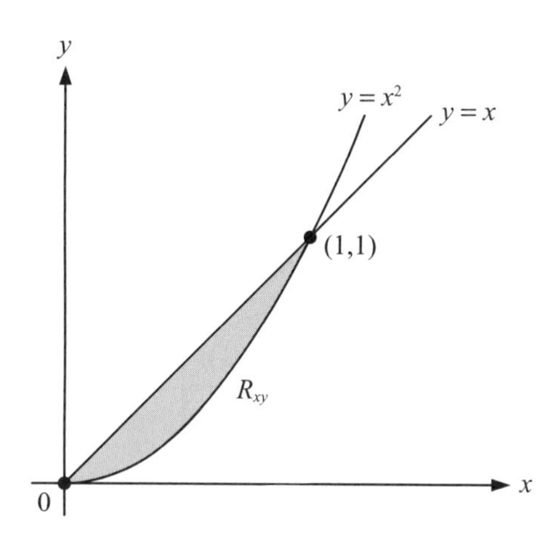

圖 6.2.3 積分區域 R_{xy}

解

由 (6.2.2) 式可知

$$\begin{aligned}\iint_{R_{xy}} f(x,y)dxdy &= \int_a^b \int_{g_2(x)}^{g_1(x)} f(x,y)dydx \\ &= \int_0^1 \int_{x^2}^{x} xydydx \\ &= \int_0^1 \left(\frac{1}{2}xy^2 \Big|_{x^2}^{x} \right) dx \\ &= \frac{1}{2}\int_0^1 (x^3 - x^5)\,dx \\ &= \frac{1}{2}\left(\frac{1}{4}x^4 - \frac{1}{6}x^6 \Big|_0^1 \right) \\ &= \frac{1}{24}\end{aligned}$$

■

在討論面積分之前，需先討論空間曲面的表示方法，其中一種方法就是參數式，而如同前一節所討論之空間曲線參數式 $\vec{r}(t)$ ，因為此時曲線屬於二維空間，因此其參數式含有兩個自變數，並可表示如下：

$$\vec{r}(u,v) = x(u,v)\hat{i} + y(u,v)\hat{j} + z(u,v)\hat{k} \tag{6.2.3}$$

除了曲面表示法之外，在計算面積分時，亦會用到曲面之法向量，若曲面使用參數式 $\vec{r}(u,v)$ 表示，則其單位法向量為：

$$\hat{n} = \pm \frac{\dfrac{\partial \vec{r}}{\partial u} \times \dfrac{\partial \vec{r}}{\partial v}}{\left| \dfrac{\partial \vec{r}}{\partial u} \times \dfrac{\partial \vec{r}}{\partial v} \right|} \tag{6.2.4}$$

曲面另外一種常用之函數表示法為 $\phi(x,y,z)=0$ ，惟若曲面使用此種表示法時，則其單位法向量如前一章之討論，列式如下：

$$\hat{n} = \pm \frac{\nabla \phi}{|\nabla \phi|} \tag{6.2.5}$$

所以當空間中有一片段平滑的曲面 S，且其具有單位法向量 $\hat{n}$ 時，則向量函數 $\overrightarrow{F}$ 對此曲面之面積分便可如下式加以計算：

$$\iint_S \vec{F} \cdot \hat{n} dA \tag{6.2.6}$$

(6.2.6) 式中的 dA 為一微量面積，如圖 6.2.4 所示，若曲面使用參數式 $\vec{r}(u,v)$ ，則可計算如下：

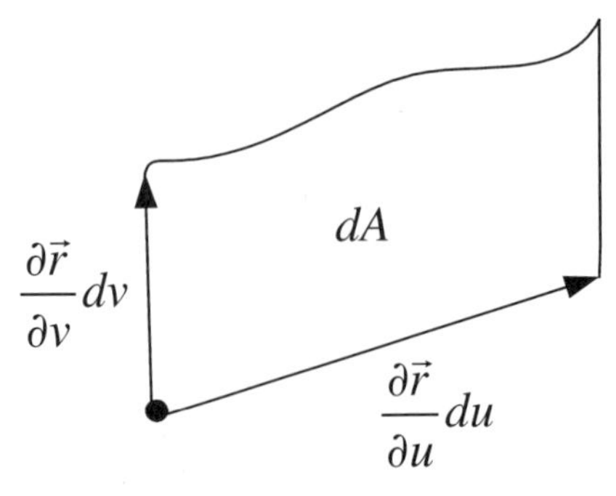

圖 6.2.4　微量面積

$$dA = \left|\frac{\partial \vec{r}}{\partial u} \times \frac{\partial \vec{r}}{\partial v}\right| dudv \tag{6.2.7}$$

此時若將此微量面積轉換至 $x-y$ 平面，則需乘上一個因子

$$dA = \frac{1}{\left|\hat{n}\cdot\hat{k}\right|} dxdy \tag{6.2.8}$$

同理，若將此微量面積轉換至 $x-z$ 平面，則

$$dA = \frac{1}{\left|\hat{n}\cdot\hat{j}\right|} dxdz \tag{6.2.9}$$

或若將其轉換至 $y-z$ 平面，則

$$dA = \frac{1}{\left|\hat{n}\cdot\hat{i}\right|} dydz \tag{6.2.10}$$

所以在 (6.2.6) 式的面積分中，可分別將其轉換為 $x-y$ 平面、 $x-z$ 平面或 $y-z$ 平面的二重積分如下：

$$\iint_S \vec{F}\cdot\hat{n}dA = \iint_{R_{xy}} \frac{\vec{F}\cdot\hat{n}}{|\hat{n}\cdot\hat{k}|} dxdy \tag{6.2.11}$$

$$\iint_S \vec{F}\cdot\hat{n}dA = \iint_{R_{xz}} \frac{\vec{F}\cdot\hat{n}}{|\hat{n}\cdot\hat{j}|} dxdz \tag{6.2.12}$$

$$\iint_S \vec{F}\cdot\hat{n}dA = \iint_{R_{yz}} \frac{\vec{F}\cdot\hat{n}}{|\hat{n}\cdot\hat{i}|} dydz \tag{6.2.13}$$

其中 R_{xy} 、 R_{xz} 及 R_{yz} 分別為原曲面 S 投影至 $x-y$ 平面、 $x-z$ 平面及 $y-z$ 平面的區域。

在下述的範例 3 及範例 4，本書將先介紹球面及圓柱面之參數式，而在範例 5 及範例 6 則分別舉出面積分之計算步驟，讀者亦可輔以類題練習，進而更為熟練。

範例 3

有一球半徑為 R，如圖 6.2.5 所示，試寫出球面之參數式，並假設圓心在原點。

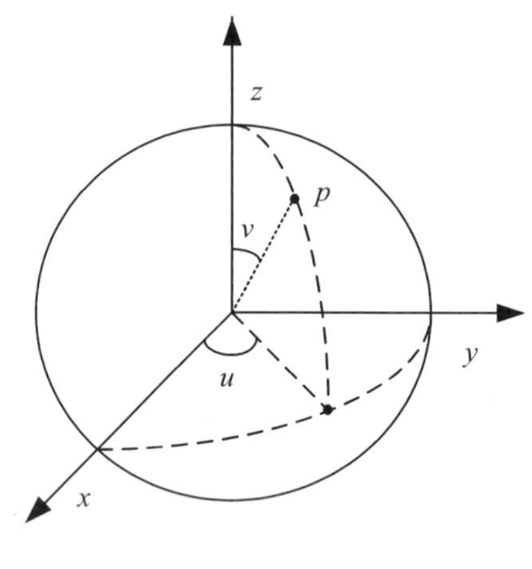

圖 6.2.5

解

由圖 6.2.5 中可知 P 點座標為 $\begin{cases} x = R\sin v\cos u \\ y = R\sin v\sin u \\ z = R\cos v \end{cases}$

$\therefore \vec{r}(u,v) = R\sin v\cos u\hat{i} + R\sin v\sin u\hat{j} + R\cos v\hat{k}$

其中 $0 \le u \le 2\pi$，$0 \le v \le \pi$。

■

範例 4

如圖 6.2.6 所示之圓柱面，試寫出其參數式。

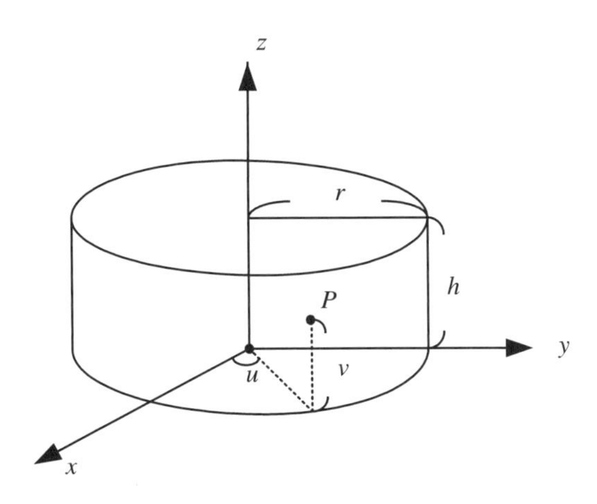

圖 6.2.6

解

由圖 6.2.6 中可知 P 點座標為 $\begin{cases} x = r\cos u \\ y = r\sin u \\ z = v \end{cases}$

$\therefore \vec{r}(u,v) = r\cos u\hat{i} + r\sin u\hat{j} + v\hat{k}$

其中 $0 \le u \le 2\pi$ ，$0 \le v \le \pi$ 。

■

範例 5

如圖 6.2.7 所示，已知 $\vec{F}(x,y,z)=18z\hat{i}-12\hat{j}+3y\hat{k}$，曲面 S：$2x+3y+6z=12$，$x>0$，$y>0$，$z>0$，試求 $\iint_S \vec{F}\cdot\hat{n}dA$。

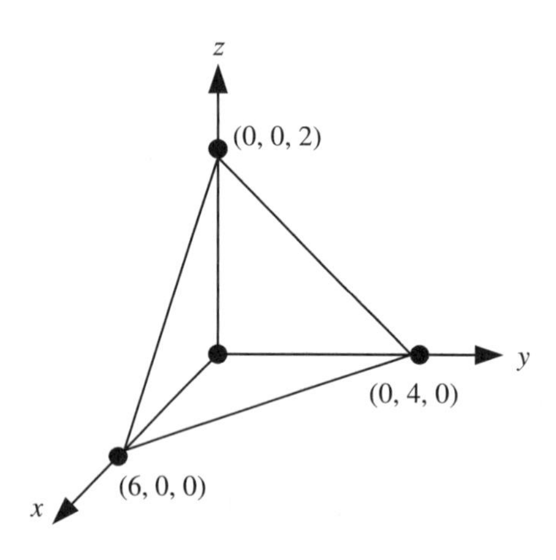

圖 6.2.7

解

令 $\phi(x,y,z)=2x+3y+6z-12$

$$\nabla\phi=\hat{i}\frac{\partial}{\partial x}\phi+\hat{j}\frac{\partial}{\partial y}\phi+\hat{k}\frac{\partial}{\partial z}\phi=2\hat{i}+3\hat{j}+6\hat{k}$$

由 (6.2.5) 式可知 $\hat{n}=\pm\frac{\nabla\phi}{|\nabla\phi|}$

$$\therefore\ \hat{n}=\frac{2\hat{i}+3\hat{j}+6\hat{k}}{\sqrt{2^2+3^2+6^2}}=\frac{2}{7}\hat{i}+\frac{3}{7}\hat{j}+\frac{6}{7}\hat{k}$$

再由 (6.2.8) 式可知

$$dA=\frac{1}{\left|\hat{n}\cdot\hat{k}\right|}dxdy=\frac{7}{6}dxdy$$

$$\therefore \iint_S \vec{F}\cdot\hat{n}dA = \iint_{R_{xy}} \left(18z\hat{i} - 12\hat{j} + 3y\hat{k}\right)\cdot\frac{1}{6}\left(2\hat{i} + 3\hat{j} + 6\hat{k}\right)dxdy$$

$$= \iint_{R_{xy}} (6z - 6 + 3y)dxdy$$

$$= \iint_{R_{xy}} (6 - 2x)dxdy$$

$$= \int_{x=0}^{6}\int_{y=0}^{-2x/3+4} (6-2x)dxdy$$

$$= \int_0^6 \left(\frac{4}{3}x^2 - 12x + 24\right)dx$$

$$= 24$$

■

範例 6

已知 $\vec{F} = y\hat{i} + x\hat{j} + x^2z\hat{k}$，曲面 S 為在第一象限的圓柱面，其半徑為1，高度為1，如圖6.2.8所示，試求 $\iint_S \vec{F}\cdot\hat{n}dA$。

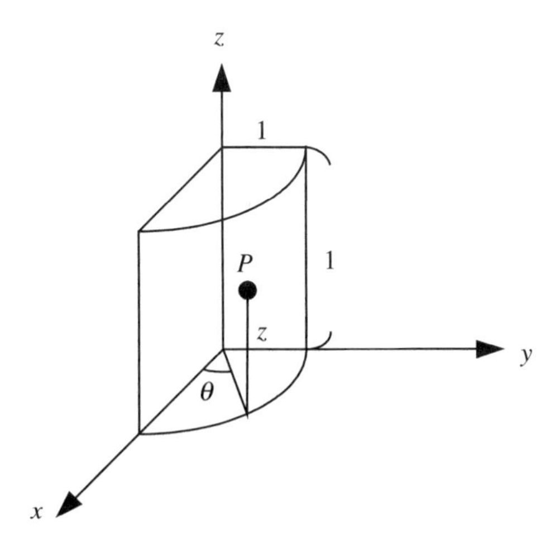

圖 6.2.8

解

由於曲面 S 為圓柱形，故利用圓柱座標

$$x = \cos\theta$$

$$y = \sin\theta$$

$$z = z$$

則 $\vec{F} = \sin\theta\hat{i} + \cos\theta\hat{j} + z\cos^2\theta\hat{k}$

曲面 S 參數式 $\vec{r}(\theta, z) = \cos\theta\hat{i} + \sin\theta\hat{j} + z\hat{k}$，$0 \le \theta \le \dfrac{\pi}{2}$，$0 \le z \le 1$

又

$$\frac{\partial\vec{r}}{\partial\theta} = -\sin\theta\hat{i} + \cos\theta\hat{j}$$

$$\frac{\partial\vec{r}}{\partial z} = \hat{k}$$

$$\frac{\partial\vec{r}}{\partial\theta} \times \frac{\partial\vec{r}}{\partial z} = \cos\theta\hat{i} + \sin\theta\hat{j}\ ,$$

而由 (6.2.4) 式可知

$$\hat{n} = \frac{1}{\left|\dfrac{\partial\vec{r}}{\partial\theta} \times \dfrac{\partial\vec{r}}{\partial z}\right|} \cdot (\cos\theta\hat{i} + \sin\theta\hat{j}) = \cos\theta\hat{i} + \sin\theta\hat{j}$$

再由 (6.2.7) 式可計算如下

$$dA = \left|\frac{\partial\vec{r}}{\partial\theta} \times \frac{\partial\vec{r}}{\partial z}\right| d\theta dz = d\theta dz$$

$$\therefore \iint_S \vec{F} \cdot \hat{n} dA = \int_{z=0}^{1} \int_{\theta=0}^{\pi/2} 2\sin\theta\cos\theta d\theta dz = 1$$

■

類題練習

1. 假設 $f(x,y)=2x^2y$，積分區域 R_{xy} 為 $(0,0)$、$(5,0)$ 及 $(0,10)$ 所圍成之三角形，試求 $\iint_{R_{xy}} f(x,y)dxdy$。

2. 假設 $\vec{F}=2x\hat{i}+y\hat{j}+z\hat{k}$，曲面 $S: z=x-2y$，$0\le x\le 1$，$0\le y\le 2$，試求 $\iint_s \vec{F}\cdot\hat{n}dA$。

3. 假設 $\vec{F}=18z\hat{i}-12\hat{j}+3y\hat{k}$，曲面 $S: 2x+3y+6z=12$，$0\le x\le 6$，$0\le y\le 4$，$0\le z\le 2$，試求 $\iint_s \vec{F}\cdot\hat{n}dA$。

4. 假設 $\vec{F}=y\hat{i}-z\hat{k}$，曲面 $S: z=x^2+y^2$，$x^2+y^2\le 4$，試求 $\iint_s \vec{F}\cdot\hat{n}dA$。

5. 假設 $\vec{F}=xyz\hat{i}-2\hat{j}+\hat{k}$，曲面 $S: z=\sqrt{x^2+y^2}$，$x^2+y^2\le 1$，試求 $\iint_s \vec{F}\cdot\hat{n}dA$。

6. 假設 $\vec{F}=z^2\hat{k}$，曲面 $S: (1-z)^2=x^2+y^2$，$x^2+y^2\le 1$，試求 $\iint_s \vec{F}\cdot\hat{n}dA$。

試求下列 7 ～ 9 題之面積分 $\iint_s \vec{F}\cdot\hat{n}dA$。

7. $\vec{F}=3x^2\hat{i}+y^2\hat{j}$；$S: \vec{r}(u,v)=u\hat{i}+v\hat{j}+2u\hat{k}$，$0\le u\le 2$，$0\le v\le 1$。

8. $\vec{F}=x\hat{i}+e^y\hat{j}+2\hat{k}$；$S: x+y+z-1=0$，$x\ge 0$，$y\ge 0$，$z\ge 0$，方向向上。

9. $\vec{F}=(x-z)\hat{i}+(y-x)\hat{j}+(z-y)\hat{k}$；$s: \vec{r}(u,v)=\hat{i}u\cos v+\hat{j}u\sin v+\hat{k}u$，$0\le u\le 3$，$0\le v\le 2\pi$。

6-3 體積分

若純量函數 $\phi(x, y, z)$ 在空間 D 中為單值函數，則 ϕ 在 D 中的體積分為

$$\iiint_D \phi dV \tag{6.3.1}$$

其中 dV 代表一微量體積，若採用 $x-y-z$ 直角座標，則

$$dV = dxdydz \tag{6.3.2}$$

若採用其他座標 $\vec{r} = \vec{r}(u, v, w)$ ，則

$$dV = \left| \frac{\partial \vec{r}}{\partial u} \cdot \left(\frac{\partial \vec{r}}{\partial v} \times \frac{\partial \vec{r}}{\partial w} \right) \right| dudvdw \tag{6.3.3}$$

範例 1

已知 $\phi = xy + e^z$ ，空間 D 為長方體，如圖 6.3.1 所示，試求其體積分 $\iiint_D \phi dV$ 。

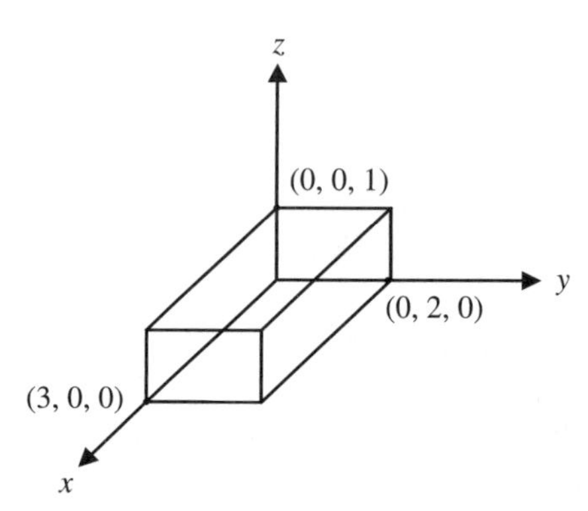

圖 6.3.1

解

$$\iiint_D \phi dv = \int_0^3 \int_0^2 \int_0^1 \left(xy + e^z\right) dzdydx$$

$$= \int_0^3 \int_0^2 \left(xyz + e^z\right)\Big|_{z=0}^{1} dydx$$

$$= \int_0^3 \int_0^2 (xy + e - 1)\, dydx$$

$$= \int_0^3 \left[\frac{1}{2}xy^2 + (e-1)y\right]\Bigg|_{y=0}^{2} dx$$

$$= \int_0^3 \left[2x + 2(e-1)\right] dx$$

$$= \left[x^2 + 2(e-1)x\right]\Big|_0^3$$

$$= 9 + 6(e-1)$$

$$= 6e + 3$$

■

範例 2

已知$\varphi = \dfrac{1}{x^2+y^2+z^2}$，空間$D$為$x^2+y^2+z^2=9$與$x^2+y^2+z^2=36$所圍區域，試求$\iiint_D \varphi dV$。

解

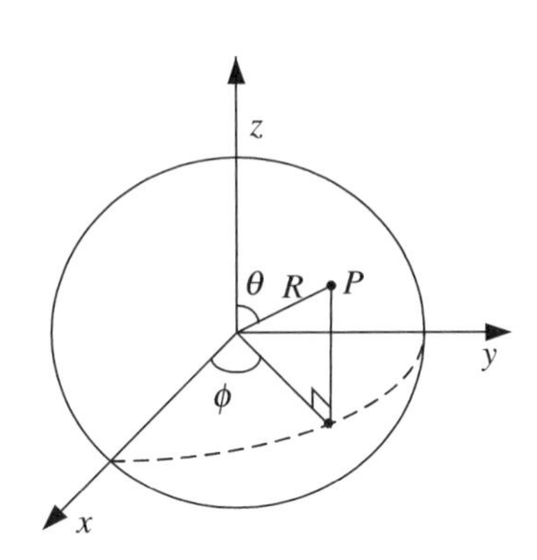

圖 6.3.2

為計算方便，本題採用球座標，如圖 6.3.2 所示

$x = R\sin\theta\cos\phi$

$y = R\sin\theta\sin\phi$

$z = R\cos\theta$

其中$3 \le R \le 6$，$0 \le \theta \le \pi$，$0 \le \phi \le 2\pi$

則$\varphi = \dfrac{1}{x^2+y^2+z^2} = \dfrac{1}{R^2}$

且$\vec{r}(R,\theta,\phi) = R\sin\theta\cos\phi\hat{i} + R\sin\theta\sin\phi\hat{j} + R\cos\theta\hat{k}$

$$\Rightarrow \left|\frac{\partial\vec{r}}{\partial R}\cdot\left(\frac{\partial\vec{r}}{\partial\theta}\times\frac{\partial\vec{r}}{\partial\phi}\right)\right| = \begin{vmatrix} \sin\theta\cos\phi & \sin\theta\sin\phi & \cos\theta \\ R\cos\theta\cos\phi & R\cos\theta\sin\phi & -R\sin\theta \\ -R\sin\theta\sin\phi & R\sin\theta\cos\phi & 0 \end{vmatrix} = R^2\sin\theta$$

$$\Rightarrow dV = \left|\frac{\partial\vec{r}}{\partial R}\cdot\left(\frac{\partial\vec{r}}{\partial\theta}\times\frac{\partial\vec{r}}{\partial\phi}\right)\right| dRd\theta d\phi = R^2\sin\theta dRd\theta d\phi$$

$$\therefore \iiint_D \varphi dV = \int_0^{2\pi}\int_0^{\pi}\int_3^6 \frac{1}{R^2}R^2\sin\theta dRd\theta d\phi = 12\pi$$

■

範例 3

假設有一帶電球體，其電荷密度$\varphi(R,\theta,\phi) = R^2$（庫倫 / 公尺^3），此球之半徑為 2 公尺，試求其總電荷為多少？

解

$\varphi = R^2$

$D: \vec{r}(R,\theta,\phi) = R\sin\theta\cos\phi\hat{i} + R\sin\theta\sin\phi\hat{j} + R\cos\theta\hat{k}$

其中$\begin{cases} 0 \le R \le 2 \\ 0 \le \theta \le \pi \\ 0 \le \phi \le 2\pi \end{cases}$

$$\text{總電荷} Q = \iiint_D \varphi dV$$

$$= \int_0^{2\pi}\int_0^{\pi}\int_0^{2} R^2 \cdot \left| \frac{\partial \vec{r}}{\partial R} \cdot \left(\frac{\partial \vec{r}}{\partial \theta} \times \frac{\partial \vec{r}}{\partial \phi} \right) \right| dR d\theta d\phi$$

$$= \int_0^{2\pi}\int_0^{\pi}\int_0^{2} R^2 \cdot R^2 \sin\theta dR d\theta d\phi$$

$$= \int_0^{2\pi}\int_0^{\pi} \frac{1}{5} R^5 \sin\theta \Big|_{R=0}^{2} d\theta d\phi$$

$$= \int_0^{2\pi}\int_0^{\pi} \frac{32}{5} \sin\theta d\theta d\phi$$

$$= \int_0^{2\pi} -\frac{32}{5}\cos\theta \Big|_{\theta=0}^{\pi} d\phi$$

$$= \int_0^{2\pi} \frac{64}{5} d\phi$$

$$= \frac{64}{5}\phi \Big|_0^{2\pi}$$

$$= \frac{128\pi}{5} \text{（庫侖）}$$

■

範例 4

假設有一圓柱體如圖 6.3.3 所示，半徑為 3 公尺，高度為 5 公尺，其質量密度 $\varphi(r,\phi,z) = r$（公斤 / 公尺^3），試求其總質量為多少？

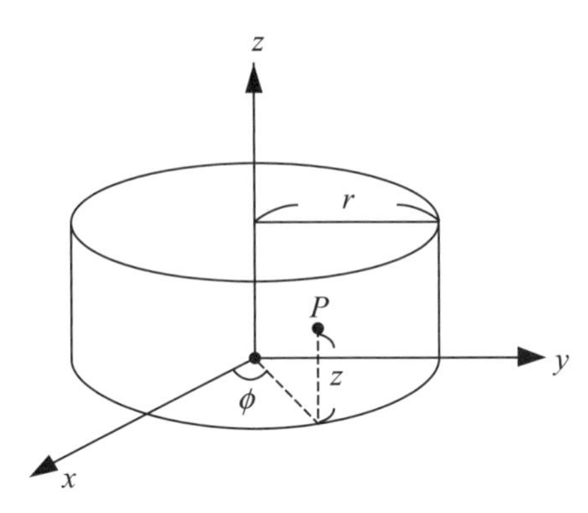

圖 6.3.3

解

由圖 6.3.3 中可知$\begin{cases} x = r\cos\phi \\ y = r\sin\phi \\ z = z \end{cases}$

所以$D:\vec{r}(r,\phi,z) = r\cos\phi\hat{i} + r\sin\phi\hat{j} + z\hat{k}$

其中$\begin{cases} 0 \le r \le 3 \\ 0 \le \phi \le 2\pi \\ 0 \le z \le 5 \end{cases}$

$$\text{總質量 } M = \iiint_D \varphi dV$$

$$= \int_0^5 \int_0^{2\pi} \int_0^3 r^2 \cdot \left| \frac{\partial \vec{r}}{\partial r} \cdot \left(\frac{\partial \vec{r}}{\partial \phi} \times \frac{\partial \vec{r}}{\partial z} \right) \right| drd\phi dz$$

$$= \int_0^5 \int_0^{2\pi} \int_0^3 r^2 \cdot rdrd\phi dz$$

$$= \int_0^5 \int_0^{2\pi} \left(\frac{1}{4} r^4 \Big|_0^3 \right) d\phi dz$$

$$= \frac{81}{4} \int_0^5 \int_0^{2\pi} d\phi dz$$

$$= \frac{81}{4} \cdot 2\pi \cdot 5$$

$$= \frac{405\pi}{2} \text{（公斤）}$$

■

類題練習

試求 1 ～ 4 題之體積分 $\iiint_D f(x,y,z)dV$ 。

1. $f(x,y,z)=x+y+z$，D 如圖 6.3.4 所示：

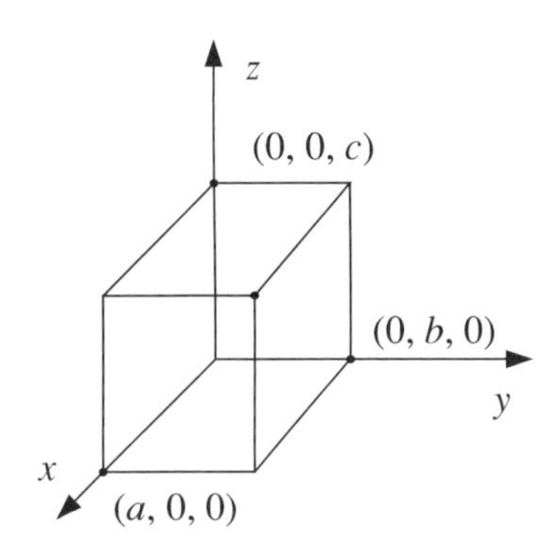

圖 6.3.4

2. $f(x,y,z)=x+y+z$，D 為如圖 6.3.5 所示之由 $x+y+z=1$ 與 $x=0$，$y=0$，$z=0$ 所圍成之四面體。

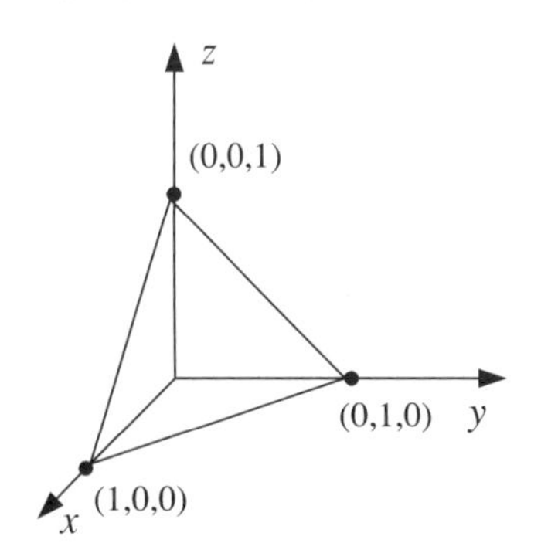

圖 6.3.5

3. $f(x,y,z)=x+y$，D 為一球，如圖 6.3.6，其球心位於原點，半徑為 1。

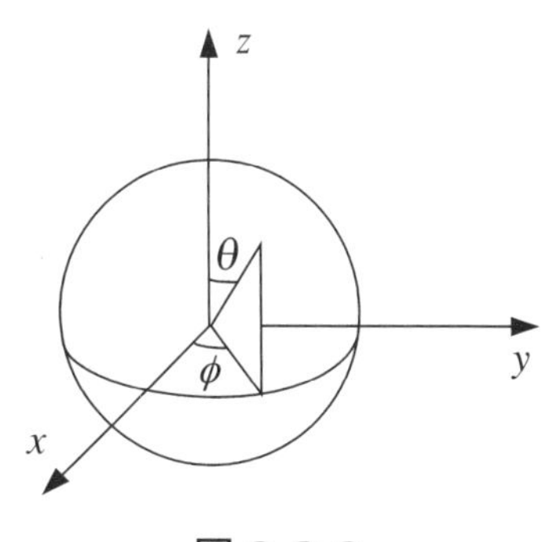

圖 6.3.6

4. $f(x,y,z)=x+y$，D 為圓柱面 $x^2+y^2=1$ 在第一卦限與 $x=0$，$y=0$，$z=0$，$z=3$ 所圍區域，如圖 6.3.7 所示。

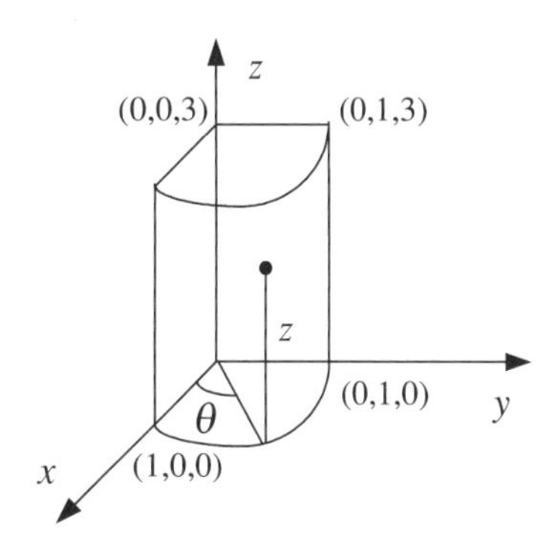

圖 6.3.7

5. 已知一帶電球體其半徑為 a 公尺，電荷密度與球心之距離成正比，即 $\rho=k\cdot R$（庫侖 / 公尺 ^{3}），試計算其總電荷為若干庫侖？

6-4 積分定理

線積分、面積分與體積分在某些情形下並不易計算，但可用一些積分定理轉換為較容易積之形式，本節將分別介紹這些積分定理。

A. 格林定理

茲假設在 $x-y$ 平面上，有一簡單封閉曲線 C，其所圍成的區域為 R，如圖 6.4.1 所示，且 $f(x,y)$ 與 $g(x,y)$ 及其一階偏導數 $\frac{\partial f}{\partial y}$、$\frac{\partial g}{\partial x}$ 在 R 中及 C 上均為連續函數，則**格林定理**（Green's Theorem）可表示為

$$\oint_C f(x,y)dx+g(x,y)dy=\iint_R\left(\frac{\partial g}{\partial x}-\frac{\partial f}{\partial y}\right)dxdy \tag{6.4.1}$$

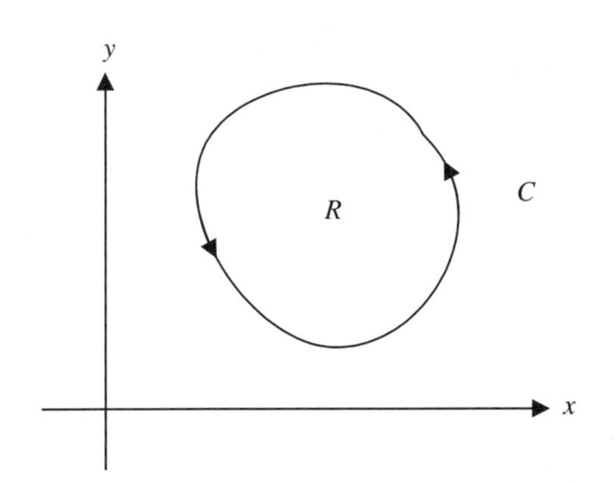

圖 6.4.1　簡單封閉曲線 C 及其所圍區域 R

其中，曲線 C 的方向以逆時針為正，以順時針為負。

範例 1

試應用格林定理計算 $\oint_C ye^x dx+(\sin y+e^x)dy$，其中曲線 C 為逆時針單位圓。

解

令 $f(x,y) = ye^x$，$g(x,y) = \sin y + e^x$

由格林定理可知

$$\oint_C f dx + g dy = \iint_R \left(\frac{\partial g}{\partial x} - \frac{\partial f}{\partial y} \right) dxdy$$

$$= \iint_R \left(e^x - e^x \right) dxdy$$

$$= 0$$

■

範例 2

試應用格林定理計算 $\oint_C 2xdy - 3ydx$，其中曲線 C 如圖 6.4.2 所示。

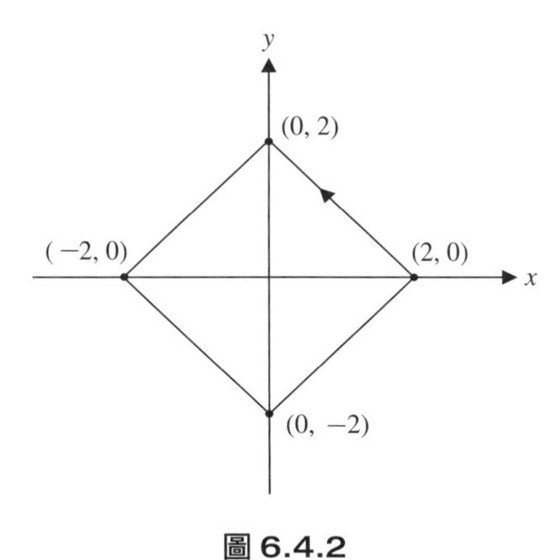

圖 6.4.2

解

令 $f(x,y) = -3y$，$g(x,y) = 2x$

由格林定理可知

$$\oint_C f dx + g dy = \iint_R \left(\frac{\partial g}{\partial x} - \frac{\partial f}{\partial y} \right) dxdy$$

$$= \iint_R (2+3)\, dxdy$$

$$= 5 \iint_R dxdy$$

$$= 5A \text{（}A\text{ 為區域面積）}$$

$$= 5 \times \frac{4 \times 4}{2} = 40$$

■

B. 高斯散度定理

假設 D 為空間封閉有界的區域，如圖 6.4.3 所示，其邊界 S 為片段平滑且有向曲面，且 $\vec{F}(x, y, z)$ 在 D 中及 S 上其函數與一階導數均為連續，則**高斯散度定理**（Divergence Theorem of Gauss）為

$$\oiint_S \vec{F} \cdot \hat{n} dA = \iiint_D \nabla \cdot \vec{F} dV \tag{6.4.2}$$

其中，$\hat{n}$ 為曲面 S 上指離區域 D 的單位法向量。

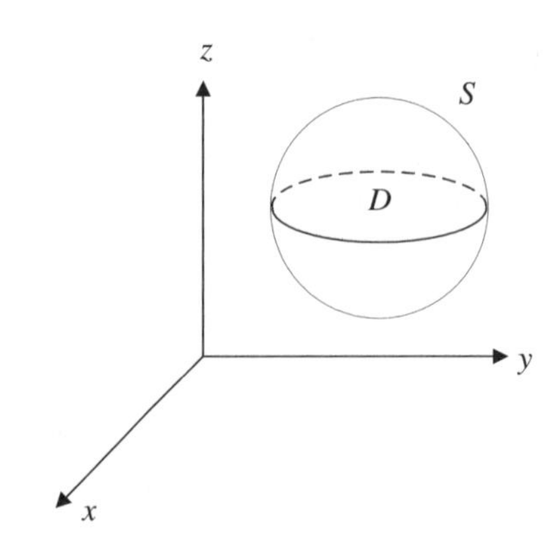

圖 6.4.3　空間中封閉有界的區域 D 及其邊界 S

範例 3

若 $\vec{F}(x,y,z)=3x\hat{i}+z^3\hat{j}+2xy\hat{k}$，$S$ 為如圖 6.4.4 所示之立體圖之表面，試計算 $\oiint_S \vec{F}\cdot\hat{n}dA$。

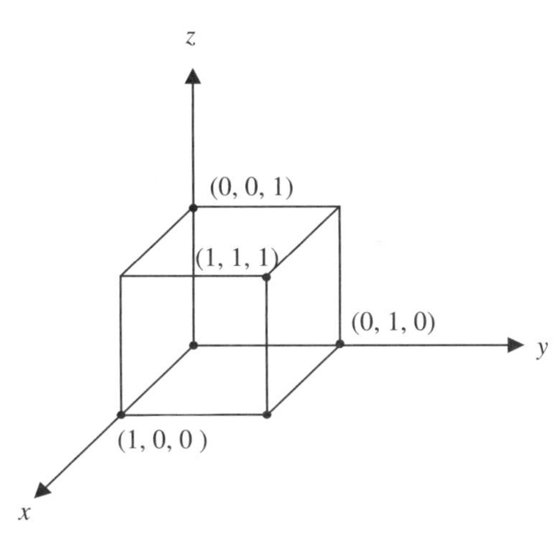

圖 6.4.4

解

由高斯散度定理可知

$$\iint_S \vec{F}\cdot\hat{n}dA=\iiint_D \nabla\cdot\vec{F}dV$$

$$=\iiint_D\left(\frac{\partial}{\partial x}(3x)+\frac{\partial}{\partial y}z^3+\frac{\partial}{\partial z}2xy\right)dxdydz$$

$$=3\iiint_D dxdydz$$

$=3V$ （V 為區域體積）

$$=3\times1\times1\times1=3$$

■

範例 4

若 $\vec{F}(x,y,z)=xy\hat{i}+2z\hat{j}+3\hat{k}$，$S$ 為如圖 6.4.5 所示之立體圖之表面，試計算 $\oiint_S \vec{F}\cdot\hat{n}dA$。

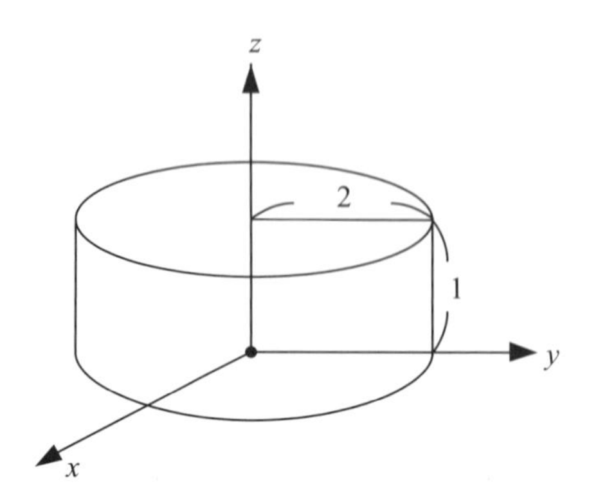

圖 6.4.5

解

由高斯散度定理可知

$$\iint_S \vec{F}\cdot\hat{n}dA=\iiint_D \nabla\cdot\vec{F}dV$$

$$=\iiint_D\left(\frac{\partial}{\partial x}(xy)+\frac{\partial}{\partial y}2z+\frac{\partial}{\partial z}3\right)dV$$

$$=\iiint_D ydV$$

$$=\int_0^1\int_0^{2\pi}\int_0^2 r\sin\phi\cdot rdrd\phi dz$$

$$=\int_0^1\int_0^{2\pi}\left(\frac{1}{3}r^3\sin\phi\bigg|_0^2\right)d\phi dz$$

$$=\frac{8}{3}\int_0^1\int_0^{2\pi}\sin\phi d\phi dz$$

$$=\frac{8}{3}\int_0^{2\pi}\sin\phi d\phi$$

$$=0$$

■

C. 史托克定理

設 S 為片段平滑曲面，其邊界 C 為連續片段平滑，且 $\vec{F}(x,y,z)$ 在 S 及 C 上為連續，則

$$\oint_C \vec{F}\cdot d\vec{r} = \iint_S (\nabla\times\vec{F})\cdot\hat{n}dA \tag{6.4.3}$$

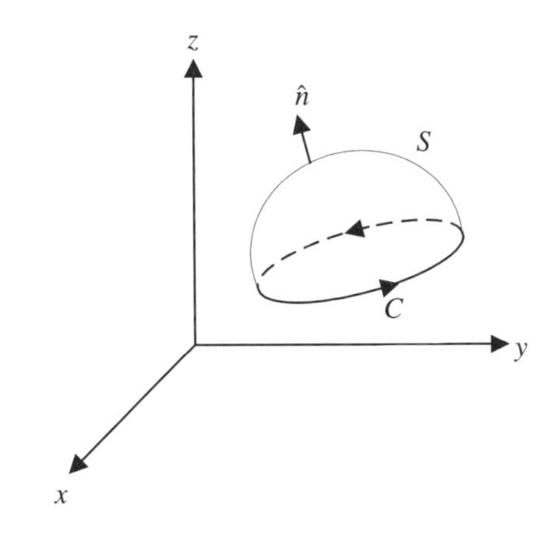

圖 6.4.6 空間中片段平滑曲面 S 及其邊界 C

如圖 6.4.6 所示，$\hat{n}$ 與 C 的方向可利用右手法則加以判定，亦即右手拇指指著 $\hat{n}$ 之方向，則邊界曲線 C 之方向恰為右手其餘四指之方向。在此必須說明的是，**史托克定理**（Stokes's Theorem）常可用於將曲面 S 的面積分計算，等效轉換為計算其邊界曲線 C 的線積分；或是將曲線邊界曲線 C 的線積分計算，改由計算曲面 S 的面積分完成。適當的應用此定理，在某些計算場合確有計算助益之處。

範例 5

已知 $\vec{F}(x,y,z)=y\hat{i}+(x-2xz)\hat{j}-xy\hat{k}$，且如圖 6.4.7 所示，$C$ 為位於 $x-y$ 平面之圓，圓心為原點，半徑為 a，試計算 $\oint_C \vec{F}\cdot d\vec{r}$。

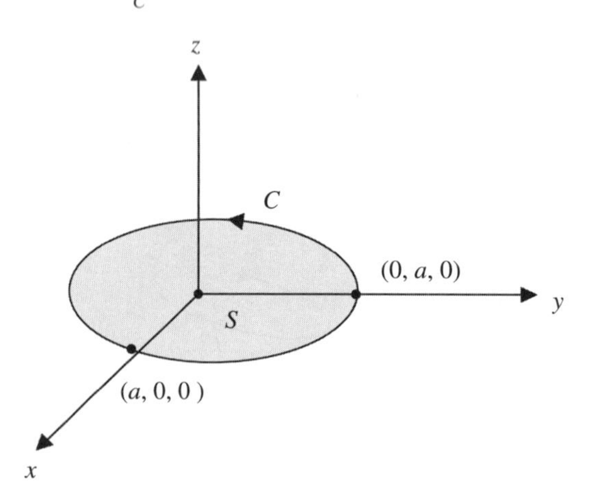

圖 6.4.7

解

由史托克定理可知

$$\oint_C \vec{F}\cdot d\vec{r}=\iint_S (\nabla\times\vec{F})\cdot\hat{n}dA$$

又

$$\nabla\times\vec{F}=\begin{vmatrix}\hat{i} & \hat{j} & \hat{k}\\ \dfrac{\partial}{\partial x} & \dfrac{\partial}{\partial y} & \dfrac{\partial}{\partial z}\\ y & x-2xz & -xy\end{vmatrix}=x\hat{i}+y\hat{j}-2z\hat{k}$$

且 $\hat{n}=\hat{k}$

$$\therefore \oint_C \vec{F}\cdot d\vec{r}=\iint_S \left(x\hat{i}+y\hat{j}-2z\hat{k}\right)\cdot k dxdy$$

$$=\iint_S -2zdxdy$$

$$=0$$

■

類題練習

試利用格林定理計算 1 ～ 3 題之線積分 $\oint_C \vec{F}\cdot d\vec{r}$ 。

1. $\vec{F}(x,y)=(x+y)\hat{i}+(x-y)\hat{j}$，$C$ 如圖 6.4.8 所示。

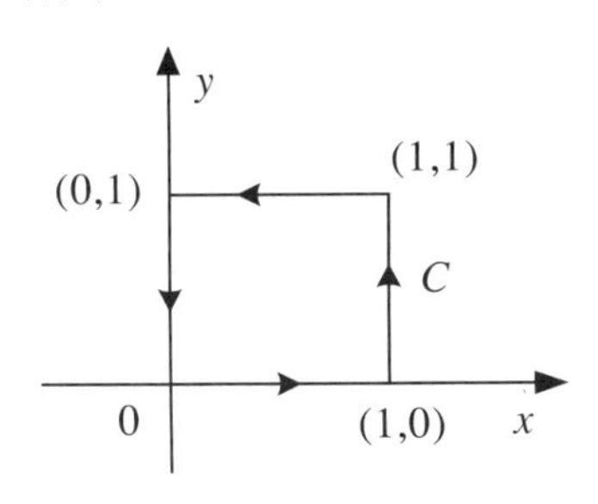

圖 6.4.8

2. $\vec{F}(x,y)=xy\hat{i}+(x+y)\hat{j}$，$C$ 如圖 6.4.9 所示。

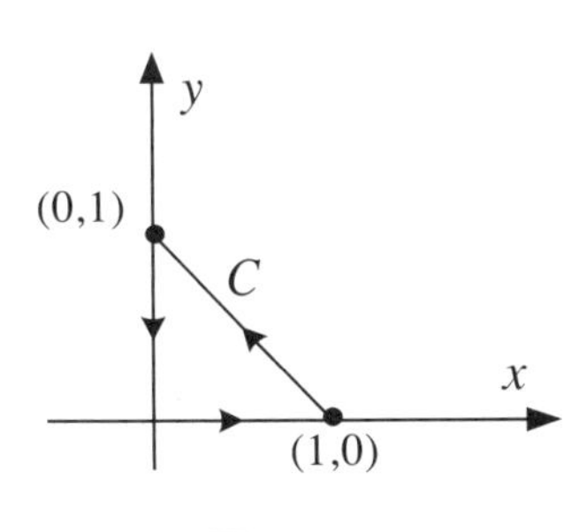

圖 6.4.9

3. $\vec{F}(x,y)=(x-y)\hat{i}+(xy)\hat{j}$，$C$ 為一扇形，如圖 6.4.10 所示。

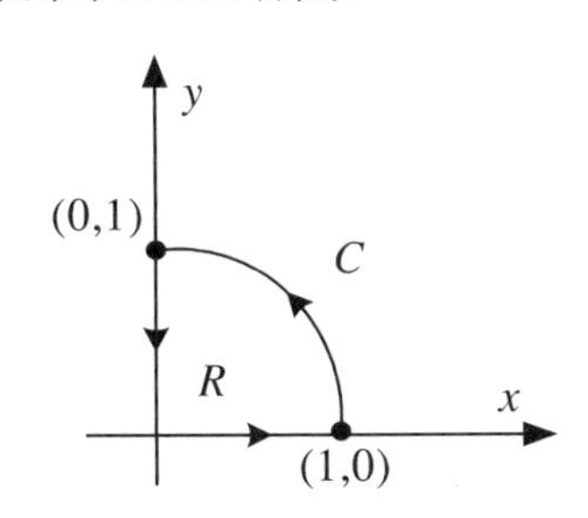

圖 6.4.10

試利用高斯散度定理計算 4 ～ 8 題之面積分 $\oiint_S \vec{F}\cdot\hat{n}dA$ 。

4. $\vec{F}(x,y,z)=x^2\hat{i}+(x+y)\hat{j}+yz\hat{k}$，$S$ 為邊長 15 之正立方體之表面，如圖 6.4.11 所示。

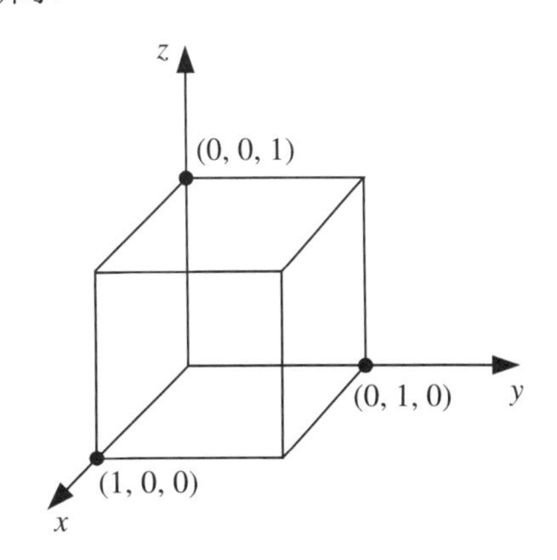

圖 6.4.11

5. $\vec{F}(x,y,z)=x^3\hat{i}+(x+y)\hat{j}+yz\hat{k}$，$S$ 為球 $x^2+y^2+z^2=1$ 在第一卦限之部分。

6. $\vec{F}(x,y,z)=x^2\hat{i}+(x+y)\hat{j}+yz\hat{k}$，$S$ 為圓柱面 $x^2+y^2=9$ 與 $z=0$，$z=5$ 所圍區域。

7. $\vec{F}=e^y\hat{i}+\sin z\hat{j}+x^2\hat{k}$，$S$ 為任意封閉曲面。

8. $\vec{F}(x,y,z)=(x+z)\hat{i}+y^2\hat{j}+yz\hat{k}$，$S$為圓柱體表面，如圖 6.4.12 所示。

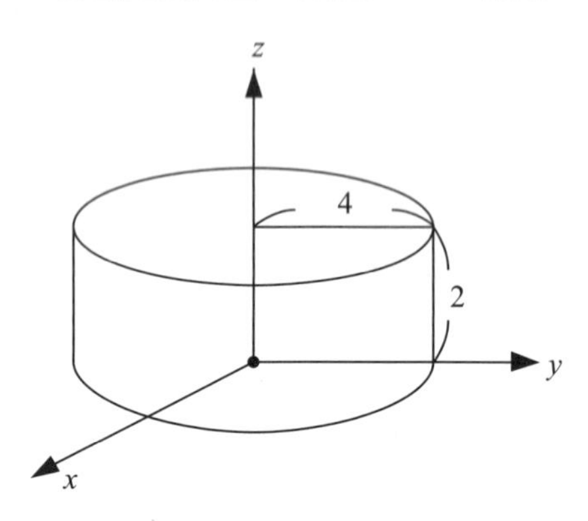

圖 6.4.12

試利用史托克定理計算 9 ～ 11 題之 $\oint_C \vec{F}\cdot d\vec{r}$。

9. $\vec{F}(x,y,z)=x^2\hat{i}+(x+y)\hat{j}+yz\hat{k}$，$C$ 為位於 $y-z$ 平面之圓，圓心為原點，半徑為 1。

10. $\vec{F}=yx^2\hat{i}-xy^2\hat{j}+z^2\hat{k}$，$C$ 為位於 $x-y$ 平面之圓，圓心在原點，半徑為 2，逆時針方向。

11. $\vec{F}=\hat{i}\left(2x+y\cos xy\right)+\hat{j}\left(e^{y+z}+x\cos xy\right)+\hat{k}e^{y+z}$，$C$ 為任意封閉路徑。

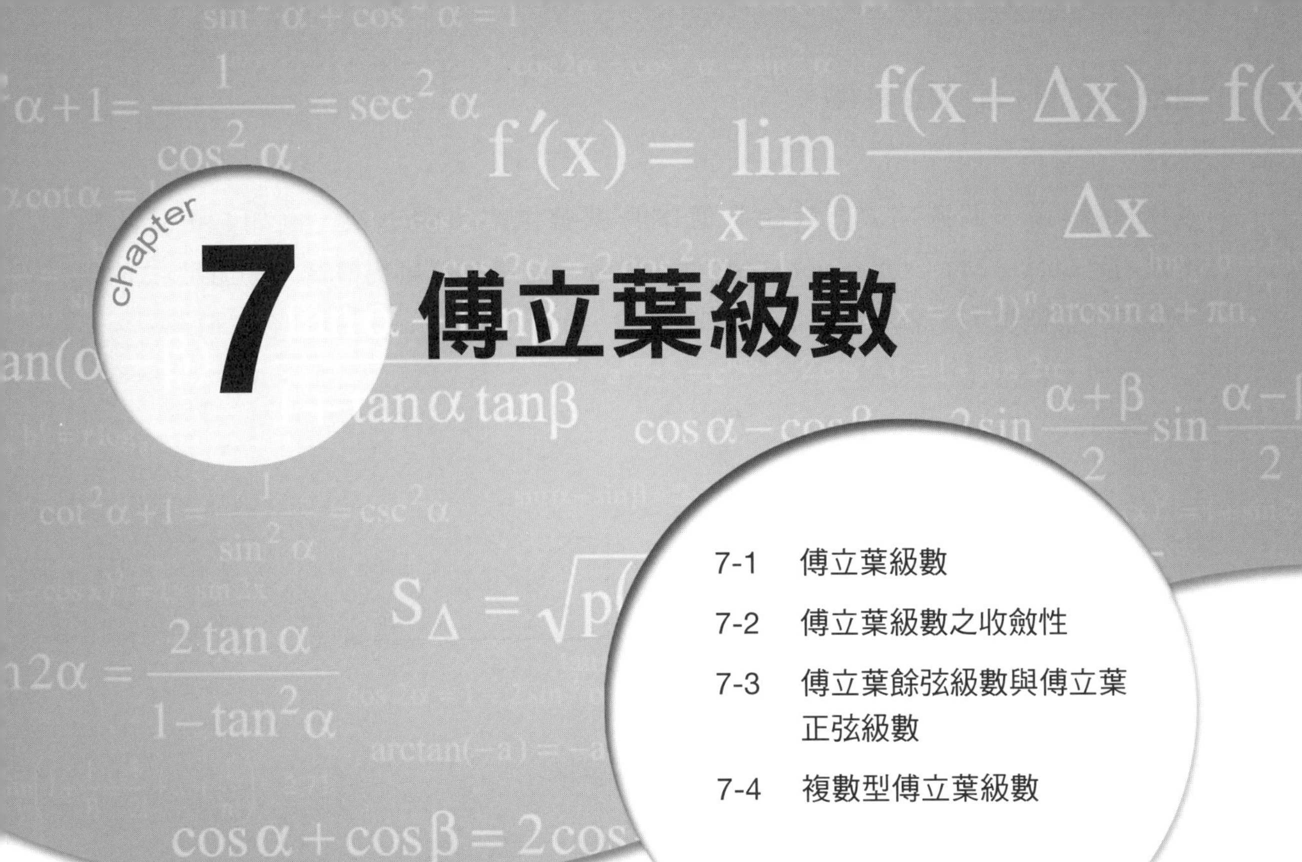

在許多工程問題及數位訊號處理上，**傳立葉級數**（Fourier Series）常被用於分析多種函數及訊號之變化特性，對於工程應用及物理解析觀察，均扮演重要之角色。本章先探討傳立葉級數分析及其收斂性質，接著介紹傳立葉餘弦和正弦級數，最後推廣至複數型的傳立葉級數。

7-1 傳立葉級數

A. 週期函數的特性

若 $f(x)$ 是一個週期為 p 的**週期函數**（periodic function），則其具有如下特性：

$$f(x)=f(x+np)\text{，}n=1,\ 2,\ 3,\ \ldots$$

亦即每經過一個週期 p，該函數值本身就會重複出現一次，例如：正弦函數 $\sin(x)=\sin(x+2\pi)=\sin(x+4\pi)$ 之週期即為 2π。而圖 7.1.1 則另繪出一個週期為 2 的函數圖形，該函數 $f(x)$ 滿足 $\cdots=f(x-4)=f(x-2)=f(x)=f(x+2)=f(x+4)=\cdots$。

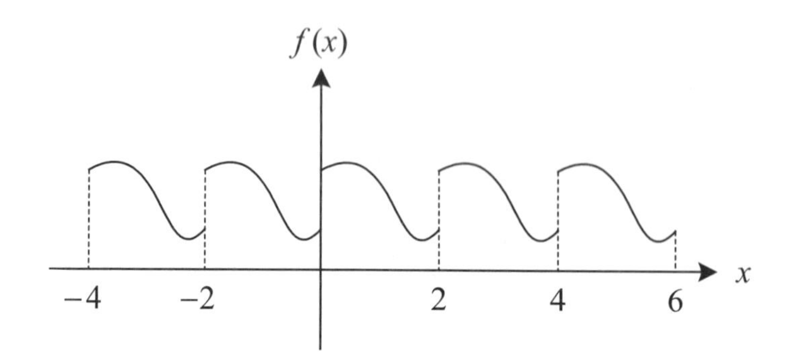

圖 7.1.1　週期函數（週期 $p=2$）

B. 傅立葉級數的求法

若 $f(x)$ 為定義於區間 $-L\le x\le L$ 的函數，其傅立葉級數係將 $f(x)$ 表示為一組完全正交集合 $\{1,\ \cos n\omega_0 x,\ \sin n\omega_0 x\}_{n=1}^{\infty}$ 之線性組合，且 $\omega_0=\dfrac{2\pi}{2L}=\dfrac{\pi}{L}$，則 $f(x)$ 可展開如下：

$$
\begin{aligned}
f(x)&=a_0+\sum_{n=1}^{\infty}a_n\cos(n\omega_0 x)+b_n\sin(n\omega_0 x)\\
&=a_0+\sum_{n=1}^{\infty}a_n\cos\left(\frac{n\pi x}{L}\right)+b_n\sin\left(\frac{n\pi x}{L}\right)
\end{aligned}
\tag{7.1.1}
$$

其中，a_0、a_n、b_n 稱作函數 $f(x)$ 的傅立葉係數，各係數之計算方法為

$$
a_0=\frac{1}{2L}\int_{-L}^{L}f(x)dx \tag{7.1.2}
$$

$$
a_n=\frac{2}{2L}\int_{-L}^{L}f(x)\cos\left(\frac{n\pi x}{L}\right)dx=\frac{1}{L}\int_{-L}^{L}f(x)\cos\left(\frac{n\pi x}{L}\right)dx,\quad n=1,2,3,\ldots \tag{7.1.3}
$$

$$
b_n=\frac{2}{2L}\int_{-L}^{L}f(x)\sin\left(\frac{n\pi x}{L}\right)dx=\frac{1}{L}\int_{-L}^{L}f(x)\sin\left(\frac{n\pi x}{L}\right)dx,\quad n=1,2,3,\ldots \tag{7.1.4}
$$

範例 1

函數 $f(x)=\begin{cases}0, & -\pi<x<0\\ 2, & 0<x<\pi\end{cases}$，且 $f(x)=f(x+2\pi)$，試求 $f(x)$ 於區間 $[-\pi,\pi]$ 內的傅立葉級數表示式。

解

$f(x)$ 之傅立葉級數展開式為

$$f(x)=a_0+\sum_{n=1}^{\infty}a_n\cos(nx)+b_n\sin(nx)$$

其中

$$a_0=\frac{1}{2\pi}\int_0^{\pi}2dx=1$$

$$a_n=\frac{1}{\pi}\int_0^{\pi}2\cos nxdx=\frac{2}{n\pi}\sin nx\Big|_0^{\pi}=0$$

$$b_n=\frac{1}{\pi}\int_0^{\pi}2\sin nxdx=-\frac{2}{n\pi}\cos nx\Big|_0^{\pi}=\frac{2}{n\pi}\left[1-(-1)^n\right]$$

故可得 $f(x)$ 之傅立葉級數為

$$f(x)=1+\frac{2}{\pi}\sum_{n=1}^{\infty}\frac{1-(-1)^n}{n}\sin nx,\qquad -\pi<x<\pi$$

■

範例 2

函數 $f(x)=x+1$，$-1\le x\le 1$，試求 $f(x)$ 於區間 $[-1,\ 1]$ 內的傅立葉級數表示式。

解

$f(x)$ 之傅立葉級數展開式為

$$f(x)=x+1=a_0+\sum_{n=1}^{\infty}a_n\cos(n\pi x)+b_n\sin(n\pi x)$$

其中

$$a_0=\frac{1}{2}\int_{-1}^{1}f(x)dx=\frac{1}{2}\int_{-1}^{1}(x+1)dx=1$$

$$a_n=\frac{2}{2}\int_{-1}^{1}f(x)\cos(n\pi x)dx=\int_{-1}^{1}(x+1)\cos(n\pi x)dx=\frac{2}{n\pi}\sin(n\pi)=0$$

$$b_n=\frac{2}{2}\int_{-1}^{1}f(x)\sin(n\pi x)dx=\int_{-1}^{1}(x+1)\sin(n\pi x)dx=-\frac{2}{n\pi}\cos(n\pi)=-\frac{2(-1)^n}{n\pi}$$

故可得 $f(x)$ 之傅立葉級數為

$$1-\frac{2}{\pi}\sum_{n=1}^{\infty}\frac{(-1)^n}{n}\sin(n\pi x),\quad -1\le x\le 1$$

■

範例 3

週期函數 $f(t)=e^{2t}$ ，$-\pi\le t\le\pi$ ，且 $f(t)=f(t+2\pi)$ ，試求其傅立葉級數表示式。

解

$f(t)$ 之週期 $p=2\pi$ ，而 $\omega_0=\dfrac{2\pi}{p}=1$ ， $f(t)$ 之傅立葉級數可假設如下

$$f(t)=e^{2t}=a_0+\sum_{n=1}^{\infty}a_n\cos(nt)+b_n\sin(nt)$$

且係數為

$$a_0=\frac{1}{2\pi}\int_{-\pi}^{\pi}f(t)dt=\frac{1}{2\pi}\int_{-\pi}^{\pi}e^{2t}dt=\frac{1}{2\pi}\sinh(2\pi)$$

$$a_n=\frac{2}{2\pi}\int_{-\pi}^{\pi}f(t)\cos(nt)dt=\frac{1}{\pi}\int_{-\pi}^{\pi}e^{2t}\cos(nt)dt=\frac{4(-1)^n}{\pi(n^2+4)}\sinh(2\pi)$$

$$b_n=\frac{2}{2\pi}\int_{-\pi}^{\pi}f(t)\sin(nt)dt=\frac{1}{\pi}\int_{-\pi}^{\pi}e^{2t}\sin(nt)dt=\frac{-2n(-1)^n}{\pi(n^2+4)}\sinh(2\pi)$$

故可得 $f(x)$ 之傅立葉級數為

$$\frac{\sinh(2\pi)}{2\pi}+\frac{2\sinh(2\pi)}{\pi}\sum_{n=1}^{\infty}\frac{(-1)^n}{n^2+4}\big(2\cos(nt)-n\sin(nt)\big)$$

■

範例 4

試求下述週期函數 $f(x)$ 的傅立葉級數表示式。

$$f(x)=\begin{cases}1-\cos(\pi x), & 0\le x<\pi \\ 0, & -\pi\le x<0\end{cases}\text{，且 } f(x+2n\pi)=f(x)\text{，} n=1,\ 2,\ 3,\cdots$$

解

由題意可知，$f(x)$ 之週期 $p=2\pi$，且 $\omega_0=\dfrac{2\pi}{p}=1$，$f(x)$ 之傅立葉級數可假設如下

$$f(x)=\begin{cases}1-\cos(\pi x), & 0\le x<\pi \\ 0, & -\pi\le x<0\end{cases}=a_0+\sum_{n=1}^{\infty}a_n\cos(nx)+b_n\sin(nx)$$

其係數為

$$a_0=\frac{1}{2\pi}\int_{-\pi}^{\pi}f(x)dx=\frac{1}{2\pi}\int_0^{\pi}(1-\cos(\pi x))dx=\frac{1}{2}-\frac{1}{2\pi^2}\sin(\pi^2)$$

$$a_n=\frac{2}{2\pi}\int_{-\pi}^{\pi}f(x)\cos(nx)dx=\frac{1}{\pi}\int_0^{\pi}(1-\cos(\pi x))\cos(nx)dx=\frac{(-1)^n\sin(\pi^2)}{n^2-\pi^2}$$

$$b_n=\frac{2}{2\pi}\int_{-\pi}^{\pi}f(x)\sin(nx)dx=\frac{1}{\pi}\int_0^{\pi}(1-\cos(\pi x))\sin(nx)dx=\frac{n^2\cos(\pi^2)-\pi^2}{n\pi(n^2-\pi^2)}-\frac{(-1)^n}{n\pi}$$

故可得 $f(x)$ 之傅立葉級數為

$$\frac{1}{2}-\frac{1}{2\pi^2}\sin(\pi^2)+\sum_{n=1}^{\infty}\frac{(-1)^n\sin(\pi^2)}{n^2-\pi^2}\cos(nx)+\left(\frac{n^2\cos(\pi^2)-\pi^2}{n\pi(n^2-\pi^2)}-\frac{(-1)^n}{n\pi}\right)\sin(nx)$$

■

C. 偶函數與奇函數

由 (7.1.2) 至 (7.1.4) 式可求出函數 $f(x)$ 的傅立葉係數，其計算有時確實較為複雜，但若能已知 $f(x)$ 具有某些特性時，則可幫助我們簡化計算 (7.1.2) 至 (7.1.4) 式之積分。

1. 偶函數與奇函數的性質

偶函數：函數圖形對稱於 y 軸，$f(x)=f(-x)$，故 $\int_{-L}^{L}f(x)dx=2\int_0^{L}f(x)dx$，例如圖 7.1.2 所示的 $\cos(x)$ 即為偶函數。

奇函數：函數圖形對稱於原點，$f(x)=-f(-x)$，故$\int_{-L}^{L} f(x)dx=0$，例如圖 7.1.3 所示的$\sin(x)$即為奇函數。

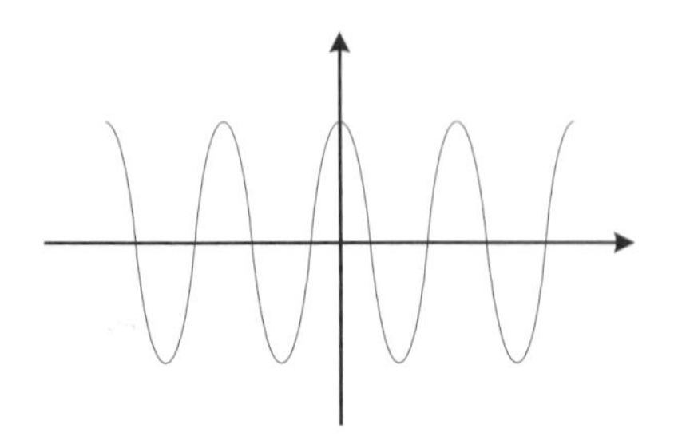

圖 7.1.2　偶函數示意圖

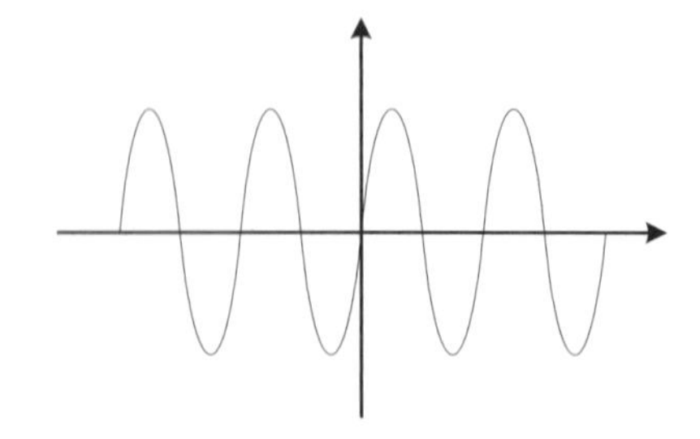

圖 7.1.3　奇函數示意圖

2. 偶函數與奇函數的傅立葉級數

(1) 若已知$f(x)$在區間$[-L, L]$上為偶函數，週期為$2L$，則在此區間內

$f(x)\cos\left(\frac{n\pi x}{L}\right)$為偶函數，$f(x)\sin\left(\frac{n\pi x}{L}\right)$為奇函數，故

$$a_0=\frac{1}{2L}\int_{-L}^{L} f(x)dx=\frac{1}{L}\int_{0}^{L} f(x)dx$$

$$a_n=\frac{1}{L}\int_{-L}^{L} f(x)\cos\left(\frac{n\pi x}{L}\right)dx=\frac{2}{L}\int_{0}^{L} f(x)\cos\left(\frac{n\pi x}{L}\right)dx$$

$$b_n=\frac{1}{L}\int_{-L}^{L} f(x)\sin\left(\frac{n\pi x}{L}\right)dx=0$$

$$\Rightarrow\quad f(x)=a_0+\sum_{n=1}^{\infty} a_n\cos\left(\frac{n\pi x}{L}\right)$$

(2) 若已知$f(x)$在區間$[-L, L]$上為奇函數，週期為$2L$，則在此區間內

$f(x)\cos\left(\frac{n\pi x}{L}\right)$為奇函數，$f(x)\sin\left(\frac{n\pi x}{L}\right)$為偶函數，故

$$a_0=\frac{1}{2L}\int_{-L}^{L} f(x)dx=0$$

$$a_n=\frac{1}{L}\int_{-L}^{L} f(x)\cos\left(\frac{n\pi x}{L}\right)dx=0$$

$$b_n=\frac{1}{L}\int_{-L}^{L}f(x)\sin\left(\frac{n\pi x}{L}\right)dx=\frac{2}{L}\int_{0}^{L}f(x)\sin\left(\frac{n\pi x}{L}\right)dx$$

$$\Rightarrow\quad f(x)=\sum_{n=1}^{\infty}b_n\sin\left(\frac{n\pi x}{L}\right)$$

學習秘訣

在判別函數的奇偶性質時，應特別注意其定義區間，例如：當 $-\pi\le x\le\pi$ 時，$f(x)=x^2$ 屬於偶函數，但若函數定義之區間為 $0\le x\le 2\pi$ 時，$f(x)=x^2$ 就不具任何奇偶性質，亦即其傅立葉係數可能均不為零。

範例 5

函數 $f(x)=\begin{cases}-1, & -\pi<x<0\\ 1, & 0<x<\pi\end{cases}$，$f(x)=f(x+2\pi)$，試求 $f(x)$ 的傅立葉級數。

解

本題之 $f(x)$ 屬於奇函數，週期 $p=2\pi$，且 $\omega_0=\dfrac{2\pi}{p}=1$，故其傅立葉級數展開式為

$$f(x)=\sum_{n=1}^{\infty}b_n\sin(n\pi x)$$

其中

$$b_n=\frac{2}{\pi}\int_0^{\pi}f(x)\sin(nx)dx=\frac{2}{\pi}\int_0^{\pi}\sin(nx)dx=\frac{2\left[1-(-1)^n\right]}{n\pi}$$

因此可得 $f(x)$ 之傅立葉級數為

$$\frac{2}{\pi}\sum_{n=1}^{\infty}\frac{1-(-1)^n}{n}\sin(nx),\quad -\pi\le x\le\pi$$

範例 6

$f(t)=\begin{cases}0, & 1\le |t|\le 2\\ 2, & |t|<1\end{cases}$，$f(t+4)=f(t)$，試求其傅立葉級數。

解

本題之 $f(t)$ 屬於偶函數，週期 $p=4$，且 $\omega_0=\dfrac{2\pi}{p}=\dfrac{\pi}{2}$

故其傅立葉級數可假設如下

$$f(t)=\begin{cases}0, & 1\le |t|\le 2\\ 2, & |t|<1\end{cases}=a_0+\sum_{n=1}^{\infty}a_n\cos\left(\frac{n\pi t}{2}\right)$$

且各係數分別為

$$a_0=\frac{1}{4}\int_{-2}^{2}f(t)dt=\frac{2}{4}\int_0^1 2dt=1$$

$$a_n=\frac{2}{4}\int_{-2}^{2}f(t)\cos\left(\frac{n\pi t}{2}\right)dt=\int_0^1 2\cos\left(\frac{n\pi t}{2}\right)dt=\frac{4}{n\pi}\sin\left(\frac{n\pi}{2}\right)$$

因此可得 $f(t)$ 之傅立葉級數為

$$1+\frac{4}{\pi}\sum_{n=1}^{\infty}\frac{1}{n}\sin\left(\frac{n\pi}{2}\right)\cos\left(\frac{n\pi t}{2}\right)$$

■

雖然我們可由 (7.1.2) 至 (7.1.4) 式求出函數 $f(x)$ 的傅立葉係數，但若能已知 $f(x)$ 本身恰為正弦或餘弦函數形式時，則可在熟悉傅立葉級數之係數性質之後，更有助於推導得出 $f(x)$ 的傅立葉級數。

範例 7

已知函數 $f(x)=3\sin x-4\sin x\cos^2 x$，試求 $f(x)$ 的傅立葉級數。

解

化簡 $f(x)$ 得

$$f(x)=3\sin x-4\sin x\cos^2 x=3\sin x-4\sin x(1-\sin^2 x)$$
$$=2\sin x-(3\sin x-4\sin^3 x)=2\sin x-\sin 3x$$

故 $f(x)$ 為週期 2π 的奇函數，則

$$f(x)=2\sin x-\sin 3x=\sum_{n=1}^{\infty} b_n \sin(nx)$$

比較上式兩端的係數得

$$b_1=2,\quad b_3=-1,\quad b_n=0\ \ (n=2,\ 4,\ 5,\cdots)$$

亦即傅立葉級數為

$$2\sin x-\sin 3x$$

■

類題練習

以下 1～9 題，試求各函數的傅立葉級數。

1. $f(x)=-x^2$，$-\pi\le x\le\pi$
2. $f(x)=|x|$，$-\pi\le x\le\pi$
3. $f(x)=\begin{cases}0, & -\pi<x<0\\ x, & 0<x<\pi\end{cases}$，$f(x)=f(x+2\pi)$
4. $f(x)=x$，$0\le x\le 1$，$f(x)=f(x+1)$
5. $f(x)=2\sinh x$，$-\pi\le x\le\pi$
6. $f(x)=|\sin 2x|$
7. $f(x)=\begin{cases}x-4, & 3\le x\le 6\\ x-10, & 6\le x\le 9\end{cases}$，$f(x+6)=f(x)$
8. $f(x)=2-x^2$，$-2\le x\le 2$
9. $f(x)=\begin{cases}2\sin(x/2), & 0\le x<2\pi\\ 0, & -2\pi\le x<0\end{cases}$，且 $f(x+4n\pi)=f(x)$，$n=1,\ 2,\ 3,\cdots$

10.圖 7.1.4 分別為週期函數 $f(x)$ 與 $g(x)$ 的圖形，

(1)試求 $f(x)$ 的傅立葉級數。

(2)若 $f(x)$ 的傅立葉級數為 $a_0+\sum_{n=1}^{\infty}a_n\cos(n\omega_0x)+b_n\sin(n\omega_0x)$，而 $g(x)$ 的傅立葉級數為 $A_0+\sum_{n=1}^{\infty}A_n\cos(n\omega_0x)+B_n\sin(n\omega_0x)$，試求 A_0, A_n, B_n 與 a_0, a_n, b_n 之間的關係。

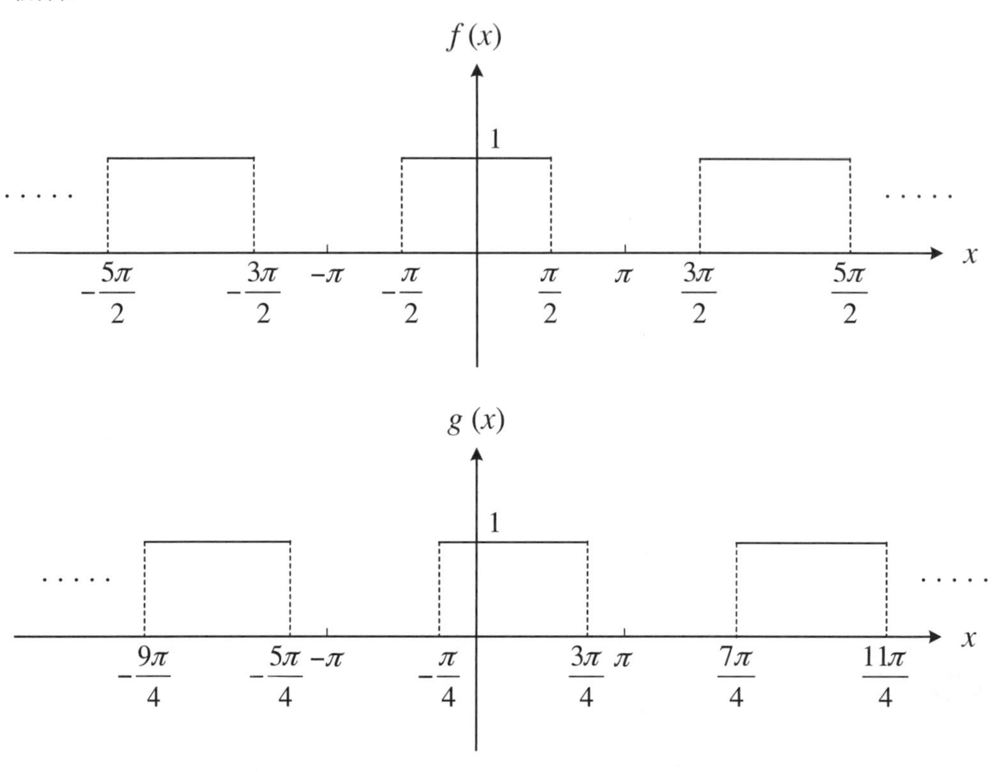

圖 7.1.4

7-2 傅立葉級數之收斂性

A. 片段連續與片段平滑

片段連續（piecewise continuous）：

若函數 $f(x)$ 在某段區間內只包含有限個不連續點，且每個不連續點的左右極限值均存在，則稱 $f(x)$ 於此區間中為片段連續。

片段平滑（piecewise smooth）：

若函數 $f(x)$ 及其一階導函數 $f'(x)$ 在某區間中均為片段連續，則稱 $f(x)$ 於此區間中為片段平滑。

B. 傅立葉級數之收斂

假設週期函數 $f(x)$ 在區間 $-L \le x \le L$ 上為片段平滑，則

(1) 在 $-L < x < L$ 區間上的每一點，其傅立葉級數會有如下的收斂情形

$$a_0 + \sum_{n=1}^{\infty} a_n \cos\left(\frac{n\pi x}{L}\right) + b_n \sin\left(\frac{n\pi x}{L}\right) = \frac{1}{2}\left(f(x^+) + f(x^-)\right) \tag{7.2.1}$$

亦即在 $-L$ 與 L 之間的任一點 x 上，傅立葉級數都收斂到函數 $f(x)$ 於 x 處左右極限之平均值。在連續點處，由於左右極限值均等於 $f(x)$，此時傅立葉級數就相當於收斂到 $f(x)$ 本身；而在不連續點處，傅立葉級數則是收斂至左右極限值的中點。

(2) 在 $x = \pm L$ 時，其傅立葉級數收斂至

$$\frac{1}{2}a_0 + \sum_{n=1}^{\infty} a_n \cos(n\pi) = \frac{1}{2}\left(f(L^-) + f(-L^+)\right) \tag{7.2.2}$$

亦即在區間的左右端點上，傅立葉級數均收斂到相同的值，而該值則等於函數 $f(x)$ 左端點之右極限與右端點之左極限的平均。

C. Gibbs 現象

設 $f(x)$ 為週期 $2L$ 的週期函數，並已知其傅立葉級數之表示式如下

$$f(x)=a_0+\sum_{n=1}^{\infty}a_n\cos\left(\frac{n\pi x}{L}\right)+b_n\sin\left(\frac{n\pi x}{L}\right)$$

則其傅立葉級數的部份和可表示為

$$S_N(x)=a_0+\sum_{n=1}^{N}a_n\cos\left(\frac{n\pi x}{L}\right)+b_n\sin\left(\frac{n\pi x}{L}\right) \tag{7.2.3}$$

亦即當 $f(x)$ 以其傅立葉級數之部份和來表示時，不論以多少項去近似貼近原函數，但在每個不連續點附近，因有波峯出現，仍較易產生誤差，幸好隨著採用的項數變多，即 N 越大，則該波峰將越靠近不連續點，傅立葉級數部份和也將會越近似於原函數。

範例 1

已知函數 $f(x)=-x/2$，$-\pi\le x\le\pi$

則由於 $f(x)$ 是一奇函數，其傅立葉級數展開式可推導為

$$\sum_{n=1}^{\infty}\frac{(-1)^n}{n}\sin(nx)$$

此時 $f(x)$ 在 $-\pi<x<\pi$ 為連續函數，故其傅立葉級數收斂至 $f(x)$ 本身

而在 $x=\pm\pi$ 之端點處，則其傅立葉級數收斂至

$$\frac{1}{2}\left(f(\pi^-)+f(-\pi^+)\right)=\frac{1}{2}\left(-\frac{\pi}{2}+\frac{\pi}{2}\right)=0$$

故 $f(x)$ 之傅立葉級數收斂於

$$\begin{cases}-x/2, & -\pi<x<\pi\\ 0, & x=\pm\pi\end{cases}$$

且級數的部份和可表示如下

$$S_N(x)=\sum_{n=1}^{N}\frac{(-1)^n}{n}\sin(nx)$$

基於上述之函數及其部分和，圖 7.2.1 分別繪出 $f(x)$ 、 $S_5(x)$ 、 $S_{20}(x)$ ，由此可觀察端點附近之振盪現象產生，此振盪又稱為 Gibbs 振盪。

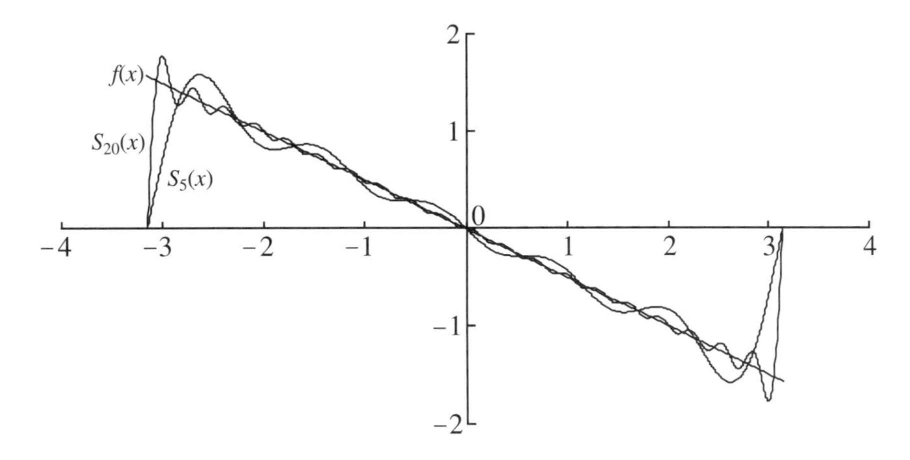

圖 7.2.1 函數 $f(x)$ 及其傅立葉級數之前 5 項 $S_5(x)$ 與前 20 項和 $S_{20}(x)$

■

範例 2

已知函數 $f(x)=e^x$ ， $-1\le x\le 1$

此 $f(x)$ 之傅立葉級數展開式為

$$e^x=\sinh 1+2\sinh 1\sum_{n=1}^{\infty}\frac{(-1)^n}{1+n^2\pi^2}\cos(n\pi x)-\frac{n\pi(-1)^n}{1+n^2\pi^2}\sin(n\pi x)$$

該級數在 $-1<x<1$ 收斂至 $f(x)$ 本身，亦即 e^x ，而在 $x=\pm 1$ 之端點處，傅立葉級數收斂至

$$\frac{1}{2}\left(f(1^-)+f(-1^+)\right)=\frac{1}{2}\left(e^1+e^{-1}\right)=\cosh(1)$$

故 $f(x)$ 之傅立葉級數收斂於

$$\begin{cases} e^x, & -1<x<1 \\ \cosh(1), & x=\pm 1 \end{cases}$$

此函數之前 N 項級數的部份和可表示如下

$$S_N(x) = \sinh 1 + 2\sinh 1 \sum_{n=1}^{N} \frac{(-1)^n}{1+n^2\pi^2}\cos(n\pi x) - \frac{n\pi(-1)^n}{1+n^2\pi^2}\sin(n\pi x)$$

圖 7.2.2 分別繪出 $f(x)$、$S_5(x)$、$S_{20}(x)$，而在 $x = \pm 1$ 附近有 Gibbs 振盪現象產生。

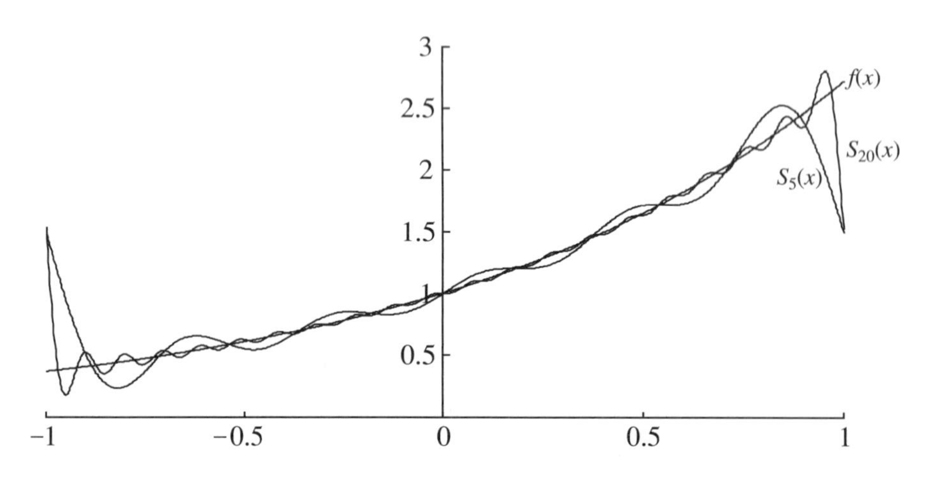

圖 7.2.2　函數 $f(x)$ 及其傅立葉級數之前 5 項 $S_5(x)$ 與前 20 項和 $S_{20}(x)$

■

範例 3

已知函數 $f(x) = 1 - \cos\left(\frac{\pi x}{2}\right)$，$-1 \le x \le 1$

由於 $f(x)$ 是一偶函數，其傅立葉級數展開式可加以推導為

$$1 - \frac{2}{\pi} + \frac{4}{\pi}\sum_{n=1}^{\infty} \frac{(-1)^n}{4n^2 - 1}\cos(n\pi x)$$

該級數在區間 $-1 \le x \le 1$ 均收斂到 $f(x)$ 本身，即 $1 - \cos(\pi x/2)$

故令 $x = 0$ 代入級數中可得

$$1 - \frac{2}{\pi} + \frac{4}{\pi}\sum_{n=1}^{\infty} \frac{(-1)^n}{4n^2 - 1} = 1 - \cos(0) = 0$$

亦即

$$-\sum_{n=1}^{\infty}\frac{(-1)^n}{4n^2-1}=\sum_{n=1}^{\infty}\frac{(-1)^{n+1}}{4n^2-1}=\frac{1}{4\cdot 1^2-1}-\frac{1}{4\cdot 2^2-1}+\frac{1}{4\cdot 3^2-1}-\cdots=\frac{\pi}{4}-\frac{1}{2}$$

此外，若令 $x=1$，則可得

$$1-\frac{2}{\pi}+\frac{4}{\pi}\sum_{n=1}^{\infty}\frac{1}{4n^2-1}=1-\cos\left(\frac{\pi}{2}\right)=1$$

亦即

$$\sum_{n=1}^{\infty}\frac{1}{4n^2-1}=\frac{1}{4\cdot 1^2-1}+\frac{1}{4\cdot 2^2-1}+\frac{1}{4\cdot 3^2-1}+\cdots=\frac{1}{2}$$

而級數的前 N 項部份和可表示如下

$$S_N(x)=1-\frac{2}{\pi}+\frac{4}{\pi}\sum_{n=1}^{N}\frac{(-1)^n}{4n^2-1}\cos(n\pi x)$$

圖 7.2.3 分別繪出 $f(x)$、$S_3(x)$、$S_6(x)$。

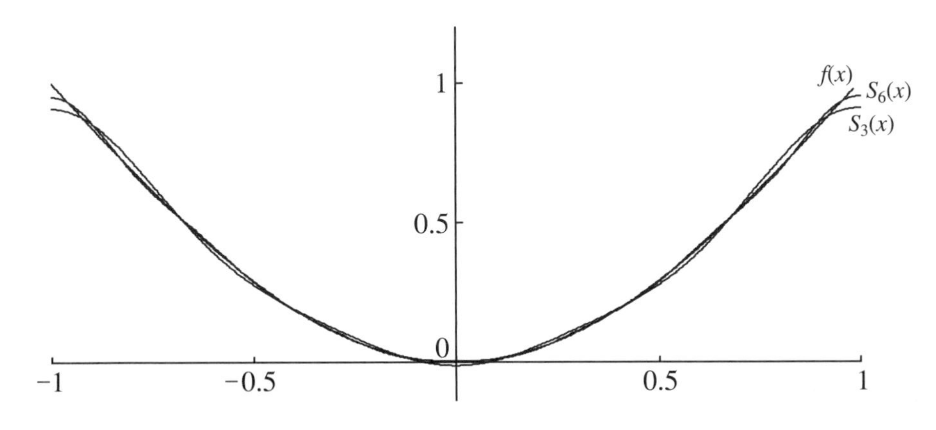

圖 7.2.3 函數 $f(x)$ 及其傅立葉級數之前 3 項 $S_3(x)$ 與前 6 項和 $S_6(x)$

■

D. Parseval 等式

由上述可知，當增加 N 個項數時，函數 $f(x)$ 的傅立葉級數的部份和將愈近似於函數 $f(x)$，而當 $N\to\infty$ 時，兩者更加貼近，最後即形成 **Parseval 等式**（Parseval's identity），此 Parseval 等式列如下述

$$\frac{1}{2L}\int_{-L}^{L} f^2(x)dx = a_0{}^2 + \frac{1}{2}\sum_{n=1}^{\infty}(a_n{}^2 + b_n{}^2) \tag{7.2.4}$$

在工程應用及數學分析上，傅立葉級數與 Parseval 等式均常用於分析及計算某些無窮級數。

範例 4

已知函數 $f(x)=|x|$，$-\pi \le x \le \pi$，試由推導此函數之傅立葉級數，分別計算下列兩個無窮級數之和

(1) $\frac{1}{1^2}+\frac{1}{3^2}+\frac{1}{5^2}+\cdots$，(2) $\frac{1}{1^4}+\frac{1}{3^4}+\frac{1}{5^4}+\cdots$。

解

(1) 先求出 $f(x)=|x|$，$-\pi \le x \le \pi$ 的傅立葉級數為

$$\frac{\pi}{2}+\frac{2}{\pi}\sum_{n=1}^{\infty}\frac{(-1)^n-1}{n^2}\cos(nx)$$

已知在 $x=0$ 處，$f(x)=|x|$ 連續，所以此傅立葉級數將可收斂至函數值，亦即可得

$$f(0)=\frac{\pi}{2}+\frac{2}{\pi}\sum_{n=1}^{\infty}\frac{(-1)^n-1}{n^2}\cos(0)$$

$$0=\frac{\pi}{2}+\frac{2}{\pi}\left(\frac{-2}{1^2}+\frac{-2}{3^2}+\frac{-2}{5^2}+\cdots\right)$$

$$0=\frac{\pi}{2}+\frac{-4}{\pi}\left(\frac{1}{1^2}+\frac{1}{3^2}+\frac{1}{5^2}+\cdots\right)$$

所以，$\frac{1}{1^2}+\frac{1}{3^2}+\frac{1}{5^2}+\cdots=\frac{\pi^2}{8}$

(2) 由 (7.2.4) 式之 Parseval 等式可知

$$\frac{1}{2\pi}\int_{-\pi}^{\pi}|x|^2\,dx = a_0{}^2+\frac{1}{2}\sum_{n=1}^{\infty}(a_n{}^2+b_n{}^2)$$

將上式之左邊積分及右邊展開

$$\frac{1}{3}\pi^2=\left(\frac{\pi}{2}\right)^2+\frac{1}{2}\left(\frac{-4}{\pi}\right)^2\left(\frac{1}{1^4}+\frac{1}{3^4}+\frac{1}{5^4}+\cdots\right)$$

$$=\frac{\pi^2}{2}+\frac{1}{2}\cdot\frac{16}{\pi^2}\left(\frac{1}{1^4}+\frac{1}{3^4}+\frac{1}{5^4}+\cdots\right)$$

所以，$\frac{1}{1^4}+\frac{1}{3^4}+\frac{1}{5^4}+\cdots=\frac{\pi^4}{96}$

■

類題練習

以下 1 ～ 8 題，試求各函數的傅立葉級數，並探討其收斂性。

1. (1) $f(x)=\sin\left(\dfrac{\pi x}{2}\right)$，$f(x)=f(x+2)$，$0\le x\le 2$；

   (2) 計算 $\displaystyle\sum_{k=1}^{\infty}\frac{1}{(4k-2)^2-1}$ 之值。

2. (1) $f(x)=x$，$f(x)=f(x+1)$，$0\le x\le 1$；

   (2) 計算 $\displaystyle\sum_{k=1}^{\infty}\frac{(-1)^{k+1}}{2k-1}$ 之值。

3. $f(x)=2\sinh x$，$-\pi\le x\le\pi$

4. (1) $f(x)=\begin{cases}0, & 1\le|x|\le 2\\ 2, & |x|<1\end{cases}$；

   (2) 計算 $\displaystyle\sum_{n=1}^{\infty}\frac{(-1)^n}{2n-1}$ 之值。

5. $f(x)=\begin{cases}x+2, & -3\le x\le 0\\ x-4, & 0\le x\le 3\end{cases}$

6. (1) $f(x)=2-x^2$，$-2\le x\le 2$；

   (2) 計算 $\displaystyle\sum_{n=1}^{\infty}\frac{1}{n^2}$、$\displaystyle\sum_{n=1}^{\infty}\frac{(-1)^{n+1}}{n^2}$ 之值。

7. (1) $f(x)=\begin{cases}2\sin(x/2), & 0\le x<2\pi\\ 0, & -2\pi\le x<0\end{cases}$；

   (2) 計算 $\dfrac{1}{1\times 3}+\dfrac{1}{3\times 5}+\dfrac{1}{5\times 7}+\cdots$ 之值。

8. (1) $f(t)=\begin{cases}-\dfrac{\pi}{2}, & -\pi<t<0\\ \dfrac{\pi}{2}, & 0<t<\pi\end{cases}$；

   (2) 計算 $\dfrac{1}{1}-\dfrac{1}{3}+\dfrac{1}{5}-\dfrac{1}{7}+\cdots$ 之值。

7-3 傅立葉餘弦級數與傅立葉正弦級數

本節延續上一節之函數的奇偶性質，加以探討傅立葉餘弦級數與傅立葉正弦級數，並對於定義在半區間 $0 \le x \le L$ 上的函數，分別將其擴展至區間 $-L \le x \le L$ 的奇函數或偶函數，以使其傅立葉級數只含有正弦項或只含有餘弦項，而這些相關計算及特性分析，均將在本節加以說明。

A. 傅立葉餘弦級數及其收斂性

(1) 已知一可積分函數 $f(x)$ 位於區間 $0 \le x \le L$，則可定義一個偶函數 $f_e(x)$，使其成為 $f(x)$ 在 $-L \le x \le L$ 上的**偶擴張**（even extension），亦即

$$f_e(x) = \begin{cases} f(x), & 0 \le x \le L \\ f(-x), & -L \le x < 0 \end{cases}$$

此時由於 $f_e(x)$ 在 $-L \le x \le L$ 上為偶函數，故其位於此區間上的傅立葉級數可表示為

$$a_0 + \sum_{n=1}^{\infty} a_n \cos\left(\frac{n\pi x}{L}\right) \tag{7.3.1}$$

又因為在 $0 \le x \le L$ 時，$f_e(x) = f(x)$，故

$$a_0 = \frac{1}{L}\int_0^L f_e(x)dx = \frac{1}{L}\int_0^L f(x)dx$$

$$a_n = \frac{2}{L}\int_0^L f_e(x)\cos\left(\frac{n\pi x}{L}\right)dx = \frac{2}{L}\int_0^L f(x)\cos\left(\frac{n\pi x}{L}\right)dx \tag{7.3.2}$$

此時 (7.3.1) 式稱作 $f(x)$ 於區間 $0 \le x \le L$ 中的傅立葉餘弦級數，而 (7.3.2) 式則是該傅立葉餘弦級數之係數。

(2) 若 $f(x)$ 在區間 $0 \le x \le L$ 上為片段平滑，則其傅立葉餘弦級數收斂至

$$\begin{cases} \frac{1}{2}[f(x^+) + f(x^-)], & 0 < x < L \\ f(0^+), & x = 0 \\ f(L^-), & x = L \end{cases}$$

B. 傳立葉正弦級數及其收斂性

(1) 已知一可積分函數 $f(x)$ 位於區間 $0 \le x \le L$，如以分析傳立葉餘弦級數的相似作法，則可在此定義一個奇函數 $f_o(x)$，使其成為 $f(x)$ 在 $-L \le x \le L$ 上的**奇擴張**（odd extension），也就是

$$f_o(x) = \begin{cases} f(x), & 0 \le x \le L \\ -f(-x), & -L \le x < 0 \end{cases}$$

此時由於 $f_o(x)$ 在 $-L \le x \le L$ 上為奇函數，故其傅立葉級數為

$$\sum_{n=1}^{\infty} b_n \sin\left(\frac{n\pi x}{L}\right) \tag{7.3.3}$$

又因在 $0 \le x \le L$ 時，$f_o(x) = f(x)$，故

$$b_n = \frac{2}{L}\int_0^L f_o(x)\sin\left(\frac{n\pi x}{L}\right)dx = \frac{2}{L}\int_0^L f(x)\sin\left(\frac{n\pi x}{L}\right)dx \tag{7.3.4}$$

此時 (7.3.3) 式稱為 $f(x)$ 於區間 $0 \le x \le L$ 中的傳立葉正弦級數，而 (7.3.4) 式則是該傳立葉正弦級數之係數。

(2) 若 $f(x)$ 在區間 $0 \le x \le L$ 上為片段平滑，則其傳立葉正弦級數收斂至

$$\begin{cases} \frac{1}{2}[f(x^+) + f(x^-)], & 0 < x < L \\ 0, & x = 0,\ L \end{cases}$$

範例 1

已知函數 $f(x) = 1$，$0 \le x \le \pi$，試求其傳立葉正弦級數。

解

此函數之傳立葉**正弦級數**之係數可計算如下

$$b_n = \frac{2}{\pi}\int_0^{\pi} f(x)\sin(nx)dx = \frac{2}{\pi}\int_0^{\pi}\sin(nx)dx = \frac{2\left[1-(-1)^n\right]}{n\pi}$$

故 $f(x)$ 於 $0 \le x \le \pi$ 上之傳立葉正弦級數為

$$\frac{2}{\pi}\sum_{n=1}^{\infty}\frac{1-(-1)^n}{n}\sin(nx)$$

■

範例 2

已知函數 $f(x)=2x$，$0\le x\le 1$，試求其傅立葉餘弦級數。

解

此函數之傅立葉**餘弦級數**的係數可計算如下

$$a_0=\frac{1}{1}\int_0^1 f(x)dx=\int_0^1 2xdx=1$$

$$a_n=\frac{2}{1}\int_0^1 f(x)\cos(n\pi x)dx=2\int_0^1 2x\cos(n\pi x)dx=\frac{4\left[(-1)^n-1\right]}{n^2\pi^2}$$

故 $f(x)$ 於 $0\le x\le 1$ 上之傅立葉餘弦級數為

$$1+\frac{4}{\pi^2}\sum_{n=1}^{\infty}\frac{(-1)^n-1}{n^2}\cos(n\pi x)$$

■

範例 3

已知函數 $f(x)=1-2x$，$0\le x\le \pi$，試求其傅立葉餘弦級數與傅立葉正弦級數，並分別探討其收斂性質。

解

此函數之傅立葉**餘弦級數**的係數計算如下

$$a_0=\frac{1}{\pi}\int_0^{\pi} f(x)dx=\frac{1}{\pi}\int_0^{\pi}(1-2x)dx=1-\pi$$

$$a_n=\frac{2}{\pi}\int_0^{\pi} f(x)\cos(nx)dx=\frac{2}{\pi}\int_0^{\pi}(1-2x)\cos(nx)dx=\frac{4}{n^2\pi}[1-(-1)^n]$$

故 $f(x)$ 於 $0\le x\le \pi$ 上之傅立葉餘弦級數可表示為

$$1-\pi+\frac{4}{\pi}\sum_{n=1}^{\infty}\frac{1}{n^2}[1-(-1)^n]\cos(nx)=1-\pi+\frac{8}{\pi}\sum_{n=1}^{\infty}\frac{1}{(2n-1)^2}\cos\left((2n-1)x\right)$$

此級數收斂至

$$\begin{cases}1-2x, & 0<x<\pi\\ 1, & x=0\\ 1-2\pi, & x=\pi\end{cases}$$

此函數之傳立葉**正弦級數**的係數計算如下

$$b_n = \frac{2}{\pi}\int_0^{\pi} f(x)\sin(nx)dx = \frac{2}{\pi}\int_0^{\pi}(1-2x)\sin(nx)dx = \frac{2[1+(2\pi-1)(-1)^n]}{n\pi}$$

故 $f(x)$ 於 $0 \le x \le \pi$ 上之傳立葉正弦級數為

$$\frac{2}{\pi}\sum_{n=1}^{\infty}\frac{1+(2\pi-1)(-1)^n}{n}\sin(nx)$$

且級數收斂至

$$\begin{cases} 1-2x, & 0 < x < \pi \\ 0, & x = 0,\ \pi \end{cases}$$

■

範例 4

已知函數 $f(x) = \begin{cases} 2, & 0 \le x < \pi \\ 1, & \pi \le x < 2\pi \end{cases}$，試求其傳立葉餘弦級數與傳立葉正弦級數，並分別探討其收斂性質。

解

此函數之傳立葉**餘弦級數**的係數計算如下

$$a_0 = \frac{1}{2\pi}\int_0^{2\pi} f(x)dx = \frac{1}{2\pi}\left(\int_0^{\pi} 2dx + \int_{\pi}^{2\pi} 1dx\right) = \frac{3}{2}$$

$$a_n = \frac{2}{2\pi}\int_0^{2\pi} f(x)\cos\left(\frac{nx}{2}\right)dx$$

$$= \frac{1}{\pi}\left(\int_0^{\pi} 2\cos\left(\frac{nx}{2}\right)dx + \int_{\pi}^{2\pi}\cos\left(\frac{nx}{2}\right)dx\right) = \frac{2}{n\pi}\sin\left(\frac{n\pi}{2}\right)$$

故 $f(x)$ 於 $0 \le x \le 2\pi$ 上之傳立葉餘弦級數為

$$\frac{3}{2} + \frac{2}{\pi}\sum_{n=1}^{\infty}\frac{1}{n}\sin\left(\frac{n\pi}{2}\right)\cos\left(\frac{nx}{2}\right) = \frac{3}{2} + \frac{2}{\pi}\sum_{n=1}^{\infty}\frac{(-1)^{n+1}}{2n-1}\cos\left(\frac{(2n-1)x}{2}\right)$$

此級數收斂至

$$\begin{cases} 2, & 0 \le x < \pi \\ 1, & \pi < x \le 2\pi \\ 3/2, & x = \pi \end{cases}$$

此函數之傅立葉**正弦級數**的係數計算如下

$$b_n = \frac{2}{2\pi}\int_0^{2\pi} f(x)\sin\left(\frac{nx}{2}\right)dx$$
$$= \frac{1}{\pi}\left(\int_0^{\pi} 2\sin\left(\frac{nx}{2}\right)dx + \int_{\pi}^{2\pi}\sin\left(\frac{nx}{2}\right)dx\right) = \frac{2}{n\pi}\left(2-(-1)^n-\cos\left(\frac{n\pi}{2}\right)\right)$$

故 $f(x)$ 於 $0 \le x \le 2\pi$ 上之傅立葉正弦級數為

$$\frac{2}{\pi}\sum_{n=1}^{\infty}\frac{1}{n}\left(2-(-1)^n-\cos\left(\frac{n\pi}{2}\right)\right)\sin\left(\frac{nx}{2}\right)$$

且級數收斂至

$$\begin{cases} 2, & 0 \le x < \pi \\ 1, & \pi < x \le 2\pi \\ 3/2, & x = \pi \\ 0, & x = 0,\ 2\pi \end{cases}$$

■

範例 5

已知函數 $f(x) = (x-2)^2$ ，$0 \le x \le 2$ ，試求其傅立葉正弦級數，並探討收斂性質。

解

首先計算此函數之傅立葉正弦級數的係數如下

$$b_n = \frac{2}{2}\int_0^2 f(x)\sin\left(\frac{n\pi x}{2}\right)dx = \int_0^2 (x-2)^2\sin\left(\frac{n\pi x}{2}\right)dx = \frac{8[2(-1)^n - 2 + n^2\pi^2]}{n^3\pi^3}$$

則 $f(x)$ 於 $0 \le x \le 2$ 上之傅立葉正弦級數可表示為

$$\frac{8}{\pi^3}\sum_{n=1}^{\infty}\frac{2(-1)^n-2+n^2\pi^2}{n^3}\sin\left(\frac{n\pi x}{2}\right)$$

此級數收斂至

$$\begin{cases} (x-2)^2, & 0 < x < 2 \\ 0, & x = 0,\ 2 \end{cases}$$

■

範例 6

已知函數 $f(x)=\sin(\pi x)$，$0\le x\le 1$，試求其傅立葉餘弦級數，並探討收斂性質。

解

首先計算此函數之傅立葉餘弦級數的係數如下

$$a_0=\int_0^1 f(x)dx=\int_0^1 \sin(\pi x)dx=\frac{2}{\pi}$$

$$a_n=2\int_0^1 f(x)\cos(n\pi x)dx$$

$$=2\int_0^1 \sin(\pi x)\cos(n\pi x)dx=\begin{cases}0, & n=1\\ \dfrac{-2[1+(-1)^n]}{\pi(n^2-1)}, & n=2,3,\cdots\end{cases}$$

則 $f(x)$ 於 $0\le x\le 1$ 上之傅立葉餘弦級數為

$$\frac{2}{\pi}-\frac{2}{\pi}\sum_{n=2}^{\infty}\frac{1+(-1)^n}{n^2-1}\cos(n\pi x)=\frac{2}{\pi}-\frac{4}{\pi}\sum_{n=1}^{\infty}\frac{1}{4n^2-1}\cos(2n\pi x)$$

此級數收斂至

$$\begin{cases}\sin(\pi x), & 0<x<1\\ 0, & x=0,\ 1\end{cases}$$

故令 $x=1/2$ 代入級數之中可得

$$\frac{2}{\pi}-\frac{4}{\pi}\sum_{n=1}^{\infty}\frac{(-1)^n}{4n^2-1}=\sin\left(\frac{\pi}{2}\right)=1$$

亦即

$$\sum_{n=1}^{\infty}\frac{(-1)^n}{4n^2-1}=-\frac{1}{4\cdot 1^2-1}+\frac{1}{4\cdot 2^2-1}-\frac{1}{4\cdot 3^2-1}+\cdots=\frac{1}{2}-\frac{\pi}{4}$$

■

類題練習

以下 1 ～ 8 題，試求各函數的傅立葉餘弦級數與傅立葉正弦級數，並探討其收斂性。

1. $f(x)=\begin{cases}1, & 0\le x<\dfrac{\pi}{2}\\ 0, & \dfrac{\pi}{2}\le x<\pi\end{cases}$

2. $f(x)=\dfrac{1}{2}+\cos\left(\dfrac{\pi x}{2}\right)$，$0\le x\le 2$

3. $f(x)=x$，$0\le x\le 1$

4. $f(x)=2\cosh x$，$0\le x\le \pi$

5. $f(x)=\begin{cases}0, & 0\le x<1\\ 1, & 1\le x<2\\ 2, & 2\le x\le 3\end{cases}$

6. $f(x)=\begin{cases}x+2, & 0\le x<3\\ x-4, & 3\le x\le 6\end{cases}$

7. $f(x)=2-3x^2$，$0\le x\le 2$

8. $f(x)=\begin{cases}2\sin(x/2), & 0\le x<2\pi\\ 0, & 2\pi\le x<4\pi\end{cases}$

7-4 複數型傅立葉級數

本書將於第 10 章之 10-1 節探討複數與函數，建議讀者可視個人需求，或可先前往 10-1 節詳以研讀該節之複數函數相關理論基礎後，再繼續研讀本節內容。

A. 尤拉公式（Euler's formula）

e^{ix} 可利用 $\cos(x)$ 與 $\sin(x)$ 來表示，即

$$e^{ix} = \cos(x) + i\sin(x)$$

至於其共軛複數則為

$$e^{-ix} = \overline{e^{ix}} = \overline{\cos(x) + i\sin(x)} = \cos(x) - i\sin(x)$$

因此 $\cos(x)$ 與 $\sin(x)$ 便可藉由 e^{ix} 與 e^{-ix} 加以表示如下

$$\cos(x) = \frac{1}{2}\left(e^{ix} + e^{-ix}\right), \qquad \sin(x) = \frac{1}{2i}\left(e^{ix} - e^{-ix}\right)$$

B. 複數型傅立葉級數及其收斂性

(1) 設週期函數 $f(x)$ 具有基本週期 p，亦即 $f(x) = f(x+p)$，且 $\omega_0 = \frac{2\pi}{p}$，根據 7-1 節的討論，其傅立葉級數可表示如下：

$$f(x) = a_0 + \sum_{n=1}^{\infty} a_n \cos(n\omega_0 x) + b_n \sin(n\omega_0 x) \tag{7.4.1}$$

其中，係數 a_0、a_n、b_n 分別為

$$a_0 = \frac{1}{p}\int_{-p/2}^{p/2} f(x)dx$$

$$a_n = \frac{2}{p}\int_{-p/2}^{p/2} f(x)\cos\left(n\omega_0 x\right)dx, \quad n = 1, 2, 3, \ldots$$

$$b_n = \frac{2}{p}\int_{-p/2}^{p/2} f(x)\sin(n\omega_0 x)dx, \quad n = 1, 2, 3, \ldots$$

又由於尤拉公式，因此

$$\begin{cases} \cos(n\omega_0 x) = \frac{1}{2}\left(e^{in\omega_0 x} + e^{-in\omega_0 x}\right) \\ \sin(n\omega_0 x) = \frac{1}{2i}\left(e^{in\omega_0 x} - e^{-in\omega_0 x}\right) \end{cases} \tag{7.4.2}$$

故 (7.4.1) 式之型式可根據 (7.4.2) 式予以改寫為

$$\begin{aligned} f(x) &= a_0 + \sum_{n=1}^{\infty} \frac{a_n}{2}\left(e^{in\omega_0 x} + e^{-in\omega_0 x}\right) + \frac{b_n}{2i}\left(e^{in\omega_0 x} - e^{-in\omega_0 x}\right) \\ &= a_0 + \sum_{n=1}^{\infty} \left(\frac{a_n}{2} + \frac{b_n}{2i}\right) e^{in\omega_0 x} + \left(\frac{a_n}{2} - \frac{b_n}{2i}\right) e^{-in\omega_0 x} \\ &= a_0 + \sum_{n=1}^{\infty} \frac{1}{2}\left(a_n - ib_n\right) e^{in\omega_0 x} + \frac{1}{2}\left(a_n + ib_n\right) e^{-in\omega_0 x} \end{aligned} \tag{7.4.3}$$

此時若令

$$\begin{cases} C_0 = a_0 \\ C_n = \frac{1}{2}\left(a_n - ib_n\right), \quad n = 1, 2, 3, \cdots \end{cases}$$

則因 a_n 及 b_n 均為實數，於是可得

$$\overline{C_n} = \frac{1}{2}\left(a_n + ib_n\right), \quad n = 1, 2, 3, \cdots$$

故

$$C_0 = a_0 = \frac{1}{p}\int_{-p/2}^{p/2} f(x)dx$$

$$\begin{aligned} C_n &= \frac{1}{2}\left(a_n - ib_n\right) \\ &= \frac{1}{2}\frac{2}{p}\int_{-p/2}^{p/2} f(x)\cos(n\omega_0 x)dx - \frac{i}{2}\frac{2}{p}\int_{-p/2}^{p/2} f(x)\sin(n\omega_0 x)dx \\ &= \frac{1}{p}\int_{-p/2}^{p/2} f(x)\left[\cos(n\omega_0 x) - i\sin(n\omega_0 x)\right]dx \\ &= \frac{1}{p}\int_{-p/2}^{p/2} f(x)e^{-in\omega_0 x}dx \end{aligned}$$

$$\begin{aligned}\overline{C_n} &= \frac{1}{2}(a_n + ib_n) \\ &= \frac{1}{p}\int_{-p/2}^{p/2} f(x)\overline{e^{-in\omega_0 x}}dx = \frac{1}{p}\int_{-p/2}^{p/2} f(x)e^{in\omega_0 x}dx \\ &= C_{-n}\end{aligned}$$

而 (7.4.3) 式的級數則可寫成

$$\begin{aligned}C_0 + \sum_{n=1}^{\infty} C_n e^{in\omega_0 x} + \sum_{n=1}^{\infty} \overline{C_n} e^{-in\omega_0 x} &= C_0 + \sum_{n=1}^{\infty} C_n e^{in\omega_0 x} + \sum_{n=1}^{\infty} C_{-n} e^{i(-n)\omega_0 x} \\ &= C_0 + \sum_{n=-\infty,\, n\neq 0}^{\infty} C_n e^{in\omega_0 x} = \sum_{n=-\infty}^{\infty} C_n e^{in\omega_0 x}\end{aligned}$$

故 $f(x)$ 之複數型傅立葉級數可表示為

$$f(x) = \sum_{n=-\infty}^{\infty} C_n e^{in\omega_0 x} \tag{7.4.4}$$

其中 C_n 為該級數的係數如下

$$C_n = \frac{1}{p}\int_{-p/2}^{p/2} f(x)e^{-in\omega_0 x}dx, \qquad n = 0, \pm1, \pm2, \pm3, \cdots \tag{7.4.5}$$

(2) 若函數 $f(x)$ 具有基本週期 p ，且在區間 $-p/2 \le x \le p/2$ 內為片段平滑，則在此區間內的任一點 x ， $f(x)$ 之複數型傅立葉級數均可收斂至

$$\frac{1}{2}\left(f(x^+) + f(x^-)\right)$$

範例 1

已知某週期函數 $f(x) = \begin{cases} 0, & -\pi < x < 0 \\ 1, & 0 < x < \pi \end{cases}$ ， $f(x+2\pi) = f(x)$ ，試求其複數型傅立葉級數。

解

本題之週期 $p = 2\pi$ ， $\omega_0 = \dfrac{2\pi}{2\pi} = 1$ ，故令

$$f(x) = \sum_{n=-\infty}^{\infty} C_n e^{inx}$$

其中係數可計算如下

$$C_n = \frac{1}{2\pi}\int_{-\pi}^{\pi} f(x)e^{-inx}dx = \frac{1}{2\pi}\int_{0}^{\pi} e^{-inx}dx = \begin{cases} \frac{1}{2}, & n=0 \\ \frac{i}{2n\pi}\left[(-1)^n - 1\right], & n \neq 0 \end{cases}$$

故 $f(x)$ 之複數型傅立葉級數為

$$\frac{1}{2} + \frac{i}{2\pi}\sum_{n=-\infty,\ n\neq 0}^{\infty} \frac{1}{n}\left[(-1)^n - 1\right]e^{inx}$$

■

範例 2

已知某週期函數 $f(x) = \begin{cases} -\frac{1}{2}, & -\pi < x < 0 \\ \frac{1}{2}, & 0 < x < \pi \end{cases}$ ，$f(x+2\pi) = f(x)$ ，**試求其複數型傅立葉級數。**

解

本題之週期 $p = 2\pi$ ，因此 $\omega_0 = \frac{2\pi}{2\pi} = 1$ ，故令

$$f(x) = \sum_{n=-\infty}^{\infty} C_n e^{inx}$$

其中係數可計算如下

$$C_n = \frac{1}{2\pi}\int_{-\pi}^{\pi} f(x)e^{-inx}dx = \frac{1}{2\pi}\left(-\frac{1}{2}\int_{-\pi}^{0} e^{-inx}dx + \frac{1}{2}\int_{0}^{\pi} e^{-inx}dx\right) = \begin{cases} 0, & n=0 \\ \frac{i}{2n\pi}\left[(-1)^n - 1\right], & n \neq 0 \end{cases}$$

故 $f(x)$ 之複數型傅立葉級數可表示為

$$\frac{i}{2\pi}\sum_{n=-\infty,\ n\neq 0}^{\infty} \frac{1}{n}\left[(-1)^n - 1\right]e^{inx}$$

■

由範例 1 及範例 2 可以看出，若兩函數僅為 y 方向之平移變化，則其複數型傅立葉級數僅有 C_0 值之不同。

範例 3

已知某週期函數 $f(x)=2x$，$0\le x\le 2$，$f(x)=f(x+2)$，試求其複數型傅立葉級數。

解

本題之週期 $p=2$，則 $\omega_0=2\pi/p=\pi$，故令

$$f(x)=\sum_{n=-\infty}^{\infty}C_n e^{in\pi x}$$

其中

$$C_n=\frac{1}{2}\int_0^2 2xe^{-in\pi x}dx=\begin{cases}2, & n=0\\ \dfrac{2i}{n\pi}, & n=\pm1,\pm2,\cdots\end{cases}$$

故 $f(x)$ 之複數型傅立葉級數為

$$2+\frac{2i}{\pi}\sum_{n=-\infty,\ n\neq 0}^{\infty}\frac{1}{n}e^{in\pi x}$$

■

範例 4

已知某週期函數 $f(x)=\begin{cases}0, & 1\le|x|\le 2\\ 2, & |x|<1\end{cases}$，$f(x+4)=f(x)$，試求其複數型傅立葉級數。

解

本題之週期 $p=4$，則 $\omega_0=2\pi/4=\pi/2$，故令

$$f(x)=\sum_{n=-\infty}^{\infty}C_n e^{in\pi x/2}$$

其中

$$C_n=\frac{1}{4}\int_{-1}^{1}2e^{-in\pi x/2}dx=\begin{cases}1, & n=0\\ \dfrac{2}{n\pi}\sin\left(\dfrac{n\pi}{2}\right), & n=\pm1,\pm2,\cdots\end{cases}$$

故 $f(x)$ 之複數型傅立葉級數為

$$1+\frac{2}{\pi}\sum_{n=-\infty,\ n\neq 0}^{\infty}\frac{1}{n}\sin\left(\frac{n\pi}{2}\right)e^{in\pi x}=1+\frac{2}{\pi}\sum_{n=-\infty,\ n\neq 0}^{\infty}\frac{(-1)^{n+1}}{2n-1}e^{i(2n-1)\pi x}$$

■

範例 5

已知某函數 $f(t)=3\left|\sin(2t)\right|$，試求其複數型傅立葉級數。

解

本題之函數 $f(t)$ 在電路學中，可視為 $3\sin(2t)$ 的全波整流，其中週期 $p=\pi/2$，$\omega_0=2\pi/p=4$，令

$$f(t)=\sum_{n=-\infty}^{\infty} C_n e^{i4nt}$$

則其係數可加以計算如下

$$C_n=\frac{2}{\pi}\int_0^{\pi/2} 3\left|\sin(2t)\right| e^{-i4nt}dt=\frac{6}{\pi}\int_0^{\pi/2}\sin(2t)e^{-i4nt}dt=\frac{-6}{\pi(4n^2-1)}$$

故 $3\left|\sin(2t)\right|$ 之複數型傅立葉級數為

$$\frac{-6}{\pi}\sum_{n=-\infty}^{\infty}\frac{1}{4n^2-1}e^{i4nt}$$

■

範例 6

已知某函數 $f(x)=3\sin x-4(1+\sin x)\cos^2 x$，試求其複數型傅立葉級數。

解

此函數 $f(x)$ 可化簡如下

$$\begin{aligned} f(x)&=3\sin x-4(1+\sin x)\cos^2 x=3\sin x-4\sin x(1-\sin^2 x)-4\cos^2 x\\ &=2\sin x-(3\sin x-4\sin^3 x)-2(1+\cos 2x)=2\sin x-\sin 3x-2-2\cos 2x\\ &=-2+2\sin x-2\cos 2x-\sin 3x \end{aligned}$$

此函數之週期為 2π，又由尤拉公式可知，

$$\cos(x)=\frac{1}{2}\left(e^{ix}+e^{-ix}\right),\qquad \sin(x)=\frac{1}{2i}\left(e^{ix}-e^{-ix}\right)$$

因此

$$
\begin{aligned}
f(x) &= -2 + 2\sin x - 2\cos 2x - \sin 3x \\
&= -2 + \frac{2}{2i}\left(e^{ix} - e^{-ix}\right) - \frac{2}{2}\left(e^{i2x} + e^{-i2x}\right) - \frac{1}{2i}\left(e^{i3x} - e^{-i3x}\right) \\
&= -2 - i\left(e^{ix} - e^{-ix}\right) - \left(e^{i2x} + e^{-i2x}\right) + \frac{i}{2}\left(e^{i3x} - e^{-i3x}\right)
\end{aligned}
$$

故 $f(x)$ 之複數型傅立葉級數為

$$
-\frac{i}{2}e^{-i3x} - e^{-i2x} + ie^{-ix} - 2 - ie^{ix} - e^{i2x} + \frac{i}{2}e^{i3x}
$$

■

類題練習

以下 1 ～ 8 題，試求各函數的複數型傅立葉級數。

1. $f(x)=\begin{cases}0, & -1\le x\le 0\\ x, & 0\le x\le 1\end{cases}$，
   $f(x)=f(x+2)$

2. $f(x)=|x|$，$-1\le x\le 1$，
   $f(x)=f(x+2)$

3. $f(x)=x$，$-1\le x\le 0$，
   $f(x)=f(x+1)$

4. $f(x)=2\cosh x$，$-\pi/2\le x\le \pi/2$，
   $f(x)=f(x+\pi)$

5. $f(x)=\begin{cases}2, & -1\le x<0\\ 1, & 0\le x<1\\ 0, & 1\le x\le 2\end{cases}$，
   $f(x)=f(x+3)$

6. $f(x)=\begin{cases}x+2, & -3\le x<0\\ x-4, & 0\le x\le 3\end{cases}$，
   $f(x)=f(x+6)$

7. $f(x)=2-3x^2$，$0\le x\le 2$，
   $f(x)=f(x+2)$

8. 如圖 7.4.1 所示為週期函數 $f(x)$ 的圖形，試求該函數之複數型傅立葉級數。

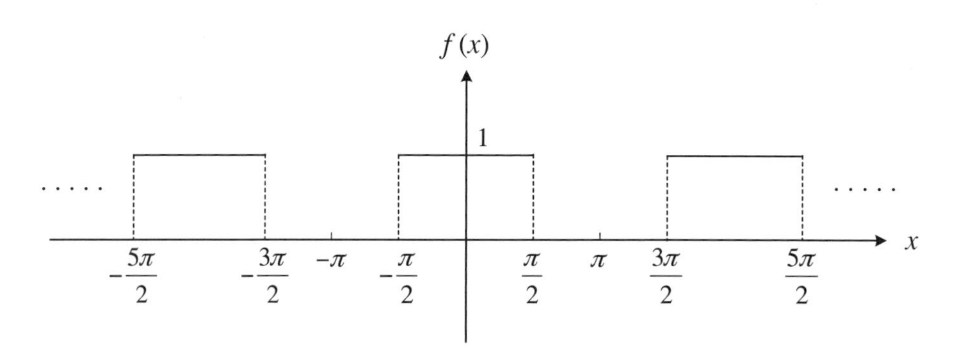

圖 7.4.1

chapter

8 傅立葉積分與轉換

傅立葉級數主要用於表達某段有限區間的函數，或者用於定義整個實數區間的週期函數，而因為傅立葉級數的係數為離散形式，亦即代表週期函數的頻率成分為離散分布，故若欲進一步探討位於整個實數區間上的非週期函數，且不限於離散形式，則可利用本章介紹的傅立葉積分加以完成。此外，本章並將介紹傅立葉轉換，它可用於將時域上的函數予以轉換至頻域，俾以瞭解函數於頻域上之資訊特性。傅立葉積分與傅立葉轉換均將在本章分別闡述討論。

8-1 傅立葉積分

A. 傅立葉積分的求法

若 $f(x)$ 為定義於整個實數區間 $(-\infty, \infty)$ 上的非週期函數，且為片段平滑，如果 $\int_{-\infty}^{\infty}|f(x)|dx$ 存在，則其傅立葉積分乃將 $f(x)$ 表示如下

$$f(x)=\int_0^{\infty}[A_\omega\cos(\omega x)+B_\omega\sin(\omega x)]d\omega \tag{8.1.1}$$

其中，A_ω、B_ω 稱為函數 $f(x)$ 的傅立葉積分係數，計算式為

$$A_\omega=\frac{1}{\pi}\int_{-\infty}^{\infty}f(x)\cos(\omega x)dx$$

$$B_\omega=\frac{1}{\pi}\int_{-\infty}^{\infty}f(x)\sin(\omega x)dx$$

在任一點 x 上，(8.1.1) 式的傅立葉積分式均收斂至 $\frac{1}{2}[f(x^+)+f(x^-)]$。

範例 1

已知函數 $f(x)=\begin{cases}1, & |x|<1\\ 0, & |x|>1\end{cases}$，試求其傅立葉積分。

解

$f(x)$ 為片段平滑，且 $\int_{-\infty}^{\infty}|f(x)|dx$ 收斂，其傅立葉積分的係數 A_ω、B_ω 為

$$A_\omega=\frac{1}{\pi}\int_{-1}^{1}\cos(\omega x)dx=\frac{2\sin\omega}{\pi\omega}$$

$$B_\omega=\frac{1}{\pi}\int_{-1}^{1}\sin\omega x dx=0$$

故可求得 $f(x)$ 之傅立葉積分為

$$\frac{2}{\pi}\int_0^{\infty}\frac{\sin\omega}{\omega}\cos\omega x d\omega$$

此時該傅立葉積分收斂至

$$\begin{cases}1, & |x|<1\\ 0, & |x|>1\\ \frac{1}{2}, & x=\pm 1\end{cases}$$

■

範例 2

已知函數 $f(x)=\begin{cases} x, & |x|<1 \\ 0, & |x|>1 \end{cases}$，試求其傅立葉積分。

解

$f(x)$ 為片段平滑，且 $\int_{-\infty}^{\infty}|f(x)|dx$ 收斂，則其傅立葉積分的係數為

$$A_\omega=\frac{1}{\pi}\int_{-1}^{1}x\cos(\omega x)dx=0$$

$$B_\omega=\frac{1}{\pi}\int_{-1}^{1}x\sin\omega x dx=\frac{2}{\pi}\left(-\frac{1}{\omega}\cos\omega+\frac{1}{\omega^2}\sin\omega\right)$$

故可得 $f(x)$ 之傅立葉積分為

$$\frac{2}{\pi}\int_{0}^{\infty}\left(-\frac{1}{\omega}\cos\omega+\frac{1}{\omega^2}\sin\omega\right)\sin\omega x d\omega$$

且此時該傅立葉積分式收斂至

$$\begin{cases} x, & |x|<1 \\ 0, & |x|>1 \\ \frac{1}{2}, & x=1 \\ -\frac{1}{2}, & x=-1 \end{cases}$$

■

範例 3

已知函數 $f(x)=\begin{cases} 1-x, & -1\le x\le 1 \\ 0, & |x|>1 \end{cases}$，試求傅立葉積分，並計算 $\int_{0}^{\infty}\frac{\sin(2x)}{x}dx$ 之值。

解

$f(x)$ 為片段平滑，且 $\int_{-\infty}^{\infty}|f(x)|dx$ 收斂，其傅立葉積分的係數計算如下

$$A_\omega = \frac{1}{\pi}\int_{-1}^{1}(1-x)\cos(\omega x)dx = \frac{1}{\pi}\left(\frac{1-x}{\omega}\sin\omega x - \frac{1}{\omega^2}\cos\omega x\right)\Bigg|_{-1}^{1}$$

$$= \frac{2}{\pi\omega}\sin\omega$$

$$B_\omega = \frac{1}{\pi}\int_{-1}^{1}(1-x)\sin(\omega x)dx = \frac{1}{\pi}\left(-\frac{1-x}{\omega}\cos\omega x - \frac{1}{\omega^2}\sin\omega x\right)\Bigg|_{-1}^{1}$$

$$= \frac{2}{\pi\omega^2}(\omega\cos\omega - \sin\omega)$$

故可得 $f(x)$ 之傅立葉積分式為

$$\int_0^\infty \frac{2}{\pi\omega}\left[\sin(\omega)\cos(\omega x) + \frac{1}{\omega}\big(\omega\cos(\omega) - \sin(\omega)\big)\sin(\omega x)\right]d\omega$$

又此時該傅立葉積分式收斂至

$$\begin{cases} 1-x, & -1<x<1 \\ 0, & |x|>1,\ x=1 \\ 1, & x=-1 \end{cases}$$

故，當 $x=1$ 時

$$\int_0^\infty \frac{2}{\pi\omega}\left[\sin(\omega)\cos(\omega) + \frac{1}{\omega}\big(\omega\cos(\omega) - \sin(\omega)\big)\sin(\omega)\right]d\omega = 0$$

當 $x=-1$ 時

$$\int_0^\infty \frac{2}{\pi\omega}\left[\sin(\omega)\cos(\omega) - \frac{1}{\omega}\big(\omega\cos(\omega) - \sin(\omega)\big)\sin(\omega x)\right]d\omega = 1$$

將前兩式相加，可得

$$2\int_0^\infty \frac{1}{\pi\omega}[2\sin(\omega)\cos(\omega)]d\omega = \frac{2}{\pi}\int_0^\infty \frac{\sin(2\omega)}{\omega}d\omega = 1$$

亦即

$$\int_0^\infty \frac{\sin(2\omega)}{\omega}d\omega = \int_0^\infty \frac{\sin(2x)}{x}dx = \frac{\pi}{2}$$

■

範例 4

已知函數 $f(x)=e^{-a|x|}$，$a>0$，試求其傅立葉積分，並計算 $\int_0^{\infty}\frac{\cos(2x)}{x^2+4}dx$ 之值。

解

$f(x)$ 為片段平滑，且 $\int_{-\infty}^{\infty}\left|e^{-a|x|}\right|dx=2/a$，故其傅立葉積分係數為

$$A_{\omega}=\frac{1}{\pi}\int_{-\infty}^{\infty}e^{-a|x|}\cos(\omega x)dx=\frac{2a}{\pi(a^2+\omega^2)}$$

$$B_{\omega}=\frac{1}{\pi}\int_{-\infty}^{\infty}e^{-a|x|}\sin(\omega x)dx=0$$

故函數 $f(x)$ 之傅立葉積分式為

$$\int_0^{\infty}\frac{2a}{\pi(a^2+\omega^2)}\cos(\omega x)d\omega$$

該傅立葉積分式恆收斂至 $f(x)$ 本身，亦即

$$f(x)=e^{-a|x|}=\int_0^{\infty}\frac{2a}{\pi(a^2+\omega^2)}\cos(\omega x)d\omega$$

此時若代入 $x=2$、$a=2$ 可得

$$\int_0^{\infty}\frac{4}{\pi(4+\omega^2)}\cos(2\omega)d\omega=e^{-4}$$

亦即

$$\int_0^{\infty}\frac{\cos(2\omega)}{\omega^2+4}d\omega=\int_0^{\infty}\frac{\cos(2x)}{x^2+4}dx=\frac{\pi}{4}e^{-4}$$

■

範例 5

已知函數 $f(x)=\begin{cases}-\cos(x), & -\pi\le x\le 0\\ \sin(x), & 0<x\le\pi\\ 0, & |x|>\pi\end{cases}$，試求其傅立葉積分。

解

$f(x)$ 為片段平滑，且 $\int_{-\infty}^{\infty}|f(x)|dx$ 收斂，其傅立葉積分的係數為

$$A_\omega = \frac{1}{\pi}\left[-\int_{-\pi}^{0}\cos(x)\cos(\omega x)dx + \int_{0}^{\pi}\sin(x)\cos(\omega x)dx\right] = \frac{\omega\sin(\pi\omega)-\cos(\pi\omega)-1}{\pi(\omega^2-1)}$$

$$B_\omega = \frac{1}{\pi}\left[-\int_{-\pi}^{0}\cos(x)\sin(\omega x)dx + \int_{0}^{\pi}\sin(x)\sin(\omega x)dx\right] = \frac{\omega(\cos(\pi\omega)+1)-\sin(\pi\omega)}{\pi(\omega^2-1)}$$

故可得 $f(x)$ 之傅立葉積分為

$$\int_0^\infty\left[\left(\frac{\omega\sin(\pi\omega)-\cos(\pi\omega)-1}{\pi(\omega^2-1)}\right)\cos(\omega x)+\left(\frac{\omega(\cos(\pi\omega)+1)-\sin(\pi\omega)}{\pi(\omega^2-1)}\right)\sin(\omega x)\right]d\omega$$

又於此時，此傅立葉積分式的收斂情形為

$$\begin{cases}-\cos(x), & -\pi<x<0\\ \sin(x), & 0<x<\pi\\ 0, & |x|>\pi\end{cases} \quad \text{以及} \quad \begin{cases}\dfrac{1}{2}, & |x|=\pi\\ -\dfrac{1}{2}, & x=0\end{cases}$$

■

B. 傅立葉正弦積分和傅立葉餘弦積分

假設 $f(x)$ 定義於半個實數區間 $[0, \infty)$ 上，且 $\int_0^\infty|f(x)|dx$ 存在。

1. 若定義一偶函數 $f_e(x)$，使其成為 $f(x)$ 的偶擴張，亦即

$$f_e(x)=\begin{cases}f(x), & x\geq 0\\ f(-x), & x<0\end{cases}$$

則 $f_e(x)$ 之傅立葉積分將只存在餘弦項，此時 $f(x)$ 的傅立葉餘弦積分如下

$$\int_0^\infty A_\omega\cos(\omega x)d\omega$$

其係數為

$$A_\omega=\frac{1}{\pi}\int_{-\infty}^{\infty}f_e(x)\cos(\omega x)dx=\frac{2}{\pi}\int_0^\infty f(x)\cos(\omega x)dx$$

此時在區間 $(0, \infty)$ 中，$f(x)$ 之傅立葉餘弦積分收斂至 $\frac{1}{2}[f(x^+)+f(x^-)]$；而在 $x=0$ 時，則收斂至 $f(0^+)$。

2. 若定義一奇函數 $f_o(x)$，使其成為 $f(x)$ 的奇擴張，亦即

$$f_o(x)=\begin{cases} f(x), & x\geq 0 \\ -f(-x), & x<0 \end{cases}$$

則 $f_o(x)$ 之傅立葉積分將只存在正弦項，此時 $f(x)$ 的傅立葉正弦積分如下

$$\int_0^{\infty} B_{\omega}\sin(\omega x)d\omega$$

其係數為

$$B_{\omega}=\frac{1}{\pi}\int_{-\infty}^{\infty} f_o(x)\sin(\omega x)dx=\frac{2}{\pi}\int_0^{\infty} f(x)\sin(\omega x)dx$$

此時在區間 $(0,\ \infty)$ 中，$f(x)$ 之傅立葉正弦積分收斂至 $\frac{1}{2}[f(x^+)+f(x^-)]$；而在 $x=0$ 時，則收斂至 0。

範例 6

已知函數 $f(x)=\begin{cases} 0, & 0\leq x\leq 1,\ \ x>4 \\ 2, & 1<x\leq 4 \end{cases}$，試求其傅立葉正弦積分與傅立葉餘弦積分。

解

$f(x)$ 為片段平滑，且 $\int_0^{\infty}|f(x)|dx$ 收斂，其傅立葉餘弦積分的係數為

$$A_{\omega}=\frac{2}{\pi}\int_1^4 2\cos(\omega x)dx=\frac{4}{\pi}\frac{\sin(4\omega)-\sin(\omega)}{\omega}$$

此傅立葉餘弦積分之收斂情形為

$$\begin{cases} 0, & 0\leq x<1,\ \ x>4 \\ 2, & 1<x<4 \\ 1, & x=1,\ \ x=4 \end{cases}$$

至於此函數之傅立葉正弦積分係數則為

$$B_{\omega}=\frac{2}{\pi}\int_1^4 2\sin(\omega x)dx=\frac{4}{\pi}\frac{\cos(\omega)-\cos(4\omega)}{\omega}$$

且此時傅立葉正弦積分之收斂情形為

$$\begin{cases} 0, & 0 \le x < 1, \ x > 4 \\ 2, & 1 < x < 4 \\ 1, & x = 1, \ x = 4 \end{cases}$$

■

範例 7

已知函數 $f(x) = e^{-x}\cos(2x)$，$x \ge 0$，試求其傅立葉正弦積分與傅立葉餘弦積分。

解

$f(x)$ 為片段平滑，且 $\int_0^\infty |f(x)|dx$ 收斂，其傅立葉餘弦積分的係數為

$$\begin{aligned} A_\omega &= \frac{2}{\pi}\int_0^\infty e^{-x}\cos(2x)\cos(\omega x)dx \\ &= \frac{2}{\pi}\int_0^\infty e^{-x}\cdot\frac{1}{2}\left[\cos(2x-\omega x)+\cos(2x+\omega x)\right]dx \\ &= \frac{1}{\pi}\left[\int_0^\infty e^{-x}\cos(2-\omega)xdx + \int_0^\infty e^{-x}\cos(2+\omega)xdx\right] \\ &= \frac{2}{\pi}\frac{5+\omega^2}{\omega^4-6\omega^2+25} \end{aligned}$$

在 $x \ge 0$ 下，此傅立葉餘弦積分恆收斂至本身，即 $e^{-x}\cos(2x)$ 。

另外，傅立葉正弦積分的係數為

$$\begin{aligned} B_\omega &= \frac{2}{\pi}\int_0^\infty e^{-x}\cos(2x)\sin(\omega x)dx \\ &= \frac{2}{\pi}\int_0^\infty e^{-x}\cdot\frac{1}{2}\left[\sin(2x+\omega x)-\sin(2x-\omega x)\right]dx \\ &= \frac{1}{\pi}\left[\int_0^\infty e^{-x}\sin(2+\omega)xdx - \int_0^\infty e^{-x}\sin(2-\omega)xdx\right] \\ &= \frac{2}{\pi}\frac{\omega(-3+\omega^2)}{\omega^4-6\omega^2+25} \end{aligned}$$

此時傅立葉正弦積分的收斂情形為

$$\begin{cases} 0, & x=0 \\ e^{-x}\cos(2x), & x>0 \end{cases}$$

■

類題練習

以下 1 ～ 6 題，試求函數 $f(x)$ 的傅立葉積分。

1. $f(x)=\begin{cases} 1, & 0\le x\le 1 \\ 0, & \text{otherwise} \end{cases}$

2. $f(x)=\begin{cases} |1-x|, & -2\le x\le 2 \\ 0, & |x|>2 \end{cases}$

3. $f(x)=xe^{-|ax|}$，$a\neq 0$，

   並計算 $\int_0^{\infty}\frac{x\sin(x)}{x^4+2x^2+1}dx$ 之值。

4. $f(x)=\begin{cases} \sin(2x), & -\pi\le x\le 2\pi \\ 0, & x<-\pi,\ x>2\pi \end{cases}$

5. $f(x)=\begin{cases} 1, & -3\le x<1 \\ -2, & 1\le x\le 3 \\ 0, & |x|>3 \end{cases}$

6. $f(x)=\begin{cases} \cosh(2x), & |x|\le \pi/2 \\ 0, & |x|>\pi/2 \end{cases}$

以下 7 ～ 10 題，試求函數 $f(x)$ 的傅立葉餘弦積分及傅立葉正弦積分。

7. $f(x)=\begin{cases} 1, & 0\le x\le 1 \\ 0, & x>1 \end{cases}$

8. $f(x)=\begin{cases} 1+x, & 0\le x\le 1 \\ 1-x, & 1<x\le 2 \\ 0, & x>2 \end{cases}$

9. $f(x)=\begin{cases} 2\cos^2(x), & 0\le x\le \pi \\ 0, & x>\pi \end{cases}$

10. $f(x)=\begin{cases} 0, & x<-k \\ a, & -k\le x\le 0 \end{cases}$，

    其中 $a\neq 0$、$k>0$

11. 已知函數 $f(x)=e^{-ax}$，$x\ge 0$，且 $a>0$。

    (1) 試求其傅立葉正弦積分；

    (2) 計算 $\int_0^{\infty}\frac{x\sin(2x)}{x^2+9}dx$ 之值。

8-2 傅立葉轉換

傅立葉轉換係將時域上以時間 t 為變數的函數 $f(t)$，予以轉換至頻域上以頻率 ω 為變數的函數 $F(\omega)$，以下即介紹傅立葉轉換的定義與其基本性質。

A. 傅立葉轉換的定義

函數 $f(x)$ 之傅立葉轉換定義如下

$$F(\omega)=\mathcal{F}\{f(t)\}=\int_{-\infty}^{\infty} f(t)e^{-i\omega t}dt \tag{8.2.1}$$

而傅立葉反轉換則為

$$f(t)=\mathcal{F}^{-1}\{F(\omega)\}=\frac{1}{2\pi}\int_{-\infty}^{\infty} F(\omega)e^{i\omega t}d\omega \tag{8.2.2}$$

若 $\int_{-\infty}^{\infty}|f(t)|dt$ 存在，則 $f(t)$ 之傅立葉轉換 $F(\omega)$ 亦必存在。

範例 1

試求函數 $f(t)=\begin{cases}1, & |t|<1\\ 0, & |t|>1\end{cases}$ 之傅立葉轉換。

解

$$\mathcal{F}\{f(t)\}=\int_{-\infty}^{\infty} f(t)e^{-i\omega t}dt=\int_{-1}^{1} e^{-i\omega t}dt=\frac{2\sin\omega}{\omega}$$

■

範例 2

試求函數 $f(t)=\begin{cases}t, & 0<t<1\\ 0, & \text{otherwise}\end{cases}$ 之傅立葉轉換。

解

$$\mathcal{F}\{f(t)\}=\int_{-\infty}^{\infty} f(t)e^{-i\omega t}dt=\int_{0}^{1} te^{-i\omega t}dt=\frac{i}{\omega}e^{-i\omega}+\frac{1}{\omega^2}\left(e^{-i\omega}-1\right)$$

■

B. 傅立葉轉換的基本性質

1. 線性運算（linear operation）

若 $\mathcal{F}\{f_1(t)\}=F_1(\omega)$，$\mathcal{F}\{f_2(t)\}=F_2(\omega)$，且 a_1、a_2 為常數，則

$$\mathcal{F}\{a_1f_1(t)+a_2f_2(t)\}=a_1F_1(\omega)+a_2F_2(\omega)$$

2. 尺度變換（scaling）

若 $\mathcal{F}\{f(t)\}=F(\omega)$，且 a 為不等於 0 的實數，則

$$\mathcal{F}\{f(at)\}=\frac{1}{|a|}F\left(\frac{\omega}{a}\right)$$

而

$$\mathcal{F}^{-1}\left\{F\left(\frac{\omega}{a}\right)\right\}=|a|f(at)$$

3. 時間變數 t 的平移（time-shifting）

若 $\mathcal{F}\{f(t)\}=F(\omega)$，且 t_0 為實數，則

$$\mathcal{F}\{f(t-t_0)\}=e^{-i\omega t_0}F(\omega)$$

其反轉換為

$$\mathcal{F}^{-1}\{e^{-i\omega t_0}F(\omega)\}=f(t-t_0)$$

4. 頻率變數 ω 的平移（frequency-shifting）

若 $\mathcal{F}\{f(t)\}=F(\omega)$，且 ω_0 為實數，則

$$\mathcal{F}\{e^{i\omega_0 t}f(t)\}=F(\omega-\omega_0)$$

其反轉換為

$$\mathcal{F}^{-1}\{F(\omega-\omega_0)\}=e^{i\omega_0 t}f(t)$$

5. 對稱（symmetry）

若 $\mathcal{F}\{f(t)\}=F(\omega)$，則

$$\mathcal{F}\{F(t)\}=2\pi f(-\omega)$$

6. 調變（modulation）

若 $\mathcal{F}\left\{f(t)\right\}=F(\omega)$，且 ω_0 為實數，則

$$\mathcal{F}\left\{f(t)\cos(\omega_0 t)\right\}=\frac{1}{2}\left[F(\omega-\omega_0)+F(\omega+\omega_0)\right]$$

以及

$$\mathcal{F}\left\{f(t)\sin(\omega_0 t)\right\}=\frac{1}{2i}\left[F(\omega-\omega_0)-F(\omega+\omega_0)\right]$$

範例 3

(1) 證明傅立葉轉換之線性運算的性質。

(2) 若 $\mathcal{F}\left\{f(t)\right\}=F(\omega)$，$\mathcal{F}\left\{g(t)\right\}=G(\omega)$，試求 $\mathcal{F}^{-1}\left\{2F(\omega)-3G(\omega)\right\}$。

解

(1) 設 $\mathcal{F}\left\{f_1(t)\right\}=F_1(\omega)$，$\mathcal{F}\left\{f_2(t)\right\}=F_2(\omega)$，且 a_1、a_2 為常數，則

$$\begin{aligned}\mathcal{F}\left\{a_1 f_1(t)+a_2 f_2(t)\right\}&=\int_{-\infty}^{\infty}\left(a_1 f_1(t)+a_2 f_2(t)\right)e^{-i\omega t}\,dt\\&=a_1\int_{-\infty}^{\infty} f_1(t)e^{-i\omega t}\,dt+a_2\int_{-\infty}^{\infty} f_2(t)e^{-i\omega t}\,dt\\&=a_1F_1(\omega)+a_2F_2(\omega)\end{aligned}$$

(2) 由題意知 $\mathcal{F}^{-1}\left\{F(\omega)\right\}=f(t)$，$\mathcal{F}^{-1}\left\{G(\omega)\right\}=g(t)$，則

$$\mathcal{F}^{-1}\left\{2F(\omega)-3G(\omega)\right\}=2\mathcal{F}^{-1}\left\{F(\omega)\right\}-3\mathcal{F}^{-1}\left\{G(\omega)\right\}=2f(t)-3g(t)$$

■

範例 4

(1) 說明傅立葉轉換之尺度變換的性質，並證明之。

(2) 若 $\mathcal{F}\left\{f(t)\right\}=F(\omega)$，$\mathcal{F}\left\{g(t)\right\}=G(\omega)$，試求 $\mathcal{F}\left\{2f(3t/2)-3g(-2t)\right\}$。

解

(1) 若 $\mathcal{F}\left\{f(t)\right\}=F(\omega)$，且 $a\in\mathbf{R}$、$a\neq 0$，則

令 $a>0$

$$\mathcal{F}\{f(at)\}=\int_{-\infty}^{\infty}f(at)e^{-i\omega t}dt$$

$$=\int_{-\infty}^{\infty}f(u)e^{-i\omega u/a}du/a \quad （令 u=at）$$

$$=\frac{1}{a}\int_{-\infty}^{\infty}f(u)e^{-i\left(\frac{\omega}{a}\right)u}du=\frac{1}{a}F\left(\frac{\omega}{a}\right)=\frac{1}{|a|}F\left(\frac{\omega}{a}\right)$$

令 $a<0$

$$\mathcal{F}\{f(at)\}=\int_{-\infty}^{\infty}f(at)e^{-i\omega t}dt$$

$$=\int_{\infty}^{-\infty}f(u)e^{-i\omega u/a}du/a \quad （令 u=at）$$

$$=-\frac{1}{a}\int_{-\infty}^{\infty}f(u)e^{-i\left(\frac{\omega}{a}\right)u}du=-\frac{1}{a}F\left(\frac{\omega}{a}\right)=\frac{1}{|a|}F\left(\frac{\omega}{a}\right)$$

故 $\mathcal{F}\{f(at)\}=\frac{1}{|a|}F\left(\frac{\omega}{a}\right)$

(2) 利用傅立葉轉換之線性運算與尺度變換的性質，可得

$$\mathcal{F}\{2f(3t/2)-3g(-2t)\}=2\mathcal{F}\{f(3t/2)\}-3\mathcal{F}\{g(-2t)\}$$

$$=2\cdot\frac{2}{3}F\left(\frac{2\omega}{3}\right)-3\cdot\frac{1}{2}G\left(-\frac{\omega}{2}\right)$$

$$=\frac{4}{3}F\left(\frac{2\omega}{3}\right)-\frac{3}{2}G\left(-\frac{\omega}{2}\right)$$

■

範例 5

(1) 試說明時間平移對於傅立葉轉換的影響，並加以證明。

(2) 試求 $f(t)=\begin{cases}a, & -k\le t<k\\ 0, & t<-k,\ t\ge k\end{cases}$ 之傅立葉轉換。

(3) 試求 $g(t)=\begin{cases}5, & 2\le t<6\\ 0, & t<2,\ t\ge 6\end{cases}$ 之傅立葉轉換。

解

(1) 設 $\mathcal{F}\{f(t)\}=F(\omega)$，且 t_0 為實數，則

$$\mathcal{F}\{f(t-t_0)\}=\int_{-\infty}^{\infty} f(t-t_0)e^{-i\omega t}dt$$

$$=e^{-i\omega t_0}\int_{-\infty}^{\infty} f(t-t_0)e^{-i\omega(t-t_0)}dt \quad (\text{令 } u=t-t_0)$$

$$=e^{-i\omega t_0}\int_{-\infty}^{\infty} f(u)e^{-i\omega u}dt=e^{-i\omega t_0}F(\omega)$$

(2) 以步階函數 $u(t)$ 將 $f(t)$ 表示為 $f(t)=a[u(t+k)-u(t-k)]$

$$\therefore\ \mathcal{F}\{f(t)\}=\int_{-\infty}^{\infty} a[u(t+k)-u(t-k)]e^{-i\omega t}dt$$

$$=a\int_{-k}^{k} e^{-i\omega t}dt=\frac{2a}{\omega}\left(\frac{e^{i\omega k}-e^{-i\omega k}}{2i}\right)=\frac{2a}{\omega}\sin(k\omega)$$

(3) 根據上述推論結果，令 $a=5$ 、 $k=2$，則

$$f(t)=\begin{cases}5, & -2\le t<2\\ 0, & t<-2,\ t\ge 2\end{cases}，且 g(t)=f(t-4)$$

$$\therefore\ \mathcal{F}\{g(t)\}=\mathcal{F}\{f(t-4)\}$$

$$=e^{-4j\omega}\mathcal{F}\{f(t)\}=10e^{-4i\omega}\frac{\sin(2\omega)}{\omega}$$

■

範例 6

(1) 說明頻率平移對於傅立葉轉換的影響，並證明之。

(2) 試求 $f(t)=e^{-at}u(t)$ 之傅立葉轉換。

(3) 試求 $G(\omega)=\dfrac{1}{4-i(2-\omega)}$ 之傅立葉反轉換。

解

(1) 設 $\mathcal{F}\left\{f(t)\right\}=F(\omega)$，且 ω_0 為實數，則

$$\mathcal{F}\left\{e^{i\omega_0 t}f(t)\right\}=\int_{-\infty}^{\infty}e^{i\omega_0 t}f(t)e^{-i\omega t}dt$$

$$=\int_{-\infty}^{\infty}f(t)e^{-i(\omega-\omega_0)t}dt$$

$$=F(\omega-\omega_0)$$

(2) $\mathcal{F}\left\{f(t)\right\}=\int_{-\infty}^{\infty}e^{-at}u(t)e^{-i\omega t}dt$

$$=\int_{0}^{\infty}e^{-at}e^{-i\omega t}dt=\int_{0}^{\infty}e^{-(i\omega+a)t}dt=\frac{1}{i\omega+a}$$

(3) $\mathcal{F}^{-1}\left\{G(\omega)\right\}=\mathcal{F}^{-1}\left\{\dfrac{1}{4-i(2-\omega)}\right\}=\mathcal{F}^{-1}\left\{\dfrac{1}{4+i(\omega-2)}\right\}$

$$=e^{i2t}\mathcal{F}^{-1}\left\{\frac{1}{4+i\omega}\right\}=e^{i2t}e^{-4t}u(t)$$

■

範例 7

(1) 試說明傅立葉轉換的對稱性，並加以證明。

(2) 試求 $g(t)=\dfrac{e^{-3it}}{i(t-3)+5}$ 之傅立葉轉換。

解

(1) $\because\ f(t)=\mathcal{F}^{-1}\left\{F(\omega)\right\}=\dfrac{1}{2\pi}\displaystyle\int_{-\infty}^{\infty}F(\omega)e^{i\omega t}d\omega$

$$\therefore\ f(-t)=\frac{1}{2\pi}\int_{-\infty}^{\infty}F(\omega)e^{i\omega(-t)}d\omega=\frac{1}{2\pi}\int_{-\infty}^{\infty}F(\omega)e^{-i\omega t}d\omega$$

將上式中的變數 t 與 ω 互換，可得

$$f(-\omega)=\frac{1}{2\pi}\int_{-\infty}^{\infty}F(t)e^{-i\omega t}dt\ \Rightarrow\ \mathcal{F}\left\{F(t)\right\}=\int_{-\infty}^{\infty}F(t)e^{-i\omega t}dt=2\pi f(-\omega)$$

(2) 令 $F(t)=g(t)=\dfrac{e^{-3it}}{i(t-3)+5} \Rightarrow F(\omega)=\dfrac{e^{-3i\omega}}{i(\omega-3)+5}=\dfrac{e^{-3i\omega}}{i\omega+(5-3i)}$

$$\Rightarrow f(t)=\mathcal{F}^{-1}\{F(\omega)\}=e^{-(5-3i)(t-3)}u(t-3)$$

$$\therefore \mathcal{F}\{g(t)\}=\mathcal{F}\{F(t)\}=2\pi f(-\omega)$$

$$=2\pi e^{-(5-3i)(-\omega-3)}u(-\omega-3)=2\pi e^{(5-3i)(\omega+3)}u(-\omega-3)$$

■

範例 8

(1) 已知 $\mathcal{F}\{f(t)\}=F(\omega)$，且 ω_0 為實數，試證明下列二式成立

$$\mathcal{F}\{f(t)\cos(\omega_0 t)\}=\frac{1}{2}[F(\omega-\omega_0)+F(\omega+\omega_0)]$$

$$\mathcal{F}\{f(t)\sin(\omega_0 t)\}=\frac{1}{2i}[F(\omega-\omega_0)-F(\omega+\omega_0)]$$

(2) 試求 $g(t)=e^{-2t}u(t-1)\cos(t-1)$ 之傅立葉轉換。

解

(1) $\cos(\omega_0 t)=\dfrac{e^{i\omega_0 t}+e^{-i\omega_0 t}}{2}$，$\sin(\omega_0 t)=\dfrac{e^{i\omega_0 t}-e^{-i\omega_0 t}}{2i}$

$$\mathcal{F}\{f(t)\cos(\omega_0 t)\}=\mathcal{F}\left\{f(t)\left(\frac{e^{i\omega_0 t}+e^{-i\omega_0 t}}{2}\right)\right\}$$

$$=\frac{1}{2}\mathcal{F}\{e^{i\omega_0 t}f(t)+e^{-i\omega_0 t}f(t)\}=\frac{1}{2}[F(\omega-\omega_0)+F(\omega+\omega_0)]$$

$$\mathcal{F}\{f(t)\sin(\omega_0 t)\}=\mathcal{F}\left\{f(t)\left(\frac{e^{i\omega_0 t}-e^{-i\omega_0 t}}{2i}\right)\right\}$$

$$=\frac{1}{2i}\mathcal{F}\{e^{i\omega_0 t}f(t)-e^{-i\omega_0 t}f(t)\}=\frac{1}{2i}[F(\omega-\omega_0)-F(\omega+\omega_0)]$$

(2) $\because\ \mathcal{F}\left\{e^{-2t}u(t)\right\}=\dfrac{1}{i\omega+2}$

$$\therefore\ \mathcal{F}\left\{g(t)\right\}=\mathcal{F}\left\{e^{-2t}u(t-1)\cos(t-1)\right\}=e^{-2}\mathcal{F}\left\{e^{-2(t-1)}u(t-1)\cos(t-1)\right\}$$

$$=e^{-2}e^{-i\omega}\mathcal{F}\left\{e^{-2t}u(t)\cos(t)\right\}=\frac{1}{2}e^{-(i\omega+2)}\left(\frac{1}{i(\omega-1)+2}+\frac{1}{i(\omega+1)+2}\right)$$

$$=e^{-(i\omega+2)}\frac{i\omega+2}{-\omega^2+4i\omega+5}$$

■

範例 9

試求下列函數之傅立葉轉換，其中$a>0$。

(1) $\begin{cases} e^{at}, & t\le 0 \\ 0, & t>0 \end{cases}$

(2) $e^{-a|t|}$

(3) $\dfrac{1}{a^2+t^2}$

解

(1) $\because\ \begin{cases} e^{at}, & t\le 0 \\ 0, & t>0 \end{cases}=e^{at}u(-t)$

$$\therefore\ \mathcal{F}\left\{e^{at}u(-t)\right\}=\mathcal{F}\left\{e^{-a(-t)}u(-t)\right\}=\frac{1}{i(-\omega)+a}=\frac{1}{a-i\omega}$$

(2) $\because\ e^{-a|t|}=\begin{cases} e^{-at}, & t\ge 0 \\ e^{at}, & t\le 0 \end{cases}=e^{-at}u(t)+e^{at}u(-t)$

$$\therefore\ \mathcal{F}\left\{e^{-a|t|}\right\}=\mathcal{F}\left\{e^{-at}u(t)+e^{at}u(-t)\right\}=\frac{1}{i\omega+a}+\frac{1}{i(-\omega)+a}=\frac{2a}{a^2+\omega^2}$$

(3) 利用傅立葉轉換的對稱性與 (2) 之結果

令 $F(t)=\dfrac{1}{a^2+t^2} \Rightarrow F(\omega)=\dfrac{1}{a^2+\omega^2}$

$$\Rightarrow f(t)=\mathcal{F}^{-1}\{F(\omega)\}=\frac{1}{2a}e^{-a|t|}$$

$$\therefore \mathcal{F}\left\{\frac{1}{a^2+t^2}\right\}=2\pi f(-\omega)=\frac{\pi}{a}e^{-a|-\omega|}=\frac{\pi}{a}e^{-a|\omega|}$$

■

類題練習

以下 1～9 題，試求各函數之傅立葉轉換。

1. $f(t)=\begin{cases}-1, & -1<t<0\\ 1, & 0<t<1\\ 0, & \text{otherwise}\end{cases}$

2. $f(t)=\begin{cases}2t, & |t|\le 4\\ 0, & |t|>4\end{cases}$

3. $f(t)=\begin{cases}|t|, & |t|\le 1\\ 0, & |t|>1\end{cases}$

4. $f(t)=5[u(t-11)-u(t+3)]$

5. $f(t)=2e^{-(t-5)^2/4}$，其中

   $\mathcal{F}\left\{e^{-at^2}\right\}=\sqrt{\dfrac{\pi}{a}}e^{-\omega^2/4a}$，$a>0$。

6. $f(t)=\begin{cases}\sin(at), & |t|\le k\\ 0, & |t|>k\end{cases}$

7. $f(t)=4e^{-3(t-2)}u(t+1)$

8. $f(t)=e^{-3(t+\pi)}u(t+\pi)\cos(3t)$

9. $f(t)=\dfrac{1}{4t^2-4t+5}+2e^{-3|t+1|}$

以下 10～14 題，試求各函數之傅立葉反轉換。

10. $F(\omega)=\dfrac{6\sin(5\omega)}{\omega-\pi/5}$

11. $F(\omega)=\dfrac{e^{-i(2\omega+6)}}{i(\omega+3)+5}$

12. $F(\omega)=\dfrac{i\omega-2}{12-\omega^2+8i\omega}$

13. $F(\omega)=\dfrac{i\omega+3}{6-\omega^2+6i\omega}$

14. $F(\omega)=\dfrac{(i\omega+2)e^{-(i\omega+2)}}{-\omega^2+4i\omega+5}$

8-3 傅立葉轉換之重要性質與定理

A. 函數微分（導函數）之傅立葉轉換

1. 時間變數 t 之微分

假設 $f(t)$ 為連續函數，且 $f'(t)$ 為片段連續，若 $\mathcal{F}\{f(t)\}=F(\omega)$，並且 $\lim_{t\to\infty} f(t)=\lim_{t\to-\infty} f(t)=0$，則

$$\mathcal{F}\{f'(t)\}=i\omega F(\omega)$$

同理推廣，對 n 階導函數（n 為正整數）而言，下式成立

$$\mathcal{F}\{f^{(n)}(t)\}=(i\omega)^n F(\omega)$$

2. 頻率變數 ω 之微分

若 $\mathcal{F}\{f(t)\}=F(\omega)$，則

$$\mathcal{F}\{tf(t)\}=i\frac{d}{d\omega}F(\omega) \quad 或 \quad \mathcal{F}\{(-it)f(t)\}=\frac{d}{d\omega}F(\omega)$$

同理

$$\mathcal{F}\{t^n f(t)\}=i^n\frac{d^n}{d\omega^n}F(\omega) \quad 或 \quad \mathcal{F}\{(-it)^n f(t)\}=\frac{d^n}{d\omega^n}F(\omega)$$

範例 1

(1) 若 $f(t)$ 為連續函數，$\mathcal{F}\{f(t)\}=F(\omega)$，且 $\lim_{t\to\infty} f(t)=\lim_{t\to-\infty} f(t)=0$，證明 $\mathcal{F}\{f'(t)\}=i\omega F(\omega)$。

(2) 求解微分方程 $y'+3y=\delta(t-2)$。

解

(1) $$\mathcal{F}\{f'(t)\}=\int_{-\infty}^{\infty} f'(t)e^{-i\omega t}dt$$

$$=\left[f(t)e^{-i\omega t}\right]_{-\infty}^{\infty}-\int_{-\infty}^{\infty} f(t)(-i\omega)e^{-i\omega t}dt$$

$$=i\omega\int_{-\infty}^{\infty} f(t)e^{-i\omega t}dt=i\omega F(\omega)$$

(2) 令 $Y(\omega)=\mathcal{F}\{y(t)\}=\int_{-\infty}^{\infty} y(t)e^{-i\omega t}dt$，且 $y(t)=\mathcal{F}^{-1}\{Y(\omega)\}=\frac{1}{2\pi}\int_{-\infty}^{\infty} Y(\omega)e^{-i\omega t}dt$

並對原式兩端取傅立葉轉換，可得

$$\mathcal{F}\{y'(t)\}+3\mathcal{F}\{y(t)\}=\mathcal{F}\{\delta(t-2)\}$$

$$\Rightarrow\ i\omega\mathcal{F}\{y(t)\}+3\mathcal{F}\{y(t)\}=\int_{-\infty}^{\infty}\delta(t-2)e^{-i\omega t}dt=e^{-2i\omega}$$

$$\Rightarrow\ Y(\omega)=\mathcal{F}\{y(t)\}=\frac{e^{-2i\omega}}{i\omega+3}$$

$$\Rightarrow\ y(t)=\mathcal{F}^{-1}\{Y(\omega)\}=\mathcal{F}^{-1}\left\{\frac{e^{-2i\omega}}{i\omega+3}\right\}=e^{-3(t-2)}u(t-2)$$

■

範例 2

(1) 設 $\mathcal{F}\{f(t)\}=F(\omega)$，證明 $\mathcal{F}\{tf(t)\}=i\frac{d}{d\omega}F(\omega)$。

(2) 試求 $f(t)=te^{-at}u(t)$ 之傅立葉轉換。

解

(1)
$$\frac{d}{d\omega}F(\omega)=\frac{d}{d\omega}\int_{-\infty}^{\infty} f(t)e^{-i\omega t}dt=\int_{-\infty}^{\infty}\frac{\partial}{\partial\omega}\left[f(t)e^{-i\omega t}\right]dt$$

$$=\int_{-\infty}^{\infty}(-it)f(t)e^{-i\omega t}dt=-i\int_{-\infty}^{\infty}[tf(t)]e^{-i\omega t}dt$$

$$=-i\mathcal{F}\{tf(t)\}$$

$$\Rightarrow\ \mathcal{F}\{tf(t)\}=i\frac{d}{d\omega}F(\omega)$$

(2)
$$\mathcal{F}\{te^{-at}u(t)\}=i\frac{d}{d\omega}\left[\mathcal{F}\{e^{-at}u(t)\}\right]=i\frac{d}{d\omega}\left[\frac{1}{i\omega+a}\right]$$

$$=i\frac{d}{d\omega}\left[\frac{1}{i\omega+a}\right]=i\frac{-i}{(i\omega+a)^2}=\frac{1}{(i\omega+a)^2}$$

■

B. 摺積定理

摺積（convolution）的意義乃在於將兩個函數摺積之後，取其傅立葉轉換，則其結果將會等於此兩個函數分別取傅立葉轉換後再相乘之結果。

1. 函數 $f(t)$ 與 $g(t)$ 的摺積運算式為：

$$f(t)*g(t)=\int_{-\infty}^{\infty}f(\tau)g(t-\tau)d\tau \tag{8.3.1}$$

其具有**交換性**（commutativity），亦即

$$f(t)*g(t)=\int_{-\infty}^{\infty}f(\tau)g(t-\tau)d\tau=\int_{-\infty}^{\infty}f(t-\tau)g(\tau)d\tau=g(t)*f(t)$$

2. 摺積與傅立葉轉換間之關係

若 $\mathcal{F}\{f(t)\}=F(\omega)$，$\mathcal{F}\{g(t)\}=G(\omega)$，則

$$\mathcal{F}\{f(t)*g(t)\}=F(\omega)G(\omega)$$

且

$$\mathcal{F}\{f(t)g(t)\}=\frac{1}{2\pi}F(\omega)*G(\omega)$$

範例 3

已知 $f(t)=e^{t}u(t)$，$g(t)=tu(t)$，試計算 $f(t)*g(t)$。

解

$$\begin{aligned}f(t)*g(t)&=\int_{-\infty}^{\infty}e^{\tau}u(\tau)(t-\tau)u(t-\tau)d\tau\\&=\int_{0}^{t}e^{\tau}(t-\tau)d\tau\\&=te^{\tau}-\tau e^{\tau}+e^{\tau}\Big|_{0}^{t}\\&=(te^{t}-te^{t}+e^{t})-(t-0+1)\\&=e^{t}-t-1\end{aligned}$$

■

範例 4

(1) 若 $\mathcal{F}\{f(t)\}=F(\omega)$，$\mathcal{F}\{g(t)\}=G(\omega)$，證明 $\mathcal{F}\{f(t)*g(t)\}=F(\omega)G(\omega)$。

(2) 試求 $\dfrac{2\sin(3\omega)}{\omega(i\omega+1)}$ 之傅立葉反轉換。

解

(1) $$\mathcal{F}\{f(t)*g(t)\}=\int_{-\infty}^{\infty}\left(\int_{-\infty}^{\infty}f(\tau)g(t-\tau)d\tau\right)e^{-i\omega t}dt$$

$$=\int_{-\infty}^{\infty}\int_{-\infty}^{\infty}f(\tau)g(t-\tau)e^{-i\omega t}d\tau dt$$

$$=\int_{-\infty}^{\infty}f(\tau)\int_{-\infty}^{\infty}g(t-\tau)e^{-i\omega t}dtd\tau$$

$$=\int_{-\infty}^{\infty}f(\tau)\int_{-\infty}^{\infty}g(u)e^{-i\omega(u+\tau)}dud\tau$$ （令 $u=t-\tau$，$du=dt$）

$$=\int_{-\infty}^{\infty}f(\tau)e^{-i\omega\tau}d\tau\int_{-\infty}^{\infty}g(u)e^{-i\omega u}du$$

$$=F(\omega)G(\omega)$$

(2) 令 $F(\omega)=\dfrac{2\sin(3\omega)}{\omega}$ $\Rightarrow$ $f(t)=\mathcal{F}^{-1}\left\{\dfrac{2\sin(3\omega)}{\omega}\right\}=u(t+3)-u(t-3)$

$G(\omega)=\dfrac{1}{i\omega+1}$ $\Rightarrow$ $g(t)=\mathcal{F}^{-1}\left\{\dfrac{1}{i\omega+1}\right\}=e^{-t}u(t)$

$$\therefore\ \mathcal{F}^{-1}\left\{\frac{2\sin(3\omega)}{\omega(i\omega+1)}\right\}=\mathcal{F}^{-1}\{F(\omega)G(\omega)\}=f(t)*g(t)$$

$$=\int_{-\infty}^{\infty}[u(\tau+3)-u(\tau-3)]e^{-(t-\tau)}u(t-\tau)d\tau$$

$$=u(t+3)\int_{-3}^{t}e^{-(t-\tau)}d\tau-u(t-3)\int_{3}^{t}e^{-(t-\tau)}d\tau$$

$$=e^{-t}u(t+3)\int_{-3}^{t}e^{\tau}d\tau-e^{-t}u(t-3)\int_{3}^{t}e^{\tau}d\tau$$

$$=\left[1-e^{-(t+3)}\right]u(t+3)-\left[1-e^{-(t-3)}\right]u(t-3)$$

■

C. Parseval 定理

若$\mathcal{F}\{f(t)\}=F(\omega)$，則

$$\int_{-\infty}^{\infty}|f(t)|^2\,dt=\frac{1}{2\pi}\int_{-\infty}^{\infty}|F(\omega)|^2\,d\omega \tag{8.3.2}$$

範例 5

$\int_{-\infty}^{\infty}|f(t)|^2\,dt=\frac{1}{2\pi}\int_{-\infty}^{\infty}|F(\omega)|^2\,d\omega$，又稱為 Parseval 定理，試利用 $f(t)=e^{-at}u(t)$ 及其傳立葉轉換結果進行驗證此定理。

解

$f(t)=e^{-at}u(t)$，$F(\omega)=\int_{-\infty}^{\infty}e^{-at}u(t)e^{-i\omega t}dt=\frac{1}{i\omega+a}$

則$\int_{-\infty}^{\infty}|f(t)|^2\,dt=\int_{-\infty}^{\infty}\left|e^{-at}u(t)\right|^2dt=\int_{0}^{\infty}e^{-2at}dt=\frac{1}{2a}$

且$\frac{1}{2\pi}\int_{-\infty}^{\infty}|F(\omega)|^2\,d\omega=\frac{1}{2\pi}\int_{-\infty}^{\infty}\left|\frac{1}{i\omega+a}\right|^2d\omega=\frac{1}{2\pi}\int_{-\infty}^{\infty}\frac{1}{a^2+\omega^2}d\omega=\frac{1}{2\pi}\frac{\pi}{a}=\frac{1}{2a}$

故可得$\int_{-\infty}^{\infty}|f(t)|^2\,dt=\frac{1}{2\pi}\int_{-\infty}^{\infty}|F(\omega)|^2\,d\omega$

■

類題練習

以下 1 ～ 4 題，試求各函數之傅立葉轉換。

1. $f(t)=t\left[u(t+2)-u(t-2)\right]$

2. $f(t)=\delta(t-t_0)$

3. $f(t)=\dfrac{2t}{t^4+4t^2+4}$

4. $f(t)=4(t+1)^2e^{-3(t-2)}u(t+1)$

以下 5 ～ 8 題，試求各函數之傅立葉反轉換。

5. $F(\omega)=\dfrac{10}{(i\omega+1)^2}$

6. $F(\omega)=\dfrac{e^{-3(i\omega+4)}}{16-\omega^2+8i\omega}$

7. $F(\omega)=\dfrac{8e^{4i\omega}\sin(2\omega)}{\omega^2+4}$

8. $F(\omega)=\dfrac{2\sin(\omega)\cos(\omega)}{2\omega+i\omega^2}$

9. 已知微分方程式如下，試求解函數 $y(t)$。

   $y''+4y'+4y=\delta(t-1)$

10. 已知微分方程式如下，試求解函數 $y(t)$。

   $$y'+2y=\begin{cases}1, & |t-1|\le 2\\ 0, & |t-1|>2\end{cases}$$

11. 已知積分方程式如下，試求解函數 $y(t)$。

   $$\int_{-\infty}^{\infty}\frac{y(\tau)}{(t-\tau)^2+9}d\tau=\frac{1}{t^2+25}$$

12. (1) 求 $f(t)=\begin{cases}1, & |t|\le 2\\ 0, & |t|>2\end{cases}$ 之傅立葉轉換。

   (2) 利用 Parserval 定理計算

   $$\int_{-\infty}^{\infty}\frac{1-\cos(4\omega)}{\omega^2}d\omega$$

chapter

9 偏微分方程式

在一般工程應用或物理分析中，未知函數 u 常同時與兩個以上的自變數相關，例如 u 可能同時與空間 x 及時間 t 有關，$u = u(x,t)$，此時探討空間 x 及時間 t 的變化對於函數 u 之影響所對應的方程式，即稱為偏微分方程式。常見的偏微分方程式有三種，分別為波動方程式、熱傳方程式以及拉普拉斯方程式，本章分以三個章節加以討論。

9-1 波動方程式

A. 有限長度的一維波動方程式

對於長度為 l 的一維物體振動情況，例如吉他撥弦，其即可由力學相關理論推導**波動方程式**（wave equation）如下

$$\frac{\partial^2 u}{\partial t^2} = a^2 \frac{\partial^2 u}{\partial x^2} \tag{9.1.1}$$

其中$u(x,t)$為此弦在位置x及時間t時的位移量，a為常數，其乃由此弦的張力及線密度等物理性質決定。常見的一種情況是此弦的兩端為固定（例如吉他或小提琴），若弦長為l，即在$x=0$與$x=l$處的位移固定為 0，其邊界條件為

$$u(0,t) = 0 \quad (\ t>0\ ) \tag{9.1.2}$$

$$u(l,t) = 0 \quad (\ t>0\ ) \tag{9.1.3}$$

另一方面，我們亦需知道此弦在某一瞬間$t=0$時之狀態，這時包含此弦的位移$u(x,0)$及速度$\dfrac{\partial u(x,0)}{\partial t}$，稱為初始條件如下

$$u(x,0) = f(x) \quad (\ 0<x<l\ ) \tag{9.1.4}$$

$$\frac{\partial u(x,0)}{\partial t} = g(x) \quad (\ 0<x<l\ ) \tag{9.1.5}$$

針對 (9.1.1) 式之偏微分方程式，最常被應用求解的方法為變數分離法，亦即可以假設

$$u(x,t) = X(x)T(t) \tag{9.1.6}$$

然後經由代入 (9.1.1) 式之後可得

$$XT'' = a^2 X''T \tag{9.1.7}$$

接著可將上式變數分離及整理得到$\dfrac{X''}{X} = \dfrac{T''}{a^2 T}$，此時等式的左邊僅與$x$相關，等式的右邊僅與$t$相關，因此該等式成立的唯一可能為兩邊皆為常數函數，亦即

$$\frac{X''}{X} = \frac{T''}{a^2 T} = \lambda \tag{9.1.8}$$

其中λ為常數，於是 (9.1.8) 式便可分為兩個常微分方程式如下

$$X'' - \lambda X = 0 \tag{9.1.9}$$

$$T'' - a^2 \lambda T = 0 \tag{9.1.10}$$

此時 (9.1.9) 式及 (9.1.10) 式分別只與變數 x 及 t 有關，因此均為常微分方程式，若再將邊界條件 (9.1.2) 式及 (9.1.3) 式代入 (9.1.6) 式，則可得 $u(0,t)=X(0)T(t)=0$，因此 $X(0)=0$；以及 $u(l,0)=X(l)T(t)=0$，所以 $X(l)=0$。

(1) 我們先求解 (9.1.9) 式，在此可分為三種情況討論如下：

Case 1：$\lambda>0$

令 $\lambda=k^2$ 代入 (9.1.9) 式，可得 $X''-k^2X=0$，再由第二章常係數線性微分方程式的解法，可知其特徵方程式的解為 $\pm k$，因此 $X(x)=c_1e^{kx}+c_2e^{-kx}$，再代入邊界條件 $X(0)=X(l)=0$ 之後，可得 $c_1=c_2=0$，亦即 $X(x)=0$，所以 $u(x,t)=X(x)T(t)=0$，此種解為無意義之解，或稱為 trivial 解，並不符合此弦之物理現象。

Case 2：$\lambda=0$

將 $\lambda=0$ 代入 (9.1.9) 式可得 $X''=0$，積分之後可得 $X(x)=c_1x+c_2$，再代入邊界條件 $X(0)=X(l)=0$ 之後，可得 $c_1=c_2=0$，亦即 $X(x)=0$，此亦為 trivial 解。

Case 3：$\lambda<0$

令 $\lambda=-k^2$（$k>0$）代入 (9.1.9) 式，可得 $X''+k^2X=0$，可解出其特徵方程式的解為 $\pm ik$，再由第二章常係數線性微分方程式的解法可知 $X(x)=c_1\cos kx+c_2\sin kx$，代入邊界條件 $X(0)=0$ 之後，可得 $c_1=0$。再代入第二個邊界條件 $X(l)=0$，可得 $c_2\sin kl=0$，在此 c_2 不可為 0，否則此方程式亦為 trivial 解，因此僅能 $\sin kl=0$，亦即 $kl=n\pi$，所以 $k_n=\dfrac{n\pi}{l}$，其中 $n=1,2,3,\ldots$。所以 $X_n(x)=c_2\sin\dfrac{n\pi}{l}x$ 且 $\lambda_n=-k_n{}^2=-\dfrac{n^2\pi^2}{l^2}$。

(2) 將 $\lambda_n=-\dfrac{n^2\pi^2}{l^2}$ 代入 (9.1.10) 式，可得

$$T''+\left(\frac{an\pi}{l}\right)^2T=0 \tag{9.1.11}$$

其特徵方程式的解為 $\pm\dfrac{ian\pi}{l}$，所以 $T_n(t)=d_1\cos\dfrac{an\pi}{l}t+d_2\sin\dfrac{an\pi}{l}t$。

在此我們已解出 $X_n(x)=c_2\sin\frac{n\pi}{l}x$ 及 $T_n(t)=d_1\cos\frac{an\pi}{l}t+d_2\sin\frac{an\pi}{l}t$，代入 (9.1.6) 式可得 (9.1.1) 式的解為

$$u_n(x,t)=X_n(x)T_n(t)=\left(A_n\cos\frac{an\pi}{l}t+B_n\sin\frac{an\pi}{l}t\right)\sin\frac{n\pi}{l}x \tag{9.1.12}$$

其中 $n=1,2,3,\ldots$，由於方程式 (9.1.1) 式為線性方程式，所以由重疊定理可知，(9.1.1) 式之完整通解為

$$u(x,t)=\sum_{n=1}^{\infty}u_n(x,t)=\sum_{n=1}^{\infty}\left(A_n\cos\frac{an\pi}{l}t+B_n\sin\frac{an\pi}{l}t\right)\sin\frac{n\pi}{l}x \tag{9.1.13}$$

最後代入初始條件 (9.1.4) 式，可得

$$f(x)=\sum_{n=1}^{\infty}A_n\sin\frac{n\pi}{l}x \tag{9.1.14}$$

此時可以看出 (9.1.14) 式為 $f(x)$ 之傅立葉正弦級數，因此可知

$$A_n=\frac{2}{l}\int_0^l f(x)\sin\frac{n\pi x}{l}dx \tag{9.1.15}$$

再代入另外一個初始條件 (9.1.5) 式，可得

$$g(x)=\sum_{n=1}^{\infty}B_n\frac{an\pi}{l}\sin\frac{n\pi}{l}x \tag{9.1.16}$$

所以 $B_n\frac{an\pi}{l}=\frac{2}{l}\int_0^l g(x)\sin\frac{n\pi x}{l}dx$，亦即

$$B_n=\frac{2}{an\pi}\int_0^l g(x)\sin\frac{n\pi x}{l}dx \tag{9.1.17}$$

範例 1

試求 $\frac{\partial^2 u}{\partial t^2}=4\frac{\partial^2 u}{\partial x^2}$ 之解，邊界條件為 $u(0,t)=u(\pi,t)=0$，初始條件為

$u(x,0)=f(x)=\begin{cases}1, & \frac{\pi}{4}<x<\frac{3\pi}{4}\\ 0, & \text{otherwise}\end{cases}$ 及 $g(x)=\frac{\partial u(x,0)}{\partial t}=0$。

解

由 (9.1.15) 式可知

$$A_n = \frac{2}{\pi}\int_{\frac{\pi}{4}}^{\frac{3\pi}{4}} \sin nx dx = -\frac{2}{n\pi}\cos nx\bigg|_{\frac{\pi}{4}}^{\frac{3\pi}{4}} = \frac{2}{n\pi}\left(\cos\frac{n\pi}{4} - \cos\frac{3n\pi}{4}\right)$$

再由 (9.1.17) 式可知

$$B_n = 0$$

代入 (9.1.13) 式可得

$$u(x,t) = \sum_{n=1}^{\infty}\frac{2}{n\pi}\left(\cos\frac{n\pi}{4} - \cos\frac{3n\pi}{4}\right)\cos 2nt \sin nx$$

■

範例 2

試求 $\frac{\partial^2 u}{\partial t^2} = 9\frac{\partial^2 u}{\partial x^2}$ 之解，邊界條件為 $u(0,t) = u(4,t) = 0$ ，初始條件為 $u(x,0) = f(x) = 4x - x^2$ 及 $\frac{\partial u(x,0)}{\partial t} = g(x) = 0$ 。

解

由 (9.1.15) 式可知

$$\begin{aligned} A_n &= \frac{2}{4}\int_0^4 (4x - x^2)\sin\frac{n\pi x}{4}dx \\ &= \frac{1}{2}\left[-\frac{4(4x - x^2)}{n\pi}\cos\frac{n\pi x}{4} + \frac{16(4-2x)}{n^2\pi^2}\sin\frac{n\pi x}{4} - \frac{128}{n^3\pi^3}\cos\frac{n\pi x}{4}\right]\Bigg|_0^4 \\ &= \frac{64}{n^3\pi^3}\left[1 - (-1)^n\right] \end{aligned}$$

再由 (9.1.17) 式可知

$$B_n = 0$$

代入 (9.1.13) 式可得

$$u(x,t)=\frac{64}{\pi^3}\sum_{n=1}^{\infty}\frac{1-(-1)^n}{n^3}\cos\frac{3n\pi t}{4}\sin\frac{n\pi x}{4}$$

圖 9.1.1 為不同時間的解，由圖可看出此弦隨時間振動的情況。

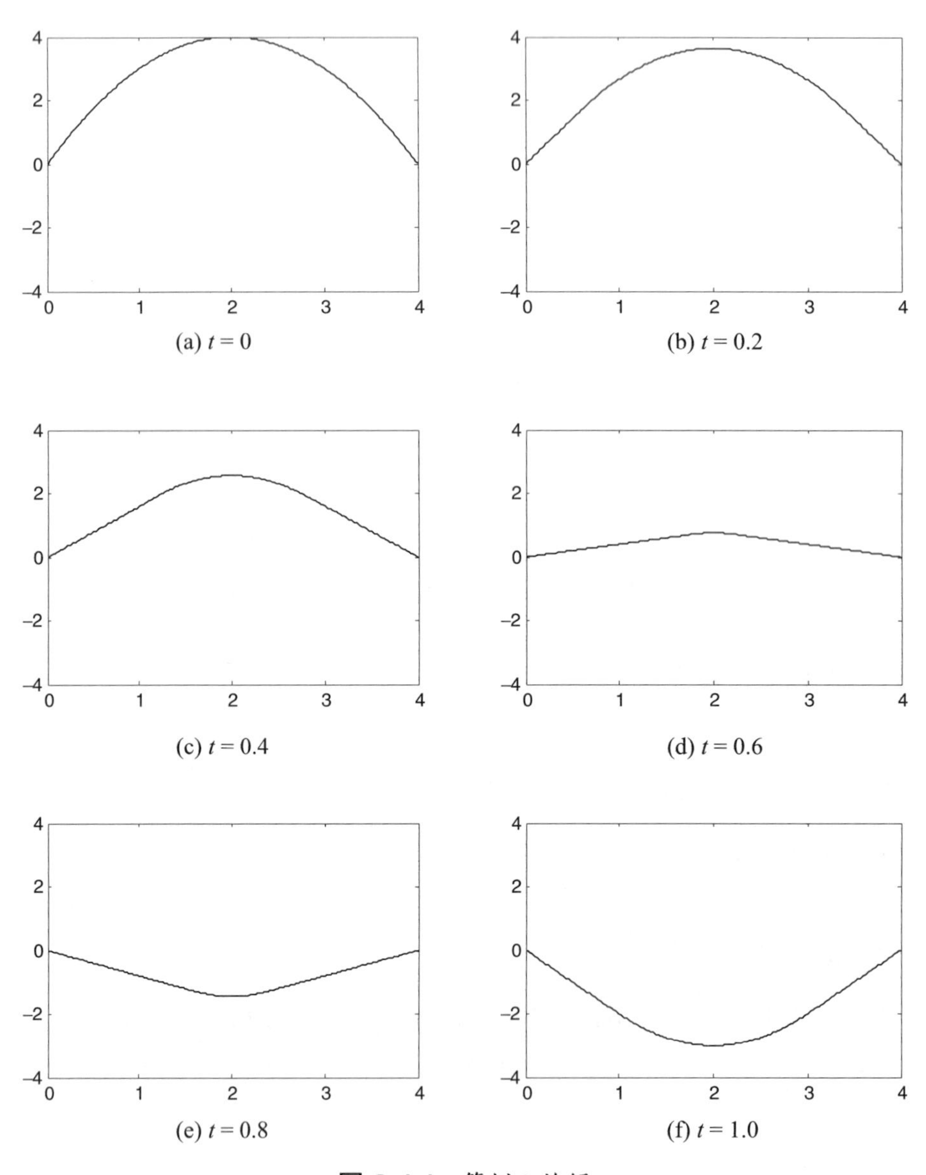

圖 9.1.1　範例 2 的解

■

範例 3

試求 $\frac{\partial^2 u}{\partial t^2}=\frac{1}{4}\frac{\partial^2 u}{\partial x^2}$ 之解，邊界條件為 $u(0,t)=u(2,t)=0$ ，初始條件為 $u(x,0)=f(x)=0$

及 $\frac{\partial u(x,0)}{\partial t}=g(x)=5$ 。

解

由 (9.1.15) 式可知

$$A_n=0$$

再由 (9.1.17) 式可知

$$B_n=\frac{2}{an\pi}\int_0^l g(x)\sin\frac{n\pi x}{l}dx$$

$$=\frac{4}{n\pi}\int_0^2 5\sin\frac{n\pi x}{2}dx$$

$$=\frac{40}{n^2\pi^2}\left[1-(-1)^n\right]$$

代入 (9.1.13) 式可得

$$u(x,t)=\frac{40}{\pi^2}\sum_{n=1}^{\infty}\frac{1-(-1)^n}{n^2}\sin\frac{n\pi t}{4}\sin\frac{n\pi x}{2}$$

圖 9.1.2 為不同時間的解，圖中可看出此弦隨時間振動的情況。

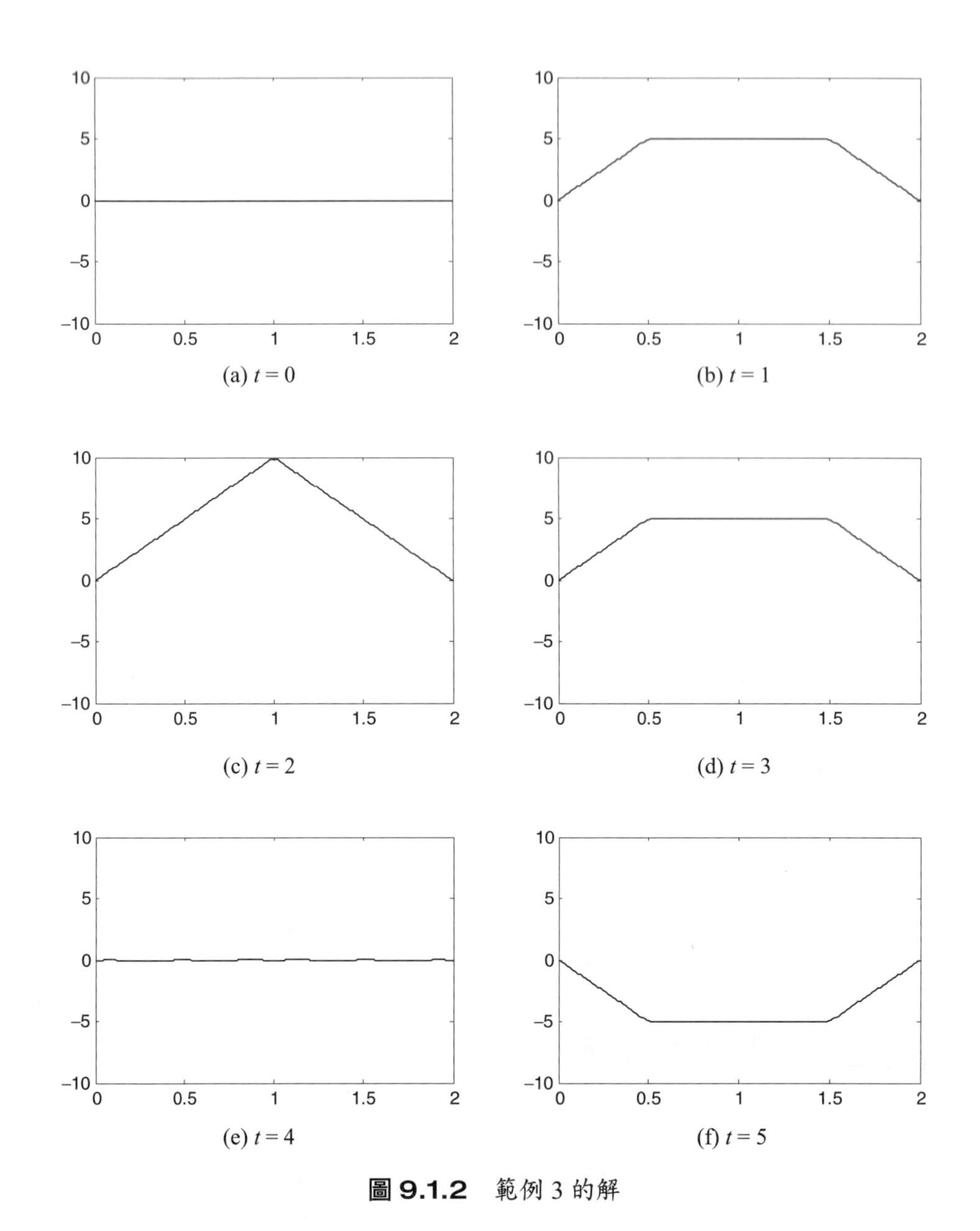

圖 9.1.2 範例 3 的解

■

延續波動方程式的偏微分求解，若將方程式的邊界條件改為 $\dfrac{\partial u(0,t)}{\partial x}=\dfrac{\partial u(l,t)}{\partial x}=0$，則可求得 $X'(0)=X'(l)=0$，在此情況下：

Case 1：$\lambda>0$

令 $\lambda=k^2$ 代入 (9.1.9) 式，可得 $X''-k^2X=0$，因此解出其特徵方程式的解為 $\pm k$，所以 $X(x)=c_1e^{kx}+c_2e^{-kx}$，代入邊界條件 $X'(0)=X'(l)=0$ 之後，可得 $c_1=c_2=0$，亦即 $X(x)=0$，此為 trivial 解。

Case 2：$\lambda=0$

將 $\lambda=0$ 代入 (9.1.9) 式可得 $X''=0$，積分之後可得 $X(x)=c_1x+c_2$，再代入邊界條件 $X'(0)=0$ 之後可得 $c_1=0$，亦即 $X(x)=c_2$。接著再將 $\lambda=0$ 代入 (9.1.10) 式，於是可得 $T''=0$，故可解出 $T(t)=a_0+b_0t$，所以 $u_0(x,t)=A_0+B_0t$。

Case 3：$\lambda<0$

令 $\lambda=-k^2$（$k>0$），代入 (9.1.9) 式，可得 $X''+k^2X=0$，解出其特徵方程式的解為 $\pm ik$，因此 $X(x)=c_1\cos kx+c_2\sin kx$，再代入邊界條件 $X'(0)=0$ 之後，可得 $c_2=0$。續代入第二個邊界條件 $X'(l)=0$，可得 $-kc_1\sin kl=0$，即 $kl=n\pi$，所以 $k_n=\dfrac{n\pi}{l}$，其中 $n=1,2,3,\ldots$，所以 $X_n(x)=c_1\cos\dfrac{n\pi x}{l}$ 且 $\lambda_n=-\dfrac{n^2\pi^2}{l^2}$。

接著代入 (9.1.10) 式可得 $T''+\left(\dfrac{an\pi}{l}\right)^2T=0$，此時特徵方程式的解為 $\pm\dfrac{ian\pi}{l}$，所以 $T_n(t)=d_1\cos\dfrac{an\pi}{l}t+d_2\sin\dfrac{an\pi}{l}t$。即 $u_n(x,t)=\left(A_n\cos\dfrac{an\pi}{l}t+B_n\sin\dfrac{an\pi}{l}t\right)\cos\dfrac{n\pi}{l}x$，其中 $n=1,2,3,\ldots$。

由重疊定理可知，可知 (9.1.1) 式之完整通解為

$$u(x,t)=\sum_{n=0}^{\infty}u_n(x,t)=A_0+B_0t+\sum_{n=1}^{\infty}\left(A_n\cos\frac{an\pi}{l}t+B_n\sin\frac{an\pi}{l}t\right)\cos\frac{n\pi x}{l} \tag{9.1.18}$$

最後代入初始條件 $u(x,0)=f(x)$，可得

$$f(x)=A_0+\sum_{n=1}^{\infty}A_n\cos\frac{n\pi x}{l} \tag{9.1.19}$$

由此可以看出 (9.1.19) 式為 $f(x)$ 之傅立葉餘弦級數，因此可知

$$A_0=\frac{1}{l}\int_0^l f(x)dx \tag{9.1.20}$$

$$A_n=\frac{2}{l}\int_0^l f(x)\cos\frac{n\pi x}{l}dx \tag{9.1.21}$$

接著繼續代入另外一個初始條件 $\dfrac{\partial u(x,0)}{\partial t}=g(x)$，可得

$$g(x)=B_0+\sum_{n=1}^{\infty}B_n\frac{an\pi}{l}\cos\frac{n\pi}{l}x \tag{9.1.22}$$

所以

$$B_0=\frac{1}{l}\int_0^l g(x)dx \tag{9.1.23}$$

且

$$B_n\frac{an\pi}{l}=\frac{2}{l}\int_0^l g(x)\cos\frac{n\pi x}{l}dx$$

亦即

$$B_n=\frac{2}{an\pi}\int_0^l g(x)\cos\frac{n\pi x}{l}dx \tag{9.1.24}$$

範例 4

試求 $\frac{\partial^2 u}{\partial t^2}=4\frac{\partial^2 u}{\partial x^2}$ 之解，並已知邊界條件為 $\frac{\partial u(0,t)}{\partial x}=\frac{\partial u(\pi,t)}{\partial x}=0$，初始條件為 $u(x,0)=5\cos 3x$ 及 $\frac{\partial u(x,0)}{\partial t}=0$。

解

由 (9.1.20) 式及 (9.1.21) 式可知

$$A_0=\frac{1}{\pi}\int_0^\pi 5\cos 3x dx=0$$

$$A_n=\frac{2}{\pi}\int_0^\pi 5\cos 3x\cos nx dx=\frac{5}{\pi}\int_0^\pi \cos(n-3)x+\cos(n+3)x dx=\begin{cases}5, & n=3\\0, & n\neq 3\end{cases}$$

由 (9.1.23) 式及 (9.1.24) 式可知 $B_0=0$ 及 $B_n=0$。代入 (9.1.18) 式可得

$$u(x,t)=5\cos 6t\cos 3x$$

將此解繪於圖 9.1.3，圖中並可看出此弦隨時間振動的情況。

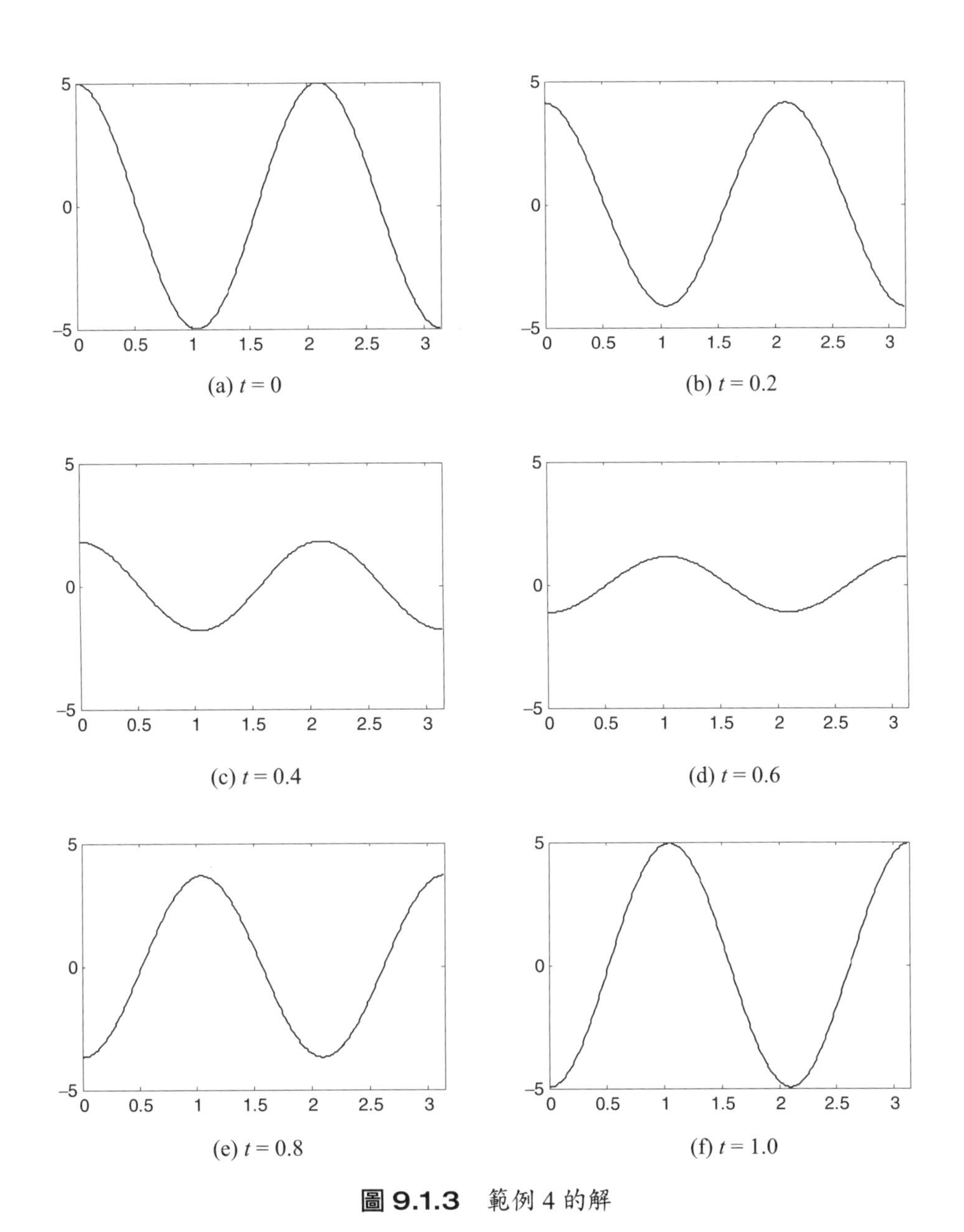

(a) $t = 0$　(b) $t = 0.2$

(c) $t = 0.4$　(d) $t = 0.6$

(e) $t = 0.8$　(f) $t = 1.0$

圖 9.1.3　範例 4 的解

■

B. 無限長度的一維波動方程式

於本節之前，我們已討論過長度為 l 之弦的情況，接下來我們考慮無限長度的情況。假設一弦之某端固定（ $x=0$ ），則其邊界條件為 $u(0,t)=0$ ，另一端為無限延伸，此時對應的邊界條件為 x 趨近無限大時， $u(x,t)$ 仍為有限，所以此兩個邊界條件可寫為

$$u(0,t)=0 \quad (t>0) \tag{9.1.25}$$

$$u(\infty,t)<\infty \quad (t>0) \tag{9.1.26}$$

初始條件仍為

$$u(x,0)=f(x) \quad (x>0) \tag{9.1.27}$$

$$\frac{\partial u(x,0)}{\partial t}=g(x) \quad (x>0) \tag{9.1.28}$$

令 $u(x,t)=X(x)T(t)$ 代入 (9.1.1) 式，同樣可得 (9.1.9) 式與 (9.1.10) 式。再將邊界條件 (9.1.25) 式代入 (9.1.6) 式，可得 $X(0)=0$。

(1) 我們先求解 (9.1.9) 式，在此同樣分為三種情況，討論如下：

Case 1：$\lambda>0$

令 $\lambda=k^2$ 代入(9.1.9)式，可得 $X''-k^2X=0$，並可求得其特徵方程式的解為 $\pm k$，因此 $X(x)=c_1e^{kx}+c_2e^{-kx}$，若要 x 趨近無限大時，$u(x,t)$ 仍為有限，則必須 $c_1=0$。接著再代入邊界條件 $X(0)=0$ 之後，計算可得 $c_2=0$，因此 $X(x)=0$，所以 $u(x,t)=X(x)T(t)=0$，此為無意義之解，或稱為 trivial 解。

Case 2：$\lambda=0$

$\lambda=0$ 代入 (9.1.9) 式可得 $X''=0$，積分之後可得 $X(x)=c_1x+c_2$，若欲使 x 趨近無限大時，$u(x,t)$ 仍為有限，則 $c_1=0$。而在代入邊界條件 $X(0)=0$ 可得 $c_2=0$，因此 $X(x)=0$，亦即此種情況仍為 trivial 解。

Case 3：$\lambda<0$

令 $\lambda=-k^2$（$k>0$）代入 (9.1.9) 式，可得 $X''+k^2X=0$，於是求解特徵方程式的解為 $\pm ik$，因此 $X(x)=c_1\cos kx+c_2\sin kx$，而在代入邊界條件 $X(0)=0$ 之後，可得 $c_1=0$，所以 $X_k(x)=c_2\sin kx$，其中 k 為大於 0 之實數。

(2) 由上述三種情況 (Case 1、Case 2 及 Case 3) 之結果，因此將 $\lambda=-k^2$ 代入 (9.1.10) 式，於是可得

$$T''+a^2k^2T=0 \tag{9.1.29}$$

其特徵方程式的解為 $\pm iak$，所以

$$T_k(t)=d_1\cos akt+d_2\sin akt \quad (k>0) \tag{9.1.30}$$

綜合 (1) 與 (2)，可得 (9.1.1) 式的解為

$$u_k(x,t) = X_k(x)T_k(t) = \left[A(k)\cos akt + B(k)\sin akt\right]\sin kx$$

此與有限弦長不同的是，此時 k 為正實數，而非正整數，因此需由傅立葉積分理論探討，故可推導得知完整的通解為

$$u(x,t) = \int_0^\infty u_k dk = \int_0^\infty \left[A(k)\cos akt + B(k)\sin akt\right]\sin kxdk \qquad (9.1.31)$$

最後代入初始條件 $u(x,0) = f(x)$，可得

$$f(x) = \int_0^\infty A(k)\sin kxdk \qquad (9.1.32)$$

由此可以看出 (9.1.32) 式為 $f(x)$ 之傅立葉正弦積分，因此可知

$$A(k) = \frac{2}{\pi}\int_0^\infty f(x)\sin kxdx \qquad (9.1.33)$$

再代入另外一個初始條件 $\frac{\partial u(x,0)}{\partial t} = g(x)$，可得

$$g(x) = \int_0^\infty B(k)ak\sin kxdk \qquad (9.1.34)$$

所以 $B(k)\cdot ak = \frac{2}{\pi}\int_0^\infty g(x)\sin kxdx$，亦即

$$B(k) = \frac{2}{ak\pi}\int_0^\infty g(x)\sin kxdx \qquad (9.1.35)$$

範例 5

假設一弦的一端為固定，$u(0,t)=0$，另一端為無限延伸，同時並已知初始條件為 $u(x,0)=e^{-x}$ 及 $\frac{\partial u(x,0)}{\partial t}=0$，試求其波動方程式 $\frac{\partial^2 u}{\partial t^2} = \frac{\partial^2 u}{\partial x^2}$ 之解。

解

由 (9.1.33) 式可知

$$A(k) = \frac{2}{\pi}\int_0^\infty e^{-x}\sin kxdx = \frac{2}{\pi}\left[\frac{-1}{1+k^2}e^{-x}\sin kx - \frac{k}{1+k^2}e^{-x}\cos kx\right]_0^\infty = \frac{2k}{\pi\left(1+k^2\right)}$$

由 (9.1.35) 式可知 $B(k)=0$。代入 (9.1.31) 式可得

$$u(x,t)=\frac{2}{\pi}\int_0^\infty \frac{k}{1+k^2}\cos kt \sin kx dk$$

■

C. 二維波動方程式

若考慮振動的物體為一平面（例如鼓面），則所對應之方程式為二維波動方程式，並可以下式表示

$$\frac{\partial^2 u}{\partial t^2}=a^2\left(\frac{\partial^2 u}{\partial x^2}+\frac{\partial^2 u}{\partial y^2}\right) \tag{9.1.36}$$

其中 a 為常數。假設此鼓面的長寬分別為 l_1 與 l_2，如圖 9.1.4 所示。

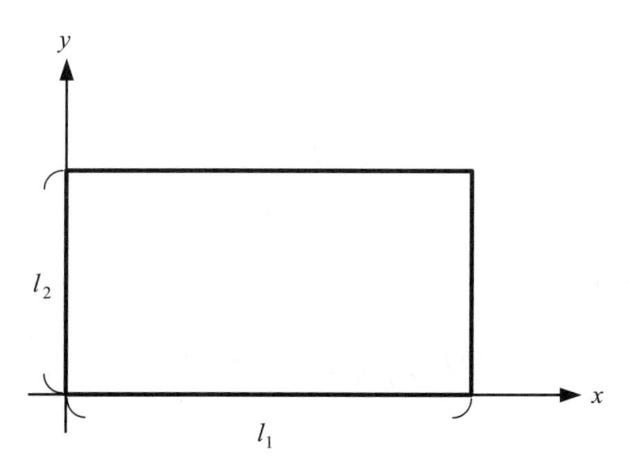

圖 9.1.4　一個長寬分別為 l_1 與 l_2 的平面

假設四邊皆為固定，則其邊界條件為

$$\begin{cases} u(0,y,t)=0 \\ u(l_1,y,t)=0 \\ u(x,0,t)=0 \\ u(x,l_2,t)=0 \end{cases} \tag{9.1.37}$$

初始條件則為

$$\begin{cases} u(x,y,0)=f(x,y) \\ \dfrac{\partial u(x,y,0)}{\partial t}=g(x,y) \end{cases} \tag{9.1.38}$$

分別代表此鼓面在時間$t=0$的位移及速度。我們可用變數分離法求解，首先假設

$$u(x,y,t)=X(x)Y(y)T(t) \tag{9.1.39}$$

代入 (9.1.36) 式可得

$$\frac{X''}{X}+\frac{Y''}{Y}=\frac{T''}{a^2T} \tag{9.1.40}$$

(1) 令$\dfrac{X''}{X}=\lambda$，可得$X''-\lambda X=0$，再將邊界條件代入 (9.1.39) 式，可得$u(0,y,t)=X(0)Y(y)T(t)=0$，亦即$X(0)=0$；並且$u(l_1,y,t)=X(l_1)Y(y)T(t)=0$，亦即$X(l_1)=0$。此時如同一維波動方程式，我們可分成三種情況討論如下：

Case 1：$\lambda>0$

令$\lambda=k^2$，所以$X''-k^2X=0$，可解出其特徵方程式的解為$\pm k$，因此$X(x)=c_1e^{kx}+c_2e^{-kx}$，代入邊界條件$X(0)=X(l_1)=0$可得$c_1=c_2=0$，亦即$X(x)=0$，所以$u(x,y,t)=X(x)Y(y)T(t)=0$，此為無意義之解，或稱為 trivial 解。

Case 2：$\lambda=0$

$X''=0$，積分之後可得$X(x)=c_1x+c_2$，代入邊界條件$X(0)=X(l_1)=0$之後，可得$c_1=c_2=0$，亦即$X(x)=0$，此亦為 trivial 解。

Case 3：$\lambda<0$

令$\lambda=-k^2$（$k>0$），所以$X''+k^2X=0$，可解出特徵方程式的解為$\pm ik$，因此$X(x)=c_1\cos kx+c_2\sin kx$，代入邊界條件$X(0)=0$之後，可得$c_1=0$，再代入第二個邊界條件$X(l_1)=0$，可得$c_2\sin kl_1=0$，因此$\sin kl_1=0$，即$kl_1=n\pi$，所以$k_n=\dfrac{n\pi}{l_1}$，其中$n=1,2,3,\ldots$。因此可寫成$X_n(x)=c_2\sin\dfrac{n\pi}{l_1}x$且$\lambda_n=-{k_n}^2=-\dfrac{n^2\pi^2}{l_1^2}$。

(2) 接著令 (9.1.40) 式中 $\frac{Y''}{Y}=\mu$，可得 $Y''-\mu Y=0$，再將邊界條件代入 (9.1.39) 式可得 $u(x,0,t)=X(x)Y(0)T(t)=0$，亦即 $Y(0)=0$；此外，$u(x,l_2,t)=X(x)Y(l_2)T(t)=0$，亦即 $Y(l_2)=0$。同樣可分三種情況討論如下：

Case 1：$\mu>0$

令 $\mu=k^2$，所以 $Y''-k^2Y=0$，可解出其特徵方程式的解為 $\pm k$，因此 $Y(y)=c_1e^{ky}+c_2e^{-ky}$，代入邊界條件 $Y(0)=Y(l_2)=0$ 之後，可得 $c_1=c_2=0$，亦即 $Y(y)=0$，所以 $u(x,y,t)=X(x)Y(y)T(t)=0$，此仍為無意義之解，或稱為 trivial 解。

Case 2：$\mu=0$

$Y''=0$，積分之後可得 $Y(y)=c_1y+c_2$，代入邊界條件 $Y(0)=Y(l_2)=0$ 之後，可得 $c_1=c_2=0$，亦即 $Y(y)=0$，此亦為 trivial 解。

Case 3：$\mu<0$

令 $\mu=-k^2$（$k>0$），所以 $Y''+k^2Y=0$，可解出其特徵方程式的解為 $\pm ik$，因此 $Y(y)=c_1\cos ky+c_2\sin ky$，再代入邊界條件 $Y(0)=0$ 之後，可得 $c_1=0$，接著代入第二個邊界條件 $Y(l_2)=0$，可得 $c_2\sin kl_2=0$，因此 $\sin kl_2=0$，即 $kl_2=m\pi$，所以 $k_m=\frac{m\pi}{l_2}$，其中 $m=1,2,3,\ldots$。因此可寫成 $Y_m(y)=c_2\sin\frac{m\pi}{l_2}y$ 且 $\mu_m=-k_m^{\ 2}=-\frac{m^2\pi^2}{l_2^{\ 2}}$。

(3) 將 $\frac{X''}{X}=\lambda_n=-\frac{n^2\pi^2}{l_1^{\ 2}}$ 與 $\frac{Y''}{Y}=\mu_m=-\frac{m^2\pi^2}{l_2^{\ 2}}$ 代入 (9.1.40) 式，可得

$$T''+a^2\left(\frac{n^2\pi^2}{l_1^{\ 2}}+\frac{m^2\pi^2}{l_2^{\ 2}}\right)T=0 \tag{9.1.41}$$

此時特徵方程式的解為 $\pm ia\pi\sqrt{\frac{n^2}{l_1^{\ 2}}+\frac{m^2}{l_2^{\ 2}}}$，所以

$$T_{m,n}(t)=d_1\cos\left(a\pi\sqrt{\frac{n^2}{l_1^{\ 2}}+\frac{m^2}{l_2^{\ 2}}}t\right)+d_2\sin\left(a\pi\sqrt{\frac{n^2}{l_1^{\ 2}}+\frac{m^2}{l_2^{\ 2}}}t\right) \tag{9.1.42}$$

綜合 (1)、(2) 與 (3)，可得 (9.1.36) 式的解為

$$u_{m,n}(x,t) = X_n(x)Y_m(y)T_{m,n}(t)$$

$$= \left[A_{m,n} \cos\left(a\pi\sqrt{\frac{n^2}{l_1^2} + \frac{m^2}{l_2^2}}t \right) + B_{m,n} \sin\left(a\pi\sqrt{\frac{n^2}{l_1^2} + \frac{m^2}{l_2^2}}t \right) \right] \sin\frac{n\pi x}{l_1} \sin\frac{m\pi y}{l_2} \tag{9.1.43}$$

再由重疊定理可知 (9.1.36) 式的完整通解為

$$u(x,y,t) = \sum_{m=1}^{\infty}\sum_{n=1}^{\infty} \left[A_{m,n} \cos\left(a\pi\sqrt{\frac{n^2}{l_1^2} + \frac{m^2}{l_2^2}}t \right) + B_{m,n} \sin\left(a\pi\sqrt{\frac{n^2}{l_1^2} + \frac{m^2}{l_2^2}}t \right) \right] \sin\frac{n\pi x}{l_1} \sin\frac{m\pi y}{l_2} \tag{9.1.44}$$

最後代入初始條件 $u(x,y,0) = f(x,y)$，可得

$$f(x,y) = \sum_{m=1}^{\infty}\sum_{n=1}^{\infty} A_{m,n} \sin\frac{n\pi x}{l_1} \sin\frac{m\pi y}{l_2} \tag{9.1.45}$$

此時可以看出上述 (9.1.45) 式為 $f(x,y)$ 之雙重傅立葉正弦級數，因此可知

$$A_{m,n} = \frac{4}{l_1 l_2}\int_0^{l_1}\int_0^{l_2} f(x,y)\sin\frac{n\pi x}{l_1}\sin\frac{m\pi y}{l_2}dydx \tag{9.1.46}$$

再將另外一個初始條件 $\dfrac{\partial u(x,y,0)}{\partial t} = g(x,y)$ 代入 (9.1.44) 式，可得

$$g(x,y) = \sum_{m=1}^{\infty}\sum_{n=1}^{\infty} B_{m,n} a\pi\sqrt{\frac{n^2}{l_1^2} + \frac{m^2}{l_2^2}} \sin\frac{n\pi x}{l_1} \sin\frac{m\pi y}{l_2} \tag{9.1.47}$$

所以 $B_{m,n} a\pi\sqrt{\dfrac{n^2}{l_1^2} + \dfrac{m^2}{l_2^2}} = \dfrac{4}{l_1 l_2}\displaystyle\int_0^{l_1}\int_0^{l_2} g(x,y)\sin\frac{n\pi x}{l_1}\sin\frac{m\pi y}{l_2}dydx$，亦即

$$B_{m,n} = \frac{4}{l_1 l_2 a\pi\sqrt{\dfrac{n^2}{l_1^2} + \dfrac{m^2}{l_2^2}}}\int_0^{l_1}\int_0^{l_2} g(x,y)\sin\frac{n\pi x}{l_1}\sin\frac{m\pi y}{l_2}dydx \tag{9.1.48}$$

範例 6

試求 $\frac{\partial^2 u}{\partial t^2}=25\left(\frac{\partial^2 u}{\partial x^2}+\frac{\partial^2 u}{\partial y^2}\right)$ 之解，並已知邊界條件為 $u(0,y,t)=u(1,y,t)=0$ 以及 $u(x,0,t)=u(x,1,t)=0$，而初始條件則為 $u(x,y,0)=(x-x^2)(y-y^2)$ 及 $\frac{\partial u(x,y,0)}{\partial t}=0$。

解

由 (9.1.46) 式可知

$$A_{m,n}=4\int_0^1\int_0^1(x-x^2)(y-y^2)\sin n\pi x\sin m\pi y\,dydx$$

$$=4\int_0^1(x-x^2)\sin n\pi x dx\int_0^1(y-y^2)\sin m\pi y dy$$

$$=4\cdot\frac{2\left[1-(-1)^n\right]}{n^3\pi^3}\cdot\frac{2\left[1-(-1)^m\right]}{m^3\pi^3}$$

當 m 與 n 皆為奇數時

$$A_{m,n}=\frac{64}{n^3m^3\pi^6}$$

由 (9.1.48) 式可知

$$B_{m,n}=0$$

將 $A_{m,n}=\frac{64}{n^3m^3\pi^6}$ 與 $B_{m,n}=0$ 代入 (9.1.44) 式可得

$$u(x,y,t)=\sum_{m,n\ odd}\sum\frac{64}{n^3m^3\pi^6}\cos\left(5\pi\sqrt{n^2+m^2}\,t\right)\sin m\pi x\sin m\pi y$$

■

類題練習

試求解下列各題之偏微分方程式。

1. $\frac{\partial^2 u}{\partial t^2}=4\frac{\partial^2 u}{\partial x^2}$，
$u(0,t)=u(\pi,t)=0$，
$u(x,0)=f(x)=2\sin 5x$，
$\frac{\partial u(x,0)}{\partial t}=g(x)=0$。

2. $\frac{\partial^2 u}{\partial t^2}=\frac{\partial^2 u}{\partial x^2}$，
$u(0,t)=u(\pi,t)=0$，
$u(x,0)=f(x)=0$，
$\frac{\partial u(x,0)}{\partial t}=g(x)=x$。

3. $\frac{\partial^2 u}{\partial t^2}=9\frac{\partial^2 u}{\partial x^2}$，$u(0,t)=u(4,t)=0$，
$u(x,0)=f(x)=\begin{cases} x, & 0<x<2 \\ 4-x, & 2<x<4 \end{cases}$，
$\frac{\partial u(x,0)}{\partial t}=g(x)=0$。

4. $\frac{\partial^2 u}{\partial t^2}=\frac{\partial^2 u}{\partial x^2}$，
$\frac{\partial u(0,t)}{\partial x}=\frac{\partial u(\pi,t)}{\partial x}=0$，
$u(x,0)=f(x)=5x$，
$\frac{\partial u(x,0)}{\partial t}=g(x)=0$。

5. $\frac{\partial^2 u}{\partial t^2}=\frac{1}{4}\frac{\partial^2 u}{\partial x^2}$，
$\frac{\partial u(0,t)}{\partial x}=\frac{\partial u(1,t)}{\partial x}=0$，
$u(x,0)=f(x)=0$，
$\frac{\partial u(x,0)}{\partial t}=g(x)=x^2$。

6. $\frac{\partial^2 u}{\partial t^2}=25\frac{\partial^2 u}{\partial x^2}$，$u(0,t)=0$，另一端為無限延伸，$u(x,0)=f(x)=e^{-3x}$ 及
$\frac{\partial u(x,0)}{\partial t}=g(x)=0$。

7. $\frac{\partial^2 u}{\partial t^2}=\frac{\partial^2 u}{\partial x^2}+\frac{\partial^2 u}{\partial y^2}$，
$u(0,y,t)=u(2,y,t)=0$，
$u(x,0,t)=u(x,3,t)=0$，
$u(x,y,0)=(2x-x^2)(3y-y^2)$，
$\frac{\partial u(x,y,0)}{\partial t}=0$。

9-2 熱傳方程式

A. 一維熱傳方程式（heat equation）

假設一長度為 l 且忽略截面積大小之金屬棒，其在位置 x 處及時間 t 時的溫度為 $u(x,t)$，則根據熱力學可推導其熱傳方程式為

$$\frac{\partial u}{\partial t}=a^2\frac{\partial^2 u}{\partial x^2} \tag{9.2.1}$$

其中 a 為常數，乃由金屬棒的材質以及周圍環境條件決定。首先考慮兩端溫度固定為 0 度，則其邊界條件為

$$u(0,t)=0 \quad (\ t>0\ ) \tag{9.2.2}$$

$$u(l,t)=0 \quad (\ t>0\ ) \tag{9.2.3}$$

又已知金屬棒初始溫度為 $f(x)$，則

$$u(x,0)=f(x) \quad (\ 0<x<l\ ) \tag{9.2.4}$$

此時我們可用變數分離法求解 (9.2.1) 式，亦即假設

$$u(x,t)=X(x)T(t) \tag{9.2.5}$$

代入 (9.2.1) 式可得

$$XT'=a^2X''T \tag{9.2.6}$$

再將上式變數整理分項後得到 $\dfrac{X''}{X}=\dfrac{T'}{a^2T}$，此等式的左邊僅與 x 相關，而等式的右邊僅與 t 相關，因此滿足該等式成立的唯一可能為兩邊皆為常數函數，亦即

$$\frac{X''}{X}=\frac{T'}{a^2T}=\lambda \tag{9.2.7}$$

其中 λ 為常數，於是 (9.2.7) 式可被分為兩個常微分方程式如下

$$X''-\lambda X=0 \tag{9.2.8}$$

$$T'-a^2\lambda T=0 \tag{9.2.9}$$

再將邊界條件 (9.2.2) 式及 (9.2.3) 式代入 (9.2.5) 式，可得 $u(0,t)=X(0)T(t)=0$，所以 $X(0)=0$；以及 $u(l,t)=X(l)T(t)=0$，因此 $X(l)=0$。

(1) 我們先求解 (9.2.8) 式，在此可分為三種情況討論如下：

Case 1：$\lambda>0$

令 $\lambda=k^2$ 代入 (9.2.8) 式，可得 $X''-k^2X=0$，並可解出其特徵方程式的解為 $\pm k$，因此 $X(x)=c_1e^{kx}+c_2e^{-kx}$，接著代入邊界條件 $X(0)=X(l)=0$ 之後，可得 $c_1=c_2=0$，亦即 $X(x)=0$，所以 $u(x,t)=X(x)T(t)=0$，此為 trivial 解。

Case 2：$\lambda=0$

$\lambda=0$ 代入 (9.2.8) 式，可得 $X''=0$，積分之後可得 $X(x)=c_1x+c_2$，接著代入邊界條件 $X(0)=X(l)=0$ 可得 $c_1=c_2=0$，亦即 $X(x)=0$，此亦為 trivial 解。

Case 3：$\lambda<0$

令 $\lambda=-k^2$（$k>0$）代入 (9.2.8) 式，可得 $X''+k^2X=0$，因此可解出其特徵方程式的解為 $\pm ik$，所以 $X(x)=c_1\cos kx+c_2\sin kx$，代入邊界條件 $X(0)=0$ 之後，可得 $c_1=0$，接著代入第二個邊界條件 $X(l)=0$，可得 $c_2\sin kl=0$，在此 c_2 不可為 0，因此 $\sin kl=0$，亦即求得 $kl=n\pi$，所以 $k_n=\dfrac{n\pi}{l}$，其中 $n=1,2,3,\ldots$，因此 $X_n(x)=c_2\sin\dfrac{n\pi}{l}x$ 且 $\lambda_n=-k_n{}^2=-\dfrac{n^2\pi^2}{l^2}$。

(2) 將 $\lambda_n=-\dfrac{n^2\pi^2}{l^2}$ 代入 (9.2.9) 式，可得

$$T'+\left(\frac{an\pi}{l}\right)^2T=0 \tag{9.2.10}$$

其特徵方程式的解為 $-\dfrac{a^2n^2\pi^2}{l^2}$，所以

$$T_n(t)=d_ne^{-\frac{a^2n^2\pi^2}{l^2}t} \tag{9.2.11}$$

綜合 (1) 與 (2)，可得 (9.2.1) 式的解為

$$u_n(x,t)=X_n(x)T_n(t)=A_n\sin\frac{n\pi x}{l}e^{-\frac{a^2n^2\pi^2}{l^2}t} \quad (9.2.12)$$

再由重疊定理可知 (9.2.1) 式之完整解為

$$u(x,t)=\sum_{n=1}^{\infty}u_n(x,t)=\sum_{n=1}^{\infty}A_n\sin\frac{n\pi x}{l}e^{-\frac{a^2n^2\pi^2}{l^2}t} \quad (9.2.13)$$

最後將初始條件 $u(x,0)=f(x)$ 代入 (9.2.13) 式，可得

$$f(x)=\sum_{n=1}^{\infty}A_n\sin\frac{n\pi x}{l} \quad (9.2.14)$$

此時可以看出 (9.2.14) 式為 $f(x)$ 之傅立葉正弦級數，因此可知

$$A_n=\frac{2}{l}\int_0^l f(x)\sin\frac{n\pi x}{l}dx \quad (9.2.15)$$

範例 1

假設一金屬棒長度 $l=6$，其熱傳方程式為 $\frac{\partial u}{\partial t}=9\frac{\partial^2 u}{\partial x^2}$，兩端溫度固定為 0 度，金屬棒的初始溫度 $f(x)=\begin{cases}x, & 0<x<3\\ 6-x, & 3<x<6\end{cases}$，試求其溫度 $u(x,t)$。

解

由 (9.2.15) 式可知

$$A_n=\frac{2}{6}\int_0^6 f(x)\sin\frac{n\pi x}{6}dx=\frac{1}{3}\left(\int_0^3 x\sin\frac{n\pi x}{6}dx+\int_3^6(6-x)\sin\frac{n\pi x}{6}dx\right)=\frac{24}{n^2\pi^2}\sin\frac{n\pi}{2}$$

代入 (9.2.13) 式可得

$$u(x,t)=\sum_{n=1}^{\infty}\frac{24}{n^2\pi^2}\sin\frac{n\pi}{2}\sin\frac{n\pi x}{6}e^{-\frac{n^2\pi^2}{4}t}$$

此金屬棒在不同時間的溫度分布繪於圖 9.2.1。

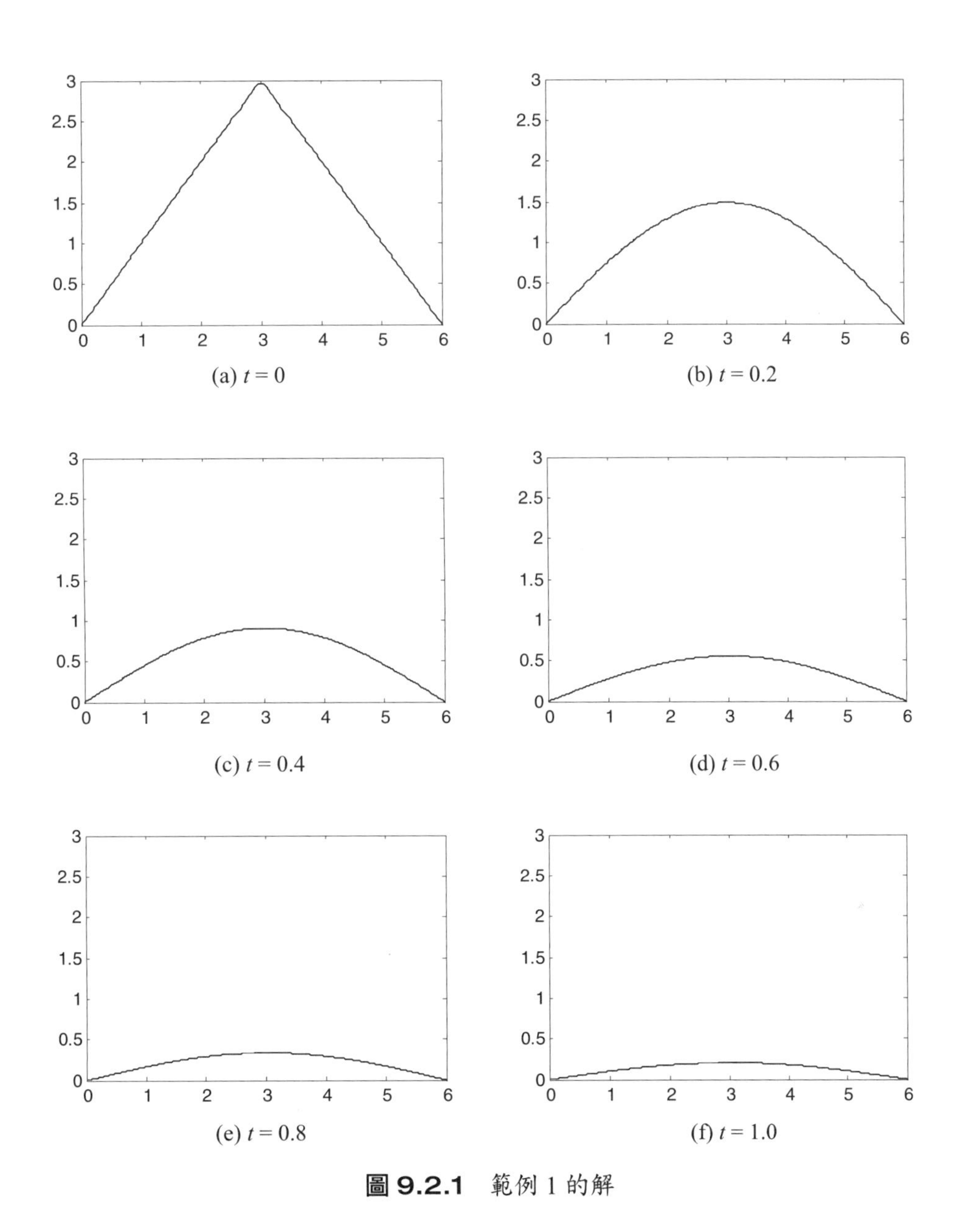

圖 9.2.1 範例 1 的解

■

延續上述熱傳方程式，現若考慮此金屬棒的兩端為絕熱情形，亦即邊界條件為 $\dfrac{\partial u(0,t)}{\partial x} = \dfrac{\partial u(l,t)}{\partial x} = 0$ 時，可得 $X'(0) = X'(l) = 0$ 。

(1) 我們同樣先解 (9.2.8) 式，並分別討論三種情況如下：

Case 1：$\lambda>0$

令 $\lambda=k^2$ 代入 (9.2.8) 式，可得 $X''-k^2X=0$，解出其特徵方程式的解為 $\pm k$，因此 $X(x)=c_1e^{kx}+c_2e^{-kx}$，於代入邊界條件 $X'(0)=X'(l)=0$ 之後，可得 $c_1=c_2=0$，亦即 $X(x)=0$，此為無意義解，不予考慮。

Case 2：$\lambda=0$

$\lambda=0$ 代入 (9.2.8) 式，可得 $X''=0$，積分之後可得 $X(x)=c_1x+c_2$，代入邊界條件 $X'(0)=0$ 之後，可得 $c_1=0$，亦即 $X(x)=c_2$。此時將 $\lambda=0$ 代入 (9.2.9) 式之後可得 $T'=0$，因此可進而解出 $T(t)=a_0$，所以 $u_0(x,t)=A_0$。

Case 3：$\lambda<0$

令 $\lambda=-k^2$（$k>0$）代入 (9.2.8) 式，可得 $X''+k^2X=0$，解出其特徵方程式的解為 $\pm ik$，因此 $X(x)=c_1\cos kx+c_2\sin kx$，代入邊界條件 $X'(0)=0$ 可得 $c_2=0$，再代入第二個邊界條件 $X'(l)=0$，可得 $-kc_1\sin kl=0$，因此 $\sin kl=0$，亦即 $kl=n\pi$，所以 $k_n=\dfrac{n\pi}{l}$，其中 $n=1,2,3,...$，並可寫成 $X_n(x)=c_1\cos\dfrac{n\pi x}{l}$ 且 $\lambda_n=-\dfrac{n^2\pi^2}{l^2}$。

(2) 將 $\lambda_n=-\dfrac{n^2\pi^2}{l^2}$ 代入 (9.2.9) 式，可得

$$T'+\left(\frac{an\pi}{l}\right)^2T=0 \tag{9.2.16}$$

其特徵方程式的解為 $-\dfrac{a^2n^2\pi^2}{l^2}$，所以

$$T_n(t)=d_ne^{-\frac{a^2n^2\pi^2}{l^2}t} \tag{9.2.17}$$

綜合 (1) 與 (2)，代入 (9.2.5) 式可得

$$u_n(x,t)=X_n(x)T_n(t)=A_n\cos\frac{n\pi x}{l}e^{-\frac{a^2n^2\pi^2}{l^2}t} \tag{9.2.18}$$

再由重疊定理可知 (9.2.1) 式之完整通解為

$$u(x,t)=\sum_{n=1}^{\infty}u_n(x,t)=A_0+\sum_{n=1}^{\infty}A_n\cos\frac{n\pi x}{l}e^{-\frac{a^2n^2\pi^2}{l^2}t} \tag{9.2.19}$$

最後將初始條件 $u(x,0)=f(x)$ 代入上式，可得

$$f(x)=A_0+\sum_{n=1}^{\infty}A_n\cos\frac{n\pi x}{l} \tag{9.2.20}$$

此時可以看出 (9.2.20) 式為 $f(x)$ 之傅立葉餘弦級數，因此可知

$$A_0=\frac{1}{l}\int_0^l f(x)dx \tag{9.2.21}$$

$$A_n=\frac{2}{l}\int_0^l f(x)\cos\frac{n\pi x}{l}dx \tag{9.2.22}$$

範例 2

假設一金屬棒長度 $l=6$，其熱傳方程式為 $\frac{\partial u}{\partial t}=9\frac{\partial^2 u}{\partial x^2}$，兩端絕熱，金屬棒的初始溫度 $f(x)=\begin{cases}x, & 0<x<3\\ 6-x, & 3<x<6\end{cases}$，試求其溫度 $u(x,t)$。

解

由 (9.2.21) 式可知

$$A_0=\frac{1}{6}\int_0^6 f(x)dx=\frac{1}{6}\left(\int_0^3 xdx+\int_3^6 6-xdx\right)=\frac{3}{2}$$

由 (9.2.22) 式可知

$$A_n=\frac{2}{6}\int_0^6 f(x)\cos\frac{n\pi x}{6}dx=\frac{1}{3}\left(\int_0^3 x\cos\frac{n\pi x}{6}dx+\int_3^6(6-x)\cos\frac{n\pi x}{6}dx\right)$$

$$=\frac{12}{n^2\pi^2}\left(2\cos\frac{n\pi}{2}-\cos n\pi-1\right)$$

代入 (9.2.19) 式可得

$$u(x,t)=\frac{3}{2}+\sum_{n=1}^{\infty}\frac{12}{n^2\pi^2}\left(2\cos\frac{n\pi}{2}-\cos n\pi-1\right)\cos\frac{n\pi x}{6}e^{-\frac{n^2\pi^2}{4}t}$$

此金屬棒在不同時間的溫度分布繪於圖 9.2.2。由圖可看出，由於金屬棒之兩端絕熱，所以金屬棒之終端溫度為 1.5 度，此結果與範例 1 不同。

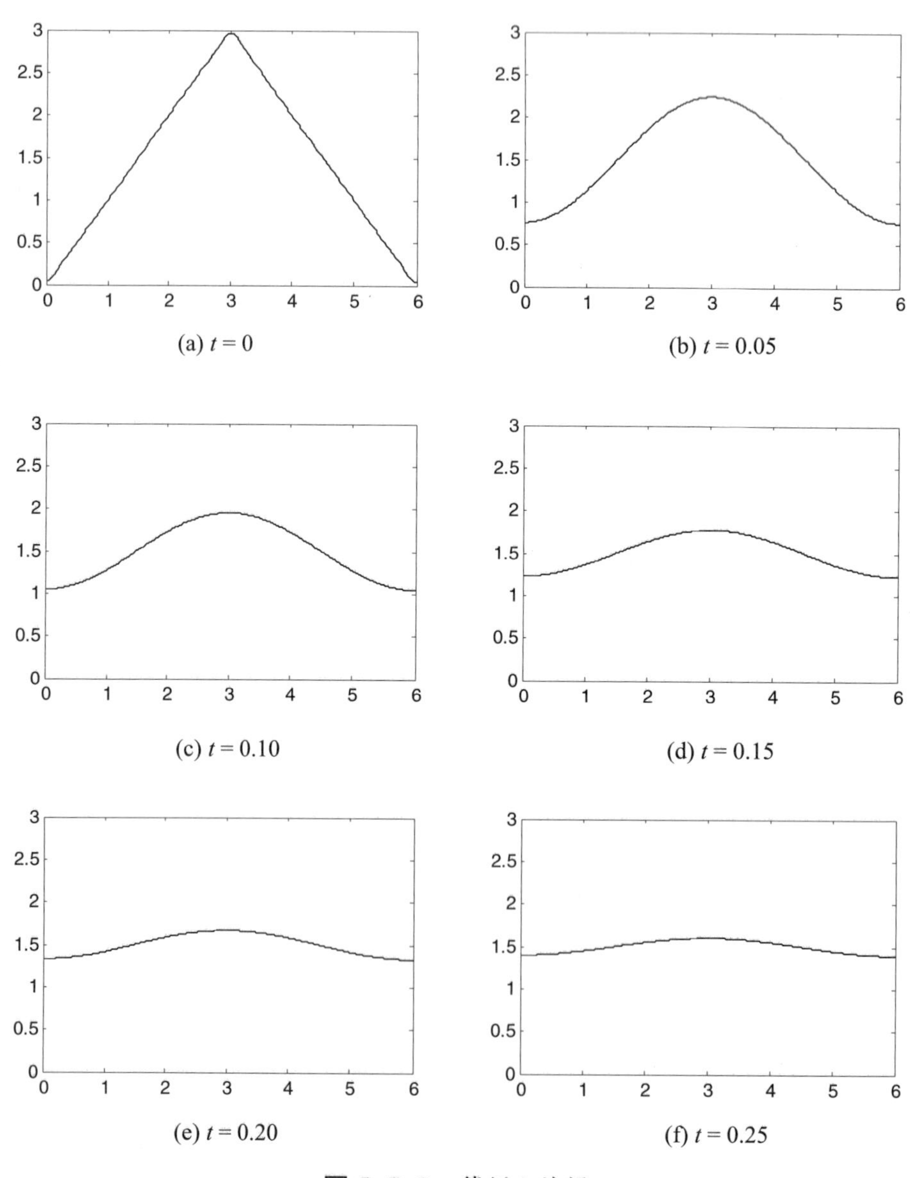

(a) $t=0$　(b) $t=0.05$　(c) $t=0.10$　(d) $t=0.15$　(e) $t=0.20$　(f) $t=0.25$

圖 9.2.2 範例 2 的解

■

又若假設此金屬棒的兩端溫度分別為T_1與T_2，亦即邊界條件為

$$u(0,t)=T_1 \quad (t>0) \tag{9.2.23}$$

$$u(l,t)=T_2 \quad (t>0) \tag{9.2.24}$$

初始條件同樣為$u(x,0)=f(x)$，此時需令

$$u(x,t)=U(x,t)+\phi(x) \tag{9.2.25}$$

代入 (9.2.1) 式可得

$$\frac{\partial U}{\partial t}=a^2\frac{\partial^2 U}{\partial x^2}+a^2\phi'' \tag{9.2.26}$$

此時若令$\phi''(x)=0$，則$\phi(x)=cx+d$。另外，由邊界條件$u(0,t)=T_1$代入 (9.2.25) 式之後，可得$U(0,t)+\phi(0)=T_1$，故為使得$U(0,t)=0$，所以可令$\phi(0)=T_1$。此外再由另外一個邊界條件$u(l,t)=T_2$，若將其代入 (9.2.25) 式，則可得$U(l,t)+\phi(0)=T_2$，但此時同樣為使$U(l,t)=0$，所以$\phi(l)=T_2$。接著將$\phi(0)=T_1$與$\phi(l)=T_2$均代入$\phi(x)=cx+d$，可得$c=\dfrac{T_2-T_1}{l}$與$d=T_1$，所以

$$\phi(x)=\frac{T_2-T_1}{l}x+T_1 \tag{9.2.27}$$

因為$\phi''(x)=0$，所以 (9.2.26) 式可化為

$$\frac{\partial U}{\partial t}=a^2\frac{\partial^2 U}{\partial x^2} \tag{9.2.28}$$

其邊界條件為$U(0,t)=0$與$U(l,t)=0$，初始條件為$U(x,0)+\phi(x)=f(x)$，即

$$U(x,0)=f(x)-\phi(x)=f(x)-\left(\frac{T_2-T_1}{l}x+T_1\right)$$

由前面的推導可知

$$U(x,t)=\sum_{n=1}^{\infty}A_n\sin\frac{n\pi x}{l}e^{-\frac{a^2n^2\pi^2}{l^2}t} \tag{9.2.29}$$

代入初始條件$U(x,0)=f(x)-\left(\frac{T_2-T_1}{l}x+T_1\right)$之後，可得

$$f(x)-\left(\frac{T_2-T_1}{l}x+T_1\right)=\sum_{n=1}^{\infty}A_n\sin\frac{n\pi x}{l} \tag{9.2.30}$$

因此可知

$$A_n=\frac{2}{l}\int_0^l\left[f(x)-\left(\frac{T_2-T_1}{l}x+T_1\right)\right]\sin\frac{n\pi x}{l}dx \tag{9.2.31}$$

最後將 (9.2.27) 式與 (9.2.29) 式代入 (9.2.25) 式，可得

$$u(x,t)=\sum_{n=1}^{\infty}A_n\sin\frac{n\pi x}{l}e^{-\frac{a^2n^2\pi^2}{l^2}t}+\frac{T_2-T_1}{l}x+T_1 \tag{9.2.32}$$

範例 3

假設一金屬棒長度$l=1$，其熱傳方程式為$\frac{\partial u}{\partial t}=\frac{\partial^2 u}{\partial x^2}$，兩端溫度分別為 0 度與 100 度，金屬棒的初始溫度$f(x)=0$，試求其溫度$u(x,t)$。

解

將$T_1=0$、$T_2=100$與$f(x)=0$代入 (9.2.31) 式可得

$$A_n=2\int_0^1\left[0-(100x+0)\right]\sin n\pi x dx=\frac{200}{n\pi}(-1)^n$$

代入 (9.2.32) 式可得

$$u(x,t)=\sum_{n=1}^{\infty}\frac{200\cdot(-1)^n}{n\pi}\sin n\pi x\cdot e^{-n^2\pi^2t}+100x$$

此金屬棒在不同時間的溫度分布繪於圖 9.2.3。

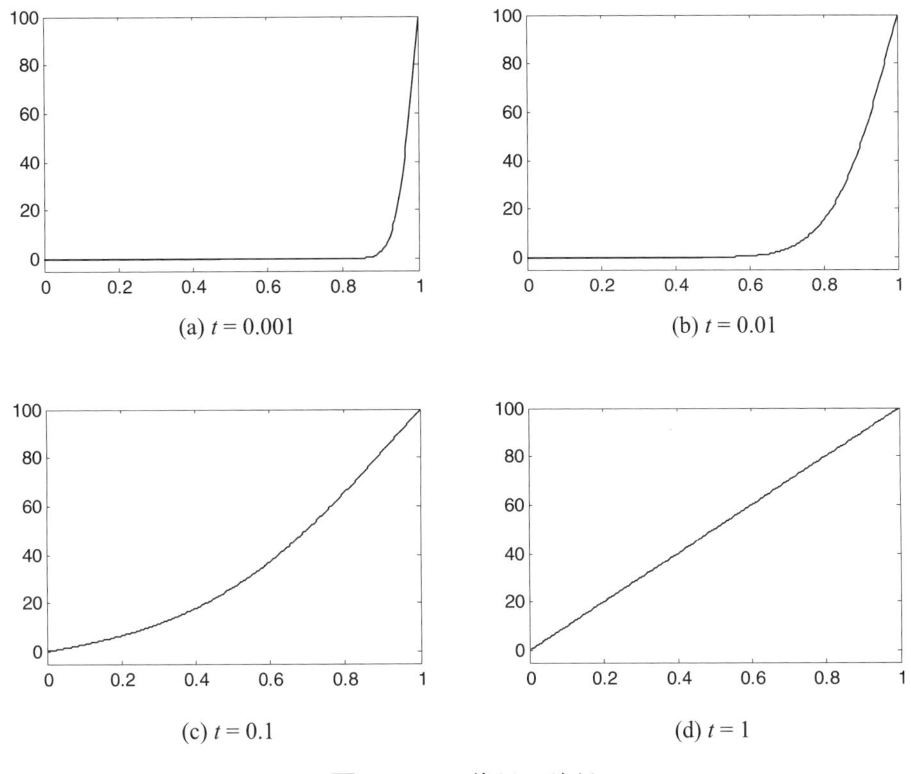

(a) $t = 0.001$　(b) $t = 0.01$

(c) $t = 0.1$　(d) $t = 1$

圖 9.2.3　範例 3 的解

■

B. 無限長度的一維熱傳方程式

若金屬棒的長度為無限長，則無邊界條件，僅有初始條件 $u(x,0) = f(x)$，此可由前面類似的討論可知，首先令 $u(x,t) = X(x)T(t)$，代入 (9.2.1) 式之後，可得 (9.2.8) 式與 (9.2.9) 式，此時雖沒有邊界條件，但是由物理條件可知，當 x 趨近正負無限大時，$u(x,t)$ 的值仍必為有限。

(1) 我們先求解 (9.2.8) 式，在此同樣可分為三種情況討論如下：

Case 1：$\lambda > 0$

令 $\lambda = k^2$ 代入 (9.2.8) 式之後，可得 $X'' - k^2 X = 0$，因此可解出特徵方程式的解為 $\pm k$，所以 $X(x) = c_1 e^{kx} + c_2 e^{-kx}$，此時若要 x 趨近正無限大，且 $u(x,t)$ 的值仍為有限，則需滿足 $c_1 = 0$，同理，若要 x 趨近負無限大，同時 $u(x,t)$ 的值亦維持為一個有限值時，則必須 $c_2 = 0$，亦即 $X(x) = 0$，因此在本情形時，僅有無意義之解。

Case 2：$\lambda = 0$

將 $\lambda = 0$ 代入 (9.2.8) 式，可得 $X'' = 0$，積分之後可得 $X(x) = c_1 x + c_2$，若要 x 趨近正無限大時，仍滿足 $u(x,t)$ 的值為有限，則必須 $c_1 = 0$，亦即 $X(x) = c_2$。

Case 3：$\lambda < 0$

令 $\lambda = -k^2$（$k > 0$）代入 (9.2.8) 式，可得 $X'' + k^2 X = 0$，因此可解出特徵方程式的解為 $\pm ik$，所以 $X(x) = c_1 \cos kx + c_2 \sin kx$（$k > 0$）。

我們可將 case 2 的情況，視為 case 3 在 $k = 0$ 時的特例，因此，綜合 case 2 與 case 3 之後，可得 $X(x) = c_1 \cos kx + c_2 \sin kx$（$k \geq 0$）。

(2) 將 $\lambda = -k^2$ 代入 (9.2.9) 式，可得

$$T' + a^2 k^2 T = 0 \tag{9.2.33}$$

其特徵方程式的解為 $-a^2 k^2$，所以 $T(t) = de^{-a^2 k^2 t}$。

綜合 (1) 與 (2)，可得 (9.2.1) 式的解為

$$u(x,t) = X(x)T(t) = \left(A(k)\cos kx + B(k)\sin kx\right)e^{-a^2 k^2 t}$$

其中 $k \geq 0$，這裡 k 為正實數，再由重疊定理可知 (9.2.1) 式之完整通解為

$$u(x,t) = \int_0^\infty \left(A(k)\cos kx + B(k)\sin kx\right)e^{-a^2 k^2 t}\,dk \tag{9.2.34}$$

最後代入初始條件 $u(x,0) = f(x)$，可得

$$f(x) = \int_0^\infty \left(A(k)\cos kx + B(k)\sin kx\right)dk \tag{9.2.35}$$

由此可以看出 (9.2.35) 式為 $f(x)$ 之傅立葉積分，因此可知

$$A(k) = \frac{1}{\pi}\int_{-\infty}^{\infty} f(x)\cos kx\,dx \tag{9.2.36}$$

$$B(k) = \frac{1}{\pi}\int_{-\infty}^{\infty} f(x)\sin kx\,dx \tag{9.2.37}$$

範例 4

假設一金屬棒長度為限大，其熱傳方程式為 $\dfrac{\partial u}{\partial t}=16\dfrac{\partial^2 u}{\partial x^2}$，金屬棒的初始溫度 $f(x)=\begin{cases}20, & |x|<1\\ 0, & |x|>1\end{cases}$，試求其溫度 $u(x,t)$。

解

由 (9.2.36) 式可得

$$A(k)=\frac{1}{\pi}\int_{-1}^{1}20\cos kxdx=\frac{40\sin k}{\pi k}$$

由 (9.2.37) 式可得

$$B(k)=\frac{1}{\pi}\int_{-1}^{1}20\sin kxdx=0$$

代入 (9.2.34) 式可得

$$u(x,t)=\frac{40}{\pi}\int_{0}^{\infty}\frac{\sin k\cos kx}{k}e^{-16k^2 t}dk$$

■

類題練習

試求解下列各題之偏微分方程式。

1. $\dfrac{\partial u}{\partial t}=9\dfrac{\partial^2 u}{\partial x^2}$，$u(0,t)=u(3,t)=0$，
$u(x,0)=f(x)=10$。

2. $\dfrac{\partial u}{\partial t}=2\dfrac{\partial^2 u}{\partial x^2}$，$u(0,t)=u(\pi,t)=0$，
$u(x,0)=f(x)=x$。

3. $\dfrac{\partial u}{\partial t}=25\dfrac{\partial^2 u}{\partial x^2}$，$\dfrac{\partial u(0,t)}{\partial x}=\dfrac{\partial u(2,t)}{\partial x}=0$，
$u(x,0)=f(x)=\begin{cases} x, & 0<x<1 \\ 2-x, & 1<x<2 \end{cases}$。

4. $\dfrac{\partial u}{\partial t}=\dfrac{\partial^2 u}{\partial x^2}$，$\dfrac{\partial u(0,t)}{\partial x}=\dfrac{\partial u(2,t)}{\partial x}=0$，
$u(x,0)=f(x)=2x$。

5. $\dfrac{\partial u}{\partial t}=\dfrac{\partial^2 u}{\partial x^2}$，$u(0,t)=0$，$u(1,t)=20$，
$u(x,0)=f(x)=10$。

6. $\dfrac{\partial u}{\partial t}=\dfrac{1}{4}\dfrac{\partial^2 u}{\partial x^2}$，$u(0,t)=0$，$u(1,t)=20$，
$u(x,0)=f(x)=x$。

7. 假設一金屬棒長度為無限大，其熱傳方程式為 $\dfrac{\partial u}{\partial t}=4\dfrac{\partial^2 u}{\partial x^2}$，金屬棒的初始溫度 $f(x)=\begin{cases} 10, & |x|<5 \\ 0, & |x|>5 \end{cases}$，試求其溫度 $u(x,t)$。

9-3 拉普拉斯方程式

在熱傳方程式中，若一平面物體已達熱平衡，則 $\frac{\partial u}{\partial t}=0$ ，此時熱傳方程式可表示為

$$\frac{\partial^2 u}{\partial x^2}+\frac{\partial^2 u}{\partial y^2}=0 \tag{9.3.1}$$

此方程式稱為拉普拉斯方程式。

假設一長方形平面金屬板，長寬分別為 l_1 與 l_2，金屬板左右兩邊以及下邊的溫度固定為 0，則邊界條件為 $u(x,0)=u(0,y)=u(l_1,y)=0$ ；金屬板上邊的溫度為 $f(x)$ ，則對應的邊界條件為 $u(x,l_2)=f(x)$ 。由於經過長時間已達熱平衡，故初始溫度無影響。我們可用變數分離法求解，亦即假設 $u(x,y)=X(x)Y(y)$ ，代入 (9.3.1) 式之後可得

$$YX''+XY''=0 \tag{9.3.2}$$

如將上式變數分離之後，可得

$$\frac{X''}{X}=-\frac{Y''}{Y}=\lambda \tag{9.3.3}$$

其中 λ 為常數，則 (9.3.3) 式可分為兩個常微分方程式

$$X''-\lambda X=0 \tag{9.3.4}$$

$$Y''+\lambda Y=0 \tag{9.3.5}$$

將邊界條件代入，可得 $u(0,y)=X(0)Y(y)=0$ ，所以 $X(0)=0$ ，以及 $u(l_1,y)=X(l_1)Y(y)=0$ ，所以 $X(l_1)=0$ 。

(1) 我們先求解 (9.3.4) 式，在此可分為三種情況討論如下：

Case 1：$\lambda>0$

令 $\lambda=k^2$，所以 $X''-k^2X=0$，可解出其特徵方程式的解為 $\pm k$，因此 $X(x)=c_1e^{kx}+c_2e^{-kx}$ ，代入邊界條件 $X(0)=X(l_1)=0$ 之後，可得 $c_1=c_2=0$ ，亦即 $X(x)=0$ ，此為無意義之解。

Case 2：$\lambda=0$

此時 $X''=0$ ，積分之後可得 $X(x)=c_1x+c_2$ ，代入邊界條件 $X(0)=X(l_1)=0$ 之後，可得 $c_1=c_2=0$ ，亦即 $X(x)=0$ ，此仍為無意義之解。

Case 3：$\lambda < 0$

令 $\lambda = -k^2$（$k > 0$），所以 $X'' + k^2 X = 0$，可解出其特徵方程式的解為 $\pm ik$，因此 $X(x) = c_1 \cos kx + c_2 \sin kx$，代入邊界條件 $X(0) = 0$ 之後，可得 $c_1 = 0$，再代入第二個邊界條件 $X(l_1) = 0$，可得 $c_2 \sin kl_1 = 0$，因此 $k_n = \dfrac{n\pi}{l_1}$，其中 $n = 1, 2, 3, \ldots$。所以 $X_n(x) = c_2 \sin \dfrac{n\pi x}{l_1}$ 且 $\lambda_n = -\dfrac{n^2\pi^2}{l_1^2}$。

(2) 將 $\lambda_n = -\dfrac{n^2\pi^2}{l_1^2}$ 代入 (9.3.5) 式，可得

$$Y'' - \frac{n^2\pi^2}{l_1^2} Y = 0 \tag{9.3.6}$$

其特徵方程式的解為 $\pm \dfrac{n\pi}{l_1}$，所以 $Y_n = d_1 \cosh \dfrac{n\pi y}{l_1} + d_2 \sinh \dfrac{n\pi y}{l_1}$。

綜合 (1) 與 (2)，可得 (9.2.1) 式的解為

$$u_n(x, y) = X_n(x) Y_n(y) = \left(A_n \cosh \frac{n\pi y}{l_1} + B_n \sinh \frac{n\pi y}{l_1} \right) \sin \frac{n\pi x}{l_1}$$

再由重疊定理可知 (9.3.1) 式的通解為

$$u(x, y) = \sum_{n=1}^{\infty} u_n(x, y) = \sum_{n=1}^{\infty} \left(A_n \cosh \frac{n\pi y}{l_1} + B_n \sinh \frac{n\pi y}{l_1} \right) \sin \frac{n\pi x}{l_1} \tag{9.3.7}$$

此時代入第三個邊界條件 $u(x, 0) = 0$，可得 $0 = \sum_{n=1}^{\infty} A_n \sin \dfrac{n\pi x}{l_1}$，所以 $A_n = 0$。

而代入第四個邊界條件 $u(x, l_2) = f(x)$，則可得

$$f(x) = \sum_{n=1}^{\infty} B_n \sinh \frac{n\pi l_2}{l_1} \sin \frac{n\pi x}{l_1} \tag{9.3.8}$$

因此 $B_n \cdot \sinh \dfrac{n\pi l_2}{l_1} = \dfrac{2}{l_1} \int_0^{l_1} f(x) \sin \dfrac{n\pi x}{l_1} dx$，所以可得

$$B_n = \frac{2\int_0^{l_1} f(x) \sin \frac{n\pi x}{l_1} dx}{l_1 \sinh \frac{n\pi l_2}{l_1}} \tag{9.3.9}$$

此金屬片達成熱平衡時的溫度分布為

$$u(x,y)=\sum_{n=1}^{\infty}B_n\sinh\frac{n\pi y}{l_1}\sin\frac{n\pi x}{l_1} \tag{9.3.10}$$

其中 B_n 如 (9.3.9) 式所示。

範例 1

假設一長寬皆為 1 的金屬片，其左右端及下端的溫度皆為 0 度，上端的溫度為 100 度，試求此金屬片達成熱平衡時之溫度分布 $u(x,y)$。

解

將 $l_1=l_2=1$ 與 $f(x)=100$ 代入 (9.3.9) 式可得

$$B_n=\frac{200}{\sinh n\pi}\int_0^1\sin n\pi x dx=\frac{200\left[1-(-1)^n\right]}{n\pi\sinh n\pi}$$

代入 (9.3.10) 式可得

$$u(x,y)=200\sum_{n=1}^{\infty}\frac{1-(-1)^n}{n\pi\sinh n\pi}\sinh n\pi y\sin n\pi x$$

■

類題練習

請求解以下偏微分方程式。

1. 假設一長為 3、寬為 6 的金屬片，其左右兩端及下端的溫度皆為 0 度，而上端的溫度為 100 度，試求此金屬片達成熱平衡時之溫度分布 $u(x,y)$。

2. 假設一長寬均為 1 的金屬片，其上下兩端及左端的溫度皆為 0 度，右端的溫度為 20 度，試求此金屬片達成熱平衡時之溫度分布 $u(x,y)$。

9-4 拉普拉斯轉換求解偏微分方程式

在前面的章節中，我們都採用變數分離法求解偏微分方程式，而由於在第三章中，我們已曾學過利用拉氏轉換求解常微分方程式，因此本節我們將採用拉普拉斯轉換方法求解偏微分方程式。首先複習一下第三章所學過的公式

$$\mathcal{L}[f'(t)] = sF(s) - f(0) \tag{9.4.1}$$

$$\mathcal{L}[f''(t)] = s^2F(s) - sf(0) - f'(0) \tag{9.4.2}$$

接著考慮一個熱傳方程式

$$\frac{\partial u}{\partial t} = a^2 \frac{\partial^2 u}{\partial x^2} \tag{9.4.3}$$

假設此金屬棒為無限長度，在時間為 0 時之初始溫度為 0，亦即初始條件為

$$u(x,0) = 0 \quad (\ x > 0\ ) \tag{9.4.4}$$

則此金屬棒端點 $x = 0$ 的溫度隨時間變化情形，可以 $f(t)$ 加以表示，亦即邊界條件為

$$u(0,t) = f(t) \quad (\ t > 0\ ) \tag{9.4.5}$$

若將 (9.4.3) 式取拉氏轉換之後，可得

$$sU(x,s) - u(x,0) = a^2 \frac{\partial^2 U(x,s)}{\partial x^2} \tag{9.4.6}$$

再將初始條件 (9.4.4) 式代入 (9.4.6) 式，可得

$$\frac{\partial^2 U}{\partial x^2} - \frac{s}{a^2}U = 0 \tag{9.4.7}$$

此為二階常係數線性微分方程式，因此可利用第二章的方法解出

$$U(x,s) = A(s)e^{-\frac{\sqrt{s}}{a}x} + B(s)e^{\frac{\sqrt{s}}{a}x} \tag{9.4.8}$$

若欲滿足 $x \to \infty$ 時，$U(x,s)$ 為一個有限值，則 $B(s) = 0$，因此

$$U(x,s) = A(s)e^{-\frac{\sqrt{s}}{a}x} \tag{9.4.9}$$

再將邊界條件 (9.4.5) 式取拉氏轉換後，可得 $A(s)=\mathcal{L}[f(t)]=F(s)$，所以

$$U(x,s)=F(s)e^{-\frac{\sqrt{s}}{a}x} \tag{9.4.10}$$

續將 (9.4.10) 式取反拉氏轉換，可得

$$u(x,t)=\mathcal{L}^{-1}[U(x,s)]=\mathcal{L}^{-1}\left[F(s)e^{-\frac{\sqrt{s}}{a}}\right] \tag{9.4.11}$$

因此由第三章之摺積定理，最後可求得

$$u(x,t)=\mathcal{L}^{-1}\left[F(s)\right]*\mathcal{L}^{-1}\left[e^{-\frac{\sqrt{s}}{a}}\right]=f(t)*\frac{x}{2a\sqrt{\pi}}t^{-\frac{3}{2}}e^{-\frac{x^2}{4a^2t}} \tag{9.4.12}$$

範例 1

假設一金屬棒長度為限大，其熱傳方程式為 $\frac{\partial u}{\partial t}=16\frac{\partial^2 u}{\partial x^2}$，金屬棒的初始溫度為 0 度，在端點 $x=0$ 的溫度為常數 100 度，亦即邊界條件為 $u(0,t)=100$，試求此金屬棒的溫度 $u(x,t)$。

解

由 (9.4.12) 式可得

$$\begin{aligned}u(x,t)&=f(t)*\frac{x}{2a\sqrt{\pi}}t^{-\frac{3}{2}}e^{-\frac{x^2}{4a^2t}}\\&=\frac{x}{8\sqrt{\pi}}\int_0^t 100\tau^{-\frac{3}{2}}e^{-\frac{x^2}{64\tau}}d\tau\\&=100\left[1-\text{erf}\left(\frac{x}{8\sqrt{t}}\right)\right]\end{aligned}$$

其中，erf 為**錯誤函數**（error function），此函數定義為 $\text{erf}(x)=\frac{2}{\sqrt{\pi}}\int_0^x e^{-t^2}dt$。本範例的解繪於圖 9.4.1 中，由圖可看出此金屬棒隨著時間的增加，溫度慢慢趨近於 100 度。

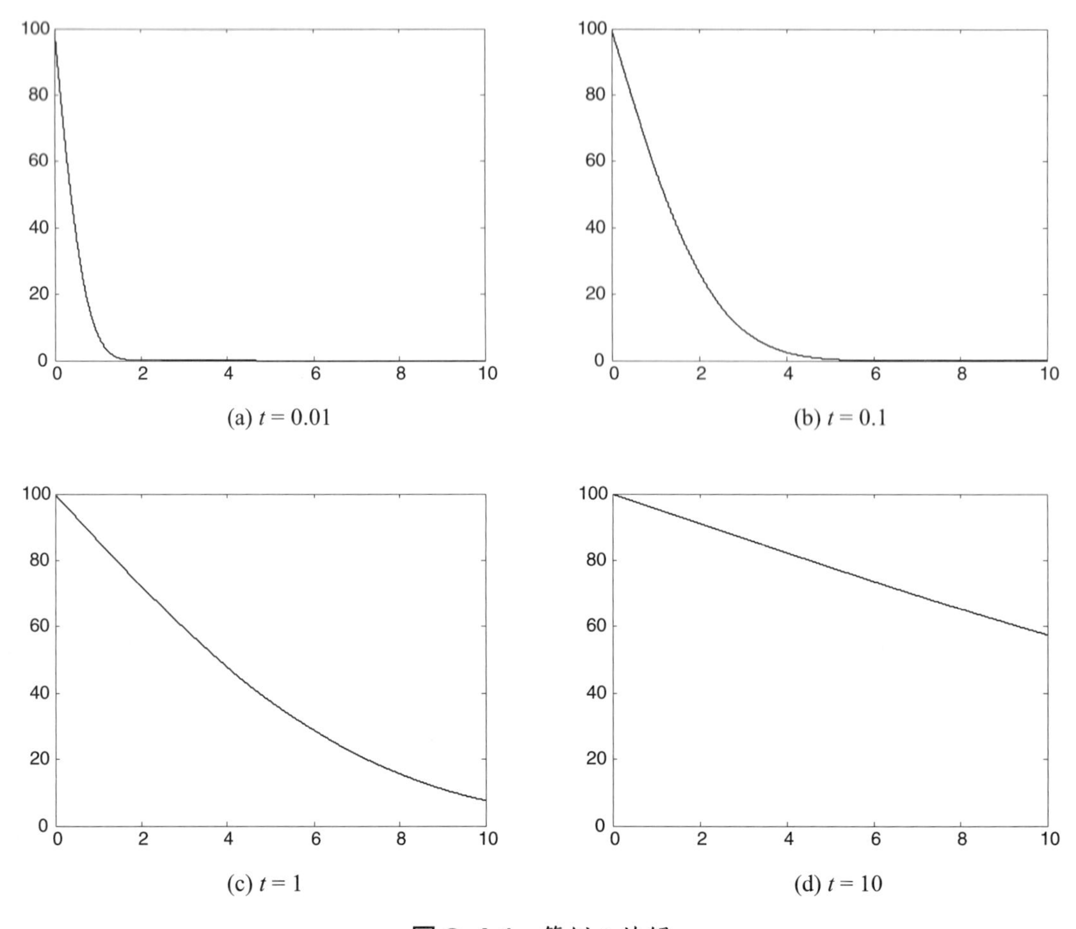

(a) $t = 0.01$　(b) $t = 0.1$

(c) $t = 1$　(d) $t = 10$

圖 9.4.1　範例 1 的解

■

除了熱傳方程式之外，拉氏轉換亦可用於求解波動方程式，茲考慮一個一維波動方程式

$$\frac{\partial^2 u}{\partial t^2} = a^2 \frac{\partial^2 u}{\partial x^2} \tag{9.4.13}$$

假設此弦為無限長度，在時間為 0 時之位移及速度均為 0，亦即初始條件為

$$u(x,0) = 0 \quad (\ x > 0\ ) \tag{9.4.14}$$

$$\frac{\partial u(x,0)}{\partial t} = 0 \quad (\ x > 0\ ) \tag{9.4.15}$$

又若已知其在端點 $x=0$ 之隨時間變化的位移量為 $f(t)$，亦即邊界條件為

$$u(0,t)=f(t) \quad (\ t>0\ ) \tag{9.4.16}$$

則將 (9.4.13) 式取拉氏轉換之後，可得

$$s^2U(x,s)-su(x,0)-\frac{\partial u(x,0)}{\partial t}=a^2\frac{\partial^2 U(x,s)}{\partial x^2} \tag{9.4.17}$$

再將初始條件 (9.4.14) 式及 (9.4.15) 式代入 (9.4.17) 式，可得

$$\frac{\partial^2 U}{\partial x^2}-\frac{s^2}{a^2}U=0 \tag{9.4.18}$$

此為二階常係數線性微分方程式，可解出

$$U(x,s)=A(s)e^{-\frac{s}{a}x}+B(s)e^{\frac{s}{a}x} \tag{9.4.19}$$

當 $x\to\infty$ 時，$U(x,s)$ 需為有限，所以 $B(s)=0$，因此

$$U(x,s)=A(s)e^{-\frac{s}{a}x} \tag{9.4.20}$$

再將邊界條件 (9.4.16) 式取拉氏轉換後代入，可得 $A(s)=\mathcal{L}[f(t)]=F(s)$，所以

$$U(x,s)=F(s)e^{-\frac{s}{a}x} \tag{9.4.21}$$

續將 (9.4.21) 式取反拉氏轉換，可得

$$u(x,t)=\mathcal{L}^{-1}[U(x,s)]=\mathcal{L}^{-1}\left[F(s)e^{-\frac{s}{a}}\right]=f\left(t-\frac{x}{a}\right)H\left(t-\frac{x}{a}\right) \tag{9.4.22}$$

其中 $H(x)$ 為單位步階函數，在此為避免與函數 $u(x,t)$ 混淆，故改用 H 表示之。

範例 2

假設一弦長度為限大，其波動方程式為 $\frac{\partial u}{\partial t}=\frac{\partial^2 u}{\partial x^2}$ ，此弦在時間為 0 時之位移及速度均為 0，而在端點 $x=0$ 的位移為 $u(0,t)=f(t)=\sin(2\pi t)$ ，試求 $u(x,t)$ 。

解

由 (9.4.22) 式可得

$$u(x,t)=f\left(t-\frac{x}{a}\right)H\left(t-\frac{x}{a}\right)$$

$$=\sin\big(2\pi(t-x)\big)H(t-x)$$

將此範例的解繪於圖 9.4.2 中，由該圖可看出此弦上的波之前進情況。

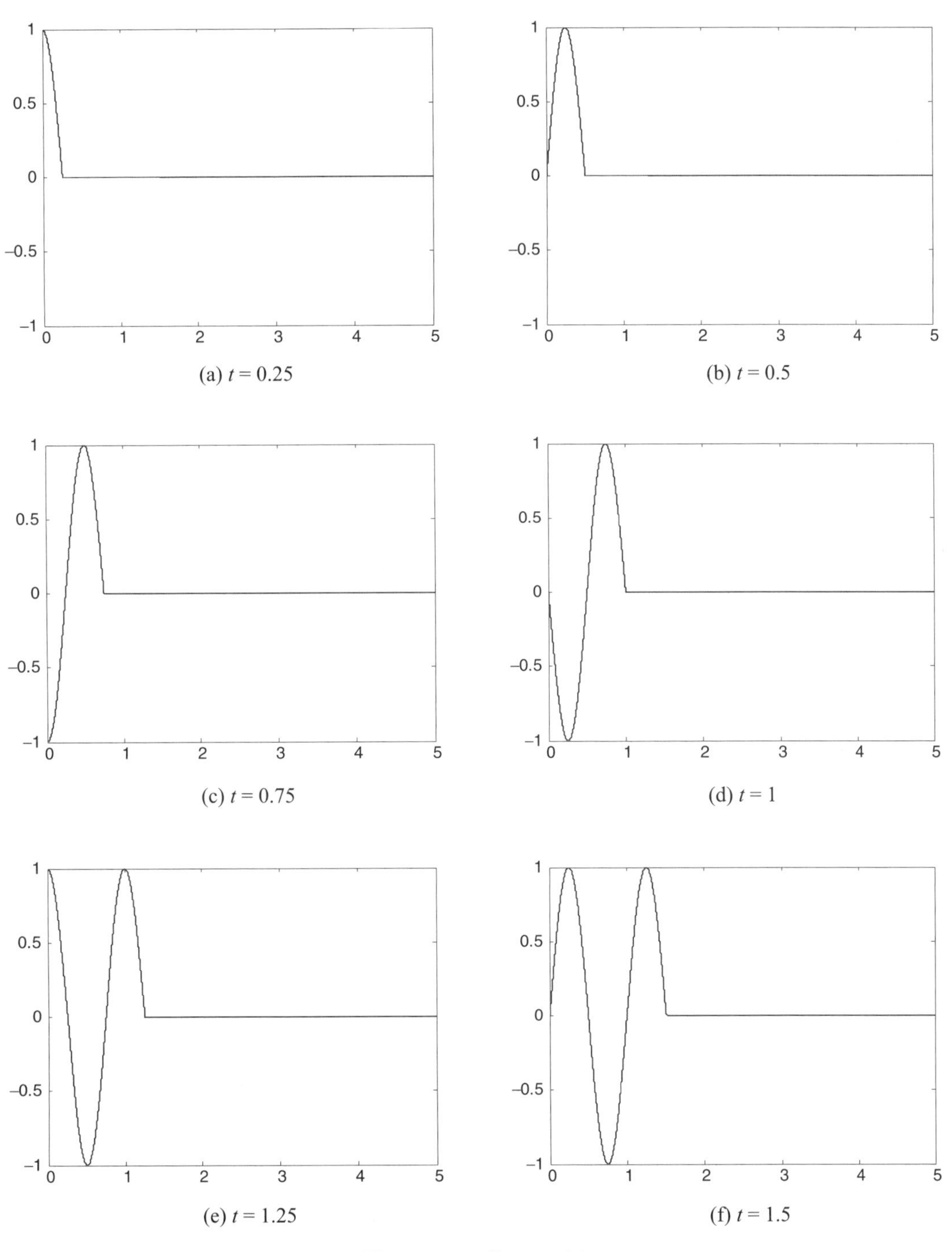

(a) $t = 0.25$ (b) $t = 0.5$

(c) $t = 0.75$ (d) $t = 1$

(e) $t = 1.25$ (f) $t = 1.5$

圖 9.4.2 範例 2 的解

■

類題練習

試利用拉氏轉換求解以下偏微分方程式。

1. $\dfrac{\partial u}{\partial t}=\dfrac{\partial^2 u}{\partial x^2}$，$u(0,t)=5$，$u(x,0)=0$。

2. $\dfrac{\partial^2 u}{\partial t^2}=\dfrac{1}{9}\dfrac{\partial^2 u}{\partial x^2}$，$u(x,0)=0$，$\dfrac{\partial u(x,0)}{\partial t}=0$，$u(0,t)=e^{-t}$（$t>0$）。

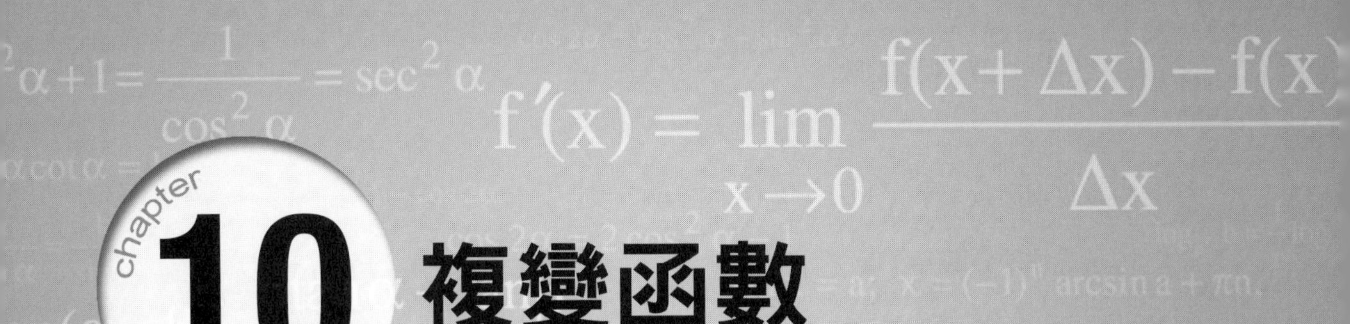

chapter 10 複變函數

複變函數可應用於某些工業分析及一些以實數變數分析中較難處理的問題，尤其對於一些計算繁雜的積分運算，若能經由複變函數之積分，常可輕易求得其解。因此對於複變函數之瞭解及熟練，確有其必要性。本章首先介紹複數與函數，接著介紹複變函數之導數、級數及積分，同時並將探討餘數積分及其於實數函數積分上之應用。

10-1 複數與函數

複數之定義為 $z = x + iy$，其中 x 與 y 皆為實數，且 $i^2 = -1$，x 稱為複數 z 之實部，而 y 稱為複數 z 之虛部，可表示為

$$x = \mathrm{Re}\{z\} \tag{10.1.1}$$

$$y = \mathrm{Im}\{z\} \tag{10.1.2}$$

今若假設有兩複數 $z_1 = x_1 + iy_1$ ， $z_2 = x_2 + iy_2$ ，則

複數之加法定義為： $z_1 + z_2 = (x_1 + iy_1) + (x_2 + iy_2) = (x_1 + x_2) + i(y_1 + y_2)$

至於減法之計算為加法之延伸：

$$z_1 - z_2 = (x_1 + iy_1) - (x_2 + iy_2) = (x_1 - x_2) + i(y_1 - y_2)$$

乘法之定義為： $z_1 \cdot z_2 = (x_1 + iy_1)(x_2 + iy_2) = (x_1x_2 - y_1y_2) + i(x_1y_2 + x_2y_1)$

而除法之作法為

$$\frac{z_1}{z_2} = \frac{x_1 + iy_1}{x_2 + iy_2} = \frac{(x_1 + iy_1)(x_2 - iy_2)}{(x_2 + iy_2)(x_2 - iy_2)} = \frac{x_1x_2 + y_1y_2}{x_2^{\ 2} + y_2^{\ 2}} + i\frac{x_2y_1 - x_1y_2}{x_2^{\ 2} + y_2^{\ 2}}$$ 。

複數 $z = x + iy$ 之**共軛複數**（complex conjugate）定義為

$$\bar{z} = x - iy \tag{10.1.3}$$

範例 1

假設 $z_1 = 1 + 2i$ ， $z_2 = 2 - 3i$ ，試計算：

(1) $z_1 + z_2$ ，(2) $z_1 - z_2$ ，(3) $z_1 \cdot z_2$ ，(4) $\frac{z_1}{z_2}$ ，(5) $\bar{z}_1$ 。

解

(1) $z_1 + z_2 = (1+2i) + (2-3i) = (1+2) + i(2-3) = 3 - i$

(2) $z_1 - z_2 = (1+2i) - (2-3i) = (1-2) + i(2-(-3)) = -1 + 5i$

(3) $z_1 \cdot z_2 = (1+2i) \cdot (2-3i) = 8 + i$

(4) $\frac{z_1}{z_2} = \frac{(2-6) + i(4+3)}{2^2 + 3^2} = -\frac{4}{13} + \frac{7}{13}i$

(5) $\bar{z}_1 = 1 - 2i$

■

由於一個複數包含了實部與虛部，因此可定義一個複平面，且該平面與二維平面類似，其中實部為 x 軸，而虛部即為 y 軸。換言之，任一複數均可表示為複平面上之一點 P，即如圖 10.1.1 所示。

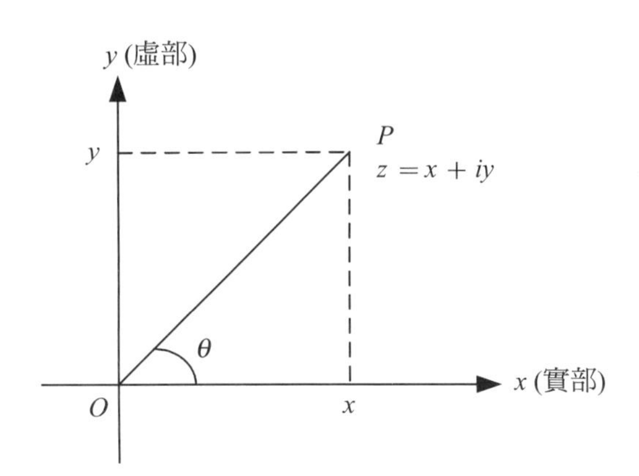

圖 10.1.1 複平面

複平面上的點除了使用直角座標 (x, y) 表示之外，另一種表示法為極座標 (r, θ)，其中 r 代表 z 點與原點之距離，或稱為 z 之**絕對值**（absolute value）或**大小**（magnitude），

$$r = |z| = \sqrt{x^2 + y^2} \tag{10.1.4}$$

而 θ 為如圖 10.1.1 所示 $\overline{OP}$ 與 x 軸間之夾角，又稱為 z 之**幅角**（argument），且以逆時鐘方向為正。此 θ 幅角可計算如下：

$$\theta = \arg(z) = \tan^{-1}\frac{y}{x} \tag{10.1.5}$$

在這裡需要注意的是，一個複數之幅角並不唯一。對於一個不為零之複數而言，$\theta + 2k\pi$ 皆為其幅角，其中 k 為任意整數，因此，幅角應為無限多個，但若將幅角之值限制在 $-\pi < \theta \le \pi$ 時，則此時之幅角稱為 z 之主幅角，以 $\text{Arg}(z)$ 表示，至於由極座標 (r, θ) 轉換至直角座標 (x, y) 之公式則為 $\begin{cases} x = r\cos\theta \\ y = r\sin\theta \end{cases}$。

範例 2

試證明 (1) $|z|^2 = z\cdot\bar{z}$，(2) $\mathrm{Re}\{z\}=\frac{1}{2}(z+\bar{z})$，(3) $\mathrm{Im}\{z\}=\frac{1}{2i}(z-\bar{z})$。

解

令 $z = x+iy$

(1) 則 $|z|=\sqrt{x^2+y^2} \Rightarrow |z|^2 = x^2+y^2$

$$z\cdot\bar{z}=(x+iy)(x-iy)=x^2+y^2=|z^2|$$

(2) $\mathrm{Re}\{z\}=x$

$$\frac{1}{2}(z+\bar{z})=\frac{1}{2}[(x+iy)+(x-iy)]=x=\mathrm{Re}\{z\}$$

(3) $\mathrm{Im}\{z\}=y$

$$\frac{1}{2i}(z-\bar{z})=\frac{1}{2i}\left[(x+iy)-(x-iy)\right]=y=\mathrm{Im}\{z\}$$

■

範例 3

假設 $z=-1+i$，試求 (1) $r=|z|$，(2) $\arg(z)$，(3) $\mathrm{Arg}(z)$。

解

(1) $|z|=\sqrt{(-1)^2+1^2}=\sqrt{2}$

(2) $\arg(z)=\tan^{-1}\frac{1}{-1}+2k\pi=\frac{3}{4}\pi+2k\pi$

(3) 當 $k=0$ 時為其主值，即 $\mathrm{Arg}(z)=\frac{3}{4}\pi$

■

由上述對於複數之討論可知，任一複數可用極座標表示為 $z=r(\cos\theta+i\sin\theta)$，假設有兩複數為 $z_1=r_1(\cos\theta_1+i\sin\theta_1)$，$z_2=r_2(\cos\theta_2+i\sin\theta_2)$，則其乘積為

$$z_1 \cdot z_2 = r_1(\cos\theta_1 + i\sin\theta_1)\cdot r_2(\cos\theta_2 + i\sin\theta_2)$$
$$= r_1 r_2[\cos(\theta_1+\theta_2) + i\sin(\theta_1+\theta_2)]$$

由此可知下式成立

$$|z_1 z_2| = |z_1||z_2| \tag{10.1.6}$$

$$\arg(z_1 z_2) = \arg(z_1) + \arg(z_2) \tag{10.1.7}$$

若兩複數相除

$$\frac{z_1}{z_2} = \frac{r_1(\cos\theta_1 + i\sin\theta_1)}{r_2(\cos\theta_2 + i\sin\theta_2)} = \frac{r_1}{r_2}[\cos(\theta_1-\theta_2) + i\sin(\theta_1-\theta_2)]$$

則可得

$$\left|\frac{z_1}{z_2}\right| = \frac{|z_1|}{|z_2|} \tag{10.1.8}$$

$$\arg(\frac{z_1}{z_2}) = \arg(z_1) - \arg(z_2) \tag{10.1.9}$$

當 $z_1 = z_2 = z$ 時，$z^2 = r^2(\cos\theta + i\sin\theta)^2 = r^2(\cos 2\theta + i\sin 2\theta)$，可推廣至 n 次

$$r^n(\cos\theta + i\sin\theta)^n = r^n(\cos n\theta + i\sin n\theta) \tag{10.1.10}$$

兩邊同除以 r^n，可得

$$(\cos\theta + i\sin\theta)^n = \cos n\theta + i\sin n\theta \tag{10.1.11}$$

此即為**棣美弗定理**（De Moivre’s theorem）。

範例 4

請利用棣美弗定理計算 $(1+i)^8$。

解

$$1+i = \sqrt{2}\left(\frac{1}{\sqrt{2}} + i\frac{1}{\sqrt{2}}\right) = \sqrt{2}\left(\cos\frac{\pi}{4} + i\sin\frac{\pi}{4}\right)$$

所以 $(1+i)^8 = \sqrt{2}^8\left(\cos\frac{\pi}{4} + i\sin\frac{\pi}{4}\right)^8 = 16(\cos 2\pi + i\sin 2\pi) = 16$

■

接續前面所討論之 z^n 情形，接下來則將探討複數的 n 次方根，也就是探討滿足 $\omega^n = z$ 的所有 ω。至於在已知 z 的情況下，如何求出 ω，則可將 ω 與 z 先以極座標方式表示，亦即

$$z = r(\cos\theta + i\sin\theta), \quad \omega = R(\cos\phi + i\sin\phi)$$

接著代入 $\omega^n = z$ 之後，可得

$$R^n[\cos(n\phi) + i\sin(n\phi)] = r(\cos\theta + i\sin\theta)$$

故

$$R^n = r, \quad n\phi = \theta$$

不過在此需特別注意的是，θ 為 z 之幅角，其值並非唯一，因為

$$n\phi = \theta + 2k\pi$$

所以可求得 z 的 n 次方根如下

$$\omega = z^{\frac{1}{n}} = \sqrt[n]{z} = \sqrt[n]{|z|}(\cos\frac{\theta + 2k\pi}{n} + i\sin\frac{\theta + 2k\pi}{n}) \tag{10.1.12}$$

其中 $k = 0, 1, 2, \ldots, n-1$，又此時若令 $k = 0$，則所得到之值，即稱為 $\sqrt[n]{z}$ 之**主值**（principal value）

範例 5

試求 $\omega^4 = 1$ 之所有根。

解

$$1 = 1\cdot(\cos 0 + i\sin 0) = 1\cdot(\cos 2k\pi + i\sin 2k\pi)$$

$$\omega_k = \sqrt[4]{1}(\cos\frac{2k\pi}{4} + i\sin\frac{2k\pi}{4}) = \cos\frac{2k\pi}{4} + i\sin\frac{2k\pi}{4}$$

其中 $k = 0,1,2,3$

$\Rightarrow$ $\omega_1 = 1,\ \omega_2 = i,\ \omega_3 = -1,\ \omega_4 = -i$ 共四個根

■

經由以上初步觀念建立後，接著可探討複變函數。茲假設 S 與 D 為複數平面之集合，則 $f：S \to D$ 為一複變函數，其即代表將 S 中的複數對應到 D 中，其中 S 稱為 f 之**定義域**（domain of definition），而 D 稱為 f 之**值域**（range）。

又若 z 為定義域 S 中之複數，ω 為值域 D 中之複數，則複變函數之另一種表示式為 $\omega = f(z)$。若再將 ω 表示成 $\omega = u + iv$，且將 z 表示成 $z = x + iy$，則 $\omega = f(z) = u(x, y) + iv(x, y)$，其中 u 與 v 皆為實數函數。

範例 6

設 $f(z) = u(x, y) + iv(x, y)$，若 $f(z) = z^2 + \overline{z}$，試求 $u(x, y)$ 與 $v(x, y)$。

解

$$
\begin{aligned}
f(z) = z^2 + \overline{z} &= (x + iy)^2 + \overline{(x + iy)} \\
&= (x^2 - y^2) + i(2xy) + (x - iy) \\
&= (x^2 - y^2 + x) + i(2xy - y)
\end{aligned}
$$

所以
$$
\begin{cases}
u(x, y) = x^2 - y^2 + x \\
v(x, y) = 2xy - y
\end{cases}
$$

■

本處接著介紹常見之複變函數，其中包括指數函數、三角函數及對數函數，此外並探討一般冪次之觀念。

A. 指數函數

複數指數函數之常見形式如下：

$$
e^z = e^{x+iy} = e^x(\cos y + i \sin y) \tag{10.1.13}
$$

採用此形式之目的是希望實數函數之特性依然成立，即 $e^{z_1} \cdot e^{z_2} = e^{z_1 + z_2}$ 與 $(e^z)^k = e^{kz}$。當 z 為純虛數，即 $x = 0$ 時，此式可化為 $e^{iy} = \cos y + i \sin y$，稱為**尤拉公式**（Euler's formula）。這裡需特別注意的是，餘弦函數與正弦函數裡的 y，必須使用**弳度**（radian）為單位。

範例 7

試計算 $e^{1+i\pi}$ 。

解

$$e^{1+i\pi} = e(\cos\pi + i\sin\pi) = -e$$

■

B. 三角函數

由尤拉公式可知

$$e^{iy} = \cos y + i\sin y \tag{10.1.14}$$

與

$$e^{-iy} = \cos y - i\sin y \tag{10.1.15}$$

將 (10.1.14) 式與 (10.1.15) 式相加後除以 2，可得

$$\cos y = \frac{e^{iy} + e^{-iy}}{2} \tag{10.1.16}$$

而將 (10.1.14) 式減去 (10.1.15) 式後，再除以 $2i$ 可得

$$\sin y = \frac{e^{iy} - e^{-iy}}{2i} \tag{10.1.17}$$

雖然在 (10.1.16) 式與 (10.1.17) 式中，y 為實數，但我們可仿此予以定義複數之三角函數如下：

$$\cos z = \frac{e^{iz} + e^{-iz}}{2} \tag{10.1.18}$$

$$\sin z = \frac{e^{iz} - e^{-iz}}{2i} \tag{10.1.19}$$

範例 8

試計算 $\cos i$ 與 $\sin i$ 。

解

(1) $\cos i = \dfrac{e^{i \cdot i} + e^{-i \cdot i}}{2} = \dfrac{e^{-1} + e}{2}$

(2) $\sin i = \dfrac{e^{i \cdot i} - e^{-i \cdot i}}{2i} = \dfrac{e^{-1} - e}{2i} = i(\dfrac{e}{2} - \dfrac{e^{-1}}{2})$

■

C. 對數函數

由於對數函數為指數函數之反函數，所以可先假設

$$e^{\omega} = z \tag{10.1.20}$$

再將 ω 予以解析求出即可。

茲令 $\omega = u + iv$，$z = x + iy$ 代入 (10.1.20) 式，可得

$$e^{\omega} = e^{u+iv} = e^{u}(\cos v + i\sin v) = x + iy \tag{10.1.21}$$

由上式可知

$$\begin{cases} e^{u} = \sqrt{x^2 + y^2} = |z| \\ v = \tan^{-1}(y/x) = \arg(z) \end{cases} \tag{10.1.22}$$

綜合 (10.1.20) ～ (10.1.22) 式可得

$$\omega = \ln z = u + iv = \ln|z| + i\arg(z) \tag{10.1.23}$$

此即為複數之對數函數。不過要注意的是，由於 $\arg(z)$ 之值為無限多個，因此，$\ln z$ 之值亦為無限多個，即

$$\ln z = \ln|z| + i(\theta + 2k\pi) \tag{10.1.24}$$

其中，k 為任意整數。

又若此時亦限制 $-\pi < \theta \leq \pi$，且令 $k = 0$，則可定義 $\ln z$ 之主值為

$$\mathrm{Ln}(z) = \ln|z| + i\mathrm{Arg}(z) \tag{10.1.25}$$

範例 9

試計算 $\ln(1+i)$、$\text{Ln}(i)$ 與 $\ln(-5)$。

解

(1) $\ln(1+i)=\ln|1+i|+i\arg(1+i)=\ln\sqrt{2}+i(\frac{\pi}{4}+2k\pi)$，$k=0,\ \pm1,\ \pm2,\ \ldots$

(2) $\text{Ln}(i)=\ln|i|+i\text{Arg}(i)=i\frac{\pi}{2}$

(3) $\ln(-5)=\ln|-5|+i\arg(-5)=\ln 5+i(\pi+2k\pi)$，$k=0,\ \pm1,\ \pm2,\ \ldots$

■

D. 一般冪次

一般冪次（general powers）常指 z^{ω}，其中 z 與 ω 皆為複數，並可定義為

$$z^{\omega}=e^{\omega\ln z} \tag{10.1.26}$$

此定義相似於實數中的關係 $a^b=e^{\ln a^b}=e^{b\ln a}$，其中 a、b 均為實數，且 $a>0$。在 (10.1.26) 式中，由於 $\ln z$ 之值為無限多個，故 z^{ω} 之值亦為無限多個，而若將 (10.1.26) 式中的 ln 改為 Ln，則稱其為 z^{ω} 之主值。

此時必須說明的是，雖然 z^{ω} 為無限多值，但若 $\omega=n$，且 n 為任意整數時，則 z^{ω} 為單值。但若 $\omega=\frac{1}{n}$，則

$$z^{\frac{1}{n}}=e^{\frac{1}{n}\ln z}=e^{\frac{1}{n}(\ln|z|+i(\theta+2k\pi))}=e^{\frac{\ln|z|}{n}(\cos\frac{\theta+2k\pi}{n}+i\sin\frac{\theta+2k\pi}{n})} \tag{10.1.27}$$

此時 k 雖然為任意整數，但 $k=n$ 與 $k=0$ 之值是相同的，故 $z^{\frac{1}{n}}$ 只有 n 個有限不同之值。另若 $\omega=\frac{q}{p}$ 時，因其 p、q 皆為正整數，則 z^{ω} 亦只有 p 個不同值。

範例 10

試算 3^i 之所有值及主值。

解

(a) $3^i = e^{i[\ln|3|+i(2k\pi)]} = e^{i\ln 3-2k\pi} = ie^{-2k\pi}\sin(\ln 3)$，其中 k 為任意整數。

(b) 當 $k=0$ 時，3^i 之主值為 $i\sin(\ln 3)$。

■

範例 11

試算 i^i 之所有值及主值。

解

(a) $i^i = e^{i\ln i} = e^{i[\ln|i|+i(\frac{\pi}{2}+2k\pi)]} = e^{-\frac{\pi}{2}-2k\pi}$，其中 k 為任意整數。

(b) 當 $k=0$ 時，i^i 之主值為 $e^{-\frac{\pi}{2}}$。

■

類題練習

已知 $z_1 = 2+i$，$z_2 = -1-4i$，試計算 1 ～ 4 題。

1. $z_1 + z_2$
2. $z_1 - z_2$
3. $z_1 \cdot z_2$
4. z_1 / z_2

已知 $z = 1-i$，試計算 5 ～ 7 題。

5. $|z|$
6. $\arg(z)$
7. $\mathrm{Arg}(z)$

試計算 8 ～ 11 題之值。

8. e^{2+3i}
9. e^{-1-5i}
10. $\cos(2-i)$
11. $\sin(3+2i)$

試計算 12 ～ 14 題之所有值及主值。

12. $\ln(-3)$
13. $\ln(-4-4i)$
14. $(-2)^i$

10-2 複變函數之導數

一個複變函數f在z_0處之導數可定義為

$$f'(z_0)=\lim_{\Delta z\to 0}\frac{f(z_0+\Delta z)-f(z_0)}{\Delta z} \tag{10.2.1}$$

其中Δz亦為一複數，可表示為$\Delta z=\Delta x+i\Delta y$，當$\Delta z$趨近零時，代表$\Delta x$與$\Delta y$同時趨近於零。且若$f'(z_0)$存在，則不管$\Delta z$在複平面上以何種方式趨近於零，此極限值必相同。又由於複變函數之導數定義與實數函數相似，故其某些特性彼此相近，本節於此處列出如下：

$$\left(f(z)+g(z)\right)'=f'(z)+g'(z) \tag{10.2.2}$$

$$\left(f(z)-g(z)\right)'=f'(z)-g'(z) \tag{10.2.3}$$

$$\left(cf(z)\right)'=cf'(z) \tag{10.2.4}$$

$$\left(f(z)\cdot g(z)\right)'=f'(z)g(z)+f(z)g'(z) \tag{10.2.5}$$

$$\left(\frac{f(z)}{g(z)}\right)'=\frac{f'(z)g(z)-f(z)g'(z)}{(g(z))^2} \tag{10.2.6}$$

$$\frac{d}{dz}f(g(z))=f'(g(z))\cdot g'(z) \tag{10.2.7}$$

接著討論**可解析函數**（analytic function），若複變函數$f(z)$在區域R中皆存在，且其一階導數皆存在，則稱此$f(z)$在區域R中為可解析函數。若要判斷一複變函數$f(z)=u(x,y)+iv(x,y)$是否為可解析函數，則可利用**柯西-黎曼方程式**（Cauchy-Riemann Equation）加以判定，其表示式如下：

$$\begin{cases}\dfrac{\partial u}{\partial x}=\dfrac{\partial v}{\partial y}\\[2ex]\dfrac{\partial u}{\partial y}=-\dfrac{\partial v}{\partial x}\end{cases} \tag{10.2.8}$$

此為函數$f(z)=u(x,y)+iv(x,y)$可解析的充要條件。

範例 1

試以柯西 - 黎曼方程式判斷 $f(z)=\overline{z}$ 與 $g(z)=z^2$ 是否為可解析函數。

解

(1) $f(z)=\overline{z}=x-iy$

$$\frac{\partial u}{\partial x}=1,\ \frac{\partial v}{\partial y}=-1,\ \frac{\partial u}{\partial x}\neq\frac{\partial v}{\partial y}$$

所以 $f(z)=\overline{z}$ 為不可解析函數。

(2) $g(z)=z^2=(x+iy)^2=x^2-y^2+i2xy$

$$\frac{\partial u}{\partial x}=2x,\ \frac{\partial v}{\partial y}=2x,\ \frac{\partial u}{\partial y}=-2y,\ -\frac{\partial v}{\partial x}=-2y$$

所以 $\begin{cases}\dfrac{\partial u}{\partial x}=\dfrac{\partial v}{\partial y}\\[2mm]\dfrac{\partial u}{\partial y}=-\dfrac{\partial v}{\partial x}\end{cases}$

故 $g(z)=z^2$ 為可解析函數。

■

範例 2

已知 $f(z)=z^2$，試求導數 $f'(z)$。

解

由範例 1 可知此函數為可解析函數，故其一階導數存在，為 $f'(z)=2z$。

■

範例 3

試判斷 $f(z)=\sin z$ 是否為可解析函數。

解

$$\sin z=\frac{e^{iz}-e^{-iz}}{2i}=\frac{e^{i(x+iy)}-e^{-i(x+iy)}}{2i}=\frac{e^{-y}(\cos x+i\sin x)-e^{y}(\cos x-i\sin x)}{2i}$$

$$=\frac{(e^{-y}-e^{y})\cos x+i(e^{-y}+e^{y})\sin x}{2i}=\frac{e^{-y}-e^{y}}{2}\sin x+i\frac{e^{y}-e^{-y}}{2}\cos x$$

$$=\cosh y\sin x+i\sinh y\cos x$$

$$\frac{\partial u}{\partial x}=\cosh y\cos x,\ \frac{\partial v}{\partial y}=\cosh y\cos x,\ \frac{\partial u}{\partial y}=\sinh y\sin x,\ -\frac{\partial v}{\partial x}=\sinh y\sin x$$

$$\Rightarrow\begin{cases}\dfrac{\partial u}{\partial x}=\dfrac{\partial v}{\partial y}\\[2mm]\dfrac{\partial u}{\partial y}=-\dfrac{\partial v}{\partial x}\end{cases}$$

故 $f(z)=\sin z$ 為可解析函數。

■

範例 4

已知 $f(z)=\sin z$，試求導數 $f'(z)$。

解

由範例 3 可知此函數為可解析函數，故其一階導數存在，為 $f'(z)=\cos z$。

■

類題練習

試判斷 1 ～ 5 題之函數是否為可解析函數。

1. $f(z)=e^{z}$

2. $f(z)=\cos z$

3. $f(z)=z^{2}+2z-1$

4. $f(z)=|z|$

5. $f(z)=z+\overline{z}$

試求 6 ～ 11 題複變函數之導數 $f'(z)$。

6. $f(z)=z^{3}+2z^{2}+4$

7. $f(z)=z^{2}e^{2z}$

8. $f(z)=\dfrac{2z^{2}-1}{z^{2}+1}$

9. $f(z)=z\cdot\cos z$

10. $f(z)=|z|$

11. $f(z)=z+\overline{z}$

10-3 複變函數之積分

若已知複平面上有一個曲線 C，則沿其積分路徑之線積分可表示為

$$\int_C f(z)dz \tag{10.3.1}$$

若將此路徑以參數式表示為 $z(t)=x(t)+iy(t)$ ，則積分路徑之起點與終點分別對應於 $t=t_0$ 及 $t=t_1$ ，且此線積分可表示為

$$\int_{t_0}^{t_1} f(z(t))z'(t)dt \tag{10.3.2}$$

範例 1

$f(z)=z^2$ ，路徑 C 為 $(0,0)$ 至 $(2,3)$ 的直線，試求其線積分 $\int_C f(z)dz$ ？

解

此積分路徑以參數式表示為

$z(t)=2t+i3t,\ \ t=0$ 至 $t=1$

$$\therefore\ \int_C f(z)dz=\int_0^1 z^2\cdot z'dt=\int_0^1\left(-5t^2+i12t^2\right)\left(2+i3\right)dt$$

$$=\int_0^1 -46t^2dt+i\int_0^1 9t^2dt$$

$$=-\frac{46}{3}+3i$$

■

範例 2

$f(z)=\mathrm{Re}\{z\}$ ，積分路徑為如圖 10.3.1 所示之半個單位圓，今若由 $(1,0)$ 逆時針積分至 $(-1,0)$ ，試求其線積分 $\int_C f(z)dz$ ？

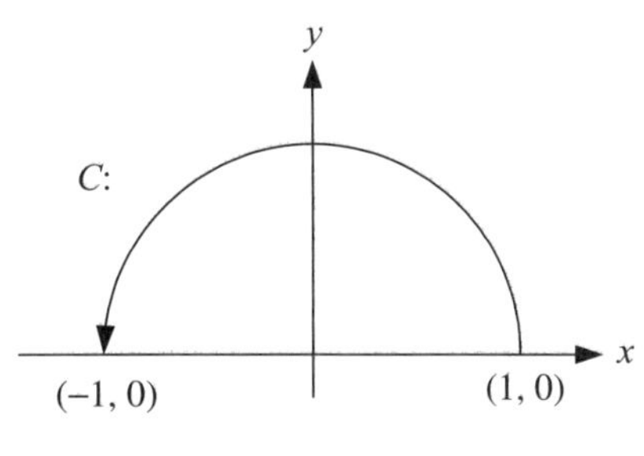

圖 10.3.1

解

此積分路徑以參數式表示為

$z(t) = \cos t + i \sin t$, $t = 0$ 至 $t = \pi$

$$\therefore \int_C f(z)dz = \int_0^{\pi} \text{Re}\{z(t)\} z'(t)dt = \int_0^{\pi} \cos t[-\sin t + i \cos t]dt$$

$$= \int_0^{\pi} -\cos t \sin t dt + i \int_0^{\pi} \cos^2 t dt = \frac{\pi}{2} i$$

■

複平面之線積分具有以下三個性質：

(1) 複平面之線積分具有線性性質，即

$$\int_C [k_1 f_1(z) + k_2 f_2(z)]dz = k_1 \int_C f_1(z)dz + k_2 \int_C f_2(z)dz \quad (10.3.3)$$

(2) 沿路徑 C 之線積分可分成多段線積分，即如圖 10.3.2 所示，可將曲線 C 分成曲線 C_1 及曲線 C_2

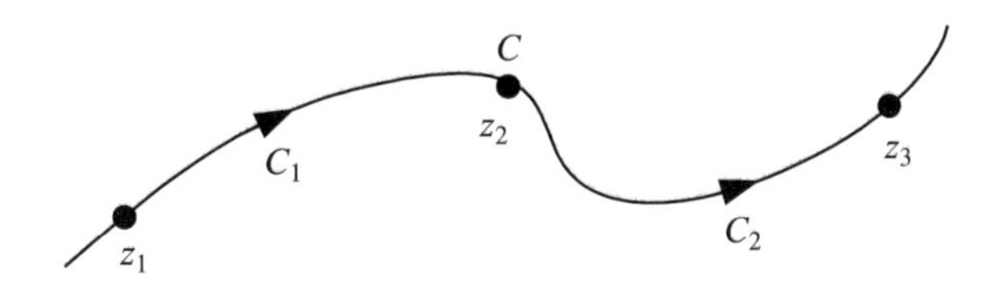

圖 10.3.2

$$C: z_1 \to z_3$$
$$C_1: z_1 \to z_2$$
$$C_2: z_2 \to z_3$$

$$\text{則} \int_C f(z)dz = \int_{C_1} f(z)dz + \int_{C_2} f(z)dz \tag{10.3.4}$$

(3) 若將路徑 C 之方向予以反向，則線積分為其負值

$$C: z_1 \to z_2$$
$$C': z_2 \to z_1$$

$$\text{則} \int_C f(z)dz = -\int_{C'} f(z)dz \tag{10.3.5}$$

此處並可推導複變函數線積分絕對值之界限範圍，亦即若設 C 為一積分路徑，則

$$\left| \int_C f(z)dz \right| \le ML$$

其中，M 為 $|f(z)|$ 之最大值，而 L 為此路徑長。至於此式之推導，可說明如下：
由於

$$|dz| = |dx + idy| = \sqrt{(dx)^2 + (dy)^2} = ds$$

所以

$$C \text{ 之路徑長 } L = \int_C ds = \int_C |dz|$$

因此可知

$$\left| \int_C f(z)dz \right| \le \int_C |f(z)||dz| \le \int_C M|dz| = M\int_C |dz| = ML$$

此即稱為複變函數之 ML 定理。

範例 3

$f(z)=(z-z_0)^n$，n 為整數，且 C 係以 z_0 為圓心，半徑為 z 之逆時針圓，試求 $\int_C f(z)dz$ ？

解

以參數式表示路徑 C 為

$z(t)=z_0+re^{it}$, t 由 $t=0$ 積分至 $t=2\pi$

$z'(t)=ire^{it}$

$$\therefore \int_C f(z)dz=\int_0^{2\pi}(z_0+re^{it}-z_0)^n\cdot ire^{it}dt=ir^{n+1}\int_0^{2\pi}e^{i(n+1)t}dt$$

(i) 當 $n\neq -1$ 時

$$ir^{n+1}\int_0^{2\pi}e^{i(n+1)t}dt=\frac{r^{n+1}}{n+1}e^{i(n+1)t}\Big|_0^{2\pi}=0$$

(ii) 當 $n=-1$ 時

$$ir^{n+1}\int_0^{2\pi}e^{i(n+1)t}dt=it\Big|_0^{2\pi}=2\pi i$$

所以 $\int_C (z-z_0)^n dz=\begin{cases}0\ , & n=0,\ 1,\ \pm 2,\ \pm 3,\ \ldots\\ 2\pi i, & n=-1\end{cases}$

■

範例 4

已知 C 為 i 到 $2+i$ 之直線路徑，試證明：

$$\left|\int_C \ln(z+1)dz\right|\leq \ln 10+\frac{\pi}{2}$$

解

設 L 為路徑 C 之長度，M 為 $|f(z)|=|\ln(z+1)|$ 之最大值，

$\Rightarrow L=|2+i-i|=2$

而 $|\ln(z+1)| = |\ln|z+1| + i\theta| = \sqrt{(\ln|z+1|)^2 + \theta^2}$

且 z 為 C 上之任一點，所以當 $z = 2+i$ 時，可獲得最大值，亦即

$$M = |\ln(2+i+1)| = |\ln|3+i| + i\theta| = |\ln\sqrt{10} + i\theta| \quad (\theta = \tan^{-1}\frac{1}{3} < \tan^{-1} 1 = \frac{\pi}{4})$$

所以

$$\left|\int_C \ln(z+1)dz\right| \le ML = 2|\ln\sqrt{10} + i\theta|$$

$$\le 2|\ln\sqrt{10}| + 2|i\theta| = \ln 10 + 2\theta$$

$$\le \ln 10 + \frac{\pi}{2}$$

■

此處尚需強調的是，假設 $f(z)$ 在區域 D 中為可解析函數，則對於 D 中的任意封閉曲線 C 予以計算其線積分，其值將為零，此又稱為柯西定理。

$$\oint_C f(z)dz = 0 \tag{10.3.6}$$

而由柯西定理，並可推導出一個常用性質，即若 $f(z)$ 為可解析函數，且 $F(z)$ 為 $f(z)$ 之反導函數，$F'(z) = f(z)$，則

$$\int_a^b f(z)dz = F(b) - F(a) \tag{10.3.7}$$

換言之，此時 $f(z)$ 之線積分將與積分路徑無關，僅與路徑起點和終點有關。

範例 5

求 $\int_C (z^2 + 2z - 5)dz$ ，其中路徑 C 為圖 10.3.3 所示之由 A 點至 B 點之曲線。

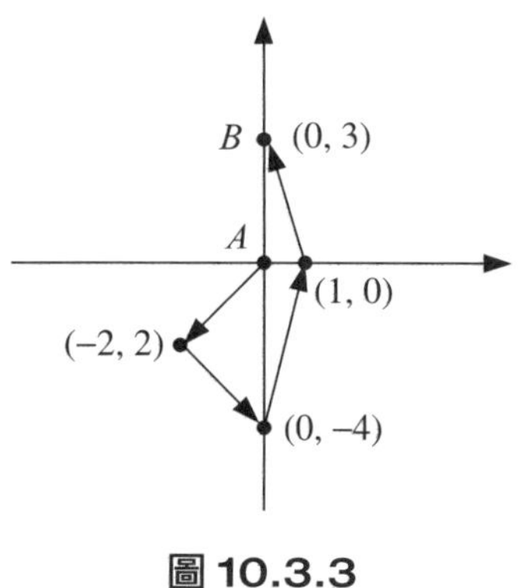

圖 10.3.3

解

由於在複平面中，$f(z)=z^2+2z-5$ 為可解析函數

故可計算求得

$$\int_C f(z)dz=\int_0^{3i}(z^2+2z-5)dz=\frac{1}{3}z^3+z^2-5z\Big|_0^{3i}=-9-24i$$

■

柯西定理不僅可應用於單連通區域，亦可推廣至雙連通區域，如圖 10.3.4 所示。若 $f(z)$ 在 C_1 與 C_2 所圍之雙連通區域為可解析，則柯西定理可表示為

$$\oint_{C_1} f(z)dz=\oint_{C_2} f(z)dz \tag{10.3.8}$$

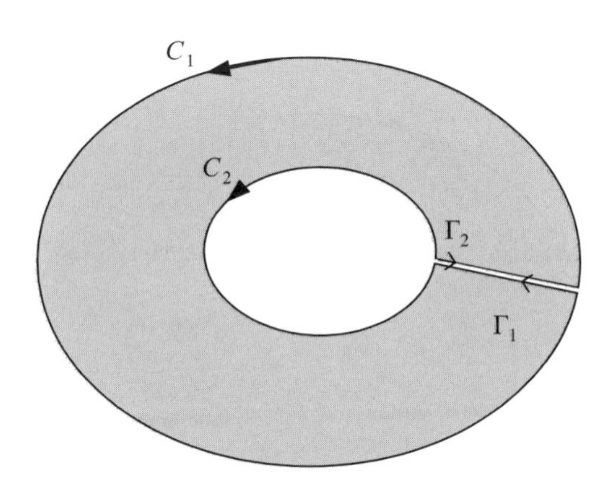

圖 10.3.4 雙連通區域

對於此 (10.3.8) 式之推導，說明如下。

首先利用雙割線 Γ_1 與 Γ_2 將原雙連通區域切割成單連通區域，再令 C' 為 C_2 之反向路徑，則由柯西定理可知

$$\int_{C_1} f(z)dz + \int_{\Gamma_1} f(z)dz + \int_{C'} f(z)dz + \int_{\Gamma_2} f(z)dz = 0$$

此時由於 C' 為 C_2 之反向路徑，且 Γ_1 為 Γ_2 之反向路徑，所以

$$-\int_{C_2} f(z)dz = \int_{C'} f(z)dz$$

$$\int_{\Gamma_1} f(z)dz = -\int_{\Gamma_2} f(z)dz$$

再將其代入可得

$$\int_{C_1} f(z)dz - \int_{C_2} f(z)dz = 0$$

因此滿足下式

$$\Rightarrow \int_{C_1} f(z)dz = \int_{C_2} f(z)dz$$

上述之雙連通區域之柯西定理，亦可推廣至多連通區域，即如 (10.3.9) 式所示，且如圖 10.3.5 所繪出之多連通區域，其中並包括多個封閉曲線。

$$\oint_{C} f(z)dz = \oint_{C_1} f(z)dz + \oint_{C_2} f(z)dz + \ldots + \oint_{C_n} f(z)dz \tag{10.3.9}$$

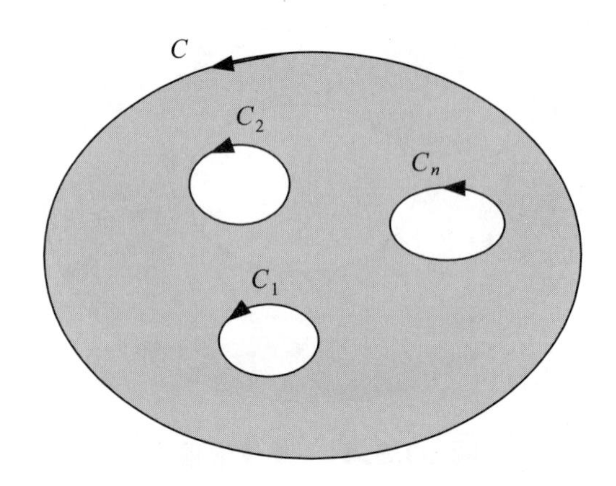

圖 10.3.5 多連通區域

範例 6

分別求出於下述兩種情形時之$\oint_C \frac{1}{z-a}dz$，C為任意封閉曲線。

(a) a在曲線C外；(b) a在曲線C內。

解

(a) 因為a在曲線C外，所以$f(z)=\frac{1}{z-a}$在曲線C內為可解析函數，而由柯西定理可知$\oint_C \frac{1}{z-a}dz=0$。

(b) 當a在曲線C內時，$f(z)=\frac{1}{z-a}$並不為可解析函數，因此可加上一封閉曲線C'，且此曲線C'係以$z=a$為圓心，r為半徑，並以逆時針方向形成之圓，則$f(z)$在C與C'間之雙連通區域內即成為可解析函數，此可由柯西定理予以推導得知

$$\oint_C \frac{1}{z-a}dz=\oint_{C'} \frac{1}{z-a}dz=\int_0^{2\pi}\frac{1}{re^{i\theta}}rie^{i\theta}d\theta=2\pi i$$

■

由上述之柯西定理，接著進行推導柯西積分公式如下。

柯西積分公式之敘述如下：

設$f(z)$在簡單封閉曲線C內及其中為可解析函數，且$z=z_0$為內部一點，則

$$\oint_C \frac{f(z)}{z-z_0}dz=2\pi i f(z_0) \tag{10.3.10}$$

對於 (10.3.10) 式之成立，該定理推導敘述如下。首先可假設圖 10.3.6 中曲線C'是以z_0為圓心，r為半徑之逆時針圓，則在C與C'之間的雙連通區域並未包含$z=z_0$，所以$\frac{f(z)}{z-z_0}$在此區域為可解析，於是由柯西定理可知

$$\oint_C \frac{f(z)}{z-z_0}dz=\oint_{C'} \frac{f(z)}{z-z_0}dz$$

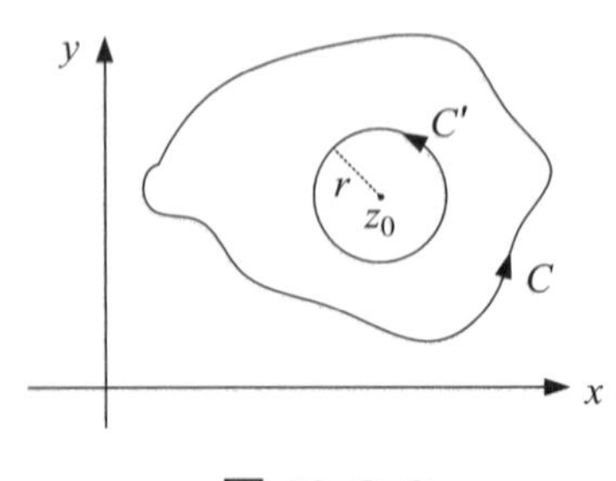

圖 10.3.6

當 $r \to 0$ 時

$$\oint_{C'} \frac{f(z)}{z-z_0} dz = \lim_{r\to 0} \int_0^{2\pi} \frac{f(z_0+re^{i\theta})}{re^{i\theta}} rie^{i\theta} d\theta$$

$$= \lim_{r\to 0} i \int_0^{2\pi} f(z_0+re^{i\theta}) d\theta$$

$$= i \int_0^{2\pi} \lim_{r\to 0} f(z_0+re^{i\theta}) d\theta = i \int_0^{2\pi} f(z_0) d\theta$$

$$= if(z_0) \int_0^{2\pi} d\theta = 2\pi i f(z_0)$$

至此，(10.3.10) 式已獲得證明，而由柯西積分公式可知

$$f(z_0) = \frac{1}{2\pi i} \oint_C \frac{f(z)}{z-z_0} dz$$

如再將此公式推廣，則可成為

$$f'(z_0) = \frac{1}{2\pi i} \oint_C \frac{f(z)}{(z-z_0)^2} dz \tag{10.3.11}$$

與

$$f^{(n)}(z_0) = \frac{n!}{2\pi i} \oint_C \frac{f(z)}{(z-z_0)^{n+1}} dz \tag{10.3.12}$$

此處繼續說明 (10.3.11) 式之推導。首先由柯西積分公式可知

$$f(z_0) = \frac{1}{2\pi i} \oint_C \frac{f(z)}{z-z_0} dz$$

而由微分之定義可知

$$f'(z_0)=\lim_{h\to 0}\frac{f(z_0+h)-f(z_0)}{h}$$

$$=\lim_{h\to 0}\frac{1}{2\pi i}\frac{1}{h}\left[\oint_C\frac{f(z)}{z-z_0-h}dz-\oint_C\frac{f(z)}{z-z_0}dz\right]$$

$$=\lim_{h\to 0}\frac{1}{2\pi i}\oint_C\frac{f(z)}{h}(\frac{1}{z-z_0-h}-\frac{1}{z-z_0})dz$$

$$=\frac{1}{2\pi i}\oint_C\frac{f(z)}{(z-z_0)^2}dz+\lim_{h\to 0}\frac{1}{2\pi i}\oint_C\left(\frac{f(z)}{h}(\frac{1}{z-z_0-h}-\frac{1}{z-z_0})-\frac{f(z)}{(z-z_0)^2}\right)dz$$

$$=\frac{1}{2\pi i}\oint_C\frac{f(z)}{(z-z_0)^2}dz+\lim_{h\to 0}\frac{1}{2\pi i}\oint_C f(z)(\frac{h}{(z-z_0-h)(z-z_0)^2})dz$$

因此可用以推導

$$\lim_{h\to 0}\frac{1}{2\pi i}\oint_C f(z)\left(\frac{h}{(z-z_0-h)(z-z_0)^2}\right)dz\text{ 之值，}$$

又此時若假設 C 是以 z_0 為圓心，r 為半徑之圓，則由柯西定理可知

$$\left|\lim_{h\to 0}\frac{1}{2\pi i}\oint_C f(z)(\frac{h}{(z-z_0-h)(z-z_0)^2})dz\right|\le\lim_{h\to 0}\left|\frac{1}{2\pi i}\right|\oint_C|f(z)|\frac{|h|}{|z-z_0-h||z-z_0|^2}|dz|$$

再設 $f(z)$ 上界為 M，即 $|f(z)|\le M$，且已知 $|z-z_0-h|\ge|z-z_0|-|h|=r-|h|$，於是利用 ML 定理，可得

$$\lim_{h\to 0}\left|\frac{1}{2\pi i}\right|\oint_C|f(z)|\frac{|h|}{|z-z_0-h||z-z_0|^2}|dz|\le\lim_{h\to 0}\frac{1}{2\pi}M\frac{|h|}{(r-|h|)r^2}\cdot 2\pi r=0$$

所以

$$\left|\lim_{h\to 0}\frac{1}{2\pi i}\oint_C f(z)(\frac{h}{(z-z_0-h)(z-z_0)^2})dz\right|\le 0$$

亦即

$$\lim_{h\to 0}\frac{1}{2\pi i}\oint_C f(z)(\frac{h}{(z-z_0-h)(z-z_0)^2})dz=0$$

於是可得

$$f'(z_0)=\frac{1}{2\pi i}\oint_C \frac{f(z)}{(z-z_0)^2}dz$$

範例 7

試計算 $\oint_C \frac{1}{z^2}dz$，C 為 $|z|=1$ 之逆時針圓。

解

由 (10.3.12) 式，令 $f(z)=1$，$z_0=0$，$n=1$

並由柯西積分公式得

$$f'(0)=0=\frac{1!}{2\pi i}\oint_C \frac{1}{z^2}dz$$

$$\oint_C \frac{1}{z^2}dz=0$$

■

範例 8

試計算 $\oint_C \frac{\cos z}{(z-\pi i)^3}dz$，$C$ 為 $|z|=4$ 之逆時針圓。

解

由 (10.3.12) 式，令 $f(z)=\cos z$，$z_0=\pi i$，$n=2$

並由柯西積分公式可得

$$f''(\pi i)=-\cos(\pi i)=\frac{2!}{2\pi i}\oint_C \frac{\cos z}{(z-\pi i)^3}dz$$

$$\oint_C \frac{\cos z}{(z-\pi i)^3}dz=-\pi i\cos(\pi i)=-\pi i\cosh(\pi)$$

■

範例 9

試計算 $\oint_C \frac{z^2+3z-3}{z^2(z-2)}dz$，$C$ 為 $|z|=1$ 之逆時針圓。

解

令 $f(z)=\frac{z^2+3z-3}{z-2}$，$z_0=0$，$n=1$

則

$$f'(z_0)=(\frac{z^2+3z-3}{z-2})'\Big|_{z=0}=\frac{1}{2\pi i}\oint_C \frac{z^2+3z-3}{(z-2)z^2}dz$$

$$-\frac{3}{4}=\frac{1}{2\pi i}\oint_C \frac{z^2+3z-3}{(z-2)z^2}dz$$

$$\oint_C \frac{z^2+3z-3}{(z-2)z^2}dz=-\frac{3}{2}\pi i$$

■

類題練習

試求 1 ～ 4 題之線積分 $\int_C f(z)dz$ 。

1. $f(z)=z^2$，C 為沿著 $x^2+y^2=1$ 之上半圓，由 $(1,0)$ 至 $(-1,0)$ 之曲線。
2. $f(z)=z^2$，C 為自 $(1,0)$ 至 $(-1,0)$ 之直線。
3. $f(z)=xy+i(x+y)$，C 為自 $(0,0)$ 至 $(1,1)$ 之直線。
4. $f(z)=\text{Re}\{z\}$，C 為自 $(0,0)$ 至 $(1,1)$ 之直線。

若 C 為 z 平面上之任意逆時針方向之簡單封閉曲線，試求 5 ～ 7 題之線積分。

5. $\oint_C (z^2-z+7)dz$
6. $\oint_C (z+2)^3 dz$
7. $\oint_C ze^z dz$

若 C 為逆時針方向之圓，圓心為 $(0,0)$，半徑為 2，試求 8 ～ 15 題之線積分。

8. $\oint_C \left(\frac{z^2+2z-3}{z}\right)dz$
9. $\oint_C \left(\frac{\cos z}{z}\right)dz$
10. $\oint_C \left(\frac{z^2-z+7}{z-5}\right)dz$
11. $\oint_C \left(\frac{z^2-z+1}{z-1}\right)dz$
12. $\oint_C \left(\frac{\cos z}{z^2}\right)dz$
13. $\oint_C \frac{e^z}{z}dz$
14. $\oint_C \frac{z+1}{z^2}dz$
15. $\oint_C \left(\frac{z^2}{(z-i)^2}\right)dz$

10-4 級數

複變函數之級數與實數函數之級數概念雖然相似，但仍有不同之處，本節即將複變函數之常見級數分別討論如下，其中包括**冪級數**（power series）、**泰勒級數**（Taylor series）、**馬克勞林級數**（Maclaurin series）及**羅倫級數**（Laurent series）。

A. 冪級數

冪級數（power series）之定義如下：

$$f(z)=a_0+a_1(z-z_0)+a_2(z-z_0)^2+\ldots=\sum_{n=0}^{\infty}a_n(z-z_0)^n \tag{10.4.1}$$

其中 a_n 稱為**係數**（coefficient），z_0 稱為**中心**（center）。欲判斷冪級數是否收斂，可用比值定理判斷，若符合下式

$$\lim_{n\to\infty}\frac{\left|a_{n+1}(z-z_0)^{n+1}\right|}{\left|a_n(z-z_0)^n\right|}<1 \tag{10.4.2}$$

則此冪級數收斂，但若 (10.4.2) 式之比值大於 1，則發散；至於若等於 1，則無法判定此冪級數之收斂與否。

而若將 (10.4.2) 式加以計算，可得

$$\lim_{n\to\infty}\frac{\left|a_{n+1}(z-z_0)^{n+1}\right|}{\left|a_n(z-z_0)^n\right|}=\lim_{n\to\infty}\frac{\left|a_{n+1}\right|}{\left|a_n\right|}\left|z-z_0\right|<1$$

亦即

$$\left|z-z_0\right|<\lim_{n\to\infty}\frac{\left|a_n\right|}{\left|a_{n+1}\right|}=\rho \tag{10.4.3}$$

於是由 (10.4.3) 式可看出，冪級數之收斂區域必為一個圓，且其圓心為 z_0，收斂半徑為 $\rho=\lim_{n\to\infty}\dfrac{\left|a_n\right|}{\left|a_{n+1}\right|}$。

範例 1

試求冪級數 $f(z)=\sum_{n=2}^{\infty}\frac{(z-5)^n}{3^n \ln n}$ 之收斂半徑。

解

此冪級數之係數 $a_n=\frac{1}{3^n \ln n}$

其收斂半徑 $\rho=\lim_{n\to\infty}\frac{|a_n|}{|a_{n+1}|}=\lim_{n\to\infty}\left|\frac{3^{n+1}\ln(n+1)}{3^n \ln n}\right|=3$

■

B. 泰勒級數與馬克勞林級數

複變函數之**泰勒級數**（Taylor series）與實數函數具有相同形式如下：

$$f(z)=f(z_0)+\frac{f'(z_0)}{1!}(z-z_0)+\frac{f''(z_0)}{2!}(z-z_0)^2+\ldots$$
$$=\sum_{n=0}^{\infty}\frac{f^{(n)}(z_0)}{n!}(z-z_0)^n \tag{10.4.4}$$

其中泰勒級數之收斂半徑即為 $z=z_0$ 至最近奇異點之距離，且 z_0 僅需為 $f(z)$ 之可解析點即可，一般常選擇 $z_0=0$，於是泰勒級數即成為

$$f(z)=\sum_{n=0}^{\infty}\frac{f^{(n)}(0)}{n!}z^n \tag{10.4.5}$$

此級數稱為**馬克勞林級數**（Maclaurin series）。在一般常見之數學函數，常可以馬克勞林級數表示，茲舉數例如下：

(1) 分式函數之馬克勞林級數表示

$$\frac{1}{1-z}=\sum_{n=0}^{\infty}z^n, |z|<1 \tag{10.4.6}$$

(2) 指數函數之馬克勞林級數表示

$$e^z=\sum_{n=0}^{\infty}\frac{z^n}{n!} \tag{10.4.7}$$

(3) 餘弦函數之馬克勞林級數表示

$$\cos z = \sum_{n=0}^{\infty} \frac{(-1)^n}{(2n)!} z^{2n} \qquad (10.4.8)$$

(4) 正弦函數之馬克勞林級數表示

$$\sin z = \sum_{n=0}^{\infty} \frac{(-1)^n}{(2n+1)!} z^{2n+1} \qquad (10.4.9)$$

範例 2

試將 $f(z) = \dfrac{1}{1+z^2}$ 以馬克勞林級數表示之，並計算其收斂區間。

解

$$f(z) = \frac{1}{1+z^2} = \frac{1}{1-(-z^2)} = \sum_{n=0}^{\infty} (-z^2)^n = \sum_{n=0}^{\infty} (-1)^n z^{2n}$$ ，收斂區間為 $|z| < 1$

■

範例 3

試將 $f(z) = \dfrac{z}{9+z^4}$ 以馬克勞林級數表示之，並計算其收斂區間。

解

$$f(z) = \frac{z}{9+z^4} = \frac{z}{9} \cdot \frac{1}{1-(-\frac{z^4}{9})} = \frac{z}{9} \cdot \sum_{n=0}^{\infty} (-\frac{z^4}{9})^n = \sum_{n=0}^{\infty} \frac{(-1)^n}{9^{n+1}} z^{4n+1}$$

收斂區間為 $\left| -\dfrac{z^4}{9} \right| < 1 \Rightarrow |z| < \sqrt{3}$

■

C. 羅倫級數

對泰勒級數而言，其展開點 z_0 需為可解析點，但在許多情況下，若必須對非解析點展開，則可藉由**羅倫級數**（Laurent series）幫助達成。

如圖 10.4.1 所示，其中 $C_1:|z-z_0|=r$ ，$C_2:|z-z_0|=R$ ，若 $f(z)$ 在 C_1 與 C_2 間的區域為可解析，則 $f(z)$ 可表示為

$$f(z)=a_0+a_1(z-z_1)+a_2(z-z_2)^2+\ldots+\frac{a_{-1}}{z-z_0}+\frac{a_{-2}}{(z-z_0)^2}+\ldots$$

$$=\sum_{n=-\infty}^{\infty}a_n(z-z_0)^n \tag{10.4.10}$$

其中

$$a_n=\frac{1}{2\pi i}\oint_C\frac{f(z)}{(z-z_0)^{n+1}}dz,\quad n=0,\pm1,\pm2\ldots \tag{10.4.11}$$

且曲線 C 為 C_1 與 C_2 間之簡單封閉曲線。

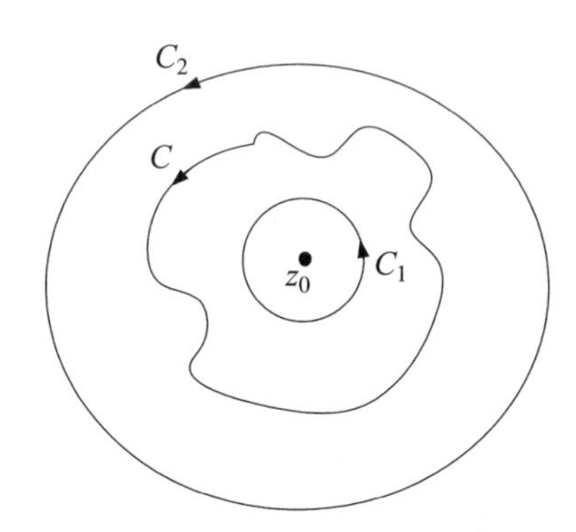

圖 10.4.1 羅倫定理

範例 4

試將 $f(z)=\dfrac{e^z}{z}$ 以 $z_0=0$ 展開之羅倫級數表示之。

解

$$f(z)=\frac{e^z}{z}=z^{-1}\sum_{n=0}^{\infty}\frac{z^n}{n!}=z^{-1}+1+\frac{1}{2!}z^1+\frac{1}{3!}z^2+\frac{1}{4!}z^3+\cdots$$

■

範例 5

試將 $f(z)=\dfrac{\cos(z^2)}{z}$ 以 $z_0=0$ 展開之羅倫級數表示之。

解

$$f(z)=\frac{\cos(z^2)}{z}=z^{-1}\sum_{n=0}^{\infty}\frac{(-1)^n}{(2n)!}(z^2)^{2n}=z^{-1}-\frac{1}{2!}z^3+\frac{1}{4!}z^7-\frac{1}{6!}z^{11}+\cdots$$

■

範例 6

試將 $f(z)=\dfrac{1}{z(z-1)}$ 以 $z_0=0$ 展開之羅倫級數表示之。

解

(1) $0<|z|<1$

$$f(z)=\frac{1}{z(z-1)}=\frac{-1}{z}\frac{1}{1-z}=\frac{-1}{z}\sum_{n=0}^{\infty}z^n=-z^{-1}-1-z-z^2-z^3-\ldots$$

(2) $|z|>1$

$$f(z)=\frac{1}{z(z-1)}=\frac{1}{z^2}\frac{1}{1-z^{-1}}=\frac{1}{z^2}\sum_{n=0}^{\infty}(z^{-1})^n=z^{-2}+z^{-3}+z^{-4}+\ldots$$

■

範例 7

試將 $f(z)=z^{-2}\sin z$ 以 $z_0=0$ 展開之羅倫級數表示之。

解

$$f(z)=z^{-2}\sin z=z^{-2}\sum_{n=0}^{\infty}\frac{(-1)^n}{(2n+1)!}z^{2n+1}=z^{-1}-\frac{1}{6}z+\frac{1}{120}z^3-\frac{1}{5040}z^5+\ldots$$

■

類題練習

試計算 1 ～ 11 題對 $z_0 = 0$ 展開之泰勒級數，並計算其收斂區間。

1. $f(z) = \dfrac{1}{4+z^2}$

2. $f(z) = \ln(1+z)$

3. $f(z) = \dfrac{z}{z-1}$

4. $f(z) = \dfrac{e^z}{1-z}$

5. $f(z) = e^{z^2}$

6. $f(z) = \dfrac{\sin z}{z}$

7. $f(z) = z^2 \cdot e^z$

8. $f(z) = e^z \cdot \sin z$

9. $f(z) = \dfrac{1}{(z-1)(z-2)}$

10. $f(z) = \sin(z^2)$

11. $f(z) = e^{2z}$

試計算 12 ～ 14 題對 $z_0 = 0$ 展開之羅倫級數。

12. $f(z) = \dfrac{e^{3z}}{z^2}$

13. $f(z) = \dfrac{\sin(2z)}{z^3}$

14. $f(z) = \dfrac{e^{z^2}}{z}$

10-5 餘數積分

由於**餘數**（residue）之應用在複變函數討論中，扮演重要角色，因此本節探討餘數積分之性質及其觀念。此處將首先說明何謂**奇異點**（singularities），亦即若複變函數 $f(z)$ 在 $z=z_0$ 處不為可解析，則稱 $z=z_0$ 為 $f(z)$ 之奇異點。而若除了 $z=z_0$ 的奇異點之外，鄰域內並無其他奇異點，則稱此奇異點為孤立奇異點。

茲假設 $f(z)$ 只含有 $z=z_0$ 之孤立奇異點，則依據該奇異點的性質，可分為極點、本質奇異點及可棄奇異點等三種，分述如下：

(1) **極點：**

由複變函數之羅倫級數，可表示為

$$f(z)=\sum_{n=-\infty}^{\infty}a_n(z-z_0)^n$$

$$=\sum_{n=0}^{\infty}a_n(z-z_0)^n+\sum_{n=1}^{\infty}\frac{b_n}{(z-z_0)^n} \tag{10.5.1}$$

若包含負數冪的第二個級數為有限項時，即可改寫為

$$f(z)=\sum_{n=0}^{\infty}a_n(z-z_0)^n+\sum_{n=1}^{m}\frac{b_n}{(z-z_0)^n} \tag{10.5.2}$$

上述之 $z=z_0$ 稱為 $f(z)$ 之 m 階極點。

(2) **本質奇異點：**

若 (10.5.1) 式中的第二個級數為無窮項，則 $z=z_0$ 稱為 $f(z)$ 的**本質奇異點**（essential singularities）。

(3) **可棄奇異點：**

若 (10.5.1) 式中的第二個級數為 0，即 $b_n=0$，則 $z=z_0$ 稱為 $f(z)$ 之**可棄奇異點**（removable singularities）。

範例 1

試判斷 $z=z_0$ 為下列函數之何種奇異點：

(a) $\dfrac{\sin z}{z}$；(b) $\dfrac{1}{z^2(z-1)}$；(c) $e^{\frac{1}{z}}$。

解

(a) $\frac{\sin z}{z}=\frac{1}{z}\sum_{n=0}^{\infty}\frac{(-1)^n}{(2n+1)!}z^{2n+1}=1-\frac{1}{6}z^2+\frac{1}{120}z^4-\frac{1}{5040}z^6+\ldots$

$\Rightarrow$ $z=0$ 為可棄奇異點

(b) $\frac{1}{z^2(z-1)}=\frac{-1}{z^2}\frac{1}{1-z}=-z^{-2}\sum_{n=0}^{\infty}z^n=-z^{-2}-z^{-1}-1-z^1-z^2-z^3\ldots$

$\Rightarrow$ $z=0$ 為二階極點

(c) $e^{\frac{1}{z}}=\sum_{n=0}^{\infty}\frac{1}{n!}(\frac{1}{z})^n=1+z^{-1}+\frac{1}{2}z^{-2}+\frac{1}{6}z^{-3}+\ldots$

$\Rightarrow$ $z=0$ 為本質奇異點

■

在說明餘數定理之前，首先說明何謂餘數。茲假設 $f(z)$ 在簡單封閉曲線 C 內及其上，除了 $z=z_0$ 之外，均為可解析，則羅倫級數可表示成 (10.4.10) 式，其中

$$a_n=\frac{1}{2\pi i}\oint_C\frac{f(z)}{(z-z_0)^{n+1}}dz,\ n=0,\pm1,\pm2\ldots \tag{10.5.3}$$

而當 $n=-1$ 時，可計算

$$a_{-1}=\frac{1}{2\pi i}\oint_C f(z)dz \tag{10.5.4}$$

此時之 a_{-1} 即稱為餘數，亦可表示為

$$a_{-1}=\operatorname*{Res}_{z=z_0}f(z) \tag{10.5.5}$$

因此，若欲求得餘數時，常需先求出 $f(z)$ 之羅倫級數，但對於極點而言，卻不必如此麻煩，其 n 階極點的餘數可表示為

$$\operatorname*{Res}_{z=z_0}f(z)=\lim_{z\to z_0}\frac{1}{(n-1)!}\frac{d^{n-1}}{dz^{n-1}}[(z-z_0)^n f(z)] \tag{10.5.6}$$

以下說明 (10.5.6) 式之數學推導。今若已知 $z=z_0$ 為 $f(z)$ 之 n 階極點，則可推得

$$f(z)=\frac{a_{-n}}{(z-z_0)^n}+\frac{a_{-(n-1)}}{(z-z_0)^{n-1}}+...+\frac{a_{-1}}{z-a}+a_0+a_1(z-z_0)+a_2(z-z_0)^2+...$$

亦即

$$(z-z_0)^n f(z)=a_{-n}+a_{-(n-1)}(z-z_0)+...+a_{-1}(z-a)^{n-1}$$

$$+a_0(z-z_0)^n+a_1(z-z_0)^{n+1}+...$$

所以

$$\lim_{z\to z_0}\frac{d^{n-1}}{dz^{n-1}}(z-z_0)^n f(z)=(n-1)!a_{-1}$$

於是可得

$$a_{-1}=\frac{1}{(n-1)!}\lim_{z\to z_0}\frac{d^{n-1}}{dz^{n-1}}(z-z_0)^n f(z)$$

範例 2

試求 $f(z)=\dfrac{1}{z^2(z-2)}$ 在 $z=0$ 之餘數。

解

因 $z=0$ 為 $f(z)$ 之二階極點，由 (10.5.6) 式可知其餘數為

$$\operatorname*{Res}_{z=0} f(z)=\frac{1}{(2-1)!}\lim_{z\to 0}\frac{d}{dz}z^2\frac{1}{z^2(z-2)}=\lim_{z\to 0}\frac{-1}{(z-2)^2}=-\frac{1}{4}$$

■

由 (10.5.4) 式可知，餘數可應用於複變函數之積分，將 (10.5.4) 式與 (10.5.5) 式兩者合併為

$$\oint_C f(z)dz=2\pi i\operatorname*{Res}_{z=z_0} f(z) \tag{10.5.7}$$

換言之，若 $f(z)$ 在曲線 C 內及其上，只有一個奇異點 $z=z_0$ 的話，其積分之值即等於其餘數乘上 $2\pi i$ 。

範例 3

試計算$\oint_C \frac{\sin z}{z} dz$，其中$C: |z| = 1$。

解

令$f(z) = \frac{\sin z}{z}$，其在曲線C內只有$z = 0$一個奇異點，且為可棄奇點。所以可知

$$a_{-1} = \operatorname*{Res}_{z=0} \frac{\sin z}{z} = 0$$

$$\oint_C \frac{\sin z}{z} dz = 2\pi i \operatorname*{Res}_{z=0} \frac{\sin z}{z} = 0$$

■

範例 4

試計算$\oint_C \frac{1}{z^2(z-2)} dz$，其中$C: |z| = 1$。

解

令$f(z) = \frac{1}{z^2(z-2)}$，其在曲線$C$內只有$z = 0$一個奇異點，且為二階極點，所以由(10.5.6)式可知

$$\operatorname*{Res}_{z=0} \frac{1}{z^2(z-2)} = \lim_{z \to 0} \frac{1}{1!} \frac{d}{dz} \frac{1}{z-2} = \lim_{z \to 0} \frac{-1}{(z-2)^2} = -\frac{1}{4}$$

$$\oint_C \frac{1}{z^2(z-2)} dz = 2\pi i \operatorname*{Res}_{z=0} \frac{1}{z^2(z-2)} = 2\pi i \cdot \left(-\frac{1}{4}\right) = -\frac{\pi i}{2}$$

■

範例 5

試計算$\oint_C e^{\frac{1}{z}} dz$，其中$C: |z| = 1$。

解

令 $f(z)=e^{\frac{1}{z}}$，其在曲線 C 內只有 $z=0$ 一個奇異點，且為本質奇點。由範例 1 可知 $f(z)=e^{\frac{1}{z}}$ 在 $z_0=0$ 的羅倫級數為

$$e^{\frac{1}{z}}=\sum_{n=0}^{\infty}\frac{1}{n!}(\frac{1}{z})^n=1+z^{-1}+\frac{1}{2}z^{-2}+\frac{1}{6}z^{-3}+...$$

所以

$$\operatorname*{Res}_{z=0} e^{\frac{1}{z}}=a_{-1}=1$$

$$\oint_C e^{\frac{1}{z}}dz=2\pi i\operatorname*{Res}_{z=0} e^{\frac{1}{z}}=2\pi i$$

■

前面已說明如何利用餘數計算複變函數的積分，但其中有一個限制，就是曲線 C 之內只能有一個奇異點，惟在許多情況下，這並不一定成立，因此，接下來的餘數定理之討論重點即在於說明若曲線 C 內有多個奇異點時，則此時之餘數定理需改寫為：

設 $f(z)$ 在曲線 C 之內有 n 個奇異點 $z_1,z_2,\ldots,z_n$，且其他餘數分別為 $R_1,R_2,\ldots,R_n$，則

$$\oint_C f(z)dz=2\pi i(R_1+R_2+...+R_n) \tag{10.5.8}$$

範例 6

試計算 $\oint_C \frac{1}{z(z-i)}dz$，曲線 $C:|z|=2$。

解

在曲線 C 內，$\frac{1}{z(z-i)}$ 具有 2 個奇異點 $z=0$ 及 $z=i$，並均為一階極點，故其他餘數分別為

$$R_1=\operatorname*{Res}_{z=0}\frac{1}{z(z-i)}=\lim_{z\to 0} z\frac{1}{z(z-i)}=i$$

$$R_2 = \operatorname*{Res}_{z=i} \frac{1}{z(z-i)} = \lim_{z \to i} (z-i) \frac{1}{z(z-i)} = -i$$

所以

$$\oint_C \frac{1}{z(z-i)} dz = 2\pi i (R_1 + R_2) = 0$$

■

範例 7

試計算 $\oint_C \frac{1}{1+z^4} dz$，其中 C 為圖 10.5.1 所示之半徑為 2 的上半圓。

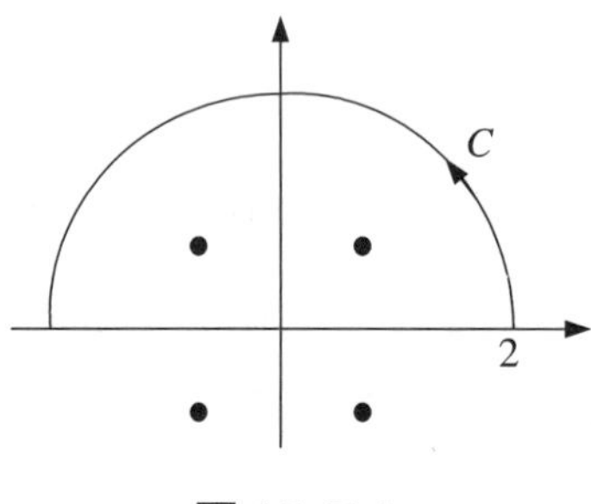

圖 10.5.1

解

$\frac{1}{1+z^4}$ 有四個奇異點，分別是 $e^{\frac{\pi}{4}i}$、$e^{\frac{3\pi}{4}i}$、$e^{\frac{5\pi}{4}i}$、$e^{\frac{7\pi}{4}i}$

其中只有 $e^{\frac{\pi}{4}i}$ 及 $e^{\frac{3\pi}{4}i}$ 位於曲線 C 之內，故只需求出此兩點之餘數

$$R_1 = \lim_{z \to e^{\frac{\pi}{4}i}} (z - e^{\frac{\pi}{4}i}) \frac{1}{1+z^4} = \frac{1}{4} e^{\frac{-3\pi}{4}i}$$

$$R_2 = \lim_{z \to e^{\frac{3\pi}{4}i}} (z - e^{\frac{3\pi}{4}i}) \frac{1}{1+z^4} = \frac{1}{4} e^{\frac{-1\pi}{4}i}$$

$$\oint_C \frac{1}{1+z^4} dz = 2\pi i (R_1 + R_2) = \frac{\sqrt{2}}{2} \pi$$

■

類題練習

試求 1 ～ 5 題 $f(z)$ 在 $z=0$ 之餘數。

1. $f(z)=\dfrac{1}{z(z-1)}$

2. $f(z)=\dfrac{\cos z}{z^2}$

3. $f(z)=\cot z$

4. $f(z)=\dfrac{\sin z}{z^2}$

5. $f(z)=\dfrac{e^{z^2}}{z}$

試利用餘數定理計算 6 ～ 11 題之封閉線積分 $\oint_C f(z)dz$ 。

6. $f(z)=\dfrac{1}{z^2-1}$　$C:|z|=3$

7. $f(z)=\dfrac{1}{z^2-5z+4}$　$C:|z|=2$

8. $f(z)=\dfrac{e^z}{z-i}$　$C:|z|=4$

9. $f(z)=\dfrac{e^z}{z^2}$　$C:|z|=2$

10. $f(z)=\dfrac{z^3}{(z-i)^3}$　$C:|z|=3$

11. $f(z)=\dfrac{\sin(2z)}{z^3}$　$C:|z|=3$

10-6 實數積分之計算

上節說明如何利用餘數計算複變函數之積分，而本節則主要介紹如何將某些較難計算之實數函數定積分，加以化為複變函數之積分，再利用餘數定理，以求出答案。

首先對於含有 $\cos\theta$ 與 $\sin\theta$ 之有理函數積分，予以說明。茲考慮下列形式之積分

$$\int_0^{2\pi} F(\cos\theta, \sin\theta)d\theta \tag{10.6.1}$$

此時可假設積分路徑 C 為 $|z|=1$，即圓心在原點之單位圓，則 $z=e^{i\theta}$，而 $\cos\theta$ 與 $\sin\theta$ 則可化為

$$\cos\theta = \frac{e^{i\theta}+e^{-i\theta}}{2} = \frac{z+z^{-1}}{2} \tag{10.6.2}$$

$$\sin\theta = \frac{e^{i\theta}-e^{-i\theta}}{2i} = \frac{z-z^{-1}}{2i} \tag{10.6.3}$$

又因 $\dfrac{dz}{d\theta} = \dfrac{d}{d\theta}e^{i\theta} = ie^{i\theta} = iz$，即

$$d\theta = \frac{1}{iz}dz \tag{10.6.4}$$

再將 (10.6.2) 式、(10.6.3) 式及 (10.6.4) 式代入 (10.6.1) 式，可得

$$\begin{aligned}&\int_0^{2\pi} F(\cos\theta, \sin\theta)d\theta \\ &= \oint_C F\left(\frac{z+z^{-1}}{2}, \frac{z-z^{-1}}{2i}\right)\frac{dz}{iz} = \oint_C f(z)dz = 2\pi i \sum_{C內} \operatorname{Res} f(z)\end{aligned} \tag{10.6.5}$$

其中 $f(z) = \dfrac{1}{iz}F\left(\dfrac{z+z^{-1}}{2}, \dfrac{z-z^{-1}}{2i}\right)$。

範例 1

試求 $\displaystyle\int_0^{2\pi} \frac{1}{5+3\sin\theta}d\theta$。

解

$$\int_0^{2\pi}\frac{1}{5+3\sin\theta}d\theta=\oint_C\frac{1}{5+3\dfrac{z-z^{-1}}{2i}}\frac{dz}{iz}=\oint_C\frac{2}{3z^2+10iz-3}dz \text{ ，} C:|z|=1$$

令 $f(z)=\dfrac{2}{3z^2+10iz-3}$

其所包含之奇異點中，只有 $z=-\dfrac{i}{3}$ 位於曲線 C 內

$$\operatorname*{Res}_{z=-\frac{i}{3}} f(z)=\lim_{z\to-\frac{i}{3}}(z-\frac{-i}{3})\frac{2}{3z^2+10iz-3}=\frac{-1}{4}i$$

於是可得

$$\int_0^{2\pi}\frac{1}{5+3\sin\theta}d\theta=2\pi i\operatorname*{Res}_{z=-\frac{i}{3}} f(z)=2\pi i\times(\frac{-1}{4}i)=\frac{\pi}{2}$$

■

本節接著說明如何利用複變函數積分，計算實數函數之瑕積分，但在說明此一瑕積分之計算時，需先描述一個定理，此定理敘述如下：

假設 $f(z)$ 對所有的 z 皆滿足

$$|f(z)|\le\frac{M}{R^K} \tag{10.6.6}$$

其中 M 為常數，K 為大於 1 之數，則

$$\lim_{R\to\infty}\int_\Gamma f(z)dz=0 \tag{10.6.7}$$

其中 Γ 為半徑 R 之上半圓，如圖 10.6.1 所示。

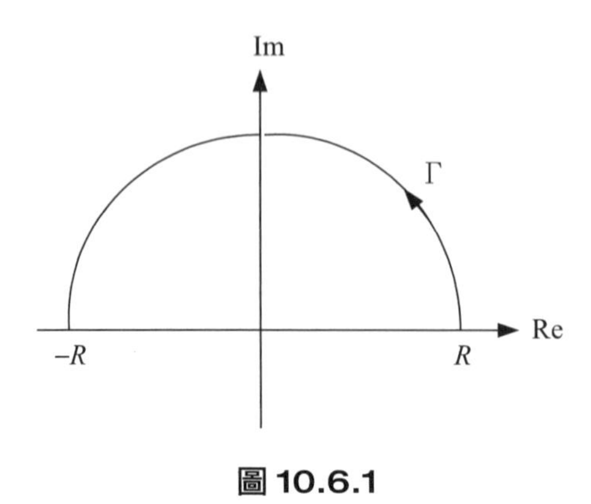

圖 10.6.1

茲將 (10.6.7) 式之推導予以說明。首先已知

$$\left|\lim_{R\to\infty}\int_{\Gamma} f(z)dz\right| \le \lim_{R\to\infty}\int_{\Gamma}|f(z)||dz|$$

則依圖 10.6.1 及 (10.6.6) 式可推得

$$\lim_{R\to\infty}\int_{\Gamma}|f(z)||dz| \le \lim_{R\to\infty}\frac{M}{R^K}\cdot\pi R = \lim_{R\to\infty}\frac{M\pi}{R^{K-1}} = 0$$

所以當 Γ 為半徑 R 之上半圓時，$\lim\limits_{R\to\infty}\int_{\Gamma} f(z)dz = 0$ 。

換言之，若對於一複變函數而言，已知

$$\oint_C f(z)dz = \int_{\Gamma} f(z)dz + \int_{-R}^{R} f(x)dx \tag{10.6.8}$$

且其中 C 為半徑為 R 之上半圓，若 $R\to\infty$ ，同時 $f(z)$ 滿足上述條件，則

$$\begin{aligned}\lim_{R\to\infty}\oint_C f(z)dz &= \lim_{R\to\infty}\int_{\Gamma} f(z)dz + \lim_{R\to\infty}\int_{-R}^{R} f(x)dx \\ &= \lim_{R\to\infty}\int_{-R}^{R} f(x)dx = \int_{-\infty}^{\infty} f(x)dx \end{aligned} \tag{10.6.9}$$

又由餘數定理，可知

$$\lim_{R\to\infty}\oint_C f(z)dz = 2\pi i \sum_{\text{上半平面}} \operatorname{Res} f(z) \tag{10.6.10}$$

因此綜合 (10.6.9) 式與 (10.6.10) 式可得

$$\int_{-\infty}^{\infty} f(x)dx = 2\pi i \sum_{\text{上半平面}} \operatorname{Res} f(z) \tag{10.6.11}$$

範例 2

試計算 $\int_{-\infty}^{\infty} \frac{1}{1+x^2} dx$ 。

解

令 $f(z) = \frac{1}{1+z^2}$

$z = \pm i$ 為奇點

但只有 $z = i$ 在上半平面，因此

$$\operatorname*{Res}_{z=i} f(z) = \lim_{z \to i} (z-i) \cdot f(z) = \frac{1}{2i}$$

$$\therefore \int_{-\infty}^{\infty} \frac{1}{1+x^2} dx = 2\pi i \times \frac{1}{2i} = \pi$$

■

範例 3

試計算 $\int_{-\infty}^{\infty} \frac{1}{1+x^4} dx$ 。

解

由 (10.6.11) 式可知

$$\int_{-\infty}^{\infty} f(x)dx = 2\pi i \sum_{\text{上半平面}} \operatorname{Res} f(z)$$

而 $f(z) = \frac{1}{1+z^4}$ 在上半平面之奇異點有 $z_1 = e^{\frac{\pi}{4}i}$ 及 $z_2 = e^{\frac{3\pi}{4}i}$

又由 10-5 節之範例 7 中已算出

$$\operatorname*{Res}_{z=e^{\frac{\pi}{4}i}}\frac{1}{1+z^4}=\frac{1}{4}e^{-\frac{3\pi}{4}i}\text{ ， }\operatorname*{Res}_{z=e^{\frac{3\pi}{4}i}}\frac{1}{1+z^4}=\frac{1}{4}e^{-\frac{\pi}{4}i}$$

因此可得

$$\int_{-\infty}^{\infty}\frac{1}{1+z^4}dx=2\pi i\left(\frac{1}{4}e^{-\frac{3\pi}{4}i}+\frac{1}{4}e^{-\frac{\pi}{4}i}\right)=\frac{\sqrt{2}}{2}\pi$$

■

本節最後介紹傅立葉積分，亦即探討下列兩式之積分：

$$\int_{-\infty}^{\infty}f(x)\cos axdx \tag{10.6.12}$$

$$\int_{-\infty}^{\infty}f(x)\sin axdx \tag{10.6.13}$$

而欲計算傅立葉積分，則可利用上一小節所敘述之方法，首先考慮

$$\oint_C f(z)e^{iaz}dz=\int_\Gamma f(z)e^{iaz}dz+\int_{-R}^{R}f(x)e^{iax}dx \tag{10.6.14}$$

其中 C 為半徑 R 之上半圓，當 $R\to\infty$ 且 $f(z)e^{iaz}$ 滿足上述定理時，則

$$\lim_{R\to\infty}\oint_C f(z)e^{iaz}dz=\int_{-\infty}^{\infty}f(x)e^{iax}dx \tag{10.6.15}$$

再輔以餘數定理，可得

$$\int_{-\infty}^{\infty}f(x)e^{iax}dx=2\pi i\sum_{\text{上半平面}}\operatorname{Res}\left[f(z)e^{iaz}\right] \tag{10.6.16}$$

續將 (10.6.16) 式兩邊取實部與虛部，可得

$$\int_{-\infty}^{\infty}f(x)\cos axdx=\operatorname{Re}\left\{2\pi i\sum_{\text{上半平面}}\operatorname{Res}\left[f(z)e^{iaz}\right]\right\} \tag{10.6.17}$$

$$\int_{-\infty}^{\infty}f(x)\sin axdx=\operatorname{Im}\left\{2\pi i\sum_{\text{上半平面}}\operatorname{Res}\left[f(z)e^{iaz}\right]\right\} \tag{10.6.18}$$

範例 4

試計算$\int_{-\infty}^{\infty}\frac{\cos ax}{x^2+b^2}dx$與$\int_{-\infty}^{\infty}\frac{\sin ax}{x^2+b^2}dx$。

解

由 (10.6.16) 式可知

$$\int_{-\infty}^{\infty}\frac{e^{iax}}{x^2+b^2}dx=2\pi i\sum_{\text{上半平面}}\text{Res}\left[\frac{e^{iaz}}{z^2+b^2}\right]$$

而$\frac{e^{iaz}}{z^2+b^2}$在上半平面僅有一個奇異點$z=ib$，因此

$$\underset{z=ib}{\text{Res}}\left[\frac{e^{iaz}}{z^2+b^2}\right]=\lim_{z\to ib}(z-ib)\frac{e^{iaz}}{z^2+b^2}=\frac{e^{-ab}}{2bi}$$

所以

$$\int_{-\infty}^{\infty}\frac{e^{iax}}{x^2+b^2}dx=2\pi i\frac{e^{-ab}}{2bi}=\frac{\pi}{b}e^{-ab}$$

再將兩邊取實部與虛部可得

$$\int_{-\infty}^{\infty}\frac{\cos ax}{x^2+b^2}dx=\text{Re}\left\{\int_{-\infty}^{\infty}\frac{e^{iax}}{x^2+b^2}dx\right\}=\frac{\pi}{b}e^{-ab}$$

$$\int_{-\infty}^{\infty}\frac{\sin ax}{x^2+b^2}dx=\text{Im}\left\{\int_{-\infty}^{\infty}\frac{e^{iax}}{x^2+b^2}dx\right\}=0$$

■

類題練習

試利用複變函數計算 1 ～ 10 題之實數函數的定積分。

1. $\int_0^{2\pi} \frac{1}{5-4\cos\theta} d\theta$

2. $\int_0^{2\pi} \frac{1}{a+b\sin\theta} d\theta, \quad a>|b|$

3. $\int_{-\infty}^{\infty} \frac{x^2}{1+x^4} dx$

4. $\int_0^{2\pi} \frac{d\theta}{4\sin\theta+5}$

5. $\int_0^{2\pi} \frac{1}{5+3\cos\theta} d\theta$

6. $\int_0^{2\pi} \cos^{2n}\theta d\theta$

7. $\int_{-\infty}^{\infty} \frac{1}{\left(1+x^2\right)^2} dx$

8. $\int_{-\infty}^{\infty} \frac{x(\sin\pi x+\cos\pi x)}{x^2+2x+5} dx$

9. $\int_{-\infty}^{\infty} \frac{1}{x^2-2x+4} dx$

10. $\int_{-\infty}^{\infty} \frac{x\sin x}{1+x^2} dx$

第一章 類題練習解答

1-1 可分離變數方程式

1. 將變數分離，原式可改寫成

$$e^y y' = 2xe^{-x^2}$$

亦即

$$e^y dy - 2xe^{-x^2} dx = 0$$

分別積分可得

$$e^y + e^{-x^2} = C$$

3. 將變數分離，原式可改寫成

$$\frac{2}{x}dx = -\frac{5}{y}dy$$

分別積分可得

$$2\ln x = -5\ln y + C$$

5. 將變數分離，原式改寫成

$$\frac{y}{y+1}y' + \frac{x}{(x-1)^2} = 0$$

亦即

$$\left(1-\frac{1}{y+1}\right)dy + \left(\frac{1}{x-1} - \frac{1}{(x-1)^2}\right)dx = 0$$

分別積分可得

$$y - \ln|y+1| + \ln|x-1| + \frac{1}{x-1} = C$$

7. 原式相當於

$$y\frac{e^x + e^{-x}}{2}y' + e^{x+y} = 0$$

變數分離，整理得

$$ye^{-y}y' + \frac{2e^x}{e^x + e^{-x}} = 0$$

亦即

$$ye^{-y}dy + \frac{2e^{2x}}{e^{2x}+1}dx = 0$$

分別積分可得

$$-e^{-y}(y+1) + \ln\left|1 + e^{2x}\right| = C$$

9. 變數分離，得

$$2yy' + \frac{x-1}{x} = 0$$

亦即

$$2ydy + \left(1 - \frac{1}{x}\right)dx = 0$$

分別積分可得

$$y^2 + x - \ln|x| = C$$

代入初始條件 $y(1) = 2$，求 C 之值

$$2^2 + 1 - \ln|1| = 5 = C$$

故本題之解為

$$y^2 + x - \ln|x| = 5$$

11. 原式可改寫成

$$\cot y y' = \frac{2}{x^2 - 1}$$

亦即

$$\frac{\cos y}{\sin y}dy = \left(\frac{1}{x-1} - \frac{1}{x+1}\right)dx$$

分別積分得

$$\ln|\sin y| = \ln|x-1| - \ln|x+1| + \ln|C|$$

或整理成

$$\sin y = C\frac{x-1}{x+1}$$

代入初始條件 $y(3) = \pi/6$，求 C 之值

$$\sin(\pi/6) = C\frac{3-1}{3+1} = \frac{1}{2}C = \frac{1}{2} \quad \Rightarrow \quad C = 1$$

故本題之解為

$$\sin y = \frac{x-1}{x+1}$$

13. 整理原式得

$$-4dy = (y-x-3)^{-1}dx + 2(x-y+1)dx$$

令 $u = y - x - 3$，$y = u + x + 3$，$dy = du + dx$ 代回原式

$$-4(du + dx) = (u^{-1} - 2u - 4)dx$$

整理得

$$-4udu = (1 - 2u^2)dx$$

亦即

$$\frac{4u}{2u^2 - 1}du = dx$$

兩邊積分得

$$\ln\left|2u^2 - 1\right| = x + \ln|C|$$

整理成

$$2u^2-1=Ce^x$$

將 $u=y-x-3$ 代回可得解

$$2(y-x-3)^2-1=Ce^x$$

1-2 線性微分方程式

1. 此為線性微分方程式，積分因子為

$$e^{\int x^{-1}dx}=e^{\ln(x)}=x$$

將積分因子乘回，可得

$$xy'+y=x$$

整理得

$$d(xy)=xdx$$

對兩邊積分得其解

$$xy=\frac{1}{2}x^2+C$$

3. 此為線性微分方程式，積分因子為

$$e^{\int 2x^{-1}dx}=e^{\ln x^2}=x^2$$

將積分因子乘回，可得

$$x^2y'+2xy=x^4+x^3+x^2$$

整理得

$$d(x^2y)=(x^4+x^3+x^2)dx$$

對兩邊積分得其解

$$x^2y=\frac{1}{5}x^5+\frac{1}{4}x^4+\frac{1}{3}x^3+C$$

5. 整理原式得

$$y'-y=\frac{e^x}{1+e^x}$$

此線性微分方程式的積分因子為

$$e^{\int -1dx}=e^{-x}$$

將積分因子乘回，可得

$$e^{-x}y'-e^{-x}y=\frac{1}{1+e^x}=\frac{e^{-x}}{e^{-x}+1}$$

亦即

$$d(e^{-x}y)=\frac{e^{-x}}{e^{-x}+1}dx$$

對兩邊積分

$$e^{-x}y=-\ln\left|1+e^{-x}\right|+C$$

整理得解

$$y=-e^x\ln\left|1+e^{-x}\right|+Ce^x$$

7. 原式可整理成

$$\frac{dx}{dy}=\frac{-x+4y\ln(y)}{y}=-\frac{x}{y}+4\ln(y)$$

亦即

$$\frac{dx}{dy}+\frac{1}{y}x=4\ln(y)$$

此乃以 y 為自變數，x 為應變數的一階線性微分方程式，其積分因子為

$$e^{\int\frac{1}{y}dy}=e^{\ln|y|}=y$$

將方程式各項乘上積分因子

$$y\frac{dx}{dy}+x=4y\ln(y)$$

整理得

$$d(yx)=4y\ln(y)dy$$

對兩邊積分

$$yx=2y^2\ln(y)-y^2+C$$

整理得解

$$x=2y\ln(y)-y+Cy^{-1}$$

9. 整理原式得

$$y'+\frac{3}{x}y=\frac{2}{x^2}e^{x^2}$$

此線性微分方程式的積分因子為

$$e^{\int\frac{3}{x}dx}=e^{3\ln|x|}=x^3$$

將積分因子乘回，可得

$$x^3y'+3x^2y=2xe^{x^2}$$

亦即

$$d(x^3y)=2xe^{x^2}dx$$

對兩邊積分

$$x^3y=e^{x^2}+C$$

代入初始條件 $y(1)=0$，求 C 之值

$$0=e+C \quad\Rightarrow\quad C=-e$$

故本題之解為

$$y=x^{-3}e^{x^2}-ex^{-3}$$

11. 此乃線性微分方程式，積分因子為

$$e^{\int 2dx}=e^{2x}$$

將積分因子乘回，可得

$$e^{2x}y'+2e^{2x}y=e^{2x}(4\cos 3x-6\sin 3x)$$

亦即

$$d(e^{2x}y)=e^{2x}(4\cos 3x-6\sin 3x)dx$$

對兩邊積分

$$e^{2x}y=2e^{2x}\cos 3x+C$$

代入初始條件 $y(0)=3$，求 C 之值

$$3=2+C \quad \Rightarrow \quad C=1$$

故本題之解為

$$y=2\cos 3x+e^{-2x}$$

13. 原式各項同除以 e^{y}，整理成

$$e^{-y}y'+e^{-y}=x$$

令 $u=e^{-y}$，$u'=-e^{-y}y'$ 代回上式，可得

$$-u'+u=x$$

亦即

$$u'-u=-x$$

此線性微分方程式的積分因子為

$$e^{\int -dx}=e^{-x}$$

將積分因子乘回

$$e^{-x}u'-e^{-x}u=-xe^{-x}$$

整理得

$$d(e^{-x}u)=-xe^{-x}dx$$

分別積分得

$$e^{-x}u=(x+1)e^{-x}+C$$

亦即

$$u=x+1+Ce^{x}$$

將 $u=e^{-y}$ 代回

$$e^{-y}=x+1+Ce^{x}$$

再代入初始條件 $y(-1)=1$，求 C 之值

$$e^{-1}=Ce^{-1} \quad \Rightarrow \quad C=1$$

故本題之解為

$$e^{-y}=x+1+e^{x}$$

1-3 正合微分方程式

1. 分析原式可知

$$\begin{cases} M=y \\ N=x \end{cases} \Rightarrow \frac{\partial M}{\partial y}=1=\frac{\partial N}{\partial x} \Rightarrow$$

此乃為正合微分方程式

其解為 $\phi(x,y)=C$，且函數 $\phi(x,y)$ 需滿足

$$\begin{cases} \dfrac{\partial \phi}{\partial x}=M(x,y)=y \\ \dfrac{\partial \phi}{\partial y}=N(x,y)=x \end{cases}$$

分別對兩式做積分

$$\phi(x,y)=\begin{cases} \int ydx+f(y)=xy+f(y) \\ \int xdy+g(x)=xy+g(x) \end{cases}$$

取兩式之聯集得

$$\phi(x,y)=xy$$

此微分方程式之解為 $\phi(x,y)=C$，亦即

$$xy=C$$

3. 分析原式可知

$$\begin{cases} M=y^2e^x+e^y \\ N=xe^y+2ye^x \end{cases} \Rightarrow \frac{\partial M}{\partial y}=2ye^x+e^y=\frac{\partial N}{\partial x}$$

$\Rightarrow$ 此乃為正合微分方程式

其解為 $\phi(x,y)=C$，且函數 $\phi(x,y)$ 需滿足

$$\begin{cases} \dfrac{\partial \phi}{\partial x}=M(x,y)=y^2e^x+e^y \\ \dfrac{\partial \phi}{\partial y}=N(x,y)=xe^y+2ye^x \end{cases}$$

分別對兩式做積分

$$\phi(x,y)=\begin{cases} \int (y^2e^x+e^y)dx+f(y)=y^2e^x+xe^y+f(y) \\ \int (xe^y+2ye^x)dy+g(x)=xe^y+y^2e^x+g(x) \end{cases}$$

取兩式之聯集得

$$\phi(x,y)=y^2e^x+xe^y$$

微分方程式之解為 $\phi(x,y)=C$，亦即

$$y^2e^x+xe^y=C$$

5. 分析原式可知

$$\begin{cases} M = y\sin(y^2) - y\sin(xy) \\ N = 2xy^2\cos(y^2) + x\sin(y^2) - x\sin(xy) \end{cases}$$

$$\Rightarrow \frac{\partial M}{\partial y} = \sin(y^2) + 2y^2\cos(y^2) - \sin(xy) - xy\cos(xy) = \frac{\partial N}{\partial x}$$

⇒ 此為正合微分方程式

其解為 $\phi(x,y) = C$ ，且函數 $\phi(x,y)$ 需滿足

$$\begin{cases} \dfrac{\partial\phi}{\partial x} = M(x,y) = y\sin(y^2) - y\sin(xy) \\ \dfrac{\partial\phi}{\partial y} = N(x,y) = 2xy^2\cos(y^2) + x\sin(y^2) - x\sin(xy) \end{cases}$$

分別對兩式做積分

$$\phi(x,y) = \begin{cases} \int\left(y\sin(y^2) - y\sin(xy)\right)dx + f(y) \\ \quad = xy\sin(y^2) + \cos(xy) + f(y) \\ \int\left(2xy^2\cos(y^2) + x\sin(y^2) - x\sin(xy)\right)dy \\ \quad + g(x) = xy\sin(y^2) + \cos(xy) + g(x) \end{cases}$$

取兩式之聯集得

$$\phi(x,y) = xy\sin(y^2) + \cos(xy)$$

此微分方程式之解為 $\phi(x,y) = C$ ，亦即

$$xy\sin(y^2) + \cos(xy) = C$$

7. 分析原式可知

$$\begin{cases} M = 2e^{2x}\sin 3x + 3e^{2x}\cos 3x + 3y^2 \\ N = 6xy + 3y^2 \end{cases}$$

$$\Rightarrow \frac{\partial M}{\partial y} = 6y = \frac{\partial N}{\partial x}$$ ⇒ 此為正合微分方程式

其解為 $\phi(x,y) = C$ ，且函數 $\phi(x,y)$ 需滿足

$$\begin{cases} \dfrac{\partial\phi}{\partial x} = M(x,y) = 2e^{2x}\sin 3x + 3e^{2x}\cos 3x + 3y^2 \\ \dfrac{\partial\phi}{\partial y} = N(x,y) = 6xy + 3y^2 \end{cases}$$

分別對兩式做積分

$$\phi(x,y) = \begin{cases} \int(2e^{2x}\sin 3x + 3e^{2x}\cos 3x + 3y^2)dx + f(y) \\ \quad = e^{2x}\sin 3x + 3xy^2 + f(y) \\ \int(6xy + 3y^2)dy + g(x) = 3xy^2 + y^3 + g(x) \end{cases}$$

取兩式之聯集得

$$\phi(x,y) = e^{2x}\sin 3x + 3xy^2 + y^3$$

微分方程式之解為 $\phi(x,y) = C$ ，亦即

$$e^{2x}\sin 3x + 3xy^2 + y^3 = C$$

9. 分析原式可知

$$\begin{cases} M = \cos y + y^2e^x \\ N = 2ye^x - x\sin y - 2 \end{cases}$$

$$\Rightarrow \frac{\partial M}{\partial y} = -\sin y + 2ye^x = \frac{\partial N}{\partial x}$$

⇒ 此乃為正合微分方程式

其解為 $\phi(x,y) = C$ ，函數 $\phi(x,y)$ 滿足

$$\begin{cases} \dfrac{\partial\phi}{\partial x} = M(x,y) = \cos y + y^2e^x \\ \dfrac{\partial\phi}{\partial y} = N(x,y) = 2ye^x - x\sin y - 2 \end{cases}$$

分別對兩式做積分

$$\phi(x,y) = \begin{cases} \int(\cos y + y^2e^x)dx + f(y) \\ \quad = x\cos y + y^2e^x + f(y) \\ \int(2ye^x - x\sin y - 2)dy + g(x) \\ \quad = y^2e^x + x\cos y - 2y + g(x) \end{cases}$$

取兩式之聯集得

$$\phi(x,y) = y^2e^x + x\cos y - 2y$$

又根據初始條件，可知

$$\phi(1,0) = 1 = C$$

故微分方程式之解為 $\phi(x,y) = C = 1$ ，亦即

$$y^2e^x + x\cos y - 2y = 1$$

11. (a) 原式可整理成

$$2xy^3 + 4x^3 - 3y^4 - (Axy^3 + Bx^2y^2)y' = 0$$

分析得

$$\begin{cases} M = 2xy^3 + 4x^3 - 3y^4 \\ N = -Axy^3 - Bx^2y^2 \end{cases} \Rightarrow \begin{cases} \dfrac{\partial M}{\partial y} = 6xy^2 - 12y^3 \\ \dfrac{\partial N}{\partial x} = -Ay^3 - 2Bxy^2 \end{cases}$$

若其為一正合微分方程式，則

$$\frac{\partial M}{\partial y} = 6xy^2 - 12y^3 = -Ay^3 - 2Bxy^2 = \frac{\partial N}{\partial x}$$

比對係數得

$$\begin{cases}-A=-12\\-2B=6\end{cases}\Rightarrow\begin{cases}A=12\\B=-3\end{cases}$$

(b) 將常數 A 、 B 代回，得一正合微分方程式

$$2xy^3+4x^3-3y^4-(12xy^3-3x^2y^2)y'=0$$

其解為 $\phi(x,y)=C$ ，其中 $\phi(x,y)$ 滿足

$$\begin{cases}\dfrac{\partial\phi}{\partial x}=M(x,y)=2xy^3+4x^3-3y^4\\\dfrac{\partial\phi}{\partial y}=N(x,y)=-12xy^3+3x^2y^2\end{cases}$$

對兩式做積分得

$$\phi(x,y)=\begin{cases}\int(2xy^3+4x^3-3y^4)dx+f(y)\\=x^2y^3+x^4-3xy^4+f(y)\\\int(-12xy^3+3x^2y^2)dy+g(x)\\=-3xy^4+x^2y^3+g(x)\end{cases}$$

取兩式之聯集得

$$\phi(x,y)=x^2y^3-3xy^4+x^4$$

微分方程式之解為 $\phi(x,y)=C$ ，亦即

$$x^2y^3-3xy^4+x^4=C$$

1-4 積分因子

1. 分析原式可知

$$\begin{cases}M=x+2xy\\N=1\end{cases}\Rightarrow\begin{cases}\dfrac{\partial M}{\partial y}=2x\\\dfrac{\partial N}{\partial x}=0\end{cases}\Rightarrow\frac{\partial M}{\partial y}\neq\frac{\partial N}{\partial x}$$

$\Rightarrow$ 非正合

由於

$$\frac{\frac{\partial M}{\partial y}-\frac{\partial N}{\partial x}}{N}=\frac{2x-0}{1}=2x$$

因此，積分因子

$$I(x,y)=I(x)=e^{\int 2xdx}=e^{x^2}$$

原式各項乘上積分因子，可得一正合微分方程式

$$(xe^{x^2}+2xye^{x^2})dx+e^{x^2}dy=0$$

其解為 $\phi(x,y)=C$ ，且函數 $\phi(x,y)$ 滿足

$$\begin{cases}\dfrac{\partial\phi}{\partial x}=M'(x,y)=I(x)M(x,y)=xe^{x^2}+2xye^{x^2}\\\dfrac{\partial\phi}{\partial y}=N'(x,y)=I(x)N(x,y)=e^{x^2}\end{cases}$$

分別對兩式做積分

$$\phi(x,y)=\begin{cases}\int xe^{x^2}+2xye^{x^2}dx+f(y)\\=\frac{1}{2}e^{x^2}+ye^{x^2}+f(y)\\\int e^{x^2}dy+g(x)=ye^{x^2}+g(x)\end{cases}$$

取兩式之聯集得

$$\phi(x,y)=\frac{1}{2}e^{x^2}+ye^{x^2}$$

微分方程式之解為 $\phi(x,y)=C$ ，亦即

$$\frac{1}{2}e^{x^2}+ye^{x^2}=C$$

3. 分析原式可知

$$\begin{cases}M=1+2xye^y\\N=x^2e^y-x\end{cases}\Rightarrow\begin{cases}\dfrac{\partial M}{\partial y}=2x(y+1)e^y\\\dfrac{\partial N}{\partial x}=2xe^y-1\end{cases}$$

$$\Rightarrow\frac{\partial M}{\partial y}\neq\frac{\partial N}{\partial x}\Rightarrow\text{非正合}$$

由於

$$\frac{\frac{\partial M}{\partial y}-\frac{\partial N}{\partial x}}{-M}=\frac{2x(y+1)e^y-(2xe^y-1)}{-1-2xye^y}=-1$$

積分因子

$$I(x,y)=I(y)=e^{\int -1dy}=e^{-y}$$

原式各項乘上積分因子，可得一正合微分方程式

$$e^{-y}+2xy+(x^2-xe^{-y})y'=0$$

其解為 $\phi(x,y)=C$ ，且函數 $\phi(x,y)$ 需滿足

$$\begin{cases}\dfrac{\partial\phi}{\partial x}=M'(x,y)=I(y)M(x,y)=e^{-y}+2xy\\\dfrac{\partial\phi}{\partial y}=N'(x,y)=I(y)N(x,y)=x^2-xe^{-y}\end{cases}$$

分別對兩式做積分

$$\phi(x,y)=\begin{cases}\int(e^{-y}+2xy)dx+f(y)\\=xe^{-y}+x^2y+f(y)\\\int(x^2-xe^{-y})dy+g(x)\\=x^2y+xe^{-y}+g(x)\end{cases}$$

取兩式之聯集得

$$\phi(x,y)=x^2y+xe^{-y}$$

微分方程式之解為 $\phi(x,y)=C$ ，亦即

$$x^2y+xe^{-y}=C$$

5. 分析原式可知

$$\begin{cases} M = xy^2 + 4xy^4 \\ N = 1 + x^2y + 4x^2y^3 \end{cases} \Rightarrow \begin{cases} \dfrac{\partial M}{\partial y} = 2xy + 16xy^3 \\ \dfrac{\partial N}{\partial x} = 2xy + 8xy^3 \end{cases}$$

$$\Rightarrow \frac{\partial M}{\partial y} \neq \frac{\partial N}{\partial x} \Rightarrow \text{非正合}$$

由於

$$\frac{\frac{\partial M}{\partial y} - \frac{\partial N}{\partial x}}{-M} = \frac{(2xy + 16xy^3) - (2xy + 8xy^3)}{-xy^2 - 4xy^4} = \frac{-8y}{1 + 4y^2}$$

因此，積分因子

$$I(x, y) = I(y) = e^{\int \frac{-8y}{1+4y^2} dy} = e^{-\ln|1+4y^2|} = \frac{1}{1 + 4y^2}$$

將原式乘上積分因子，得一正合微分方程式

$$xy^2 dx + \left(\frac{1}{1 + 4y^2} + x^2y\right) dy = 0$$

其解為 $\phi(x, y) = C$ ，且函數 $\phi(x, y)$ 滿足

$$\begin{cases} \dfrac{\partial \phi}{\partial x} = M'(x, y) = I(y)M(x, y) = xy^2 \\ \dfrac{\partial \phi}{\partial y} = N'(x, y) = I(y)N(x, y) = \dfrac{1}{1 + 4y^2} + x^2y \end{cases}$$

分別對兩式做積分

$$\phi(x, y) = \begin{cases} \int xy^2 dx + f(y) = \dfrac{1}{2}x^2y^2 + f(y) \\ \int \left(\dfrac{1}{1 + 4y^2} + x^2y\right) dy + g(x) \\ \quad = \dfrac{1}{2}\tan^{-1} 2y + \dfrac{1}{2}x^2y^2 + g(x) \end{cases}$$

取兩式之聯集得

$$\phi(x, y) = \frac{1}{2}x^2y^2 + \frac{1}{2}\tan^{-1} 2y$$

微分方程式之解為 $\phi(x, y) = C$ ，整理得

$$x^2y^2 + \tan^{-1} 2y = C$$

7. 將原式改寫成

$$\sec y \cot y - (\cot^2 y - x \sec y)y' = 0$$

分析可知

$$\begin{cases} M = \sec y \cot y \\ N = -\cot^2 y + x \sec y \end{cases} \Rightarrow \begin{cases} \dfrac{\partial M}{\partial y} = \sec y - \sec y \csc^2 y \\ \dfrac{\partial N}{\partial x} = \sec y \end{cases}$$

$$\Rightarrow \frac{\partial M}{\partial y} \neq \frac{\partial N}{\partial x} \Rightarrow \text{非正合}$$

由於

$$\frac{\frac{\partial M}{\partial y} - \frac{\partial N}{\partial x}}{-M} = \frac{(\sec y - \sec y \csc^2 y) - \sec y}{-\sec y \cot y} = \frac{\csc^2 y}{\cot y}$$

因此，積分因子

$$I(x, y) = I(y) = e^{\int \frac{\csc^2 y}{\cot y} dy} = e^{-\ln|\cot y|} = \frac{1}{\cot y} = \tan y$$

原式各項乘上積分因子，可得一正合微分方程式

$$\sec y - (\cot y - x \sec y \tan y)y' = 0$$

其解為 $\phi(x, y) = C$ ，且函數 $\phi(x, y)$ 滿足

$$\begin{cases} \dfrac{\partial \phi}{\partial x} = M'(x, y) = I(y)M(x, y) = \sec y \\ \dfrac{\partial \phi}{\partial y} = N'(x, y) = I(y)N(x, y) = -\cot y + x \sec y \tan y \end{cases}$$

分別對兩式做積分

$$\phi(x, y) = \begin{cases} \int (\sec y) dx + f(y) = x \sec y + f(y) \\ \int (-\cot y + x \sec y \tan y) dy + g(x) \\ \quad = -\ln|\sin y| + x \sec y + g(x) \end{cases}$$

取兩式之聯集得

$$\phi(x, y) = x \sec y - \ln|\sin y|$$

微分方程式之解為 $\phi(x, y) = C$ ，亦即

$$x \sec y - \ln|\sin y| = C$$

9. 分析原式可知

$$\begin{cases} M = 2y \\ N = x + xy \end{cases} \Rightarrow \begin{cases} \dfrac{\partial M}{\partial y} = 2 \\ \dfrac{\partial N}{\partial x} = 1 + y \end{cases} \Rightarrow \frac{\partial M}{\partial y} \neq \frac{\partial N}{\partial x}$$

$\Rightarrow$ 非正合微分方程式

由於

$$\frac{\frac{\partial M}{\partial y} - \frac{\partial N}{\partial x}}{-M} = \frac{2 - (1 + y)}{-2y} = \frac{y - 1}{2y} = \frac{1}{2}\left(1 - \frac{1}{y}\right)$$

因此，積分因子

$$I(x, y) = I(y) = e^{\int \frac{1}{2}\left(1 - \frac{1}{y}\right) dy} = e^{(y - \ln|y|)/2} = \frac{1}{\sqrt{y}} e^{y/2}$$

原式各項乘上積分因子，可得一正合微分方程式

$$2\sqrt{y} e^{y/2} + \left(\frac{x}{\sqrt{y}} e^{y/2} + x\sqrt{y} e^{y/2}\right) y' = 0$$

其解為 $\phi(x,y)=C$，且函數 $\phi(x,y)$ 需滿足

$$\begin{cases}\dfrac{\partial\phi}{\partial x}=M'(x,y)=I(x)M(x,y)=2\sqrt{y}e^{y/2}\\ \dfrac{\partial\phi}{\partial y}=N'(x,y)=I(x)N(x,y)=\dfrac{x}{\sqrt{y}}e^{y/2}+x\sqrt{y}e^{y/2}\end{cases}$$

分別對兩式做積分

$$\phi(x,y)=\begin{cases}\int\left(2\sqrt{y}e^{y/2}\right)dx+f(y)=2x\sqrt{y}e^{y/2}+f(y)\\ \int\left(\dfrac{x}{\sqrt{y}}e^{y/2}+x\sqrt{y}e^{y/2}\right)dy+g(x)\\ \quad=2x\sqrt{y}e^{y/2}+g(x)\end{cases}$$

取兩式之聯集得

$$\phi(x,y)=2x\sqrt{y}e^{y/2}$$

又根據初始條件知

$$\phi(1,1)=2e^{1/2}=C$$

故微分方程式之解為 $\phi(x,y)=C=2e^{1/2}$，可整理為

$$x\sqrt{y}e^{(y-1)/2}=1$$

11. 根據積分因子的定義，非正合微分方程式乘上積分因子後，可成為正合

亦即

$$xyM(x,y)+\left(2xy\sin(xy)+x^2y^2\cos(xy)+4x^3y\right)y'=0$$

為一正合微分方程式，分析得

$$\begin{cases}M'(x,y)=I(x,y)M(x,y)=xyM(x,y)\\ N'(x,y)=I(x,y)N(x,y)\\ \quad=2xy\sin(xy)+x^2y^2\cos(xy)+4x^3y\end{cases}$$

令其解為 $\phi(x,y)=C$

根據正合微分方程式的定義，函數 $\phi(x,y)$ 滿足

$$\frac{\partial\phi(x,y)}{\partial y}=N'(x,y)$$

$$=2xy\sin(xy)+x^2y^2\cos(xy)+4x^3y$$

執行積分得 $\phi(x,y)$

$$\phi(x,y)=\int N'(x,y)dy+g(x)$$

$$=\int(2xy\sin(xy)+x^2y^2\cos(xy)+4x^3y)dy+g(x)$$

$$=xy^2\sin(xy)+2x^3y^2+g(x)$$

因此

$$M'(x,y)=\frac{\partial\phi(x,y)}{\partial x}$$

$$=y^2\sin(xy)+xy^3\cos(xy)+6x^2y^2+g'(x)$$

又

$$M'(x,y)=I(x,y)M(x,y)=xyM(x,y)$$

故

$$M(x,y)=\frac{1}{xy}M'(x,y)$$

$$=\frac{y}{x}\sin(xy)+y^2\cos(xy)+6xy+\frac{1}{xy}g'(x)$$

其中，$g(x)$ 為不含 y 的單變數函數，而 $g'(x)$ 為其對 x 的一階導函數

1-5 特殊一階微分方程式

1. 原式可改寫成

$$y'=\frac{x}{y}+\frac{y}{x}$$

此乃一齊次微分方程式。令 $y=ux$，則

$$\begin{cases}y'=u'x+x'u=u'x+u\\ u=y/x\end{cases}$$

代回整理得

$$u'x+u=u^{-1}+u$$

將變數分離

$$udu=\frac{1}{x}dx$$

兩邊分別積分

$$\frac{1}{2}u^2=\ln|x|+C$$

將 $u=y/x$ 代回上式得

$$\frac{1}{2}\left(\frac{y}{x}\right)^2=\ln|x|+C$$

3. 原式可改寫成

$$y'+2-2\frac{y}{x}=0$$

此乃一齊次微分方程式。令 $y=ux$，則

$$\begin{cases}y'=u'x+x'u=u'x+u\\ u=y/x\end{cases}$$

代回整理得

$$u'x+2-u=0$$

將變數分離

$$\frac{1}{2-u}du+\frac{1}{x}dx=0$$

兩邊分別積分

$$-\ln|2-u|+\ln|x|=\ln|C|$$

亦即

$$\frac{x}{2-u}=C$$

將 $u=y/x$ 代回上式得

$$\frac{x}{2-y/x}=C$$

整理得解

$$x^2=C(2x-y)$$

< **附註** > 本題亦可看成簡單的線性微分方程式來求解。

5. 原式可展開成

$$y'=xy^2-3xy+2x$$

此乃一 Riccati 微分方程式，測試得其一特解為 $y=S(x)=2$

令其通解

$$y=S+\frac{1}{u}=2+\frac{1}{u}\quad\Rightarrow\quad y'=-\frac{1}{u^2}u'$$

代回原式得

$$-\frac{1}{u^2}u'=x\left(2+\frac{1}{u}\right)^2-3x\left(2+\frac{1}{u}\right)+2x$$

整理得一線性微分方程式

$$u'+xu+x=0$$

其積分因子為

$$e^{\int xdx}=e^{x^2/2}$$

將積分因子乘回，可得

$$e^{x^2/2}u'+xe^{x^2/2}u+xe^{x^2/2}=0$$

即

$$d(e^{x^2/2}u)+xe^{x^2/2}dx=0$$

積分並整理得

$$u=Ce^{-x^2/2}-1$$

故此 Ricatti 微分方程式之通解為

$$y=2+\frac{1}{u}=2+\frac{1}{Ce^{-x^2/2}-1}$$

7. 原式改寫為

$$y'+x^{-1}y=e^{2x}y^{-1}$$

此乃一白努利微分方程式，參數 $\alpha=-1$

利用變數變換，令

$$u=y^{1-\alpha}=y^2$$

則

$$u'=2yy'\quad\Rightarrow\quad y'=\frac{1}{2}y^{-1}u'$$

代回整理得一線性微分方程式

$$u'+2x^{-1}u=2e^{2x}$$

且積分因子為

$$e^{\int 2x^{-1}dx}=e^{2\ln|x|}=x^2$$

將積分因子乘回，可得

$$x^2u'+2xu=2x^2e^{2x}$$

即

$$d(x^2u)=2x^2e^{2x}dx$$

積分得

$$x^2u=e^{2x}(x^2-x+1/2)+C$$

將 $u=y^2$ 代回上式，整理得解

$$x^2y^2=e^{2x}(x^2-x+1/2)+C$$

9. 原式可改寫成

$$y'=\frac{y^2}{x^2+xy}=\frac{(y/x)^2}{1+y/x}$$

此乃一齊次微分方程式。令 $y=ux$ ，則

$$\begin{cases}y'=u'x+x'u=u'x+u\\u=y/x\end{cases}$$

代回整理得

$$u'x=\frac{-u}{1+u}$$

將變數分離

$$\frac{1}{x}dx+\left(\frac{1}{u}+1\right)du=0$$

兩邊分別積分

$$\ln|x|+\ln|u|+u=\ln|C|$$

即

$$xue^u=C$$

將 $u=y/x$ 代回上式得其解

$$ye^{y/x}=C$$

11. 原式可改寫成

$$y' = \frac{y}{x}\left(1+\ln\frac{y}{x}\right) = \frac{y}{x} + \frac{y}{x}\ln\frac{y}{x}$$

此乃一齊次微分方程式。令 $y = ux$ ，則

$$\begin{cases} y' = u'x + x'u = u'x + u \\ u = y/x \end{cases}$$

代回整理得

$$u'x = u\ln u$$

將變數分離

$$\frac{1}{u\ln u}du = \frac{1}{x}dx$$

兩邊分別積分

$$\ln\left|\ln u\right| = \ln\left|x\right| + \ln\left|C\right|$$

即

$$\ln u = Cx$$

將 $u = y/x$ 代回上式得其解

$$y = xe^{Cx}$$

1-6 一階微分方程式之應用

1. 由題目及牛頓第二運動定律可寫出方程式

$$mg - kv = m\frac{dv}{dt}$$

整理可得

$$v' + \frac{k}{m}v = g$$

將數值代入，亦即

$$v' + 0.2v = 9.8$$

此乃線性微分方程式，積分因子為

$$I(t) = e^{\int 0.2dt} = e^{0.2t}$$

將方程式乘上積分因子

$$e^{0.2t}v' + 0.2e^{0.2t}v = 9.8e^{0.2t}$$

整理得

$$d\left(e^{0.2t}v\right) = 9.8e^{0.2t}dt$$

兩邊積分後，可得

$$e^{0.2t}v = 49e^{0.2t} + C$$

其解為

$$v(t) = 49 + Ce^{-0.2t}$$

因為自由落體之初速度為零，亦即 $v(0) = 0$ ，代入上式可得 $C = -49$ ，所以可解得一物體在自由落體時之速度為

$$v(t) = 49\left(1 - e^{-0.2t}\right)$$

因此，經過 10 秒之後，該物體之速度為

$$v(10) = 49\left(1 - e^{-0.2\times 10}\right) = 42.37 \ \text{m/s}$$

3.

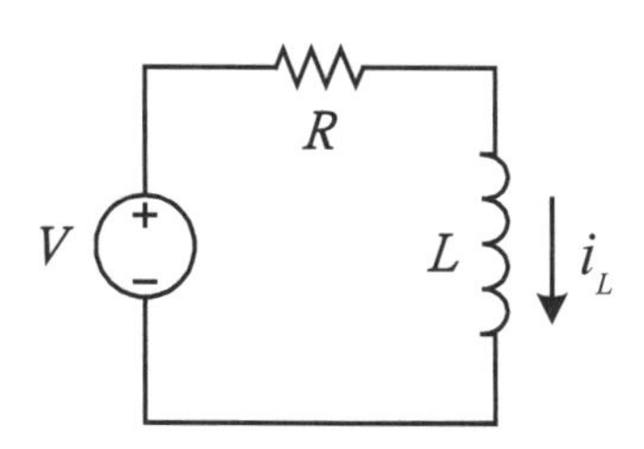

根據題意畫出電路圖，其中 $V = 10V$ ，$R = 100\Omega$ ，$L = 1H$

根據克希荷夫電壓定律，電源提供的電壓等於其他元件的電壓降總和

列出方程式，亦即

$$V = i_L(t)R + L\frac{di_L(t)}{dt}$$

整理得

$$\frac{di_L(t)}{dt} + \frac{R}{L}i_L(t) = \frac{V}{L}$$

將數值代入，亦即

$$\frac{di_L(t)}{dt} + 100i_L(t) = 10 \ ，\ i_L(0) = 0.2$$

此為可分離變數微分方程式，整理得

$$\frac{1}{i_L(t) - 0.1}di_L(t) + 100dt = 0$$

其解為

$$i_L(t) = 0.1 + ke^{-100t}$$

由於流經電感的初始電流 $i_L(0) = 0.2$ ，故

$$k = 0.1$$

因此流過電感的電流為

$$i_L(t) = 0.1\left(1 + e^{-100t}\right)$$

$t = 0.01$ 秒時流經電感的電流值為

$$i_L(0.01) = 0.1\left(1 + e^{-100\times 0.01}\right) = 0.1(1 + e^{-1}) \cong 0.1368 \ (A)$$

第二章　類題練習解答

2-1 線性微分方程式之求解

1. 由於

$$\begin{cases} y_1''-9y_1=9\cosh(3x)-9\cosh(3x)=0 \\ y_2''-9y_2=9\sinh(3x)-9\sinh(3x)=0 \end{cases}$$

因此，y_1 與 y_2 均為 $y''-9y=0$ 之解

又其 Wronskian 行列式計算結果為

$$W(x)=\begin{vmatrix} \cosh(3x) & \sinh(3x) \\ 3\sinh(3x) & 3\cosh(3x) \end{vmatrix}$$

$$=3\cosh^2(3x)-3\sinh^2(3x)=3\neq 0$$

因此可知 y_1 與 y_2 為 $y''-9y=0$ 之線性獨立解

故本線性微分方程式 $y''-9y=0$ 之通解可表示為

$$y(x)=c_1y_1(x)+c_2y_2(x)$$
$$=c_1\cosh(3x)+c_2\sinh(3x)$$

3. 由於

$$\begin{cases} y_1''+8y_1'+16y_1 \\ =16e^{-4x}-32e^{-4x}+16e^{-4x}=0 \\ y_2''+8y_2'+16y_2 \\ =16xe^{-4x}-8e^{-4x}+8e^{-4x}-32xe^{-4x}+16xe^{-4x} \\ =0 \end{cases}$$

因此，y_1 與 y_2 均為 $y''+8y'+16y=0$ 之解

再求其 Wronskian 行列式計算結果可知

$$W(x)=\begin{vmatrix} e^{-4x} & xe^{-4x} \\ -4e^{-4x} & e^{-4x}-4xe^{-4x} \end{vmatrix}$$

$$=e^{-8x}-4xe^{-8x}+4xe^{-8x}=e^{-8x}\neq 0$$

亦即 y_1 與 y_2 為 $y''+8y'+16y=0$ 之線性獨立解

故線性微分方程式 $y''+8y'+16y=0$ 之通解可表示為

$$y(x)=c_1y_1(x)+c_2y_2(x)=c_1e^{-4x}+c_2xe^{-4x}$$

5. 由於

$$\begin{cases} y_1''-2y_1'+5y_1=e^x(-3\cos(2x)-4\sin(2x) \\ \quad -2\cos(2x)+4\sin(2x)+5\cos(2x))=0 \\ y_2''-2y_2'+5y_2=e^x(-3\sin(2x)+4\cos(2x) \\ \quad -2\sin(2x)-4\cos(2x)+5\sin(2x))=0 \end{cases}$$

故 y_1 與 y_2 均為 $y''-2y'+5y=0$ 之解

且其 Wronskian 行列式計算結果為

$$W(x)=\begin{vmatrix} e^x\cos(2x) & e^x\sin(2x) \\ e^x\cos(2x)-2e^x\sin(2x) & e^x\sin(2x)+2e^x\cos(2x) \end{vmatrix}$$

$$=2e^{2x}\neq 0$$

可知 y_1 與 y_2 確為 $y''-2y'+5y=0$ 之線性獨立解

而本線性微分方程式 $y''-2y'+5y=0$ 之通解可表示為

$$y(x)=c_1y_1(x)+c_2y_2(x)$$
$$=c_1e^x\cos(2x)+c_2e^x\sin(2x)$$

7. 已知 $y_1(x)$ 與 $y_2(x)$ 為該微分方程式之解，故必滿足下式

$$\begin{cases} y_1''+p(x)y_1'+q(x)y_1=0 \\ y_2''+p(x)y_2'+q(x)y_2=0 \end{cases}$$

又假設 c_1 與 c_2 為任意常數，且將 $y(x)=c_1y_1(x)+c_2y_2(x)$ 代回微分方程式，於是可得

$$(c_1y_1+c_2y_2)''+p(x)(c_1y_1+c_2y_2)'+q(x)(c_1y_1+c_2y_2)$$
$$=c_1y_1''+c_2y_2''+c_1p(x)y_1'+c_2p(x)y_2'+c_1q(x)y_1+c_2q(x)y_2$$
$$=c_1\left(y_1''+p(x)y_1'+q(x)y_1\right)+c_2\left(y_2''+p(x)y_2'+q(x)y_2\right)$$
$$=c_1\cdot 0+c_2\cdot 0=0$$

故可得證 $y_1(x)$ 與 $y_2(x)$ 任意之線性組合亦為原微分方程式之解

9. 已知 x 是微分方程式之一齊次解，令

$$y=xu(x)$$

則

$$y'=u(x)+xu'(x)\ ,\ y''=2u'(x)+xu''(x)$$

將 y，y'，y'' 代回微分方程式得

$$(x+1)\left[2u'(x)+xu''(x)\right]+$$
$$x\left[u(x)+xu'(x)\right]-xu(x)=0$$

整理得

$$u''+\left(\frac{2}{x}-\frac{1}{x+1}+1\right)u'=0$$

上式為 u' 的一階可分離變數微分方程式，其解為

$$\ln|u'|=\ln|x+1|-2\ln|x|-x+\ln|c_1|$$

亦即

$$u'=c_1\left(\frac{1}{x}+\frac{1}{x^2}\right)e^{-x}$$

積分可得

$$u(x)=-c_1\frac{e^{-x}}{x}+c_2$$

故線性微分方程式 $(x+1)y''+xy'-y=0$ 之通解可表示為

$$y=xu(x)=c_1e^{-x}+c_2x$$

同時可知另一個線性獨立解為 e^{-x}

11. 由題意可知 e^{-x} 是微分方程式之一齊次解，因此可令

$$y=u(x)e^{-x}$$

且

$$y'=-u(x)e^{-x}+u'(x)e^{-x}\ ,$$
$$y''=u(x)e^{-x}-2u'(x)e^{-x}+u''(x)e^{-x}$$

再將 y，y'，y'' 代回微分方程式可得

$$(x+1)\left[u(x)-2u'(x)+u''(x)\right]e^{-x}+x\left[-u(x)+u'(x)\right]e^{-x}-u(x)e^{-x}=(x+1)^2$$

整理後，可得

$$u''-\frac{x+2}{x+1}u'=(x+1)e^x$$

上式為 u' 的一階線性微分方程式，其解為

$$u'=(x+1)(x+c_1)e^x$$

經積分後可得

$$u(x)=\left(x^2+(c_1-1)x+1\right)e^x+c_2$$

故線性微分方程式 $(x+1)y''+xy'-y=(x+1)^2$ 之通解可表示為

$$y=u(x)e^{-x}=x^2+1+c_1x+c_2e^{-x}$$

由上式同時可知本題之另一個線性獨立解為 x，且特解為 x^2+1

2-2 常係數線性微分方程式之齊次解

1. 此乃一常係數齊次微分方程式，其特徵方程式為

$$\lambda^2+\lambda-30=0$$

求解其根可得

$$\lambda=5,\ -6$$

故齊次微分方程式的通解為

$$y(x)=c_1e^{5x}+c_2e^{-6x}$$

3. 此常係數齊次微分方程式之特徵方程式為

$$\lambda^2+12=0$$

求解其根可得

$$\lambda=\pm2\sqrt{3}i$$

故齊次微分方程式的通解為

$$y(x)=c_1\cos(2\sqrt{3}x)+c_2\sin(2\sqrt{3}x)$$

5. 本微分方程式之特徵方程式為

$$\lambda^2-16\lambda+8=0$$

求解其根可得

$$\lambda=8\pm2\sqrt{14}$$

故齊次微分方程式的通解為

$$y(x)=c_1e^{(8+2\sqrt{14})x}+c_2e^{(8-2\sqrt{14})x}$$

7. 本微分方程式之特徵方程式為

$$\lambda^2+5=0$$

其根為

$$\lambda=\pm\sqrt{5}i$$

故齊次微分方程式的通解為

$$y(x)=c_1\cos(\sqrt{2}x)+c_2\sin(\sqrt{2}x)$$

9. 此微分方程式之特徵方程式為

$$\lambda^3+4\lambda^2+21\lambda+18=0$$

其根為

$$\lambda=-1,\ \frac{-3\pm3\sqrt{7}i}{2}$$

故可得齊次微分方程式的通解為

$$y(x)=c_1e^{-x}+c_2e^{-3x/2}\cos(\frac{3\sqrt{7}}{2}x)+c_3e^{-3x/2}\sin(\frac{3\sqrt{7}}{2}x)$$

11. 本微分方程式之特徵方程式為

$$\lambda^2+11\lambda-42=0$$

且其根為

$$\lambda=3,\ -14$$

故齊次微分方程式的通解為

$$y(x)=c_1e^{3x}+c_2e^{-14x}$$

且

$$y'(x)=3c_1e^{3x}-14c_2e^{-14x}$$

續將初始條件 $y(0)=-2$，$y'(0)=11$ 代入 y 與 y' 後，可得

$$\begin{cases} y(1) = c_1 + c_2 = -2 \\ y'(0) = 3c_1 - 14c_2 = 11 \end{cases} \Rightarrow \begin{cases} c_1 = -1 \\ c_2 = -1 \end{cases}$$

故微分方程式之解為

$$y(x) = -e^{3x} - e^{-14x}$$

13. 由題意可知，本微分方程式對應於一個二次特徵方程式，且其根為

$$\lambda = -2 \pm 3j$$

因此可推導求得特徵方程式為

$$\lambda^2 + 4\lambda + 13 = 0$$

據此可得該齊次微分方程式為

$$y'' + 4y' + 13y = 0$$

15. 由題意可知，本微分方程式對應於一個二次特徵方程式，且其根為

$$\lambda = -3 \pm 5i$$

因此可推導求得其特徵方程式為

$$\lambda^2 + 6\lambda + 34 = 0$$

故可得該齊次微分方程式為

$$y'' + 6y' + 34y = 0$$

17. 由題意可知，本微分方程式係對應於一個四次特徵方程式，且其根為

$$\lambda = 0\ (\text{重根}),\ \pm 2i$$

因此可計算其特徵方程式為

$$\lambda^2(\lambda^2 + 4) = \lambda^4 + 4\lambda^2 = 0$$

故可得該齊次微分方程式為

$$y^{(4)} + 4y'' = 0$$

2-3 待定係數法

1. 本式所對應之齊次微分方程式為

$$y'' + 4y' = 0$$

特徵方程式 $\lambda^2 + 4\lambda = 0$ 之根為 $\lambda = 0,\ -4$，且齊次解為

$$y_h = c_1 + c_2 e^{-4x}$$

又由於非齊次項為 $f(x) = 2x + 1$，故可假設特解為

$$y_p = Ax + B$$

且因其中 B 與齊次解的 c_1 重複，故須乘上 x 作修正，因此可得

$$y_p = Ax^2 + Bx\ ,\ y_p' = 2Ax + B\ ,\ y_p'' = 2A$$

續將 y_p、y_p' 以及 y_p'' 代回方程式，整理可得

$$8Ax + 2A + 4B = 2x + 1$$

比較兩端係數，可得

$$A = \frac{1}{4}\ ,\ B = \frac{1}{8}$$

亦即，特解為

$$y_p = \frac{1}{4}x^2 + \frac{1}{8}x$$

故本微分方程式之通解為

$$y(x) = y_h + y_p = c_1 + c_2 e^{-4x} + \frac{1}{4}x^2 + \frac{1}{8}x$$

3. 本式所對應之齊次微分方程式為

$$y'' + y' - 30y = 0$$

其特徵方程式 $\lambda^2 + \lambda - 30 = 0$ 之根為 $\lambda = 5,\ -6$，且齊次解為

$$y_h = c_1 e^{5x} + c_2 e^{-6x}$$

又因本式之非齊次項為
$f(x) = 30(1-x)^2 = 30(x^2 - 2x + 1)$，故可令

$$y_p = Ax^2 + Bx + C$$

此假設與齊次解無重複，且

$$y_p' = 2Ax + B\ ,\ y_p'' = 2A$$

續將 y_p、y_p' 以及 y_p'' 代回方程式，整理得

$$-30Ax^2 + 2Ax - 30Bx + 2A + B - 30C$$
$$= 30x^2 - 60x + 30$$

再比較兩端係數，於是可得

$$A = -1\ ,\ B = \frac{29}{15}\ ,\ C = -\frac{451}{450}$$

因此特解為

$$y_p = -x^2 + \frac{29}{15}x - \frac{451}{450}$$

故本微分方程式之通解為

$$y(x) = y_h + y_p = c_1 e^{5x} + c_2 e^{-6x} - x^2 + \frac{29}{15}x - \frac{451}{450}$$

5. 本式所對應之齊次微分方程式為

$$y''-y=0$$

其特徵方程式 $\lambda^2-1=0$，且根為 $\lambda=1,\ -1$，故齊次解為

$$y_h=c_1e^x+c_2e^{-x}$$

又本式之非齊次項為 $f(x)=2\sinh(x)=e^x-e^{-x}$，故可假設特解為

$$y_p=Ae^x+Be^{-x}$$

但因此項與齊次解重複，故乘上 x 以修正為

$$y_p=Axe^x+Bxe^{-x}$$

且

$$y_p'=(Ax+A)e^x+(-Bx+B)e^{-x}\ ,$$

$$y_p''=(Ax+2A)e^x+(Bx-2B)e^{-x}$$

續將 y_p、y_p' 以及 y_p'' 代回方程式，整理可得

$$2Ae^x-2Be^{-x}=e^x-e^{-x}$$

故

$$A=B=1/2$$

因此特解為

$$y_p=\frac{1}{2}x(e^x+e^{-x})=x\cosh(x)$$

故本微分方程式之通解為

$$y(x)=y_h+y_p=c_1e^x+c_2e^{-x}+x\cosh(x)$$

7. 本式所對應之齊次微分方程式為

$$y''+49y=0$$

其特徵方程式為 $\lambda^2+49=0$，且根為 $\lambda=\pm7j$，故齊次解可求得

$$y_h=c_1\cos(7x)+c_2\sin(7x)$$

又因原式之非齊次項為 $f(x)=14\cos(7x+3)$，故可假設特解為

$$y_p=A\cos(7x+3)+B\sin(7x+3)$$

此假設特解與齊次解重複 (見題末附註)，故需修正為

$$y_p=Ax\cos(7x+3)+Bx\sin(7x+3)$$

且因此可得

$$y_p'=(A+7Bx)\cos(7x+3)+(B-7Ax)\sin(7x+3)$$

$$y_p''=(14B-49Ax)\cos(7x+3)+(-14A-49Bx)\sin(7x+3)$$

續將 y_p、y_p' 以及 y_p'' 代回方程式，整理可得

$$14B\cos(7x+3)-14A\sin(7x+3)=14\cos(7x+3)$$

比較兩端係數後，可得

$$A=0,\ \ B=1$$

故特解為

$$y_p=x\sin(7x+3)$$

因此本微分方程式之通解為

$$y(x)=y_h+y_p=c_1\cos(7x)+c_2\sin(7x)+x\sin(7x+3)$$

<附註>

$$\begin{aligned}&A\cos(7x+3)+B\sin(7x+3)\\&=A\left[\cos(7x)\cos(3)-\sin(7x)\sin(3)\right]\\&\quad+B\left[\sin(7x)\cos(3)+\cos(7x)\sin(3)\right]\\&=\left[A\cos(3)+B\sin(3)\right]\cos(7x)\\&\quad+\left[-A\sin(3)+B\cos(3)\right]\sin(7x)\\&=d_1\cos(7x)+d_2\sin(7x)\end{aligned}$$

此與微分方程式的齊次解 $c_1\cos(7x)+c_2\sin(7x)$ 是重複的，故須乘上 x 作修正

9. 本式所對應之齊次微分方程式為

$$y''+16y=0$$

特徵方程式 $\lambda^2+16=0$ 之根為 $\lambda=\pm4j$，齊次解可求得如下

$$y_h=c_1\cos(4x)+c_2\sin(4x)$$

又因原式之非齊次項為
$f(x)=2\sin^2(2x)=1-\cos(4x)$，故可假設特解為

$$y_p=A+B\cos(4x)+C\sin(4x)$$

再對重複項作修正，於是可重新假設為

$$y_p=A+Bx\cos(4x)+Cx\sin(4x)$$

且

$$y_p'=(B+4Cx)\cos(4x)+(C-4Bx)\sin(4x)$$

$$y_p''=(8C-16Bx)\cos(4x)+(-8B-16Cx)\sin(4x)$$

再將 y_p、y_p' 以及 y_p'' 代回方程式，整理可得

$$16A+8C\cos(4x)-8B\sin(4x)=1-\cos(4x)$$

比較兩端係數

$$A=1/16,\ \ B=0\ ,\ C=-1/8$$

故特解為

$$y_p=\frac{1}{16}-\frac{1}{8}x\sin(4x)$$

且本微分方程式之通解為

$$y(x) = y_h + y_p$$
$$= c_1\cos(4x) + c_2\sin(4x) + \frac{1}{16} - \frac{1}{8}x\sin(4x)$$

11. 原式所對應之齊次微分方程式為

$$y'' + 3y' + 2y = 0$$

其特徵方程式 $\lambda^2 + 3\lambda + 2 = 0$ 之根為 $\lambda = -1,\ -2$，因此齊次解可表示如下

$$y_h = c_1e^{-x} + c_2e^{-2x}$$

又因本式之非齊次項涵括 $f_1(x) = x\sin(2x)$，故假設

$$y_{p1} = (Ax+B)\cos(2x) + (Cx+D)\sin(2x)$$

此假設項與齊次解並無重複，且

$$y_{p1}' = (2Cx + A + 2D)\cos(2x) + (-2Ax - 2B + C)\sin(2x)$$
$$y_{p1}'' = (-4Ax - 4B + 4C)\cos(2x) + (-4Cx - 4A - 4D)\sin(2x)$$

再將 y_{p1}、y_{p1}' 以及 y_{p1}'' 代回方程式，整理可得

$$x\sin(2x) =$$
$$(-2Ax + 6Cx + 3A - 2B + 4C + 6D)\cos(2x)$$
$$+(-6Ax - 2Cx - 4A - 6B + 3C - 2D)\sin(2x)$$

比較兩端係數得

$$\begin{cases}-2A + 6C = 0\\ -6A - 2C = 1\end{cases} \text{以及} \begin{cases}3A - 2B + 4C + 6D = 0\\ -4A - 6B + 3C - 2D = 0\end{cases}$$

可解出

$$A = -\frac{3}{20},\ B = \frac{7}{200},\ C = -\frac{1}{20},\ D = \frac{3}{25}$$

即

$$y_{p1} = \frac{1}{200}\left[(-30x+7)\cos(2x) + (-10x+24)\sin(2x)\right]$$

又因非齊次項 $f_2(x) = e^{2x}\sin(2x)$，據此假設

$$y_{p2} = e^{2x}\left[E\cos(2x) + F\sin(2x)\right]$$

此假設與齊次解無重複，且

$$y_{p2}' = e^{2x}\left[(2E+2F)\cos(2x) + (2F-2E)\sin(2x)\right]$$
$$y_{p2}'' = e^{2x}\left[8F\cos(2x) - 8E\sin(2x)\right]$$

將 y_{p2}、y_{p2}' 以及 y_{p2}'' 代回整理

$$e^{2x}\left[(8E+14F)\cos(2x) + (-14E+8F)\sin(2x)\right]$$
$$= e^{2x}\sin(2x)$$

比較係數得

$$E = -\frac{7}{130},\ F = \frac{2}{65}$$
$$\Rightarrow\ y_{p2} = \frac{1}{130}e^{2x}\left[-7\cos(2x) + 4\sin(2x)\right]$$

綜合上述，本微分方程式之通解可表示為

$$y(x) = y_h + y_{p1} + y_{p2}$$
$$= c_1e^{-x} + c_2e^{-2x} + \frac{1}{130}e^{2x}\left[-7\cos(2x) + 4\sin(2x)\right]$$
$$+ \frac{1}{200}\left[(-30x+7)\cos(2x) + (-10x+24)\sin(2x)\right]$$

2-4 參數變異法

1. 本微分方程式之齊次解為

$$y_h = c_1\cos x + c_2\sin x = c_1y_1 + c_2y_2$$

計算 y_1 與 y_2 之 Wronskian 行列式結果為

$$W(x) = \begin{vmatrix}\cos x & \sin x\\ -\sin x & \cos x\end{vmatrix} = 1$$

令特解為

$$y_p = uy_1 + vy_2$$

又因非齊次項 $f(x) = \sec x$，因此可計算得出

$$\begin{cases}u' = -\dfrac{y_2(x)f(x)}{W(x)} = -\dfrac{\sin x\sec x}{1} = -\tan x\\[2ex] v' = \dfrac{y_1(x)f(x)}{W(x)} = \dfrac{\cos x\sec x}{1} = 1\end{cases}$$

再分別對 u' 及 v' 積分得到

$$\begin{cases}u = \int u'(x)dx = \int -\tan x dx = \ln|\cos x|\\ v = \int v'(x)dx = \int 1dx = x\end{cases}$$

故特解為

$$y_p = uy_1 + vy_2 = \cos x\ln|\cos x| + x\sin x$$

本微分方程式之通解為

$$y(x) = y_h + y_p$$
$$= c_1\cos x + c_2\sin x + \cos x\ln|\cos x| + x\sin x$$

3. 微分方程式之齊次解為

$$y_h = c_1e^{4x} + c_2e^{-x} = c_1y_1 + c_2y_2$$

計算 y_1 與 y_2 之 Wronskian 行列式計算結果為

$$W(x) = \begin{vmatrix}e^{4x} & e^{-x}\\ 4e^{4x} & -e^{-x}\end{vmatrix} = -5e^{3x}$$

令特解為

$$y_p = uy_1 + vy_2$$

再根據非齊次項 $f(x) = x^{-3}e^{-x}$，則

$$\begin{cases} u' = -\dfrac{y_2(x)f(x)}{W(x)} = \dfrac{e^{-x}\cdot e^{-x}(5x^{-2}+2x^{-3})}{5e^{3x}} \\ \quad = \dfrac{1}{5}e^{-5x}\left(\dfrac{5}{x^2}+\dfrac{2}{x^3}\right) \\ v' = \dfrac{y_1(x)f(x)}{W(x)} = -\dfrac{e^{4x}\cdot e^{-x}(5x^{-2}+2x^{-3})}{5e^{3x}} \\ \quad = -\dfrac{1}{5}\left(\dfrac{5}{x^2}+\dfrac{2}{x^3}\right) \end{cases}$$

積分得

$$\begin{cases} u = \int u'(x)dx = \int \dfrac{1}{5}e^{-5x}\left(\dfrac{5}{x^2}+\dfrac{2}{x^3}\right)dx = -\dfrac{e^{-5x}}{5x^2} \\ v = \int v'(x)dx = \int -\dfrac{1}{5}\left(\dfrac{5}{x^2}+\dfrac{2}{x^3}\right)dx = \dfrac{1}{x}+\dfrac{1}{5x^2} \end{cases}$$

因此特解為

$$y_p = uy_1 + vy_2 = \frac{e^{-x}}{x}$$

故微分方程式之通解為

$$y(x) = y_h + y_p = c_1e^{4x} + c_2e^{-x} + \frac{e^{-x}}{x}$$

5. 本微分方程式之齊次解為

$$y_h = c_1e^{-2x} + c_2e^{-3x} = c_1y_1 + c_2y_2$$

y_1 與 y_2 之 Wronskian 行列式計算結果為

$$W(x) = \begin{vmatrix} e^{-2x} & e^{-3x} \\ -2e^{-2x} & -3e^{-3x} \end{vmatrix} = -e^{-5x}$$

令特解為

$$y_p = uy_1 + vy_2$$

原式之非齊次項為 $f(x) = e^{3x}\csc x$，則

$$\begin{cases} u' = -\dfrac{y_2(x)f(x)}{W(x)} = \dfrac{e^{-6x}\sec^2 x(-1+2\tan x)}{e^{-5x}} \\ \quad = e^{-x}\sec^2 x(-1+2\tan x) \\ v' = \dfrac{y_1(x)f(x)}{W(x)} = -\dfrac{e^{-5x}\sec^2 x(-1+2\tan x)}{e^{-5x}} \\ \quad = \sec^2 x(1-2\tan x) \end{cases}$$

積分得

$$\begin{cases} u = \int u'(x)dx = \int e^{-x}\sec^2 x(-1+2\tan x)dx \\ \quad = e^{-x}\sec^2 x \\ v = \int v'(x)dx = \int \sec^2 x(1-2\tan x)dx \\ \quad = \tan x - \sec^2 x \end{cases}$$

故求得特解為

$$y_p = uy_1 + vy_2 = e^{-3x}\tan x$$

本微分方程式之通解為

$$y(x) = y_h + y_p = c_1e^{-2x} + c_2e^{-3x} + e^{-3x}\tan x$$

7. 本微分方程式之齊次解為

$$y_h = c_1e^{x} + c_2e^{-x} = c_1y_1 + c_2y_2$$

其 Wronskian 行列式計算結果為

$$W(x) = \begin{vmatrix} e^{x} & e^{-x} \\ e^{x} & -e^{-x} \end{vmatrix} = -2$$

令特解為

$$y_p = uy_1 + vy_2$$

又 $f(x) = \dfrac{2}{e^x+1}$，則

$$\begin{cases} u' = -\dfrac{y_2(x)f(x)}{W(x)} = \dfrac{2e^{-x}}{2(e^x+1)} = \dfrac{e^{-x}}{e^x+1} \\ v' = \dfrac{y_1(x)f(x)}{W(x)} = -\dfrac{2e^{x}}{2(e^x+1)} = -\dfrac{e^{x}}{e^x+1} \end{cases}$$

積分得

$$\begin{cases} u = \int \dfrac{e^{-x}}{e^x+1}dx = \int\left(e^{-x}-1+\dfrac{e^x}{e^x+1}\right)dx \\ \quad = -e^{-x} - x + \ln\left|e^x+1\right| \\ v = \int -\dfrac{e^x}{e^x+1}dx = -\ln\left|e^x+1\right| \end{cases}$$

故求得特解為

$$y_p = uy_1 + vy_2 = \left(e^x - e^{-x}\right)\ln\left|e^x+1\right| - xe^x - 1$$

本微分方程式之通解為

$$\begin{aligned} y(x) &= y_h + y_p \\ &= c_1e^x + c_2e^{-x} + \left(e^x - e^{-x}\right)\ln\left|e^x+1\right| - xe^x - 1 \end{aligned}$$

9. 本微分方程式之齊次解為

$$y_h = c_1e^x + c_2xe^x = c_1y_1 + c_2y_2$$

計算 y_1 與 y_2 之 Wronskian 行列式結果為

$$W(x)=\begin{vmatrix} e^x & xe^x \\ e^x & (1+x)e^x \end{vmatrix}=e^{2x}$$

令特解為

$$y_p=uy_1+vy_2$$

因本題之非齊次項 $f(x)=x^{-3}e^{-x}$，因此

$$\begin{cases} u'=-\dfrac{y_2(x)f(x)}{W(x)}=-\dfrac{4xe^{2x}\ln x}{e^{2x}}=-4x\ln x \\ v'=\dfrac{y_1(x)f(x)}{W(x)}=\dfrac{4e^{2x}\ln x}{e^{2x}}=4\ln x \end{cases}$$

積分得

$$\begin{cases} u=\int u'(x)dx=\int -4x\ln x dx=x^2-2x^2\ln x \\ v=\int v'(x)dx=\int 4\ln x dx=4x\ln x-4x \end{cases}$$

故特解為

$$y_p=uy_1+vy_2=2x^2e^x\ln x-3x^2e^x$$

本微分方程式之通解為

$$\begin{aligned} y(x)&=y_h+y_p \\ &=c_1e^x+c_2xe^x+2x^2e^x\ln x-3x^2e^x \end{aligned}$$

11. 原微分方程式可整理為

$$y''+4y=\frac{2}{3}\tan 2x$$

其所對應之齊次微分方程式為

$$y''+4y=0$$

故齊次解可求得

$$y_h=c_1\cos(2x)+c_2\sin(2x)=c_1y_1+c_2y_2$$

y_1 與 y_2 之 Wronskian 行列式計算結果為

$$W(x)=\begin{vmatrix} \cos(2x) & \sin(2x) \\ -2\sin(2x) & 2\cos(2x) \end{vmatrix}=2$$

令特解為

$$y_p=uy_1+vy_2$$

此時非齊次項 $f(x)=\dfrac{2}{3}\tan 2x$，因此

$$\begin{cases} u'=-\dfrac{y_2(x)f(x)}{W(x)}=-\dfrac{2\sin(2x)\tan(2x)}{6} \\ \quad=\dfrac{1}{3}[\cos(2x)-\sec(2x)] \\ v'=\dfrac{y_1(x)f(x)}{W(x)}=\dfrac{2\cos(2x)\tan(2x)}{6}=\dfrac{1}{3}\sin(2x) \end{cases}$$

積分可得

$$\begin{cases} u=\int \dfrac{1}{3}[\cos(2x)-\sec(2x)]dx \\ \quad=\dfrac{1}{6}\sin(2x)-\dfrac{1}{6}\ln\left|\sec(2x)+\tan(2x)\right| \\ v=\int \dfrac{1}{3}\sin(2x)dx=-\dfrac{1}{6}\cos(2x) \end{cases}$$

故特解為

$$y_p=uy_1+vy_2=-\frac{1}{6}\cos(2x)\ln\left|\sec(2x)+\tan(2x)\right|$$

所以微分方程式之通解為

$$\begin{aligned} y(x)=y_h+y_p&=c_1\cos(2x)+c_2\sin(2x) \\ &-\frac{1}{6}\cos(2x)\ln\left|\sec(2x)+\tan(2x)\right| \end{aligned}$$

2-5 尤拉方程式

1. 本題為尤拉方程式，可令

$$x=e^t \quad\Rightarrow\quad t=\ln x,\ x>0$$

且 $Y(t)=y(e^t)$，將微分方程式轉換成

$$Y''(t)-9Y'(t)-36Y(t)=0$$

其特徵方程式之根為 $\lambda_t=12,\ -3$，故

$$Y(t)=c_1e^{12t}+c_2e^{-3t}$$

本題之尤拉方程式之解為

$$y(x)=Y(\ln x)=c_1x^{12}+c_2x^{-3}\ ,\ x>0$$

3. 本題為尤拉方程式，可令

$$x=e^t \quad\Rightarrow\quad t=\ln x,\ x>0$$

且 $Y(t)=y(e^t)$，將微分方程式轉換成

$$Y''(t)+3Y'(t)=0$$

其特徵方程式之根為 $\lambda_t=0,\ -3$，故

$$Y(t)=c_1+c_2e^{-3t}$$

本題之尤拉方程式之解為

$$y(x)=Y(\ln x)=c_1+c_2x^{-3}\ ,\ x>0$$

5. 本題為尤拉方程式，可令

$$x=e^t \quad\Rightarrow\quad t=\ln x,\ x>0$$

且 $Y(t)=y(e^t)$，微分方程式轉換成

$$Y''(t)+24Y(t)=0$$

其特徵方程式之根為 $\lambda_t = \pm 2\sqrt{6}j$，故

$$Y(t) = c_1\cos(2\sqrt{6}t) + c_2\sin(2\sqrt{6}t)$$

本題之尤拉方程式之解為

$$y(x) = Y(\ln x) = c_1\cos(2\sqrt{6}\ln x) + c_2\sin(2\sqrt{6}\ln x),\ x > 0$$

7. 利用變數變換，令

$$x = e^t \quad\Rightarrow\quad t = \ln x,\ x > 0$$

且 $Y(t) = y(e^t)$，微分方程式可轉換成

$$Y''(t) - 6Y'(t) + 9Y(t) = e^{-2t}$$

其齊次解為

$$Y_h(t) = c_1e^{3t} + c_2te^{3t}$$

根據 $F(t) = e^{-2t}$，假設特解為

$$Y_p(t) = Ae^{-2t}$$

且

$$Y_p'(t) = -2Ae^{-2t},\ Y_p''(t) = 4Ae^{-2t}$$

再將 Y_p、Y_p' 以及 Y_p'' 代入整理，可得

$$25Ae^{-2t} = e^{-2t} \quad\Rightarrow\quad A = \frac{1}{25}$$

故特解為

$$Y_p(t) = \frac{1}{25}e^{-2t}$$

轉換後之微分方程式通解為

$$Y(t) = Y_h(t) + Y_p(t) = c_1e^{3t} + c_2te^{3t} + \frac{1}{25}e^{-2t}$$

本題之微分方程式通解為

$$y(x) = Y(\ln x) = c_1x^3 + c_2x^3\ln x + \frac{1}{25}x^{-2},\ x > 0$$

9. 本微分方程式相當於

$x^2y'' - xy' + 2y = 2x\cos(\ln x)$，令

$$x = e^t \quad\Rightarrow\quad t = \ln x,\ x > 0$$

且 $Y(t) = y(e^t)$，轉換得

$$Y''(t) - 2Y'(t) + 2Y(t) = 2e^t\cos t$$

其齊次解為

$$Y_h(t) = c_1e^t\cos t + c_2e^t\sin t$$

根據 $F(t) = e^t\cos t$，且假設特解並需避免與齊次解重複，故令

$$Y_p(t) = e^t(At\cos t + Bt\sin t)$$

且

$$Y_p'(t) = e^t[(At + Bt + A)\cos t + (-At + Bt + B)\sin t],$$

$$Y_p''(t) = e^t[(2Bt + 2A + 2B)\cos t + (-2At - 2A + 2B)\sin t]$$

再將 Y_p、Y_p' 以及 Y_p'' 代入整理後，可得

$$e^t(2B\cos t - 2A\sin t) = 2e^t\cos t \quad\Rightarrow\quad A = 0,\ B = 1$$

故特解為

$$Y_p(t) = te^t\sin t$$

轉換後之微分方程式的通解為

$$Y(t) = Y_h(t) + Y_p(t) = c_1e^t\cos t + c_2e^t\sin t + te^t\sin t$$

本題之微分方程式之通解即為

$$y(x) = Y(\ln x) = x[c_1\cos(\ln x) + c_2\sin(\ln x) + \ln x\cdot\sin(\ln x)],\ x > 0$$

11. 令 $x = e^t \quad\Rightarrow\quad t = \ln x,\ x > 0$

及 $Y(t) = y(e^t)$，將微分方程式轉換成

$$Y''(t) + Y(t) = \sec t$$

本題以參數變異法求解，首先得知齊次解為

$$Y_h(t) = c_1\cos t + c_2\sin t = c_1Y_1(t) + c_2Y_2(t)$$

而其 Wronskian 行列式為

$$W(t) = Y_1(t)Y_2'(t) - Y_1'(t)Y_2(t) = 1$$

再假設特解 $Y_p(t) = uY_1(t) + vY_2(t)$，又已知非齊次項 $F(t) = \sec t$，則

$$\begin{cases} u = \displaystyle\int -\frac{Y_2(t)F(t)}{W(t)}dt = \int -\sin t\sec t\,dt \\ \quad = \displaystyle\int -\tan t\,dt = \ln|\cos t| \\ v = \displaystyle\int \frac{Y_1(t)F(t)}{W(t)}dt = \int \cos t\sec t\,dt = \int dt = t \end{cases}$$

可求得特解為

$$Y_p(t) = uY_1(t) + vY_2(t) = \cos t\ln|\cos t| + t\sin t$$

故轉換後的微分方程式之通解為

$$Y(t) = Y_h(t) + Y_p(t) = c_1\cos t + c_2\sin t + \cos t\ln|\cos t| + t\sin t$$

亦即，原微分方程式之通解為

$$y(x) = c_1\cos(\ln x) + c_2\sin(\ln x) + \cos(\ln x)\ln|\cos(\ln x)| + \ln x\cdot\sin(\ln x)$$

滿足此解之有意義區間除了 $x>0$ 之外，尚需考慮 $\cos(\ln x)\neq 0$ 即 $\ln x\neq \frac{(2n-1)\pi}{2}$ ，

所以尚需符合 $x\neq e^{\frac{1}{2}(2n-1)\pi}$ ，n 為整數

13. 利用變數變換，令

$$x=e^t \quad\Rightarrow\quad t=\ln x,\ x>0$$

且 $Y(t)=y(e^t)$ ，則得到

$$Y(t)=y(e^t)=c_1e^t+c_2te^t$$

此乃一常係數的二階齊次微分方程式之通解，該齊次微分方程式為

$$Y''(t)-2Y'(t)+Y(t)=0$$

再由 $t=\ln x$ 以及 $y(x)=Y(\ln x)$ 可轉換回原微分方程式

$$x^2y''-xy'+y=0$$

續與題目對照後可知 $p(x)=-x$, $q(x)=1$ ，故欲求解之微分方程式為

$$x^2y''-xy'+y=\ln(\ln x)$$

將其轉換為常係數微分方程式後，可得

$$Y''(t)-2Y'(t)+Y(t)=\ln t$$

其特解可藉由參數變異法求得

$$Y_p(t)=\frac{1}{2}t^2e^t\ln t-\frac{3}{4}t^2e^t$$

故

$$Y(t)=Y_h(t)+Y_p(t)=c_1e^t+c_2te^t-\frac{3}{4}t^2e^t+\frac{1}{2}t^2e^t\ln t$$

亦即所求得之通解為

$$y(x)=Y(\ln x)$$
$$=c_1x+c_2x\ln x-\frac{3}{4}x(\ln x)^2+\frac{1}{2}x(\ln x)^2\ln(\ln x)$$

15. 令 $x+2=e^t \quad\Rightarrow\quad t=\ln(x+2),\ x+2>0$

且 $Y(t)=y(e^t)$ ，可將微分方程式轉換成

$$Y''(t)+4Y'(t)+8Y(t)=0$$

其特徵方程式之根為 $\lambda_t=-2\pm 2j$ ，故

$$Y(t)=c_1e^{-2t}\cos(2t)+c_2e^{-2t}\sin(2t)$$

本題之尤拉方程式之解為

$$y(x)=Y(\ln(x+2))$$
$$=(x+2)^{-2}\left[c_1\cos\left(2\ln(x+2)\right)+c_2\sin\left(2\ln(x+2)\right)\right],$$

其中 $x+2>0$

17. 令 $x=e^t \quad\Rightarrow\quad t=\ln x,\ x>0$

以及 $y(x)=y(e^t)=Y(t)$

則

$$y'(x)=\frac{dy(x)}{dx}=\frac{dY(t)}{dt}\frac{dt}{dx}=\frac{1}{x}Y'(t)$$

且

$$y''(x)=\frac{dy'(x)}{dx}=\frac{d}{dx}\left(\frac{1}{x}Y'(t)\right)$$
$$=\frac{1}{x}\frac{d}{dx}\left(Y'(t)\right)+Y'(t)\frac{d}{dx}\left(\frac{1}{x}\right)$$
$$=\frac{1}{x}\frac{dY'(t)}{dt}\frac{dt}{dx}-\frac{1}{x^2}Y'(t)=\frac{1}{x^2}Y''(t)-\frac{1}{x^2}Y'(t)$$

$$y'''(x)=\frac{dy''(x)}{dx}=\frac{d}{dx}\left(\frac{1}{x^2}Y''(t)-\frac{1}{x^2}Y'(t)\right)$$
$$=\frac{1}{x^2}\frac{d}{dx}\left(Y''(t)-Y'(t)\right)+\left(Y''(t)-Y'(t)\right)\frac{d}{dx}\left(\frac{1}{x^2}\right)$$
$$=\frac{1}{x^2}\frac{d\left(Y''(t)-Y'(t)\right)}{dt}\frac{dt}{dx}-\frac{2}{x^3}\left(Y''(t)-Y'(t)\right)$$
$$=\frac{1}{x^3}Y'''(t)-\frac{3}{x^3}Y''(t)+\frac{2}{x^3}Y'(t)$$

將以上代回三階尤拉方程式中，可得

$$x^3\left[\frac{1}{x^3}Y'''(t)-\frac{3}{x^3}Y''(t)+\frac{2}{x^3}Y'(t)\right]$$
$$+Ax^2\left[\frac{1}{x^2}Y''(t)-\frac{1}{x^2}Y'(t)\right]+Bx\left(\frac{1}{x}Y'(t)\right)+CY(t)=0$$

整理得一常係數微分方程式如下：

$$Y'''(t)+(A-3)Y''(t)+(-A+B+2)Y'(t)+CY(t)=0$$

19. 令 $x=e^t \quad\Rightarrow\quad t=\ln x,\ x>0$

且 $Y(t)=y(e^t)$ ，於是可將三階尤拉方程式轉換成

$$Y'''(t)-Y''(t)-Y'(t)-15Y(t)=0$$

其特徵方程式之根為 $\lambda_t=3,\ -1\pm 2j$ ，故

$$Y(t)=c_1e^{3t}+c_2e^{-t}\cos(2t)+c_3e^{-t}\sin(2t)$$

本題之尤拉方程式之解為

$$y(x)=Y(\ln x)$$
$$=c_1x^3+c_2x^{-1}\cos(2\ln x)+c_3x^{-1}\sin(2\ln x)\ ,\ x>0$$

第三章 類題練習解答

3-1 基本函數之拉普拉斯轉換

1. $\mathcal{L}[3e^{-4t}]=3\mathcal{L}\left[e^{-4t}\right]=\dfrac{3}{s+4}$

3. 已知

$$\mathcal{L}[\sinh(3t)]=\mathcal{L}\left[\frac{e^{3t}-e^{-3t}}{2}\right]=\frac{1}{2}\left[\frac{1}{s-3}-\frac{1}{s+3}\right]=\frac{3}{s^2-9}$$

又 $\mathcal{L}[\cos(t)]=\dfrac{s}{s^2+1}$，$\mathcal{L}[5]=\dfrac{5}{s}$

故原式之拉普拉斯轉換

$$\mathcal{L}[f(t)]=-\mathcal{L}[\sinh(3t)]+\mathcal{L}[\cos(t)]-L[5]=-\frac{3}{s^2-9}+\frac{s}{s^2+1}-\frac{5}{s}$$

5. $\mathcal{L}[f(t)]=\mathcal{L}[1]-2\mathcal{L}[t]+3\mathcal{L}[t^4]=\dfrac{1}{s}-\dfrac{2}{s^2}+\dfrac{72}{s^5}$

7. $\mathcal{L}[f(t)]=\int_0^\infty t\sin(t)e^{-st}dt$

根據部分積分法

令 $u=t$，$dv=e^{-st}\sin(t)dt$

則 $du=dt$，

$$v=\int e^{-st}\sin(t)dt=\frac{1}{s^2+1}[-se^{-st}\sin(t)-e^{-st}\cos(t)]$$

故

$$\int t\sin(t)e^{-st}dt=\int udv=uv-\int vdu=\frac{-te^{-st}}{s^2+1}[s\sin(t)+\cos(t)]+\frac{1}{s^2+1}\int[se^{-st}\sin(t)+e^{-st}\cos(t)]$$

又

$$\frac{1}{s^2+1}\int se^{-st}\sin(t)dt=\frac{s}{s^2+1}\frac{1}{s^2+1}[-se^{-st}\sin(t)-e^{-st}\cos(t)]=-\frac{s^2}{(s^2+1)^2}e^{-st}\sin(t)-\frac{s}{(s^2+1)^2}e^{-st}\cos(t)$$

$$\frac{1}{s^2+1}\int e^{-st}\cos(t)dt=\frac{1}{s^2+1}\frac{1}{s^2+1}[-se^{-st}\cos(t)+e^{-st}\sin(t)]=\frac{s}{(s^2+1)^2}e^{-st}\cos(t)+\frac{1}{(s^2+1)^2}e^{-st}\sin(t)$$

因此

$$\int_0^\infty t\sin(t)e^{-st}dt=\frac{-te^{-st}}{s^2+1}[s\sin(t)+\cos(t)]+\frac{1-s^2}{(s^2+1)^2}e^{-st}\sin(t)-\frac{2s}{(s^2+1)^2}e^{-st}\cos(t)\Big|_0^\infty=\frac{2s}{(s^2+1)^2}$$

9. $\cosh^2(5t)=\dfrac{1}{2}[\cosh(10t)+1]$

$$\mathcal{L}[\cosh^2(5t)]=\frac{1}{2}\mathcal{L}[\cosh(10t)+1]=\frac{1}{2}\left(\frac{s}{s^2-100}+\frac{1}{s}\right)=\frac{s^2-50}{s(s^2-100)}$$

3-2 重要性質與定理

1. $\mathcal{L}\left[t^2\right]=\dfrac{2}{s^3}$

故 $\mathcal{L}\left[t^2e^{4t}\right]=\dfrac{2}{(s-4)^3}$

3. $\mathcal{L}\left[\sinh\left(\dfrac{1}{2}t\right)\right]=\dfrac{1/2}{s^2-1/4}$

故 $\mathcal{L}\left[e^t\sinh\left(\dfrac{1}{2}t\right)\right]=\dfrac{1/2}{(s-1)^2-1/4}$

5. $\cos(5t)\cos(2t)\cos(3t)$

$$=\cos(2t)\times\frac{1}{2}[\cos(8t)+\cos(2t)]$$

$$=\frac{1}{2}\cos(8t)+\cos(2t)+\frac{1}{2}\cos(2t)+\cos(2t)$$

$$=\frac{1}{2}\left\{\frac{1}{2}[\cos(10t)+\cos(6t)]\right\}+\frac{1}{2}\left\{\frac{1}{2}[\cos(4t)+\cos(0)]\right\}$$

$$=\frac{1}{4}\cos(10t)+\frac{1}{4}\cos(6t)+\frac{1}{4}\cos(4t)+\frac{1}{4}$$

則

$$\mathcal{L}[\cos(5t)\cos(2t)\cos(3t)]$$
$$=\frac{1}{4}\left(\frac{s}{s^2+100}+\frac{s}{s^2+36}+\frac{s}{s^2+16}+\frac{1}{s}\right)$$

故可得原式

$$=\frac{1}{4}\left(\frac{s-1}{(s-1)^2+100}+\frac{s-1}{(s-1)^2+36}+\frac{s-1}{(s-1)^2+16}+\frac{1}{s-1}\right)$$

7. $\mathcal{L}[f(t)]=\mathcal{L}[(t-2)^3u(t-2)]$
$$=\mathcal{L}[t^3]e^{-2s}=\frac{6}{s^4}e^{-2s}$$

9. $\mathcal{L}[f(t)]=\mathcal{L}[\cos t\cdot u(t-3)]$
$$=\mathcal{L}[\cos((t-3)+3)\cdot u(t-3)]$$
$$=\mathcal{L}[\cos(t+3)]e^{-3s}$$
$$=\mathcal{L}[\cos t\cos 3-\sin t\sin 3]e^{-3s}$$
$$=\frac{\cos 3\cdot s-\sin 3}{s^2+1}e^{-3s}$$

11. 圖中之函數可表示為

$$f(t)$$
$$=t[u(t)-u(t-2)]+(4-t)[u(t-2)-u(t-4)]$$
$$=tu(t)-2(t-2)u(t-2)+(t-4)u(t-4)$$

則

$$\mathcal{L}[f(t)]$$
$$=\mathcal{L}[tu(t)]-2\mathcal{L}[(t-2)u(t-2)]+\mathcal{L}[(t-4)u(t-4)]$$
$$=\frac{1}{s^2}e^{-0s}-\frac{2}{s^2}e^{-2s}+\frac{1}{s^2}e^{-4s}$$
$$=\frac{1}{s^2}-\frac{2}{s^2}e^{-2s}+\frac{1}{s^2}e^{-4s}$$

3-3 微分與積分之拉普拉斯轉換

1. $F(s)=\mathcal{L}[f(t)]=\mathcal{L}[6t-\sin(6t)]$
$$=\mathcal{L}[6t]-\mathcal{L}[\sin(6t)]=\frac{6}{s^2}-\frac{6}{s^2+36}$$

則 $\mathcal{L}[f''(t)]=s^2F(s)-sf(0)-f'(0)$
$$=s^2\left(\frac{6}{s^2}-\frac{6}{s^2+36}\right)-s[0-\sin(0)]-[6-6\cos(0)]$$
$$=s^2\left(\frac{6}{s^2}-\frac{6}{s^2+36}\right)=\frac{216}{s^2+36}$$

3. 由拉式轉換定義可得

$$\mathcal{L}[f(t)]=F(s)=\int_0^\infty f(t)e^{-st}dt$$

對該式作微分運算

則 $\frac{d}{ds}F(s)=\frac{d}{ds}\int_0^\infty f(t)e^{-st}dt$
$$=\int_0^\infty f(t)\frac{d}{ds}e^{-st}dt$$
$$=-\int_0^\infty f(t)te^{-st}dt=-\mathcal{L}[tf(t)]$$

可得 $\mathcal{L}[tf(t)]=-\frac{d}{ds}F(s)$

5. 已知 $\mathcal{L}[e^{3t}]=\frac{1}{s-3}$

則 $\mathcal{L}[te^{3t}]=-\frac{d}{ds}\frac{1}{s-3}=\frac{1}{(s-3)^2}$

7. $F(s)=\mathcal{L}[f(t)]=\mathcal{L}[\cosh(5t)-1]=\frac{s}{s^2-25}-\frac{1}{s}$

已知 $\mathcal{L}[t^nf(t)]=(-1)^n\frac{d^n}{ds^n}F(s)$

則

$$\mathcal{L}[t^2f(t)]=(-1)^2\frac{d^2}{ds^2}F(s)$$
$$=\frac{d^2}{ds^2}\left(\frac{s}{s^2-25}-\frac{1}{s}\right)=\frac{d}{ds}\left(\frac{1}{s^2}-\frac{s^2+25}{(s^2-25)^2}\right)$$
$$=\frac{-2}{s^3}+\frac{2s^5+100s^3-3750s}{(s^4-50s^2+625)^2}$$

9. $F(s)=\mathcal{L}[\cosh(t)-\cos(t)]$
$$=\mathcal{L}[\cosh(t)]-\mathcal{L}[\cos(t)]$$
$$=\frac{s}{s^2-1}-\frac{s}{s^2+1}=\frac{2s}{s^4-1}$$

故 $\mathcal{L}\left[\int_0^t f(x)dx\right]=\frac{F(s)}{s}=\frac{2}{s^4-1}$

11. 由拉式轉換定義可得

$$\mathcal{L}[f(t)]=F(s)=\int_0^\infty f(t)e^{-st}dt$$

對該式作積分運算，則

$$\int_s^\infty F(\sigma)d\sigma = \int_s^\infty \left[\int_0^\infty f(t)e^{-\sigma t}dt\right]d\sigma$$
$$= \int_0^\infty f(t)\left[\int_s^\infty e^{-\sigma t}d\sigma\right]dt$$
$$= \int_0^\infty f(t)\left[-\frac{e^{-\sigma t}}{t}\Big|_s^\infty\right]dt$$
$$= \int_0^\infty f(t)\left[-\frac{e^{-\infty}}{t} - \left(-\frac{e^{-st}}{t}\right)\right]dt$$
$$= \int_0^\infty f(t)\left(\frac{e^{-st}}{t}\right)dt = \int_0^\infty \left(\frac{f(t)}{t}\right)e^{-st}dt$$
$$= \mathcal{L}\left[\frac{f(t)}{t}\right]$$

13. $F(s) = \mathcal{L}[f(t)] = \mathcal{L}[\cos(2t) - 1] = \dfrac{s}{s^2+4} - \dfrac{1}{s}$

因此可得

$$\mathcal{L}\left[\frac{f(t)}{t}\right] = \int_s^\infty F(s)ds$$
$$= \int_s^\infty \left(\frac{s}{s^2+4} - \frac{1}{s}\right)ds = \ln\left|\sqrt{s^2+4}\right| - \ln|s|\Big|_s^\infty$$
$$= \ln\left|\frac{\sqrt{s^2+4}}{s}\right|\Bigg|_s^\infty = \ln(1) - \ln\left|\frac{\sqrt{s^2+4}}{s}\right| = \ln\left|\frac{s}{\sqrt{s^2+4}}\right|$$

15. $\mathcal{L}\left[\int_0^t \frac{\sin\tau}{\tau}d\tau\right] = \frac{1}{s}\mathcal{L}\left[\frac{\sin t}{t}\right] = \frac{1}{s}\int_s^\infty \frac{1}{\sigma^2+1}d\sigma$

$$= \frac{1}{s}\tan^{-1}\sigma\Big|_s^\infty = \frac{1}{s}\left(\frac{\pi}{2} - \tan^{-1}s\right)$$

3-4 摺積定理

1. 由圖中可得 $f(t) = t[u(t) - u(t-1)]$

$$= tu(t) - tu(t-1) = tu(t) - (t-1)u(t-1) - u(t-1)$$

而 $g(t) = (-t+1)[u(t) - u(t-1)]$

$$= -tu(t) + tu(t-1) + u(t) - u(t-1)$$
$$= -tu(t) + (t-1)u(t-1) + u(t-1) + u(t) - u(t-1)$$
$$= -tu(t) + (t-1)u(t-1) + u(t)$$

則

$$\mathcal{L}[f(t)] = \mathcal{L}[tu(t)] - \mathcal{L}[(t-1)u(t-1)] - \mathcal{L}[u(t-1)]$$
$$= \frac{1}{s^2} - \frac{1}{s^2}e^{-s} - \frac{1}{s}e^{-s}$$

$$\mathcal{L}[g(t)] = -\mathcal{L}[tu(t)] + \mathcal{L}[(t-1)u(t-1)] + \mathcal{L}[u(t)]$$
$$= -\frac{1}{s^2} + \frac{1}{s^2}e^{-s} + \frac{1}{s}$$

因此 $\mathcal{L}[f(t)*g(t)] = F(s)G(s)$

$$= \left[\frac{1}{s^2}(1-e^{-s}) - \frac{1}{s}e^{-s}\right]\left[-\frac{1}{s^2}(1-e^{-s}) + \frac{1}{s}\right]$$

3. $F(s) = \mathcal{L}[f(t)] = 2\mathcal{L}[\sin(t)] = \dfrac{2}{s^2+1}$

$$G(s) = \mathcal{L}[g(t)] = \mathcal{L}[\cos(t)] = \frac{s}{s^2+1}$$

已知 $\mathcal{L}[f(t)*g(t)] = F(s)G(s)$

則 $f(t)*g(t) = \mathcal{L}^{-1}[F(s)G(s)]$

$$= \mathcal{L}^{-1}\left[\frac{2s}{(s^2+1)^2}\right] = t\sin(t)$$

5. 令 $Y(s) = F(s)G(s) = \dfrac{4}{(s^2+4)} \times \dfrac{3}{(s^2+9)}$

則 $f(t) = \mathcal{L}^{-1}[F(s)] = \mathcal{L}^{-1}\left[\dfrac{4}{s^2+4}\right] = 2\sin(2t)$

$$g(t) = \mathcal{L}^{-1}[G(s)] = \mathcal{L}^{-1}\left[\frac{3}{s^2+9}\right] = \sin(3t)$$

因此

$$y(t) = \mathcal{L}^{-1}[Y(s)] = \mathcal{L}^{-1}[F(s)G(s)] = f(t)*g(t)$$
$$= \int_0^t 2\sin(2\tau)\sin 3(t-\tau)d\tau$$
$$= \int_0^t [\cos(5\tau - 3t) - \cos(3t - \tau)d\tau$$
$$= \left[\frac{1}{5}\sin(5\tau - 3t) + \sin(3t - \tau)\right]\Bigg|_0^t$$
$$= \frac{1}{5}\sin(2t) + \sin(2t) - \frac{1}{5}\sin(-3t) - \sin(3t)$$
$$= \frac{6}{5}\sin(2t) - \frac{4}{5}\sin(3t)$$

7. 令 $Y(s) = F(s)G(s) = \dfrac{1}{(s^2+1)} \times \dfrac{1}{(s^2+1)}$

其中 $f(t) = g(t) = \mathcal{L}^{-1}\left[\dfrac{1}{s^2+1}\right] = \sin(t)$

因此

$$y(t) = \mathcal{L}^{-1}[Y(s)] = \mathcal{L}^{-1}[F(s)G(s)] = f(t)*g(t)$$
$$= \int_0^t \sin(\tau)\sin(t-\tau)d\tau$$
$$= -\frac{1}{2}\int_0^t [\cos(t) - \cos(2\tau - t)]d\tau$$

$$=-\frac{1}{2}\left[\tau\cos(t)-\frac{1}{2}\sin(2\tau-t)\right]\Bigg|_0^t$$
$$=-\frac{1}{2}\left[t\cos(t)-\frac{1}{2}\sin(t)-0+\frac{1}{2}\sin(-t)\right]$$
$$=-\frac{1}{2}[t\cos(t)-\sin(t)]$$

9. $\mathcal{L}[u(t-5)*u(t-7)]=\left(\frac{1}{s}e^{-5s}\right)\left(\frac{1}{s}e^{-7s}\right)=\frac{1}{s^2}e^{-12s}$

11. 令 $f(t)=t$，$g(t)=u(t)$，$h(t)=u(t-1)$

則 $t*[u(t)-u(t-1)]=f(t)*[g(t)-h(t)]$
$$=\int_0^t f(\tau)[g(t-\tau)-h(t-\tau)]d\tau$$
$$=\int_0^t f(\tau)[g(t-\tau)d\tau-\int_0^t f(\tau)h(t-\tau)d\tau$$
$$=f(t)*g(t)-f(t)*h(t)$$

故

$$\mathcal{L}\big[t*[u(t)-u(t-1)]\big]=\mathcal{L}[t*u(t)]-\mathcal{L}[t*u(t-1)]$$
$$=\frac{1}{s^2}\times\frac{1}{s}-\frac{1}{s^2}\times\frac{1}{s}e^{-s}=\frac{1}{s^3}(1-e^{-s})$$

3-5 拉普拉斯反轉換

1. 本題可利用上節所述之摺積定理予以求解，令

$$H(s)=\frac{-2s}{(s^2+1)^2}=F(s)G(s)=\frac{-2}{s^2+1}\times\frac{s}{s^2+1}$$

其中，$f(t)=\mathcal{L}^{-1}[F(s)]=\mathcal{L}^{-1}\left[\frac{-2}{s^2+1}\right]=-2\sin(t)$

$$g(t)=\mathcal{L}^{-1}[G(s)]=\mathcal{L}^{-1}\left[\frac{s}{s^2+1}\right]=\cos(t)$$

因此

$$\mathcal{L}^{-1}[H(s)]=\mathcal{L}^{-1}[F(s)G(s)]=f(t)*g(t)$$
$$=\int_0^t[-2\sin(\tau)\cos(t-\tau)d\tau$$
$$=-\int_0^t[\sin(t)+\sin(2\tau-t)d\tau$$
$$=-\left[\tau\sin(t)-\frac{1}{2}\cos(2\tau-t)\right]\Bigg|_0^t$$
$$=-\left[t\sin(t)-\frac{1}{2}\cos(t)-0+\frac{1}{2}\cos(-t)\right]$$
$$=\cos(t)-t\sin(t)$$

3.

$$\mathcal{L}^{-1}\left[\frac{s-2}{s^2+6s+9}\right]=\mathcal{L}^{-1}\left[\frac{s-2}{(s+3)^2}\right]$$
$$=\mathcal{L}^{-1}\left[\frac{1}{s+3}\right]-5\mathcal{L}^{-1}\left[\frac{1}{(s+3)^2}\right]$$
$$=e^{-3t}-5te^{-3t}$$

5.

$$\mathcal{L}^{-1}\left[\frac{s+5}{(s-4)^3}\right]=\mathcal{L}^{-1}\left[\frac{(s-4)+9}{(s-4)^3}\right]=e^{4t}\mathcal{L}^{-1}\left[\frac{s+9}{s^3}\right]$$
$$=e^{4t}\left(\mathcal{L}^{-1}\left[\frac{1}{s^2}\right]+\mathcal{L}^{-1}\left[\frac{9}{s^3}\right]\right)$$
$$=e^{4t}\left(t+\frac{9}{2}t^2\right)$$

7. 令 $\frac{s^2+2s-1}{s(s+1)(s+2)}=\frac{A}{s}+\frac{B}{s+1}+\frac{C}{s+2}$

則

$$A(s+1)(s+2)+Bs(s+2)+Cs(s+1)=s^2+2s-1$$

可得 $A=-\frac{1}{2}$，$B=2$，$C=-\frac{1}{2}$

故

$$\mathcal{L}^{-1}\left[\frac{s^2+2s-1}{s(s+1)(s+2)}\right]$$
$$=\mathcal{L}^{-1}\left[\frac{-1/2}{s}\right]+\mathcal{L}^{-1}\left[\frac{2}{s+1}\right]+\mathcal{L}^{-1}\left[\frac{-1/2}{s+2}\right]$$
$$=-\frac{1}{2}+2e^{-t}-\frac{1}{2}e^{-2t}$$

9. 令 $\frac{2s+3}{(s+1)(s-2)^2}=\frac{A}{s+1}+\frac{B}{s-2}+\frac{C}{(s-2)^2}$

則 $A(s-2)^2+B(s+1)(s-2)+C(s+1)=2s+3$

可得 $A=\frac{1}{9}$，$B=-\frac{1}{9}$，$C=\frac{7}{3}$

因此

$$\mathcal{L}^{-1}\left[\frac{2s+3}{(s+1)(s-2)^2}\right]$$
$$=\mathcal{L}^{-1}\left[\frac{1/9}{s+1}\right]+\mathcal{L}^{-1}\left[\frac{-1/9}{s-2}\right]+\mathcal{L}^{-1}\left[\frac{7/3}{(s-2)^2}\right]$$
$$=\frac{1}{9}e^{-t}-\frac{1}{9}e^{2t}+\frac{7}{3}te^{2t}$$

11. 已知 $\dfrac{8s+32}{s^3-3s^2-9s-5}=\dfrac{8s+32}{(s-5)(s+1)^2}$

令 $\dfrac{8s+32}{s^3-3s^2-9s-5}=\dfrac{A}{s-5}+\dfrac{B}{s+1}+\dfrac{C}{(s+1)^2}$

則 $A(s+1)^2+B(s-5)(s+1)+C(s-5)=8s+32$

可得 $A=2$，$B=-2$，$C=-4$

因此

$$\mathcal{L}^{-1}\left[\frac{8s+32}{s^3-3s^2-9s-5}\right]$$

$$=\mathcal{L}^{-1}\left[\frac{2}{s-5}\right]+\mathcal{L}^{-1}\left[\frac{-2}{s+1}\right]+\mathcal{L}^{-1}\left[\frac{-4}{(s+1)^2}\right]$$

$$=2e^{5t}-2e^{-t}-4te^{-t}$$

13. 令 $G(s)=-\dfrac{dF(s)}{ds}=-\dfrac{d}{ds}[\ln(4s+1)]=\dfrac{4}{4s+1}$

則 $\mathcal{L}^{-1}[G(s)]=\mathcal{L}^{-1}\left[\dfrac{4}{4s+1}\right]=\mathcal{L}^{-1}\left[\dfrac{1}{s+\frac{1}{4}}\right]=e^{-t/4}$

已知 $\mathcal{L}[tf(t)]=-\dfrac{d}{ds}F(s)$

故 $tf(t)=\mathcal{L}^{-1}\left[-\dfrac{d}{ds}F(s)\right]=\mathcal{L}^{-1}[G(s)]=e^{-t/4}$

因此得 $f(t)=\dfrac{1}{t}e^{-t/4}$

15. 令 $G(s)=-\dfrac{d}{ds}\tan^{-1}\left(\dfrac{s-2}{5}\right)=-\dfrac{5}{(s-2)^2+5^2}$

已知 $\mathcal{L}[tf(t)]=-\dfrac{d}{ds}F(s)$

則

$$tf(t)=\mathcal{L}^{-1}\left[-\frac{d}{ds}F(s)\right]$$

$$=\mathcal{L}^{-1}\left[\frac{-5}{(s-2)^2+25}\right]=-e^{2t}\sin(5t)$$

因此 $f(t)=-\dfrac{e^{2t}}{t}\sin(5t)$

3-6 應用拉普拉斯轉換求解微分方程式

1. 令 $\mathcal{L}[y(t)]=Y(s)$

則 $y''+y'=t$ 經拉氏轉換後可得

$$[s^2Y(s)-sy(0)-y'(0)]+[sY(s)-y(0)]=\frac{1}{s^2}$$

$$s(s+1)Y(s)-(s+1)y(0)-y'(0)=\frac{1}{s^2}$$

其中，$y(0)=0$，$y'(0)=1$

$$Y(s)=\frac{1}{s^3(s+1)}+\frac{1}{s(s+1)}$$

$$=\left(\frac{1}{s}-\frac{1}{s^2}+\frac{1}{s^3}-\frac{1}{s+1}\right)+\left(\frac{1}{s}-\frac{1}{s+1}\right)$$

$$=\frac{2}{s}-\frac{1}{s^2}+\frac{1}{s^3}-\frac{2}{s+1}$$

因此 $y(t)=\mathcal{L}^{-1}[Y(s)]=2-t+\dfrac{1}{2}t^2-2e^{-t}$

3. 令 $\mathcal{L}[y(t)]=Y(s)$

則 $y''(t)-3y'(t)+2y(t)=\sin t$ 經拉氏轉換後可得

$$[s^2Y(s)-sy(0)-y'(0)]-3[sY(s)-y(0)]+2Y(s)$$

$$=\frac{1}{s^2+1}$$

$$(s^2-3s+2)Y(s)=\frac{1}{s^2+1}$$

$$Y(s)=\frac{1}{(s^2-3s+2)(s^2+1)}=\frac{1}{(s-1)(s-2)(s^2+1)}$$

$$=\frac{-\frac{1}{2}}{s-1}+\frac{\frac{1}{5}}{s-2}+\frac{\frac{3}{10}s}{s^2+1}+\frac{\frac{1}{10}}{s^2+1}$$

因此

$$y(t)=\mathcal{L}^{-1}[Y(s)]=-\frac{1}{2}e^{t}+\frac{1}{5}e^{2t}+\frac{3}{10}\cos t+\frac{1}{10}\sin t$$

5. 令 $\mathcal{L}[y(t)]=Y(s)$

$$\mathcal{L}[y''(t)-4y(t)]=\mathcal{L}[\sinh(2t)]$$

$$[s^2Y(s)-sy(0)-y'(0)]-4Y(s)=\frac{2}{s^2-4}$$

因 $y(0)=y'(0)=0$，則 $Y(s)=\dfrac{2}{s^2-4}\times\dfrac{1}{s^2-4}$

其中

$$\mathcal{L}^{-1}\left[\frac{2}{s^2-4}\right]=\sinh(2t)\ ,\ \mathcal{L}^{-1}\left[\frac{1}{s^2-4}\right]=\frac{1}{2}\sinh(2t)$$

利用摺積定理可得

$$y(t)=\frac{1}{2}\int_0^t\sinh(2\tau)\sinh2(t-\tau)d\tau$$

$$=\frac{1}{4}\int_0^t[\cosh(2t)-\cosh(4\tau-2t)]d\tau$$

$$=\frac{1}{4}\left[\tau\cosh(2t)-\frac{1}{4}\sinh(4\tau-2t)\right]\Bigg|_0^t$$

$$=\frac{1}{4}\left[t\cosh(2t)-\frac{1}{4}\sinh(2t)-0+\frac{1}{4}\sinh(-2t)\right]$$

$$=\frac{1}{4}\left[t\cosh(2t)-\frac{1}{2}\sinh(2t)\right]$$

7. 令 $\mathcal{L}[y(t)]=Y(s)$

$$\mathcal{L}[y''(t)-3y'(t)-4y(t)]=\mathcal{L}[u(t-1)]$$

$$[s^2Y(s)-sy(0)-y'(0)]-3[sY(s)-y(0)]-4Y(s)=e^{-s}$$

$$(s^2-3s-4)Y(s)-2s+2=e^{-s}$$

$$Y(s)=\frac{2s-2}{(s-4)(s+1)}+\frac{1}{(s-4)(s+1)}e^{-s}$$

$$=\frac{6/5}{s-4}+\frac{4/5}{s+1}+\frac{1/5}{s-4}e^{-s}-\frac{1/5}{s+1}e^{-s}$$

故可得

$$y(t)=\frac{6}{5}e^{4t}+\frac{4}{5}e^{-t}+\frac{1}{5}\left[e^{4(t-1)}-e^{-(t-1)}\right]u(t-1)$$

9. 令 $\mathcal{L}[y(t)]=Y(s)$

$$\mathcal{L}[y''(t)-2y'(t)+5y(t)]=\mathcal{L}[1]$$

則

$$[s^2Y(s)-sy(0)-y'(0)]-2[sY(s)-y(0)]+5Y(s)=\frac{1}{s}$$

$$(s^2-2s+5)Y(s)+(2-s)y(0)-y'(0)=\frac{1}{s}$$

$$Y(s)=\frac{1}{s(s^2-2s+5)}$$

$$=\frac{1/5}{s}+\frac{-s/5}{(s-1)^2+4}+\frac{2/5}{(s-1)^2+4}$$

$$=\frac{1/5}{s}+\frac{-\frac{1}{5}(s-1)-\frac{1}{5}}{(s-1)^2+4}+\frac{2/5}{(s-1)^2+4}$$

$$=\frac{1/5}{s}+\frac{-\frac{1}{5}(s-1)}{(s-1)^2+4}+\frac{\frac{1}{10}\times 2}{(s-1)^2+4}$$

因此可得

$$y(t)=\frac{1}{5}-\frac{1}{5}e^t\cos(2t)+\frac{1}{10}e^t\sin(2t)$$

11. 令 $\mathcal{L}[f(t)]=F(s)$，$\mathcal{L}[g(t)]=G(s)$

原式經拉普拉斯轉換可得

$$\begin{cases}sF(s)-f(0)=F(s)+4G(s)\\ sG(s)-g(0)=2F(s)-3G(s)\end{cases}$$

則 $\begin{cases}(s-1)F(s)-4G(s)=1\\ (s+3)G(s)-2F(s)=-2\end{cases}$

解聯立方程式後，可得

$$F(s)=\frac{s-5}{(s+1)^2-(2\sqrt{3})^2}$$

$$=\frac{s+1}{(s+1)^2-(2\sqrt{3})^2}-\frac{\frac{6}{2\sqrt{3}}\times 2\sqrt{3}}{(s+1)^2-(2\sqrt{3})^2}$$

$$G(s)=\frac{-2s+4}{(s+1)^2-(2\sqrt{3})^2}$$

$$=\frac{-2(s+1)}{(s+1)^2-(2\sqrt{3})^2}+\frac{\frac{6}{2\sqrt{3}}\times 2\sqrt{3}}{(s+1)^2-(2\sqrt{3})^2}$$

經拉普拉斯反轉換得

$$f(t)=e^{-t}\cosh(2\sqrt{3}t)-\frac{6}{2\sqrt{3}}e^{-t}\sinh(2\sqrt{3}t)$$

$$g(t)=-2e^{-t}\cosh(2\sqrt{3}t)+\frac{6}{2\sqrt{3}}e^{-t}\sinh(2\sqrt{3}t)$$

第四章 類題練習解答

4-1 矩陣

1. $\begin{bmatrix}1 & -3 & 2\end{bmatrix}$為列向量，且 $n=3$

3.

$$(AB)^T=B^TA^T=\begin{bmatrix}-4 & 0.5\\ 2.5 & 1\end{bmatrix}\times\begin{bmatrix}1 & 2\\ 3 & 0\end{bmatrix}=\begin{bmatrix}-2.5 & -8\\ 5.5 & 5\end{bmatrix}$$

5.

$$\begin{bmatrix}1 & 0\\ -3 & -1\\ 4 & 3\end{bmatrix}\times\begin{bmatrix}6 & 0 & -1\\ 2 & 5 & -2\end{bmatrix}=\begin{bmatrix}6 & 0 & -1\\ -20 & -5 & 5\\ 30 & 15 & -10\end{bmatrix}$$

7.

$$2(A^T)^T=2A=\begin{bmatrix}-6 & 0 & 4\\ 2 & 10 & 2\end{bmatrix}$$

9.

$$A^{200}=\begin{bmatrix}(-1)^{200} & 0 & 0\\ 0 & (-1)^{200} & 0\\ 0 & 0 & 1^{200}\end{bmatrix}=\begin{bmatrix}1&0&0\\0&1&0\\0&0&1\end{bmatrix}$$

11.

$$(\overline{kA})^T=\overline{k}\times\overline{A}^T=-2i\begin{bmatrix}2i & -3.5i\\ 2 & 1-i\end{bmatrix}=\begin{bmatrix}4 & -7\\ -4i & -2-2i\end{bmatrix}$$

4-2 行列式

1. 由範例 2 可知

$$\begin{vmatrix}15 & 1\\ -2 & -8\end{vmatrix}=15\times(-8)-1\times(-2)=-118$$

3.

$$|A|=\begin{vmatrix}5&5\\8&9\end{vmatrix}-7\begin{vmatrix}-2&3\\5&5\end{vmatrix}=180$$

5.

$$|A^T|=|A|=\begin{vmatrix}15&3\\-20&7\end{vmatrix}=165$$

7.

$$\begin{vmatrix}5\times100 & 5\times7 & 5\times5\\ 8 & -13 & 3\\ -7 & 0 & 1\end{vmatrix}=5\times\begin{vmatrix}100&7&5\\8&-13&3\\-7&0&1\end{vmatrix}$$
$$=5\times(-1958)=-9790$$

9. $|AB|=|A||B|=(-111)\times130=-14430$

11.

$$|A|=\begin{vmatrix}1+1&2&3&4&5\\-1&1&0&0&0\\-1&0&1&0&0\\-1&0&0&1&0\\-1&0&0&0&1\end{vmatrix}$$
$$=\begin{vmatrix}1+1+2+3+4+5&2&3&4&5\\0&1&0&0&0\\0&0&1&0&0\\0&0&0&1&0\\0&0&0&0&1\end{vmatrix}$$
$$=1+1+2+3+4+5=16$$

4-3 反矩陣

1. 由範例 6 可知

$$A^{-1}=\frac{1}{ad-bc}\begin{bmatrix}d&-b\\-c&a\end{bmatrix}=\frac{1}{14}\begin{bmatrix}5&-1\\-1&3\end{bmatrix}$$

3.

因伴隨矩陣 $adj(A)=\begin{bmatrix}-4&0&4\\4&-4&2\\2&2&-4\end{bmatrix}$ 且行列式

$|A|=4$

故 $A^{-1}=\begin{bmatrix}-1&0&1\\1&-1&0.5\\0.5&0.5&-1\end{bmatrix}$

5.

由原式可得 $adj(A)=\begin{bmatrix}1&0&0\\0&2.5&0\\0&0&10\end{bmatrix}$ 且行列式

$|A|=5$

則 $A^{-1}=\begin{bmatrix}0.2&0&0\\0&0.5&0\\0&0&2\end{bmatrix}$

7.

$$(AB)^{-1}=B^{-1}A^{-1}=\begin{bmatrix}2.75&-1.25\\0.75&-0.25\end{bmatrix}$$

9.

$$(2A)^{-1}=\frac{1}{2}A^{-1}=\begin{bmatrix}-11&8&-4.5\\32&0&29\\2.5&-6.5&50\end{bmatrix}$$

11.

已知 A^{-1} 存在，且因 $A^{-1}=\dfrac{adj(A)}{|A|}$ 存在，所以 $|A|A^{-1}=adj(A)$

由上式得

$|A|AA^{-1}=A\times adj(A)$ ，$|A|I=A\times adj(A)$

同取行列式，則得 $\big||A|I\big|=|A\times adj(A)|$ ，又因 A 為 3 階方陣

則 $|A|^3|I|=|A||adj(A)|$ ，$|A|^2=|adj(A)|$

故得證。

4-4 矩陣之秩與聯立方程組

1. $\text{rank}(A)=2$

3.

$$A=\begin{bmatrix}1 & 0 & 2\\ -4 & a+5 & 3\\ 7 & 0 & 13\end{bmatrix}\to\begin{bmatrix}1 & 0 & 2\\ 0 & a+5 & 11\\ 0 & 0 & -1\end{bmatrix}$$

當 $a+5\neq 0$，則 $\text{rank}(A)=3$

當 $a+5=0$，則 $\text{rank}(A)=2$

5.

令 $A=\begin{bmatrix}5 & -5 & 7\\ 0 & -2 & 4\\ 0.25 & -0.25 & 0.75\end{bmatrix}$，

$$C=\begin{bmatrix}5 & -5 & 7 & 7\\ 2 & -2 & 4 & 4\\ 0.25 & -0.25 & 0.75 & 0.5\end{bmatrix}$$

由於 $\text{rank}(A)=2\neq\text{rank}(C)=3$

故該聯立方程組無解

7.

令 $C=\begin{bmatrix}2 & 1 & -1\\ 5 & -3 & -8\end{bmatrix}$，此時根據矩陣基本列運算

得 $\begin{bmatrix}2 & 1 & -1\\ 0 & -5.5 & -5.5\end{bmatrix}$

則 $\begin{cases}2x+y=-1\\ -5.5y=-5.5\end{cases}$，故求得 $y=1$，$x=-1$

9. 原式可寫成 $AX=B$ 之矩陣形式，即

$$\begin{bmatrix}3 & -1 & 1\\ 2 & 2 & 5\\ 2 & 0 & 3\end{bmatrix}\begin{bmatrix}x\\ y\\ z\end{bmatrix}=\begin{bmatrix}6\\ 10\\ 8\end{bmatrix}$$

其中 $A=\begin{bmatrix}3 & -1 & 1\\ 2 & 2 & 5\\ 2 & 0 & 3\end{bmatrix}$，$X=\begin{bmatrix}x\\ y\\ z\end{bmatrix}$，$B=\begin{bmatrix}6\\ 10\\ 8\end{bmatrix}$

由 $AX=B$ 可知 $X=A^{-1}B$

又

$$A^{-1}=\frac{A^*}{\det(A)}=\frac{1}{10}\begin{bmatrix}6 & 3 & -7\\ 4 & 7 & -13\\ -4 & -2 & 8\end{bmatrix}$$

$$=\begin{bmatrix}0.6 & 0.3 & -0.7\\ 0.4 & 0.7 & -1.3\\ -0.4 & -0.2 & 0.8\end{bmatrix}$$

因此

$$X=\begin{bmatrix}0.6 & 0.3 & -0.7\\ 0.4 & 0.7 & -1.3\\ -0.4 & -0.2 & 0.8\end{bmatrix}\begin{bmatrix}6\\ 10\\ 8\end{bmatrix}=\begin{bmatrix}1\\ -1\\ 2\end{bmatrix}，$$

故 $x=1$，$y=-1$，$z=2$

11.

原式可寫成 $\begin{bmatrix}-2 & 1 & -1\\ 0 & -2 & 7\\ 1 & -10 & -12\end{bmatrix}\begin{bmatrix}x\\ y\\ z\end{bmatrix}=\begin{bmatrix}-3.5\\ -10\\ 0\end{bmatrix}$，

令 $A=\begin{bmatrix}-2 & 1 & -1\\ 0 & -2 & 7\\ 1 & -10 & -12\end{bmatrix}$，$X=\begin{bmatrix}x\\ y\\ z\end{bmatrix}$，$B=\begin{bmatrix}-3.5\\ -10\\ 0\end{bmatrix}$

而 $A^{-1}=\dfrac{A^*}{\det(A)}=-\dfrac{1}{183}\begin{bmatrix}94 & 22 & 5\\ 7 & 25 & 14\\ 2 & -19 & 4\end{bmatrix}$

因此 $X=-\dfrac{1}{183}\begin{bmatrix}94 & 22 & 5\\ 7 & 25 & 14\\ 2 & -19 & 4\end{bmatrix}\begin{bmatrix}-3.5\\ -10\\ 0\end{bmatrix}=\begin{bmatrix}3\\ 1.5\\ -1\end{bmatrix}$，

故 $x=3$，$y=1.5$，$z=-1$

4-5 特徵值與特徵向量

1. $b_1=\lambda_1+\lambda_2+\lambda_3+\lambda_4=-3+1-11-8=-21$

3.

由 $|A-\lambda I|=0$ 可知 $\begin{vmatrix}-\sin 3\theta-\lambda & \cos 3\theta\\ \cos 3\theta & \sin 3\theta-\lambda\end{vmatrix}=0$

則 $\lambda^2-(\sin^2 3\theta+\cos^2 3\theta)=0$，故得 $\lambda=\pm 1$

5.

考慮 n 階方陣 $A=\begin{bmatrix}a_{11} & a_{12} & \cdots & a_{1n}\\ a_{21} & a_{22} & \cdots & \vdots\\ \vdots & \vdots & \ddots & \vdots\\ a_{n1} & a_{n2} & \cdots & a_{nn}\end{bmatrix}$，

則 $A^T=\begin{bmatrix}a_{11} & a_{21} & \cdots & a_{n1}\\ a_{12} & a_{22} & \cdots & \vdots\\ \vdots & \vdots & \ddots & \vdots\\ a_{1n} & a_{2n} & \cdots & a_{nn}\end{bmatrix}$

因此

$$|A^T-\lambda I|=\begin{vmatrix} a_{11}-\lambda & a_{21} & \cdots & a_{n1} \\ a_{12} & a_{22}-\lambda & \cdots & \vdots \\ \vdots & \vdots & \ddots & \vdots \\ a_{1n} & \cdots & \cdots & a_{nn}-\lambda \end{vmatrix}=0$$

上式亦可寫成

$$(-1)^n[\lambda^n-b_1\lambda^{n-1}+b_2\lambda^{n-2}-\cdots+(-1)^n b_n]=0$$

其中，$b_k(k=1，2，\cdots，n)$ 為矩陣 A 之 k 階主子行列式之總和

因此 A 與 A^T 之特徵方程式相同。換言之，A 與 A^T 之特徵值亦為相同

依原式可得 A 的特徵值 $\lambda=1，1，1$

故 A^T 之特徵值為 1，1，1

7. 由 $|A-\lambda I|=0$ 可得

$$\begin{vmatrix} 1-\lambda & 0 & 0 \\ 8 & -1-\lambda & -4 \\ -4 & 1 & 3-\lambda \end{vmatrix}=0$$

則 $(\lambda-1)^3=0$，故 A 之特徵值為 1，1，1

9. 由 $|A-\lambda I|=0$ 可求得 A 之特徵值 $\lambda=0，1，4$

當 $\lambda=0$ 代入 $(A-\lambda I)X=0$

則 $\begin{bmatrix} 2 & 2 & 2 \\ 1 & 1 & 0 \\ 1 & 1 & 2 \end{bmatrix}\begin{bmatrix} x_1 \\ x_2 \\ x_3 \end{bmatrix}=\begin{bmatrix} 0 \\ 0 \\ 0 \end{bmatrix}$，$\begin{cases} 2x_1+2x_2+2x_3=0 \\ x_1+x_2=0 \\ x_1+x_2+2x_3=0 \end{cases}$，

$x_3=0$

令 $x_1=c$，則 $x_2=-c$，因此

$$X=\begin{bmatrix} x_1 \\ x_2 \\ x_3 \end{bmatrix}=\begin{bmatrix} c \\ -c \\ 0 \end{bmatrix}=c\begin{bmatrix} 1 \\ -1 \\ 0 \end{bmatrix}$$

當 $\lambda=1$ 代入 $(A-\lambda I)X=0$

則 $\begin{bmatrix} 1 & 2 & 2 \\ 1 & 0 & 0 \\ 1 & 1 & 1 \end{bmatrix}\begin{bmatrix} x_1 \\ x_2 \\ x_3 \end{bmatrix}=\begin{bmatrix} 0 \\ 0 \\ 0 \end{bmatrix}$，$\begin{cases} x_1+2x_2+2x_3=0 \\ x_1=0 \\ x_1+x_2+x_3=0 \end{cases}$，

$x_1=0$

令 $x_2=c$，則 $x_3=-c$，因此

$$X=\begin{bmatrix} x_1 \\ x_2 \\ x_3 \end{bmatrix}=\begin{bmatrix} 0 \\ c \\ -c \end{bmatrix}=c\begin{bmatrix} 0 \\ 1 \\ -1 \end{bmatrix}$$

當 $\lambda=4$ 代入 $(A-\lambda I)X=0$

則

$\begin{bmatrix} -2 & 2 & 2 \\ 1 & -3 & 0 \\ 1 & 1 & -2 \end{bmatrix}\begin{bmatrix} x_1 \\ x_2 \\ x_3 \end{bmatrix}=\begin{bmatrix} 0 \\ 0 \\ 0 \end{bmatrix}$，$\begin{cases} -2x_1+2x_2+2x_3=0 \\ x_1-3x_2=0 \\ x_1+x_2-2x_3=0 \end{cases}$

令 $x_2=c$，則 $x_1=3c$，$x_3=2c$，因此

$$X=\begin{bmatrix} x_1 \\ x_2 \\ x_3 \end{bmatrix}=\begin{bmatrix} 3c \\ c \\ 2c \end{bmatrix}=c\begin{bmatrix} 3 \\ 1 \\ 2 \end{bmatrix}$$

故 A 之特徵向量為 $\begin{bmatrix} 1 \\ -1 \\ 0 \end{bmatrix}$，$\begin{bmatrix} 0 \\ 1 \\ -1 \end{bmatrix}$，$\begin{bmatrix} 3 \\ 1 \\ 2 \end{bmatrix}$

11. 根據 $|A-\lambda I|=0$ 可得 A 之特徵值 $\lambda=-1，1，1$

當 $\lambda=-1$ 代入 $(A-\lambda I)X=0$

則 $\begin{bmatrix} 3 & -1 & 3 \\ 3 & -1 & 3 \\ 0 & 0 & 2 \end{bmatrix}\begin{bmatrix} x_1 \\ x_2 \\ x_3 \end{bmatrix}=\begin{bmatrix} 0 \\ 0 \\ 0 \end{bmatrix}$，$\begin{cases} 3x_1-x_2+3x_3=0 \\ 3x_1-x_2+3x_3=0 \\ 2x_3=0 \end{cases}$，

$x_3=0$

令 $x_1=c$，則 $x_2=3c$，因此

$$X=\begin{bmatrix} x_1 \\ x_2 \\ x_3 \end{bmatrix}=\begin{bmatrix} c \\ 3c \\ 0 \end{bmatrix}=c\begin{bmatrix} 1 \\ 3 \\ 0 \end{bmatrix}$$

當 $\lambda=1$ 代入 $(A-\lambda I)X=0$

則 $\begin{bmatrix} 1 & -1 & 3 \\ 3 & -3 & 3 \\ 0 & 0 & 0 \end{bmatrix}\begin{bmatrix} x_1 \\ x_2 \\ x_3 \end{bmatrix}=\begin{bmatrix} 0 \\ 0 \\ 0 \end{bmatrix}$，$\begin{cases} x_1-x_2+3x_3=0 \\ 3x_1-3x_2+3x_3=0 \end{cases}$

令 $x_1=c$，則 $x_2=c$，$x_3=0$，因此

$$X=\begin{bmatrix} x_1 \\ x_2 \\ x_3 \end{bmatrix}=\begin{bmatrix} c \\ c \\ 0 \end{bmatrix}=c\begin{bmatrix} 1 \\ 1 \\ 0 \end{bmatrix}$$

所以可知 A 的特徵向量為 $\begin{bmatrix} 1 \\ 3 \\ 0 \end{bmatrix}$，$\begin{bmatrix} 1 \\ 1 \\ 0 \end{bmatrix}$

4-6 矩陣之對角化

1. $A=\begin{bmatrix} 5 & 1 \\ 1 & 5 \end{bmatrix}$ 之特徵值 $\lambda=4，6$

二階方陣 A 具有 2 個相異的特徵值，故 A 矩陣可以對角化

3. 已知$b_1=1+1=2$，$b_2=\begin{vmatrix}1&1\\1&1\end{vmatrix}=0$

因此$|A-\lambda I|=(\lambda^2-2\lambda)=0$，

故可得特徵值$\lambda=0,2$

當$\lambda=0$代入$(A-\lambda I)X=0$

則$\begin{bmatrix}1&1\\1&1\end{bmatrix}\begin{bmatrix}x_1\\x_2\end{bmatrix}=\begin{bmatrix}0\\0\end{bmatrix}$，$x_1+x_2=0$，

令$x_1=c$，則$x_2=-c$

因此$X=\begin{bmatrix}c\\-c\end{bmatrix}=c\begin{bmatrix}1\\-1\end{bmatrix}$

當$\lambda=2$代入$(A-\lambda I)X=0$

則$\begin{bmatrix}-1&1\\1&-1\end{bmatrix}\begin{bmatrix}x_1\\x_2\end{bmatrix}=\begin{bmatrix}0\\0\end{bmatrix}$，$-x_1+x_2=0$，

令$x_1=c$，則$x_2=c$

因此$X=\begin{bmatrix}c\\c\end{bmatrix}=c\begin{bmatrix}1\\1\end{bmatrix}$，即特徵向量為$\begin{bmatrix}1\\-1\end{bmatrix}$，$\begin{bmatrix}1\\1\end{bmatrix}$

故可令矩陣$S=\begin{bmatrix}1&1\\-1&1\end{bmatrix}$，則得

$D=S^{-1}AS=\begin{bmatrix}0&0\\0&2\end{bmatrix}$

5.

$A=\begin{bmatrix}1&1&1\\0&2&1\\0&0&3\end{bmatrix}$之特徵值$\lambda=1$，2，3，

則$S^{-1}AS=D=\begin{bmatrix}1&0&0\\0&2&0\\0&0&3\end{bmatrix}$，

又已知$A^6=SD^6S^{-1}=S\begin{bmatrix}1^6&0&0\\0&2^6&0\\0&0&3^6\end{bmatrix}S^{-1}$

故$S^{-1}A^6S=\begin{bmatrix}1&0&0\\0&64&0\\0&0&729\end{bmatrix}$

7.

$A=\begin{bmatrix}4&5&6\\1&2&3\\7&8&9\end{bmatrix}$之特徵值$\lambda=15.5777$，0，$-0.5777$

由於三階方陣A具3個相異特徵值，故A矩陣可以對角化

9. 根據$|A-\lambda I|=0$，可得特徵值$\lambda=1$，8，16

當$\lambda=1$代入$(A-\lambda I)X=0$

則$\begin{bmatrix}3.5&-3.5&0\\-3.5&3.5&0\\0&0&15\end{bmatrix}\begin{bmatrix}x_1\\x_2\\x_3\end{bmatrix}=\begin{bmatrix}0\\0\\0\end{bmatrix}$，

$\begin{cases}3.5x_1-3.5x_2=0\\-3.5x_1+3.5x_2=0\\15x_3=0\end{cases}$，$x_3=0$

令$x_1=c$，則$x_2=c$，因此$X=\begin{bmatrix}c\\c\\0\end{bmatrix}=c\begin{bmatrix}1\\1\\0\end{bmatrix}$

當$\lambda=8$代入$(A-\lambda I)X=0$

則$\begin{bmatrix}-3.5&-3.5&0\\-3.5&-3.5&0\\0&0&8\end{bmatrix}\begin{bmatrix}x_1\\x_2\\x_3\end{bmatrix}=\begin{bmatrix}0\\0\\0\end{bmatrix}$，

$\begin{cases}-3.5x_1-3.5x_2=0\\-3.5x_1-3.5x_2=0\\8x_3=0\end{cases}$，$x_3=0$

令$x_1=c$，則$x_2=-c$，因此$X=\begin{bmatrix}c\\-c\\0\end{bmatrix}=c\begin{bmatrix}1\\-1\\0\end{bmatrix}$

當$\lambda=16$代入$(A-\lambda I)X=0$

則$\begin{bmatrix}-11.5&-3.5&0\\-3.5&-11.5&0\\0&0&0\end{bmatrix}\begin{bmatrix}x_1\\x_2\\x_3\end{bmatrix}=\begin{bmatrix}0\\0\\0\end{bmatrix}$，

$\begin{cases}-11.5x_1-3.5x_2=0\\-3.5x_1-11.5x_2=0\end{cases}$，$x_1=x_2=0$

令$x_3=c$，因此$X=\begin{bmatrix}0\\0\\c\end{bmatrix}=c\begin{bmatrix}0\\0\\1\end{bmatrix}$，故特徵向量為

$\begin{bmatrix}1\\1\\0\end{bmatrix}$，$\begin{bmatrix}1\\-1\\0\end{bmatrix}$，$\begin{bmatrix}0\\0\\1\end{bmatrix}$

令矩陣$S=\begin{bmatrix}1&1&0\\1&-1&0\\0&0&1\end{bmatrix}$，則得

$D=S^{-1}AS=\begin{bmatrix}1&0&0\\0&8&0\\0&0&16\end{bmatrix}$

4-7 特殊矩陣

1. A 可滿足 $A=\overline{A}^T$ 運算式，因此 A 為赫米特矩陣

且根據 $|A-\lambda I|=0$ 可得 $\lambda^2-200=0$

故 A 之特徵值 $\lambda=\pm 10\sqrt{2}$

3. A 可使得 $A=A^T$ 與 $A=\overline{A}^T$ 運算式成立，因此 A 為對稱矩陣及赫米特矩陣

另依 $|A-\lambda I|=0$ 可得 $\lambda^2-2\sqrt{2}\lambda+1=0$，故 A 之特徵值 $\lambda=\sqrt{2}\pm 1$

將 $\lambda=\sqrt{2}+1$ 代入 $(A-\lambda I)X=0$，

得 $X=\begin{bmatrix}x_1\\x_2\end{bmatrix}=\begin{bmatrix}c\\-c\end{bmatrix}=c\begin{bmatrix}1\\-1\end{bmatrix}$

將 $\lambda=\sqrt{2}-1$ 代入 $(A-\lambda I)X=0$，

得 $X=\begin{bmatrix}x_1\\x_2\end{bmatrix}=\begin{bmatrix}c\\c\end{bmatrix}=c\begin{bmatrix}1\\1\end{bmatrix}$

因此 A 之特徵向量為 $\begin{bmatrix}1\\-1\end{bmatrix}$，$\begin{bmatrix}1\\1\end{bmatrix}$

5.

已知 $\overline{A}^T=A^T=\dfrac{1}{9}\begin{bmatrix}1&-4&8\\-4&7&4\\-8&-4&-1\end{bmatrix}$，

又 $A^{-1}=\dfrac{1}{9}\begin{bmatrix}1&-4&8\\-4&7&4\\-8&-4&-1\end{bmatrix}$

因此滿足 $\overline{A}^T=A^{-1}$ 與 $A^T=A^{-1}$，故 A 為單位矩陣且為正交矩陣

7. 已知正交矩陣 A 可滿足 $A^T=A^{-1}$ 運算式

因此 $AA^T=AA^{-1}=A^TA=A^{-1}A=I$

故得證

第五章　類題練習解答

5-1 基本向量分析

1. $|\vec{v}|=\sqrt{2^2+1^2+(-1)^2}=\sqrt{6}$

$\vec{v}=2\hat{i}+\hat{j}-\hat{k}$ 不是單位向量

$$\vec{e}_v=\frac{\vec{v}}{|\vec{v}|}=\frac{2}{\sqrt{6}}\hat{i}+\frac{1}{\sqrt{6}}\hat{j}-\frac{1}{\sqrt{6}}\hat{k}$$

3. $|\vec{v}|=\sqrt{2^2}=2$

$\vec{v}=2\hat{j}$ 不是單位向量

$$\vec{e}_v=\frac{\vec{v}}{|\vec{v}|}=\hat{j}$$

5. $\vec{v}_1\cdot\vec{v}_2=0-6+0=-6$

$$\theta=\cos^{-1}\frac{\vec{v}_1.\vec{v}_2}{|\vec{v}_1||\vec{v}_2|}=\cos^{-1}\frac{-6}{\sqrt{34}\sqrt{8}}=\cos^{-1}\frac{-3\sqrt{17}}{34}$$

7. $\vec{v}_1\cdot\vec{v}_2=-8-2-2=-12$

$$\theta=\cos^{-1}\frac{\vec{v}_1.\vec{v}_2}{|\vec{v}_1||\vec{v}_2|}=\cos^{-1}\frac{-12}{\sqrt{6}\sqrt{24}}=\cos^{-1}(-1)=\pi$$

9.

$$\vec{v}_1\times\vec{v}_2=\begin{vmatrix}\hat{i}&\hat{j}&\hat{k}\\0&3&-5\\2&-2&0\end{vmatrix}=-10\hat{i}-10\hat{j}-6\hat{k}$$

$$\vec{v}_2\times\vec{v}_1=\begin{vmatrix}\hat{i}&\hat{j}&\hat{k}\\2&-2&0\\0&3&-5\end{vmatrix}=10\hat{i}+10\hat{j}+6\hat{k}$$

11.

$$\vec{v}_1\times\vec{v}_2=\begin{vmatrix}\hat{i}&\hat{j}&\hat{k}\\2&1&-1\\-4&-2&2\end{vmatrix}=\vec{0}$$

$$\vec{v}_2\times\vec{v}_1=\begin{vmatrix}\hat{i}&\hat{j}&\hat{k}\\-4&-2&2\\2&1&-1\end{vmatrix}=\vec{0}$$

5-2 向量函數

1. 因為此圓位於 $x-z$ 平面，故 $y(t)=0$，

且由圓之參數式可知 $x(t)=a\cos t,\quad z(t)=a\sin t$

所以，位置向量

$\vec{r}(t)=x(t)\hat{i}+y(t)\hat{j}+z(t)\hat{k}=a\cos t\hat{i}+a\sin t\hat{k}$

3. 根據題意，令

$$C:\begin{cases} x(t)=t \\ y(t)=t^2 \\ z(t)=5 \end{cases},\ 1\le t\le 3$$

則其位置向量

$$\begin{aligned}\vec{r}(t)&=x(t)\hat{i}+y(t)\hat{j}+z(t)\hat{k}\\ &=t\hat{i}+t^2\hat{j}+5\hat{k},\ 1\le t\le 3\end{aligned}$$

5. 曲線之參數式為：

$$\begin{cases} x=t \\ y=f(t) \\ z=0 \end{cases}$$

則其位置向量為

$$\vec{r}(t)=x(t)\hat{i}+y(t)\hat{j}+z(t)\hat{k}=t\hat{i}+f(t)\hat{j}$$

7. 因為位置向量

$$\vec{r}(t)=\sin\hat{i}+\cos t\hat{j}+45t\hat{k}$$

其參數式為

$$\begin{cases} x=\sin t \\ y=\cos t \\ z=45t \end{cases} \Rightarrow x^2+y^2=\sin^2 t+\cos^2 t=1$$

但 $z(t)=45t$ 非常數，而為一遞增之函數，又此曲線為一螺旋線，繪如下圖所示

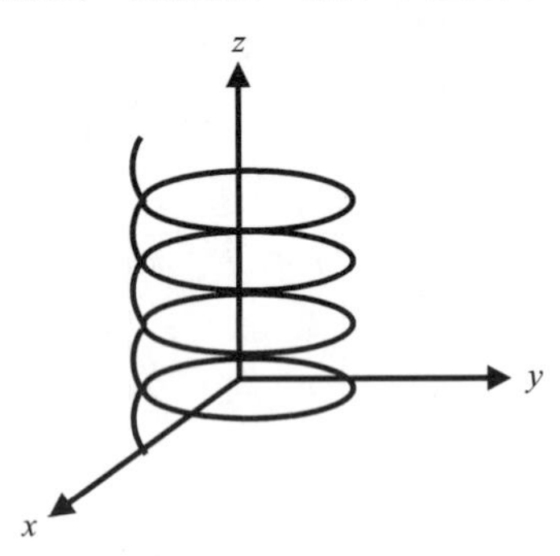

5-3 向量函數之微分

1.

$$\begin{aligned}\frac{d}{dt}\left[f(t)\vec{F}(t)\right]&=\vec{F}(t)\frac{d}{dt}f(t)+f(t)\frac{d}{dt}\vec{F}(t)\\ &=-4\sin(2t)\cdot\left(\hat{i}+2t^2\hat{j}+t\hat{k}\right)+2\cos(2t)\cdot\left(4t\hat{j}+\hat{k}\right)\\ &=-4\sin(2t)\hat{i}+\left[8t\cos(2t)-8t^2\sin(2t)\right]\hat{j}\\ &\quad+\left[2\cos(2t)-4t\sin(2t)\right]\hat{k}\end{aligned}$$

3.

$$\vec{F}(t)\cdot\vec{G}(t)=t^3+9+3te^t$$

$$\frac{d}{dt}\left[\vec{F}(t)\cdot\vec{G}(t)\right]=3t^2+3te^t+3e^t$$

5.

$$\vec{F}(t)\times\vec{G}(t)=\begin{vmatrix}\hat{i} & \hat{j} & \hat{k}\\ 1 & 8t & t^2\\ -3t & 2e^t & -\ln(t)\end{vmatrix}$$

$$=\left[-8t\ln(t)-2t^2e^t\right]\hat{i}+\left[-3t^3+\ln(t)\right]\hat{j}+\left[2e^t+24t^2\right]\hat{k}$$

$$\begin{aligned}\frac{d}{dt}\left[\vec{F}(t)\times\vec{G}(t)\right]&=\left[-8t\ln(t)-8-2t^2e^t-4te^t\right]\hat{i}\\ &\quad+\left[-9t^2+\frac{1}{t}\right]\hat{j}+\left[2e^t+48t\right]\hat{k}\end{aligned}$$

7. 該曲線之位置向量為

$$\vec{r}(t)=e^{4t}\cos(t)\hat{i}+e^{3t}\sin(t)\hat{j}+e^{2t}\hat{k},\ 0\le t\le\pi$$

則切線向量為

$$\begin{aligned}\vec{r}'(t)&=\left[4e^{4t}\cos(t)-e^{4t}\sin t\right]\hat{i}\\ &\quad+\left[3e^{3t}\sin(t)+e^{3t}\cos(t)\right]\hat{j}+2e^{2t}\hat{k}\end{aligned}$$

9. 位置向量為 $\vec{r}(t)=t\hat{i}+\cosh(t)\hat{j}+2\hat{k}$ ，$0\le t\le\pi$

則 $\vec{r}'(t)=\hat{i}+\sinh(t)\hat{j}$ ，$0\le t\le\pi$

曲線長度

$$\begin{aligned}\ell&=\int_0^{\pi}\sqrt{\vec{r}'(t)\cdot\vec{r}'(t)}dt=\int_0^{\pi}\sqrt{1+\sinh^2(t)}dt\\ &=\int_0^{\pi}\cosh(t)dt=\sinh(t)\Big|_0^{\pi}=\sinh\pi\end{aligned}$$

11. 位置向量為 $\vec{r}(t)=3t^2\hat{i}+4t^2\hat{j}+5t^2\hat{k}$ ，$0\le t\le 2$

則 $\vec{r}'(t)=6t\hat{i}+8t\hat{j}+10t\hat{k}$ ，$0\le t\le 2$

曲線長度

$$\begin{aligned}\ell&=\int_0^{2}\sqrt{\vec{r}'(t)\cdot\vec{r}'(t)}dt=\int_0^{2}\sqrt{200t^2}\,dt\\ &=\int_0^{2}10\sqrt{2}t\,dt=20\sqrt{2}\end{aligned}$$

13. 速度 $\vec{v}(t)=\vec{r}\,'(t)=-\sin t\vec{i}+2\cos t\vec{j}$

速率 $v(t)=|\vec{v}(t)|$

$$=\sqrt{(-\sin t)^2+(2\cos t)^2}$$

$$=\sqrt{\sin^2 t+4\cos^2 t}$$

加速度 $\vec{a}(t)=\vec{v}\,'(t)=-\cos t\vec{i}-2\sin t\vec{j}$

切線加速度

$$\vec{a}_T=\left(\vec{a}\cdot\frac{\vec{v}}{|\vec{v}|}\right)\frac{\vec{v}}{|\vec{v}|}$$

$$=\frac{\sin t\cos t-4\sin t\cos t}{\sqrt{\sin^2 t+4\cos^2 t}}\cdot\frac{-\sin t\vec{i}+2\cos t\vec{j}}{\sqrt{\sin^2 t+4\cos^2 t}}$$

$$=\frac{3\sin^2 t\cos t}{\sin^2 t+4\cos^2 t}\vec{i}-\frac{6\sin t\cos^2 t}{\sin^2 t+4\cos^2 t}\vec{j}$$

法線加速度

$$\vec{a}_N=\vec{a}-\vec{a}_T$$

$$=\left(-\cos t-\frac{3\sin^2 t\cos t}{\sin^2 t+4\cos^2 t}\right)\vec{i}$$

$$+\left(-2\sin t+\frac{6\sin t\cos^2 t}{\sin^2 t+4\cos^2 t}\right)\vec{j}$$

5-4 梯度

1.

$$\nabla\phi=\frac{\partial\phi}{\partial x}\hat{i}+\frac{\partial\phi}{\partial y}\hat{j}+\frac{\partial\phi}{\partial z}\hat{k}=yz\hat{i}+xz\hat{j}+xy\hat{k}$$

$$\therefore\ \nabla\phi(P)=\nabla\phi(1,1,1)=\hat{i}+\hat{j}+\hat{k}$$

3.

$$\nabla\phi=\frac{\partial\phi}{\partial x}\hat{i}+\frac{\partial\phi}{\partial y}\hat{j}+\frac{\partial\phi}{\partial z}\hat{k}$$

$$=3y\sinh(3xy)\hat{i}+3x\sinh(3xy)\hat{j}-2\cosh(2z)\hat{k}$$

$$\therefore\nabla\phi(P)=\nabla\phi(-3,1,1)$$

$$=3\sinh(-9)\hat{i}-9\sinh(-9)\hat{j}-2\cosh(2)\hat{k}$$

$$=-3\sinh(9)\hat{i}+9\sinh(9)\hat{j}-2\cosh(2)\hat{k}$$

5.

$$\nabla\phi=\frac{\partial\phi}{\partial x}\hat{i}+\frac{\partial\phi}{\partial y}\hat{j}+\frac{\partial\phi}{\partial z}\hat{k}$$

$$=e^x\sin(y)\sin(z)\hat{i}+e^x\cos(y)\sin(z)\hat{j}$$

$$+e^x\sin(y)\cos(z)\hat{k}$$

$$\therefore\ \nabla\phi(P)=\nabla\phi(0,\pi/2,\pi/2)=\hat{i}$$

7. 令曲面 $\phi(x,y,z)=x^2+y^2-z=0$

則 $\nabla\phi=\frac{\partial\phi}{\partial x}\hat{i}+\frac{\partial\phi}{\partial y}\hat{j}+\frac{\partial\phi}{\partial z}\hat{k}=2x\hat{i}+2y\hat{j}-\hat{k}$

P 點處之法線向量為

$$\nabla\phi(x,y,z)\big|_{(1,1,2)}=2\hat{i}+2\hat{j}-\hat{k}$$

此亦為切平面之法線向量，且已知其上一點 $P:(1,1,2)$

故切平面方程式為 $2(x-1)+2(y-1)-(z-2)=0$

亦即 $2x+2y-z=2$

9. 令曲面 $\phi(x,y,z)=x^2+y^2+z^2-9=0$

則 $\nabla\phi=\frac{\partial\phi}{\partial x}\hat{i}+\frac{\partial\phi}{\partial y}\hat{j}+\frac{\partial\phi}{\partial z}\hat{k}=2x\hat{i}+2y\hat{j}+2z\hat{k}$

所求切平面之法線向量為

$$\nabla\phi(P)=\nabla\phi(x,y,z)\big|_{(2,2,1)}=4\hat{i}+4\hat{j}+2\hat{k}$$

故切平面方程式為

$$4(x-2)+4(y-2)+2(z-1)=0$$

亦即 $2x+2y+z=9$

11. 令曲面 $\phi(x,y,z)=x^2+y^2-z^2=0$

則 $\nabla\phi=\frac{\partial\phi}{\partial x}\hat{i}+\frac{\partial\phi}{\partial y}\hat{j}+\frac{\partial\phi}{\partial z}\hat{k}=2x\hat{i}+2y\hat{j}-2z\hat{k}$

所求切平面之法線向量為

$$\nabla\phi(P)=\nabla\phi(x,y,z)\big|_{(1,0,1)}=2\hat{i}-2\hat{k}$$

故切平面方程式為 $2(x-1)-2(z-1)=0$

亦即 $x-z=0$

5-5 方向導數

1.

$$\nabla\phi=\frac{\partial\phi}{\partial x}\hat{i}+\frac{\partial\phi}{\partial y}\hat{j}+\frac{\partial\phi}{\partial z}\hat{k}=\hat{i}+\hat{j}+\hat{k}$$

則 $\nabla\phi(P_0)=\nabla\phi(x,y,z)\big|_{(0,1,0)}=\hat{i}+\hat{j}+\hat{k}$

將方向向量予以單位化，得

$$\hat{a}=\frac{\vec{a}}{|\vec{a}|}=\frac{1}{\sqrt{14}}\left(\hat{i}+2\hat{j}+3\hat{k}\right)$$

則方向導數

$$D_a\phi(P_0)=\nabla\phi(P_0)\cdot\hat{a}$$

$$=\left(\hat{i}+\hat{j}+\hat{k}\right)\cdot\left(\frac{1}{\sqrt{14}}\hat{i}+\frac{2}{\sqrt{14}}\hat{j}+\frac{3}{\sqrt{14}}\hat{k}\right)=\frac{6}{\sqrt{14}}$$

3.

$$\nabla\phi=\frac{\partial\phi}{\partial x}\hat{i}+\frac{\partial\phi}{\partial y}\hat{j}+\frac{\partial\phi}{\partial z}\hat{k}=-x^{-2}\hat{i}-3z\hat{j}-3y\hat{k}$$

則 $\nabla\phi(P)=\nabla\phi(x,y,z)\big|_{(1,0,0)}=-\hat{i}$

由於方向導數

$$\nabla\phi\cdot\hat{u}=|\nabla\phi||u|\cos\theta=|\nabla\phi|\cos\theta\le|\nabla\phi|\quad(\theta=0^\circ)$$

故當單位向量 $\hat{u}$ 與 $\nabla\phi$ 同向，亦即為 P 點處之單位法向量時，可求得 $\nabla\phi\cdot\hat{u}$ 之最大值

本題所求之單位向量為 $\hat{u}=\dfrac{\nabla\phi}{|\nabla\phi|}=-\hat{i}$

最大之變化率為 $|\nabla\phi|=1$

故此純量場在點 $P(1,0,0)$ 處，沿著 $-\hat{i}$ 方向有最大的變化率，其值為 1

5.

$$\nabla\phi=\frac{\partial\phi}{\partial x}\hat{i}+\frac{\partial\phi}{\partial y}\hat{j}+\frac{\partial\phi}{\partial z}\hat{k}=\left(8y^2+z\right)\hat{i}+16xy\hat{j}+x\hat{k}$$

方向導數

$$\nabla\phi\cdot\frac{\vec{a}}{|\vec{a}|}=\left[\left(8y^2+z\right)\hat{i}+16xy\hat{j}+x\hat{k}\right]\cdot\frac{1}{\sqrt{3}}\left(\hat{i}+\hat{j}+\hat{k}\right)$$
$$=\frac{1}{\sqrt{3}}\left(8y^2+z+16xy+x\right)$$

7.

$$\nabla\phi=\frac{\partial\phi}{\partial x}\hat{i}+\frac{\partial\phi}{\partial y}\hat{j}+\frac{\partial\phi}{\partial z}\hat{k}$$
$$=\cos(x+y+z)\left(\hat{i}+\hat{j}+\hat{k}\right)$$

方向導數

$$\nabla\phi\cdot\frac{\vec{a}}{|\vec{a}|}=\cos(x+y+z)\left(\hat{i}+\hat{j}+\hat{k}\right)\cdot\frac{1}{\sqrt{6}}\left(\hat{i}-\hat{j}+2\hat{k}\right)$$
$$=\frac{1}{\sqrt{6}}\left[2\cos(x+y+z)\right]$$
$$=\frac{\sqrt{6}}{3}\cos(x+y+z)$$

9.

$$\nabla\phi=\frac{\partial\phi}{\partial x}\hat{i}+\frac{\partial\phi}{\partial y}\hat{j}+\frac{\partial\phi}{\partial z}\hat{k}$$
$$=(y+z)\hat{i}+(x+z)\hat{j}+(x+y)\hat{k}$$

方向導數

$$\nabla\phi\cdot\frac{\vec{a}}{|\vec{a}|}=\left[(y+z)\hat{i}+(x+z)\hat{j}+(x+y)\hat{k}\right]$$
$$\cdot\frac{1}{\sqrt{10}}\left(\hat{i}+3\hat{k}\right)$$
$$=\frac{1}{\sqrt{10}}\left(y+z+3x+3y\right)$$
$$=\frac{1}{\sqrt{10}}\left(3x+4y+z\right)$$

11.

$$\nabla\phi=\frac{\partial\phi}{\partial x}\hat{i}+\frac{\partial\phi}{\partial y}\hat{j}+\frac{\partial\phi}{\partial z}\hat{k}$$
$$=\left(2xy-z\cos xz\right)\hat{i}+x^2\hat{j}-x\cos xz\hat{k}$$

方向導數

$$\nabla\phi\cdot\frac{\vec{a}}{|\vec{a}|}=\left[\left(2xy-z\cos xz\right)\hat{i}+x^2\hat{j}-x\cos xz\hat{k}\right]\cdot\frac{1}{\sqrt{2}}\left(\hat{j}+\hat{k}\right)$$
$$=\frac{1}{\sqrt{2}}\left(x^2-x\cos xz\right)=\frac{\sqrt{2}}{2}x\left(x-\cos xz\right)$$

5-6 散度與旋度

1.

$$\nabla\cdot\vec{F}=\left(\frac{\partial}{\partial x}\hat{i}+\frac{\partial}{\partial y}\hat{j}+\frac{\partial}{\partial z}\hat{k}\right)\cdot\left(2x\hat{i}+2y\hat{j}+2z\hat{k}\right)$$
$$=2+2+2=6$$

3.

$$\nabla\cdot\vec{F}=\left(\frac{\partial}{\partial x}\hat{i}+\frac{\partial}{\partial y}\hat{j}+\frac{\partial}{\partial z}\hat{k}\right)\cdot\left(\cos(xy)\hat{i}-z\hat{j}+(z+2x)\hat{k}\right)$$
$$=-y\sin(xy)+1$$

5.

$$\nabla\times\vec{F}=\begin{vmatrix}\hat{i}&\hat{j}&\hat{k}\\ \dfrac{\partial}{\partial x}&\dfrac{\partial}{\partial y}&\dfrac{\partial}{\partial z}\\ xz&yz&xyz\end{vmatrix}=(xz-y)\hat{i}+(x-yz)\hat{j}$$

$$\nabla\cdot(\nabla\times\vec{F})=\left(\frac{\partial}{\partial x}\hat{i}+\frac{\partial}{\partial y}\hat{j}+\frac{\partial}{\partial z}\hat{k}\right)\cdot$$
$$\left[(xz-y)\hat{i}+(x-yz)\hat{j}\right]$$
$$=z-z=0$$

7.

$$\nabla\phi=\frac{\partial\phi}{\partial x}\hat{i}+\frac{\partial\phi}{\partial y}\hat{j}+\frac{\partial\phi}{\partial z}\hat{k}=\cos(x+y+z)\left(\hat{i}+\hat{j}+\hat{k}\right)$$

$\nabla\times(\nabla\phi)$

$$=\begin{vmatrix}\hat{i}&\hat{j}&\hat{k}\\ \dfrac{\partial}{\partial x}&\dfrac{\partial}{\partial y}&\dfrac{\partial}{\partial z}\\ \cos(x+y+z)&\cos(x+y+z)&\cos(x+y+z)\end{vmatrix}$$
$$=0$$

9.

$$\nabla\times\vec{F}=\begin{vmatrix}\hat{i} & \hat{j} & \hat{k}\\ \dfrac{\partial}{\partial x} & \dfrac{\partial}{\partial y} & \dfrac{\partial}{\partial z}\\ x & 2y & 3z\end{vmatrix}=0$$

11.

$$\nabla\times\vec{F}=\begin{vmatrix}\hat{i} & \hat{j} & \hat{k}\\ \dfrac{\partial}{\partial x} & \dfrac{\partial}{\partial y} & \dfrac{\partial}{\partial z}\\ \sinh(x-z) & 3y & z-y^2\end{vmatrix}$$

$$=\begin{vmatrix}\dfrac{\partial}{\partial y} & \dfrac{\partial}{\partial z}\\ 3y & z-y^2\end{vmatrix}\hat{i}-\begin{vmatrix}\dfrac{\partial}{\partial x} & \dfrac{\partial}{\partial z}\\ \sinh(x-z) & z-y^2\end{vmatrix}\hat{j}$$

$$+\begin{vmatrix}\dfrac{\partial}{\partial x} & \dfrac{\partial}{\partial y}\\ \sinh(x-z) & 3y\end{vmatrix}\hat{k}$$

$$=-2y\hat{i}-\cosh(x-z)\hat{j}$$

13.

$$\nabla\phi=\frac{\partial\phi}{\partial x}\hat{i}+\frac{\partial\phi}{\partial y}\hat{j}+\frac{\partial\phi}{\partial z}\hat{k}=\hat{i}+ze^{yz}\hat{j}+ye^{yz}\hat{k}$$

所以

$$\nabla\cdot(\nabla\phi)=\frac{\partial}{\partial x}1+\frac{\partial}{\partial y}ze^{yz}+\frac{\partial}{\partial z}ye^{yz}=(y^2+z^2)e^{yz}$$

第六章 類題練習解答

6-1 線積分

1.

$$\vec{F}:t\hat{i}+t^2\hat{j}+t^3\hat{k}$$

$$\vec{r}(t)=t\hat{i}+t^2\hat{j}+t^3\hat{k}\ ,\ \frac{d\vec{r}}{dt}=\hat{i}+2t\hat{j}+3t^2\hat{k}$$

$$\vec{F}\cdot d\vec{r}=(t+2t^3+3t^5)dt$$

$$\int_C\vec{F}\cdot d\vec{r}=\int_1^2(t+2t^3+3t^5)dt=\frac{81}{2}$$

3.

$$\vec{F}(t)=\sin(t)\hat{j}$$

$$\vec{r}(t)=\hat{i}+t\hat{j}+t^2\hat{k}$$

$$\frac{d\vec{r}}{dt}=\hat{j}+2t\hat{k}$$

$$\vec{F}\cdot d\vec{r}=\sin(t)dt$$

$$\int_C\vec{F}\cdot d\vec{r}=\int_{\frac{\pi}{2}}^{\frac{3\pi}{2}}\sin(t)dt=0$$

5.

$$\vec{F}=e\hat{i}+(t-1)e^t\hat{j}$$

$$\vec{r}(t)=\hat{i}+t\hat{j}+(t-1)\hat{k}$$

$$\frac{d\vec{r}}{dt}=\hat{j}+\hat{k}$$

$$\vec{F}\cdot d\vec{r}=[(t-1)e^t]dt$$

$$\int_C\vec{F}\cdot d\vec{r}=\int_0^1[(t-1)e^t]dt=2-e$$

7.

$$\vec{F}=t^6\hat{i}-4\sqrt{t}+t^2\sqrt{t}\hat{k}$$

$$\vec{r}(t)=t^2\hat{i}+\sqrt{t}\hat{j}+2\sqrt{t}\hat{k}$$

$$\frac{d\vec{r}}{dt}=2t\hat{i}+\frac{1}{2}\frac{1}{\sqrt{t}}\hat{j}+\frac{1}{\sqrt{t}}\hat{k}$$

$$\vec{F}\cdot d\vec{r}=[2t^7+t^2-2]dt$$

$$\int_C\vec{F}\cdot d\vec{r}=\int_2^4[2t^7+t^2-2]dt=\frac{49004}{3}$$

9.

$$\vec{F}(t)=8t\cos(t)\hat{i}+2\sin(t)\hat{j}$$

$$\vec{r}(t)=\cos(t)\hat{i}+\sin(t)\hat{j}+t\hat{k}$$

$$\frac{d\vec{r}}{dt}=-\sin(t)\hat{i}+\cos(t)\hat{j}+\hat{k}$$

$$\vec{F}\cdot d\vec{r}=[-8t\cos(t)\sin(t)+2\sin(t)\cos(t)]dt$$

$$\int_C\vec{F}\cdot d\vec{r}=\int_0^{2\pi}[-8t\cos(t)\sin(t)+2\sin(t)\cos(t)]dt$$

$$=4\pi$$

11.

$$\nabla\times\vec{F}=\begin{vmatrix}\hat{i} & \hat{j} & \hat{k}\\ \dfrac{\partial}{\partial x} & \dfrac{\partial}{\partial y} & \dfrac{\partial}{\partial z}\\ xy+3 & \dfrac{1}{2}x^2-3z & -3y\end{vmatrix}=0\ ,$$

由 $\nabla\times\vec{F}=\vec{0}$ 可知，存在一函數 $\phi(x,y,z)$ 使得 $\nabla\phi=\vec{F}$ ，即

$$\begin{cases}\dfrac{\partial\phi}{\partial x}=xy+3\\ \dfrac{\partial\phi}{\partial y}=\dfrac{1}{2}x^2-3z\\ \dfrac{\partial\phi}{\partial z}=-3y\end{cases}\Rightarrow\begin{cases}\phi=\dfrac{1}{2}x^2y+3x+f(y,z)\\ \phi=\dfrac{1}{2}x^2y-3yz+g(x,z)\\ \phi=-3yz+h(x,y)\end{cases}$$

取聯集得 $\phi(x,y,z)=\dfrac{1}{2}x^2y-3yz+3x$

由於 $\nabla\times\vec{F}=\vec{0}$，所求之線積分值與路徑無關，故

$$\int_C\vec{F}\cdot d\vec{r}=\phi(B)-\phi(A)=\phi(1,2,-3)-\phi(0,1,-1)=19$$

13.

$$\nabla\times\vec{F}=\begin{vmatrix}\hat{i}&\hat{j}&\hat{k}\\ \dfrac{\partial}{\partial x}&\dfrac{\partial}{\partial y}&\dfrac{\partial}{\partial z}\\ e^x&\sin y&z^5\end{vmatrix}=0$$

$\vec{F}=e^x\hat{i}+\sin y\hat{j}+z^5\hat{k}$ 為保守場。

$$\therefore\oint_C\vec{F}\cdot d\vec{r}=0$$

6-2 面積分

1.

$$\iint_{R_{xy}}f(x,y)dxdy=\int_a^b\int_{g_2(x)}^{g_1(x)}f(x,y)dydx$$

$$=\int_0^5\int_0^{-2x+10}2x^2ydydx$$

$$=\int_0^5\left(x^2y^2\Big|_0^{-2x+10}\right)dx$$

$$=\int_0^5 4x^4-40x^3+100x^2dx$$

$$=\frac{4}{5}x^5-10x^4+\frac{100}{3}x^3\Big|_0^5$$

$$=-\frac{5950}{3}$$

3. 令 $\phi(x,y,z)=2x+3y+6z-12$

則 $\nabla\phi=2\hat{i}+3\hat{j}+6\hat{k}$，$|\nabla\phi|=7$

$$\hat{n}=\frac{\nabla\phi}{|\nabla\phi|}=\frac{2\hat{i}+3\hat{j}+6\hat{k}}{7}$$

令 $z=\dfrac{12-2x-3y}{6}$ 代入，則

$$\vec{F}=(36-6x-9y)\hat{i}-12\hat{j}+3y\hat{k}$$

$$\Rightarrow\vec{F}\cdot\hat{n}=\frac{1}{7}(36-12x)$$

$$dA=\frac{dxdy}{|\hat{n}\cdot\hat{k}|}=\frac{7}{6}dxdy$$

$$\iint_s\vec{F}\cdot\hat{n}dA=\iint_{R_{xy}}(\vec{F}\cdot\hat{n})\frac{7}{6}dxdy$$

$$=\int_{y=0}^6\int_{x=0}^4(6-2x)dxdy=48$$

5. 令 $\phi(x,y,z)=\sqrt{x^2+y^2}-z$

則 $\nabla\phi=\dfrac{x}{\sqrt{x^2+y^2}}\hat{i}+\dfrac{y}{\sqrt{x^2+y^2}}\hat{j}-\hat{k}$，$|\nabla\phi|=\sqrt{2}$

$$\hat{n}=\frac{\nabla\phi}{|\nabla\phi|}=\frac{1}{\sqrt{2}}\left(\frac{x}{\sqrt{x^2+y^2}}\hat{i}+\frac{y}{\sqrt{x^2+y^2}}\hat{j}-\hat{k}\right)$$

令 $z=\sqrt{x^2+y^2}$ 代入，則

$$\vec{F}=xy\sqrt{x^2+y^2}\hat{i}-2\hat{j}+\hat{k}$$

$$\Rightarrow\vec{F}\cdot\hat{n}=\frac{1}{\sqrt{2}}\left(x^2y-\frac{2y}{\sqrt{x^2+y^2}}-1\right)$$

$$dA=\frac{dxdy}{|\hat{n}\cdot\hat{k}|}=\sqrt{2}dxdy$$

$$\iint_s\vec{F}\cdot\hat{n}dA=\iint_{R_{xy}}(\vec{F}\cdot\hat{n})\sqrt{2}dxdy$$

$$=\iint_{R_{xy}}\left(x^2y-\frac{2y}{\sqrt{x^2+y^2}}-1\right)dxdy$$

令 $x=r\cos\theta$，$y=r\sin\theta$，$0\le r\le1$，$0\le\theta\le2\pi$，$dxdy=rdrd\theta$

故 $\displaystyle\iint_{R_{xy}}\left(x^2y-\frac{2y}{\sqrt{x^2+y^2}}-1\right)dxdy$

$$=\int_{\theta=0}^{2\pi}\int_{r=0}^1(r^4\cos^2\theta\sin\theta-2r\sin\theta-r)drd\theta=-\pi$$

7.

$$\begin{cases}x=u\\ y=v\\ z=2u\end{cases}\text{代入 }\vec{F}$$

$$\Rightarrow\vec{F}=3x^2\hat{i}+y^2\hat{j}=3u^2\hat{i}+v^2\hat{j}$$

又 $\dfrac{\partial\vec{r}}{\partial u}=\hat{i}+2\hat{k}$，$\dfrac{\partial\vec{r}}{\partial v}=\hat{j}$

$$\therefore \frac{\partial \vec{r}}{\partial u} \times \frac{\partial \vec{r}}{\partial v} = \begin{vmatrix} \hat{i} & \hat{j} & \hat{k} \\ 1 & 0 & 2 \\ 0 & 1 & 0 \end{vmatrix} = \hat{k} - 2\hat{i}$$

$$\iint_s \vec{F} \cdot \hat{n} dA = \int_0^1 \int_0^2 \vec{F} \cdot \pm \frac{\frac{\partial \vec{r}}{\partial u} \times \frac{\partial \vec{r}}{\partial v}}{\left| \frac{\partial \vec{r}}{\partial u} \times \frac{\partial \vec{r}}{\partial v} \right|} \left| \frac{\partial \vec{r}}{\partial u} \times \frac{\partial \vec{r}}{\partial v} \right| dudv$$

$$= \pm \int_0^1 \int_0^2 \left(3u^2 \hat{i} + v^2 \hat{j}\right) \cdot \left(\hat{k} - 2\hat{i}\right) dudv = \pm 16$$

9.

$$\begin{cases} x = u\cos v \\ y = u\sin v \quad \text{代入 } \vec{F} \\ z = u \end{cases}$$

$$\vec{F} = (u\cos v - u)\hat{i} + (u\sin v - u\cos v)\hat{j} + (u - u\sin v)\hat{k}$$

$$\frac{\partial \vec{r}}{\partial u} = \hat{i} \cdot \cos v + \hat{j} \cdot \sin v + \hat{k}$$

$$\frac{\partial \vec{r}}{\partial v} = \hat{i}(-u\sin v) + \hat{j} u\cos v$$

$$\frac{\partial \vec{r}}{\partial u} \times \frac{\partial \vec{r}}{\partial v} = \begin{vmatrix} \hat{i} & \hat{j} & \hat{k} \\ \cos v & \sin v & 1 \\ -u\sin v & u\cos v & 0 \end{vmatrix}$$

$$= \hat{i}(-u\cos v) + \hat{j}(-u\sin v) + \hat{k}\left(u\cos^2 v + u\sin^2 v\right)$$

$$= \hat{i}(-u\cos v) + \hat{j}(-u\sin v) + \hat{k}u$$

$$\therefore \iint_s \vec{F} \cdot \hat{n} dA = \iint_s \vec{F} \cdot \pm \frac{\frac{\partial \vec{r}}{\partial u} \times \frac{\partial \vec{r}}{\partial v}}{\left| \frac{\partial \vec{r}}{\partial u} \times \frac{\partial \vec{r}}{\partial v} \right|} \left| \frac{\partial \vec{r}}{\partial u} \times \frac{\partial \vec{r}}{\partial v} \right| dudv$$

$$= \int_0^{2\pi} \int_0^3 \Big[(u\cos v - u)\hat{i} + (u\sin v - u\cos v)\hat{j} + (u - u\sin v)\hat{k} \Big] \cdot \Big[\hat{i}(-u\cos v) + \hat{j}(-u\sin v) + \hat{k}u \Big] dudv$$

$$= \int_0^{2\pi} \int_0^3 u^2 \left(-\cos^2 v + \cos v - \sin^2 v + \sin v\cos v + 1 - \sin v\right) dudv$$

$$= \int_0^{2\pi} (\cos v - \sin v + \sin v\cos v) \cdot \frac{1}{3}u^3 \Big|_0^3 dv$$

$$= 9\int_0^{2\pi} (\cos v - \sin v + \sin v\cos v) dv$$

$$= 9 \cdot \left(\sin v + \cos v + \frac{1}{2}\sin^2 v \right) \Big|_0^{2\pi} = 0$$

6-3 體積分

1.

$$\iiint_D f(x,y,z) dV = \int_0^c \int_0^b \int_0^a (x+y+z) dxdydz$$

$$= \int_0^c \int_0^b \left(\frac{1}{2}x^2 + xy + xz \right) \Big|_{x=0}^a dydz$$

$$= \int_0^c \left(\frac{1}{2}a^2 y + \frac{1}{2}ay^2 + ayz \right) \Big|_{y=0}^b dz$$

$$= \left(\frac{1}{2}a^2 bz + \frac{1}{2}ab^2 z + \frac{1}{2}abz^2 \right) \Big|_{z=0}^c$$

$$= \frac{1}{2}a^2 bc + \frac{1}{2}ab^2 c + \frac{1}{2}abc^2$$

3. 本題採用球座標表示法

$$令 \begin{cases} x = R\sin\theta\cos\phi \\ y = R\sin\theta\sin\phi \\ z = R\cos\theta \end{cases},$$

其中 $0 \le R \le 1$，$0 \le \theta \le \pi$，$0 \le \phi \le 2\pi$

則 $f = x^2 + y^2 + z^2 = R^2$

且 $dV = R^2 \sin\theta dRd\theta d\phi$

$$\iiint_D f(x,y,z) dV$$

$$= \int_0^{2\pi} \int_0^{\pi} \int_0^1 R^2 \cdot R^2 \sin\theta dRd\theta d\phi$$

$$= \int_0^{2\pi} \int_0^{\pi} \left(\frac{1}{5}R^5 \sin\theta \right) \Big|_{R=0}^1 d\theta d\phi$$

$$= -\frac{1}{5} \int_0^{2\pi} \cos\theta \Big|_{\theta=0}^{\pi} d\phi$$

$$= \frac{2}{5}\phi \Big|_{\phi=0}^{2\pi}$$

$$= \frac{4}{5}\pi$$

5.

$$Q = \iiint_D \rho dV = \int_0^{2\pi} \int_0^{\pi} \int_0^1 k \cdot R \cdot R^2 \sin\theta dRd\theta d\phi$$

$$= \int_0^{2\pi} \int_0^{\pi} \frac{k}{4} R^4 \sin\theta \Big|_{R=0}^a d\theta d\phi$$

$$= \frac{k}{4}a^4 \int_0^{2\pi} -\cos\theta \Big|_{\theta=0}^{\pi} d\phi$$

$$= \frac{k}{2}a^4 \phi \Big|_{\phi=0}^{2\pi} = \pi k a^4 \text{（庫侖）}$$

6-4 積分定理

1.

$$\oint_C \vec{F}\cdot d\vec{r} = \oint_C \left[(x+y)\hat{i}+(x-y)\hat{j}\right]\cdot\left(\hat{i}dx+\hat{j}dy\right)$$

$$=\oint_C (x+y)\,dx+(x-y)dy$$

$$=\int_{y=0}^{1}\int_{x=0}^{1}\left[\frac{\partial}{\partial x}(x-y)-\frac{\partial}{\partial y}(x+y)\right]dxdy=0$$

3.

$$\oint_C \vec{F}\cdot d\vec{r} = \oint_C \left[(x-y)\hat{i}+(xy)\hat{j}\right]\cdot\left(\hat{i}dx+\hat{j}dy\right)$$

$$=\oint_C (x-y)dx+(xy)dy$$

$$=\iint_R \left[\frac{\partial}{\partial x}(xy)-\frac{\partial}{\partial y}(x-y)\right]dxdy$$

$$=\iint_R (y+1)dxdy$$

$$=\int_{\theta=0}^{\frac{\pi}{2}}\int_{r=0}^{1}\left[r\sin\theta+1\right]rdrd\theta$$

$$=\int_0^{\frac{\pi}{2}}\left(\frac{1}{3}r^3\sin\theta+\frac{1}{2}r^2\right)\Bigg|_{r=0}^{1}d\theta=\int_0^{\frac{\pi}{2}}\left(\frac{1}{3}\sin\theta+\frac{1}{2}\right)d\theta$$

$$=\frac{\pi}{4}+\frac{1}{3}$$

5.

$$\oiint_S \vec{F}\cdot\hat{n}dA=\iiint_D \nabla\cdot\vec{F}dV$$

$$=\iiint_D \left[\frac{\partial}{\partial x}x^2+\frac{\partial}{\partial y}(x+y)+\frac{\partial}{\partial z}yz\right]dV$$

$$=\iiint_D [2x+1+y]dV$$

$$=\int_{\phi=0}^{\frac{\pi}{2}}\int_{\theta=0}^{\frac{\pi}{2}}\int_{R=0}^{1}\left(2R\sin\theta\cos\phi+1+R\sin\theta\sin\phi\right)R^2\sin\theta d\theta d\phi$$

$$=\int_{\phi=0}^{\frac{\pi}{2}}\int_{\theta=0}^{\frac{\pi}{2}}\left(\frac{2}{4}R^4\sin^2\theta\cos\phi+\frac{1}{3}R^3\sin\theta+\frac{1}{4}R^4\sin^2\theta\sin\phi\right)\Bigg|_{R=0}^{1}d\theta d\phi$$

$$=\int_{\phi=0}^{\frac{\pi}{2}}\int_{\theta=0}^{\frac{\pi}{2}}\left(\frac{1}{2}\sin^2\theta\cos\phi+\frac{1}{3}\sin\theta+\frac{1}{4}\sin^2\theta\sin\phi\right)d\theta d\phi$$

$$=\int_0^{\frac{\pi}{2}}\left[(\frac{1}{2}\cos\phi+\frac{1}{4}\sin\phi)\cdot(\frac{1}{2}\theta-\frac{1}{4}\sin 2\theta)-\frac{1}{3}\cos\theta\right]\Bigg|_{\theta=0}^{\pi/2}d\phi$$

$$=\int_0^{\frac{\pi}{2}}(\frac{\pi}{8}\cos\phi+\frac{\pi}{16}\sin\phi+\frac{1}{3})d\phi=\frac{17}{48}\pi$$

7.

$$\because\ \nabla\cdot\vec{F}=\frac{\partial}{\partial x}e^y+\frac{\partial}{\partial y}\sin z+\frac{\partial}{\partial z}x^2=0$$

$$\therefore\ \oiint_S \vec{F}\cdot\hat{n}dA=\iiint_D \nabla\cdot\vec{F}dV=0$$

9.

$$\nabla\times\vec{F}=\begin{vmatrix}\hat{i} & \hat{j} & \hat{k}\\ \frac{\partial}{\partial x} & \frac{\partial}{\partial y} & \frac{\partial}{\partial z}\\ x^2 & x+y & yz\end{vmatrix}=z\hat{i}+\hat{k}$$

又 C 位於 $y-z$ 平面，故 $\hat{n}=\hat{i}$

$$\oint_C \vec{F}\cdot d\vec{r}=\iint_S (\nabla\times\vec{F})\cdot\hat{n}dA$$

$$=\iint_S \left(z\hat{i}+\hat{k}\right)\cdot idA=\iint_S zdA$$

$$=\int_{\theta=0}^{2\pi}\int_{r=0}^{1}\left(r\cos\theta\right)rdrd\theta$$

$$=\int_0^{2\pi}(\frac{1}{3}\cos\theta)d\theta$$

$$=\frac{1}{3}\sin\theta\Big|_0^{2\pi}=0$$

11.

$$\nabla\times\vec{F}=\begin{vmatrix}\hat{i} & \hat{j} & \hat{k}\\ \frac{\partial}{\partial x} & \frac{\partial}{\partial y} & \frac{\partial}{\partial z}\\ 2x+y\cos xy & e^{y+z}+x\cos xy & e^{y+z}\end{vmatrix}$$

$$=\hat{i}\left(e^{y+z}-e^{y+z}\right)+\hat{k}\left(\cos xy-yx\sin xy-\cos xy+yx\sin xy\right)$$

$$=0$$

$$\therefore\ \oint_C \vec{F}\cdot d\vec{r}=\iint_S (\nabla\times\vec{F})\cdot\hat{n}dA=0$$

第七章　類題練習解答

7-1 傅立葉級數

1. 在 $-\pi \le x \le \pi$ 時，$f(x)$ 為一偶函數，令

$$f(x) = -x^2 = a_0 + \sum_{n=1}^{\infty} a_n \cos(nx)$$

其中

$$a_0 = \frac{1}{2\pi}\int_{-\pi}^{\pi} f(x)dx = \frac{1}{\pi}\int_0^{\pi} -x^2 dx = -\frac{1}{3}\pi^2$$

$$a_n = \frac{2}{2\pi}\int_{-\pi}^{\pi} f(x)\cos(nx)dx$$

$$= \frac{2}{\pi}\int_0^{\pi} -x^2\cos(nx)dx = -\frac{4(-1)^n}{n^2}$$

則 $f(x)$ 之傅立葉級數為

$$-\frac{1}{3}\pi^2 - 4\sum_{n=1}^{\infty}\frac{(-1)^n}{n^2}\cos(nx), \quad -\pi \le x \le \pi$$

3. $f(x)$ 為不具奇偶性的週期函數，週期 $p = 2\pi$，而 $\omega_0 = \frac{2\pi}{p} = 1$

其傅立葉級數可假設如下

$$f(x) = a_0 + \sum_{n=1}^{\infty} a_n \cos(nx) + b_n \sin(nx)$$

各係數計算如下

$$a_0 = \frac{1}{2\pi}\int_{-\pi}^{\pi} f(x)dx = \frac{1}{2\pi}\int_0^{\pi} xdx = \frac{\pi}{4}$$

$$a_n = \frac{1}{\pi}\int_{-\pi}^{\pi} f(x)\cos(nx)dx$$

$$= \frac{1}{\pi}\int_0^{\pi} x\cos(nx)dx = \frac{(-1)^n - 1}{\pi n^2}$$

$$b_n = \frac{1}{\pi}\int_{-\pi}^{\pi} f(x)\sin(nx)dx$$

$$= \frac{1}{\pi}\int_0^{\pi} x\sin(nx)dx = \frac{(-1)^{n+1}}{n}$$

故可得 $f(x)$ 之傅立葉級數為

$$\frac{\pi}{4} + \sum_{n=1}^{\infty}\frac{(-1)^n - 1}{\pi n^2}\cos(nx) + \frac{(-1)^{n+1}}{n}\sin(nx)$$

5. 在 $-\pi \le x \le \pi$ 時，由於

$$f(x) = 2\sinh x = -2\sinh(-x) = -f(-x)$$

可知 $f(x)$ 為一奇函數，令

$$f(x) = 2\sinh x = e^x - e^{-x} = \sum_{n=1}^{\infty} b_n \sin(nx)$$

且

$$b_n = \frac{2}{2\pi}\int_{-\pi}^{\pi} f(x)\sin(nx)dx$$

$$= \frac{2}{\pi}\int_0^{\pi}(e^x - e^{-x})\sin(nx)dx = \frac{4n(-1)^{n+1}}{\pi(n^2+1)}\sinh(\pi)$$

則 $f(x)$ 之傅立葉級數為

$$\frac{4\sinh(\pi)}{\pi}\sum_{n=1}^{\infty}\frac{n(-1)^{n+1}}{n^2+1}\sin(nx), \quad -\pi \le x \le \pi$$

7. 本題之 $f(x)$ 為週期函數，週期 $p = 6$，且 $\omega_0 = \frac{2\pi}{p} = \frac{\pi}{3}$

故此題相當於求 $f(x) = \begin{cases} x+2, & -3 \le x \le 0 \\ x-4, & 0 \le x \le 3 \end{cases}$，

$f(x+6) = f(x)$ 的傅立葉級數

因此可令

$$f(x) = \begin{cases} x+2, & -3 \le x \le 0 \\ x-4, & 0 \le x \le 3 \end{cases}$$

$$= a_0 + \sum_{n=1}^{\infty} a_n \cos\left(\frac{n\pi x}{3}\right) + b_n \sin\left(\frac{n\pi x}{3}\right)$$

各係數計算如下

$$a_0 = \frac{1}{6}\int_{-3}^{3} f(x)dx$$

$$= \frac{1}{6}\left(\int_{-3}^{0}(x+2)dx + \int_0^3 (x-4)dx\right) = -1$$

$$a_n = \frac{1}{3}\left(\int_{-3}^{0}(x+2)\cos\left(\frac{n\pi x}{3}\right)dx + \int_0^3 (x-4)\cos\left(\frac{n\pi x}{3}\right)dx\right) = 0$$

$$b_n = \frac{1}{3}\left(\int_{-3}^{0}(x+2)\sin\left(\frac{n\pi x}{3}\right)dx + \int_0^3 (x-4)\sin\left(\frac{n\pi x}{3}\right)dx\right) = -\frac{6}{n\pi}$$

故可得 $f(x)$ 之傅立葉級數為

$$-1 - \frac{6}{\pi}\sum_{n=1}^{\infty}\frac{1}{n}\sin\left(\frac{n\pi x}{3}\right)$$

9. 本題之 $f(x)$ 為不具奇偶性的週期函數，週期 $p = 4\pi$，且 $\omega_0 = \frac{2\pi}{p} = \frac{1}{2}$

其傅立葉級數可假設如下

$$f(x)=\begin{cases}2\sin(x/2), & 0\le x<2\pi\\ 0, & -2\pi\le x<0\end{cases}$$
$$=a_0+\sum_{n=1}^{\infty}a_n\cos\left(\frac{nx}{2}\right)+b_n\sin\left(\frac{nx}{2}\right)$$

各係數為

$$a_0=\frac{1}{4\pi}\int_{-2\pi}^{2\pi}f(x)dx=\frac{1}{4\pi}\int_0^{2\pi}2\sin(x/2)dx=\frac{2}{\pi}$$
$$a_n=\frac{2}{4\pi}\int_{-2\pi}^{2\pi}f(x)\cos\left(\frac{nx}{2}\right)dx$$
$$=\frac{1}{2\pi}\int_0^{2\pi}2\sin\left(\frac{x}{2}\right)\cos\left(\frac{nx}{2}\right)dx$$
$$=\begin{cases}0, & n=1\\ -\dfrac{2(1+(-1)^n)}{\pi(n^2-1)}, & n=2,3,\ldots\end{cases}$$

$$b_n=\frac{2}{4\pi}\int_{-2\pi}^{2\pi}f(x)\sin\left(\frac{nx}{2}\right)dx$$
$$=\frac{1}{2\pi}\int_0^{2\pi}2\sin\left(\frac{x}{2}\right)\sin\left(\frac{nx}{2}\right)dx$$
$$=\begin{cases}1, & n=1\\ -\dfrac{2\sin(n\pi)}{\pi(n^2-1)}=0, & n=2,3,\ldots\end{cases}$$

則 $f(x)$ 之傅立葉級數為

$$\frac{2}{\pi}+\sin\left(\frac{nx}{2}\right)-\frac{2}{\pi}\sum_{n=2}^{\infty}\frac{1+(-1)^n}{n^2-1}\cos\left(\frac{nx}{2}\right)$$

7-2 傅立葉級數之收斂性

1. 可將 $f(x)$ 看成對稱於 $x=1$ 的偶函數，故令

$$f(x)=\sin\left(\frac{\pi x}{2}\right)=a_0+\sum_{n=1}^{\infty}a_n\cos(n\pi x)$$

其中

$$a_0=\frac{1}{2}\int_0^2\sin\left(\frac{\pi x}{2}\right)dx=\int_0^1\sin\left(\frac{\pi x}{2}\right)dx=\frac{2}{\pi}$$
$$a_n=\frac{2}{2}\int_0^2\sin\left(\frac{\pi x}{2}\right)\cos(n\pi x)dx$$
$$=2\int_0^1\sin\left(\frac{\pi x}{2}\right)\cos(n\pi x)dx=\frac{-4}{\pi(4n^2-1)}$$

則 $f(x)$ 之傅立葉級數為

$$\frac{2}{\pi}-\frac{4}{\pi}\sum_{n=1}^{\infty}\frac{1}{4n^2-1}\cos(n\pi x),\quad 0\le x\le 2$$

且級數在區間 $0\le x\le 2$ 均收斂到 $f(x)$ 本身，即 $\sin(\pi x/2)$

故令 $x=0$ 代入級數可得

$$\frac{2}{\pi}-\frac{4}{\pi}\sum_{n=1}^{\infty}\frac{1}{4n^2-1}=\sin(0)=0$$

亦即

$$\sum_{n=1}^{\infty}\frac{1}{4n^2-1}=\frac{1}{4\cdot1^2-1}+\frac{1}{4\cdot2^2-1}+\frac{1}{4\cdot3^2-1}+\cdots$$
$$=\frac{1}{2}$$

若令 $x=1$ 可得

$$\frac{2}{\pi}+\frac{4}{\pi}\sum_{n=1}^{\infty}\frac{(-1)^{n+1}}{4n^2-1}=\sin\left(\frac{\pi}{2}\right)=1$$

亦即

$$\sum_{n=1}^{\infty}\frac{(-1)^{n+1}}{4n^2-1}=\frac{1}{4\cdot1^2-1}-\frac{1}{4\cdot2^2-1}+\frac{1}{4\cdot3^2-1}-\cdots$$
$$=\frac{\pi}{4}-\frac{1}{2}$$

則

$$\sum_{k=1}^{\infty}\frac{1}{(4k-2)^2-1}=\frac{1}{4\cdot1^2-1}+\frac{1}{4\cdot3^2-1}+\frac{1}{4\cdot5^2-1}+\cdots$$
$$=\frac{1}{2}\left(\frac{1}{2}+\frac{\pi}{4}-\frac{1}{2}\right)=\frac{\pi}{8}$$

3. $f(x)$ 之傅立葉級數為 (7-1 節之類題練習 3)

$$\frac{4\sinh(\pi)}{\pi}\sum_{n=1}^{\infty}\frac{n(-1)^{n+1}}{n^2+1}\sin(nx),\quad -\pi\le x\le\pi$$

該級數之收斂性為

$$\begin{cases}2\sinh x, & -\pi<x<\pi\\ 0, & x=\pm\pi\end{cases}$$

5. $f(x)$ 之傅立葉級數為 (7-1 節之類題練習 5)

$$-1-\frac{6}{\pi}\sum_{n=1}^{\infty}\frac{1}{n}\sin\left(\frac{n\pi x}{3}\right),\quad -3\le x\le 3$$

該級數之收斂性為

$$\begin{cases}x+2, & -3<x<0\\ x-4, & 0<x<3\\ -1, & x=0,\ \pm3\end{cases}$$

7. $f(x)$ 之傅立葉級數為 (7-1 節之類題練習 7)

$$\frac{2}{\pi}+\sin\left(\frac{nx}{2}\right)-\frac{2}{\pi}\sum_{n=2}^{\infty}\frac{1+(-1)^n}{n^2-1}\cos\left(\frac{nx}{2}\right),$$
$$-2\pi\le x\le 2\pi$$

該級數之收斂性為

$$\begin{cases} 2\sin(x/2), & 0<x<2\pi \\ 0, & -2\pi<x<0 \\ 0, & x=0,\ \pm 2\pi \end{cases}$$

令 $x=0$ 代回級數得

$$\frac{2}{\pi}-\frac{2}{\pi}\sum_{n=2}^{\infty}\frac{1+(-1)^n}{n^2-1}=\frac{2}{\pi}-\frac{4}{\pi}\sum_{n=2,4,6,\cdots}^{\infty}\frac{1}{n^2-1}=0$$

亦即

$$\frac{2}{\pi}-\frac{4}{\pi}\sum_{n=2,4,6,\cdots}^{\infty}\frac{1}{n^2-1}$$

$$=\frac{2}{\pi}-\frac{4}{\pi}\left(\frac{1}{1\times 3}+\frac{1}{3\times 5}+\frac{1}{5\times 7}+\cdots\right)=0$$

故

$$\frac{1}{1\times 3}+\frac{1}{3\times 5}+\frac{1}{5\times 7}+\cdots=\frac{1}{2}$$

7-3 傅立葉餘弦級數與傅立葉正弦級數

1. 餘弦級數：其係數為

$$a_0=\frac{1}{\pi}\int_0^{\pi}f(x)dx=\frac{1}{\pi}\int_0^{\frac{\pi}{2}}dx=\frac{1}{2}$$

$$a_n=\frac{2}{\pi}\int_0^{\pi}f(x)\cos nxdx$$

$$=\frac{2}{\pi}\int_0^{\frac{\pi}{2}}\cos nxdx=\frac{2}{n\pi}\sin\frac{n\pi}{2}$$

故 $f(x)$ 之傅立葉餘弦級數為

$$\frac{1}{2}+\frac{2}{\pi}\sum_{n=1}^{\infty}\frac{1}{n}\sin\frac{n\pi}{2}\cos nx$$

此級數收斂至

$$\begin{cases} 0, & 0\le x<\frac{\pi}{2} \\ \frac{1}{2}, & x=\frac{\pi}{2} \\ 1, & \frac{\pi}{2}<x\le\pi \end{cases}$$

正弦級數：其係數為

$$b_n=\frac{2}{\pi}\int_0^{\pi}f(x)\sin nxdx=\frac{2}{\pi}\int_0^{\frac{\pi}{2}}\sin nxdx$$

$$=\frac{2}{n\pi}\left(1-\cos\frac{n\pi}{2}\right)$$

故 $f(x)$ 之傅立葉正弦級數為

$$\frac{2}{\pi}\sum_{n=1}^{\infty}\frac{1}{n}\left(1-\cos\frac{n\pi}{2}\right)\sin nx$$

且級數收斂至

$$\begin{cases} 0, & x=0 \\ 1, & 0<x<\frac{\pi}{2} \\ \frac{1}{2}, & x=\frac{\pi}{2} \\ 0, & \frac{\pi}{2}<x\le\pi \end{cases}$$

3. 餘弦級數：其係數為

$$a_0=\int_0^1 f(x)dx=\int_0^1 xdx=\frac{1}{2}$$

$$a_n=2\int_0^1 f(x)\cos(n\pi x)dx$$

$$=2\int_0^1 x\cos(n\pi x)dx=\frac{2}{n^2\pi^2}[n\pi-1+(-1)^n]$$

故 $f(x)$ 於 $0\le x\le 1$ 上之傅立葉餘弦級數為

$$\frac{1}{2}+\frac{2}{\pi^2}\sum_{n=1}^{\infty}\frac{1}{n^2}[n\pi-1+(-1)^n]\cos(n\pi x)$$

此級數收斂至

$$\begin{cases} x, & 0<x<1 \\ 0, & x=0 \\ 1, & x=1 \end{cases}$$

正弦級數：其係數為

$$b_n=2\int_0^1 f(x)\sin(n\pi x)dx$$

$$=2\int_0^1 x\sin(n\pi x)dx=\frac{-2}{n^2\pi^2}[n\pi+(-1)^n]$$

故 $f(x)$ 於 $0\le x\le 1$ 上之傅立葉正弦級數為

$$\frac{-2}{\pi^2}\sum_{n=1}^{\infty}\frac{1}{n^2}[n\pi+(-1)^n]\sin(n\pi x)$$

且此級數收斂至

$$\begin{cases} x, & 0<x<1 \\ 0, & x=0,\ 1 \end{cases}$$

5. 餘弦級數：其係數為

$$a_0=\frac{1}{3}\int_0^3 f(x)dx=\frac{1}{3}\left(\int_1^2 1dx+\int_2^3 2dx\right)=1$$

$$a_n=\frac{2}{3}\int_0^3 f(x)\cos\left(\frac{n\pi x}{3}\right)dx$$

$$=\frac{2}{3}\left(\int_1^2\cos\left(\frac{n\pi x}{3}\right)dx+\int_2^3 2\cos\left(\frac{n\pi x}{3}\right)dx\right)$$

$$=\frac{-2}{n\pi}\left(\sin\left(\frac{n\pi}{3}\right)+\sin\left(\frac{2n\pi}{3}\right)\right)$$

故 $f(x)$ 之傅立葉餘弦級數為

$$1-\frac{2}{\pi}\sum_{n=1}^{\infty}\frac{1}{n}\left(\sin\left(\frac{n\pi}{3}\right)+\sin\left(\frac{2n\pi}{3}\right)\right)\cos\left(\frac{n\pi x}{3}\right)$$

此級數收斂至

$$\begin{cases}0, & 0\le x<1\\ 1, & 1<x<2\\ 2, & 2<x\le 3\end{cases}\text{ 以及 }\begin{cases}1/2, & x=1\\ 3/2, & x=2\end{cases}$$

正弦級數：其係數為

$$b_n=\frac{2}{3}\int_0^3 f(x)\sin\left(\frac{n\pi x}{3}\right)dx$$

$$=\frac{2}{3}\left(\int_1^2\sin\left(\frac{n\pi x}{3}\right)dx+\int_2^3 2\sin\left(\frac{n\pi x}{3}\right)dx\right)$$

$$=\frac{2}{n\pi}\left(\cos\left(\frac{n\pi}{3}\right)+\cos\left(\frac{2n\pi}{3}\right)-2(-1)^n\right)$$

故 $f(x)$ 之傅立葉正弦級數為

$$\frac{2}{\pi}\sum_{n=1}^{\infty}\frac{1}{n}\left(\cos\left(\frac{n\pi}{3}\right)+\cos\left(\frac{2n\pi}{3}\right)-2(-1)^n\right)\sin\left(\frac{n\pi x}{3}\right)$$

且級數收斂至

$$\begin{cases}0, & 0<x<1\\ 1, & 1<x<2\\ 2, & 2<x\le 3\end{cases}\text{ 以及 }\begin{cases}0, & x=0,\ 3\\ 1/2, & x=1\\ 3/2, & x=2\end{cases}$$

7. 餘弦級數：其係數為

$$a_0=\frac{1}{2}\int_0^2 f(x)dx=\frac{1}{2}\int_0^2(2-3x^2)dx=-2$$

$$a_n=\frac{2}{2}\int_0^2 f(x)\cos\left(\frac{n\pi x}{2}\right)dx$$

$$=\int_0^2(2-3x^2)\cos\left(\frac{n\pi x}{2}\right)dx=\frac{-48(-1)^n}{n^2\pi^2}$$

故 $f(x)$ 於 $0\le x\le 2$ 上之傅立葉餘弦級數為

$$-2-\frac{48}{\pi^2}\sum_{n=1}^{\infty}\frac{(-1)^n}{n^2}\cos\left(\frac{n\pi x}{2}\right)$$

此級數收斂至

$$\begin{cases}2-3x^2, & 0<x<2\\ 2, & x=0\\ -10, & x=2\end{cases}$$

正弦級數：其係數為

$$b_n=\frac{2}{2}\int_0^2 f(x)\sin\left(\frac{n\pi x}{2}\right)dx$$

$$=\int_0^2(2-3x^2)\sin\left(\frac{n\pi x}{2}\right)dx$$

$$=\frac{4(12+n^2\pi^2+(5n^2\pi^2-12)(-1)^n)}{n^3\pi^3}$$

故 $f(x)$ 於 $0\le x\le\pi$ 上之傅立葉正弦級數為

$$\frac{4}{\pi^3}\sum_{n=1}^{\infty}\frac{12+n^2\pi^2+(5n^2\pi^2-12)(-1)^n}{n^3}\sin\left(\frac{n\pi x}{2}\right)$$

且級數收斂至

$$\begin{cases}2-3x^2, & 0<x<2\\ 0, & x=0,\ 2\end{cases}$$

7-4 複數型傅立葉級數

1. 本題之週期 $p=2$，則 $\omega_0=2\pi/p=\pi$，故令

$$f(x)=\sum_{n=-\infty}^{\infty}C_n e^{in\pi x}$$

其中

$$C_n=\frac{1}{2}\int_0^1 xe^{-in\pi x}dx$$

$$=\begin{cases}\dfrac{1}{4}, & n=0\\ \dfrac{1}{2}\left[\dfrac{(-1)^n i}{n\pi}+\dfrac{(-1)^n-1}{n^2\pi^2}\right], & n=\pm1,\pm2,\cdots\end{cases}$$

故 $f(x)$ 之複數型傅立葉級數為

$$\frac{1}{4}+\frac{1}{2}\sum_{n=-\infty,\ n\ne0}^{\infty}\left[\frac{(-1)^n i}{n\pi}+\frac{(-1)^n-1}{n^2\pi^2}\right]e^{in\pi x}$$

3. 本題之週期 $p=1$，則 $\omega_0=2\pi/p=2\pi$，故令

$$f(x)=\sum_{n=-\infty}^{\infty}C_n e^{i2n\pi x}$$

其中

$$C_n=\int_{-1}^0 xe^{-i2n\pi x}dx=\begin{cases}-\dfrac{1}{2}, & n=0\\ \dfrac{i}{2n\pi}, & n=\pm1,\pm2,\cdots\end{cases}$$

故 $f(x)$ 之複數型傅立葉級數為

$$-\frac{1}{2}+\frac{i}{2\pi}\sum_{n=-\infty,\ n\ne0}^{\infty}\frac{1}{n}e^{i2n\pi x}$$

5. 本題之週期 $p=3$，則 $\omega_0=2\pi/p=2\pi/3$，故令

$$f(x)=\sum_{n=-\infty}^{\infty}C_n e^{i2n\pi x/3}$$

其中

$$C_n=\frac{1}{3}\left(\int_{-1}^{0}2e^{-i2n\pi x/3}dx+\int_{0}^{1}e^{-i2n\pi x/3}dx\right)$$

$$=\begin{cases}1, & n=0\\ \dfrac{i(1+e^{-2in\pi/3}-2e^{2in\pi/3})}{2n\pi}, & n=\pm1,\pm2,\cdots\end{cases}$$

故 $f(x)$ 之複數型傅立葉級數為

$$1+\frac{i}{2\pi}\sum_{n=-\infty,\,n\neq0}^{\infty}\frac{1+e^{-2in\pi/3}-2e^{2in\pi/3}}{n}e^{i2n\pi x/3}$$

7. 本題之週期 $p=2$，則 $\omega_0=2\pi/p=\pi$，故令

$$f(x)=\sum_{n=-\infty}^{\infty}C_ne^{in\pi x}$$

其中

$$C_n=\frac{1}{2}\int_0^2(2-3x^2)e^{-in\pi x}dx$$

$$=\begin{cases}-4, & n=0\\ -\dfrac{6+6in\pi}{n^2\pi^2}, & n=\pm1,\pm2,\cdots\end{cases}$$

故 $f(x)$ 之複數型傅立葉級數為

$$-4-\frac{6}{\pi^2}\sum_{n=-\infty,\,n\neq0}^{\infty}\frac{1+in\pi}{n^2}e^{in\pi x}$$

第八章　類題練習解答

8-1 傅立葉積分

1. $f(x)$ 之傅立葉積分的係數為

$$A_\omega=\frac{1}{\pi}\int_0^1\cos\omega x dx=\frac{\sin\omega}{\pi\omega}$$

$$B_\omega=\frac{1}{\pi}\int_0^1\sin(\omega x)dx=\frac{1-\cos\omega}{\pi\omega}$$

故可得 $f(x)$ 之傅立葉積分為

$$\frac{1}{\pi}\int_0^\infty\left(\frac{\sin\omega}{\omega}\cos\omega x+\frac{1-\cos\omega}{\omega}\sin\omega x\right)d\omega$$

且其收斂至

$$\begin{cases}1, & 0<x<1\\ 0, & x<0,x>1\\ \dfrac{1}{2}, & x=0,1\end{cases}$$

3. 由於 $f(x)$ 為奇函數，其傅立葉積分僅含有正弦項，即 $A_\omega=0$

而 $xe^{-|ax|}\sin(\omega x)$ 則成為偶函數，故

$$B_\omega=\frac{1}{\pi}\int_{-\infty}^{\infty}xe^{-|ax|}\sin(\omega x)dx$$

$$=\frac{2}{\pi}\int_0^\infty xe^{-|a|x}\sin(\omega x)dx=\frac{4\omega|a|}{\pi(\omega^2+|a|^2)^2}$$

故 $f(x)$ 之傅立葉積分為

$$\int_0^\infty\frac{4}{\pi}\frac{\omega|a|}{(\omega^2+|a|^2)^2}\sin(\omega x)d\omega$$

其恆收斂至 $f(x)$ 本身，亦即

$$f(x)=xe^{-|ax|}=\int_0^\infty\frac{4}{\pi}\frac{\omega|a|}{(\omega^2+|a|^2)^2}\sin(\omega x)d\omega$$

故，令 $x=1$ 、 $a=1$ 可得

$$e^{-1}=\int_0^\infty\frac{4}{\pi}\frac{\omega}{(\omega^2+1)^2}\sin(\omega)d\omega$$

$$=\frac{4}{\pi}\int_0^\infty\frac{\omega\sin(\omega)}{\omega^4+2\omega^2+1}d\omega$$

亦即

$$\int_0^\infty\frac{\omega\sin(\omega)}{\omega^4+2\omega^2+1}d\omega=\int_0^\infty\frac{x\sin(x)}{x^4+2x^2+1}dx=\frac{\pi}{4}e^{-1}$$

5. $f(x)$ 之傅立葉積分的係數為

$$A_\omega=\frac{1}{\pi}\left[\int_{-3}^{1}\cos(\omega x)dx-\int_1^3 2\cos(\omega x)dx\right]$$

$$=\frac{1}{\pi\omega}\left(3\sin(\omega)-\sin(3\omega)\right)$$

$$B_\omega=\frac{1}{\pi}\left[\int_{-3}^{1}\sin(\omega x)dx-\int_1^3 2\sin(\omega x)dx\right]$$

$$=\frac{3}{\pi\omega}\left(\cos(3\omega)-\cos(\omega)\right)$$

故可得 $f(x)$ 之傅立葉積分為

$$\int_0^\infty\frac{1}{\pi\omega}\Big[\left(3\sin(\omega)-\sin(3\omega)\right)\cos(\omega x)+\left(3\cos(3\omega)-3\cos(\omega)\right)\sin(\omega x)\Big]d\omega$$

且其收斂至

$$\begin{cases}1, & -3<x<1\\ -2, & 1<x<3\\ 0, & |x|>3\end{cases}\ \text{以及}\begin{cases}-1/2, & x=1\\ 1/2, & x=-3\\ -1, & x=3\end{cases}$$

7. 傅立葉餘弦積分的係數為

$$A_\omega=\frac{2}{\pi}\int_0^1\cos(\omega x)dx=\frac{2\sin\omega}{\pi\omega}$$

$f(x)$ 的傅立葉餘弦積分，即

$$\frac{2}{\pi}\int_0^\infty\frac{\sin\omega}{\omega}\cos(\omega x)d\omega$$

此時傅立葉餘弦積分之收斂情形為

$$\begin{cases} 1, & 0 \le x < 1 \\ 0, & x > 1 \\ \dfrac{1}{2}, & x = 1 \end{cases}$$

而其傅立葉正弦積分的係數則為

$$B_\omega = \frac{2}{\pi}\int_0^1 \sin(\omega x)dx = \frac{2(1-\cos\omega)}{\pi\omega}$$

$f(x)$ 的傅立葉正弦積分，即

$$\frac{2}{\pi}\int_0^\infty \frac{1-\cos\omega}{\omega}\sin(\omega x)d\omega$$

此時傅立葉正弦積分的收斂情形為

$$\begin{cases} 1, & 0 < x < 1 \\ \dfrac{1}{2}, & x = 1 \\ 0, & x > 1,\ x = 0 \end{cases}$$

9.

$$2\cos^2(x) = 1 + \cos(2x)$$

傅立葉餘弦積分的係數為

$$A_\omega = \frac{2}{\pi}\int_0^\pi (1+\cos(2x))\cos(\omega x)dx = \frac{4}{\pi}\frac{(\omega^2-2)\sin(\pi\omega)}{\omega(\omega^2-4)}$$

此時傅立葉餘弦積分之收斂情形為

$$\begin{cases} 2\cos^2(x), & 0 < x < \pi \\ 0, & x > \pi \end{cases} \text{以及} \begin{cases} 2, & x = 0 \\ 1, & x = \pi \end{cases}$$

而其傅立葉正弦積分的係數則為

$$B_\omega = \frac{2}{\pi}\int_0^\pi (1+\cos(2x))\sin(\omega x)dx = \frac{4}{\pi}\frac{(\omega^2-2)(1-\cos(\pi\omega))}{\omega(\omega^2-4)}$$

且傅立葉正弦積分的收斂情形為

$$\begin{cases} 2\cos^2(x), & 0 < x < \pi \\ 0, & x > \pi \end{cases} \text{以及} \begin{cases} 0, & x = 0 \\ 1, & x = \pi \end{cases}$$

11. $f(x)$ 之傅立葉正弦積分的係數為

$$B_\omega = \frac{2}{\pi}\int_0^\infty e^{-ax}\sin(\omega x)dx = \frac{2}{\pi}\frac{\omega}{a^2+\omega^2}$$

故 $f(x)$ 之傅立葉正弦積分為

$$\int_0^\infty \frac{2}{\pi}\frac{\omega}{a^2+\omega^2}\sin(\omega x)d\omega$$

又此傅立葉正弦積分的收斂情形為

$$\begin{cases} e^{-ax}, & x > 0 \\ 0, & x = 0 \end{cases}$$

令 $x = 2$ 及 $a = 3$ 可得

$$e^{-6} = \frac{2}{\pi}\int_0^\infty \frac{\omega}{\omega^2+9}\sin(2\omega)d\omega$$

亦即

$$\int_0^\infty \frac{\omega\sin(2\omega)}{\omega^2+9}d\omega = \int_0^\infty \frac{x\sin(2x)}{x^2+9}dx = \frac{\pi}{2}e^{-6}$$

8-2 傅立葉轉換

1.

$$\mathcal{F}\{f(t)\} = \int_{-\infty}^\infty f(t)e^{-i\omega t}dt = -\int_{-1}^0 e^{-i\omega t}dt + \int_0^1 e^{-i\omega t}dt = \frac{2i}{\omega}(\cos\omega - 1)$$

3.

$$f(t) = \begin{cases} |t|, & |t| \le 1 \\ 0, & |t| > 1 \end{cases} = \begin{cases} t, & 0 \le x \le 1 \\ -t, & -1 \le x \le 0 \\ 0, & |x| > 1 \end{cases} \text{為一偶函數}$$

$$\begin{aligned}\mathcal{F}\{f(t)\} &= \int_{-\infty}^\infty f(t)e^{-j\omega t}dt \\ &= \int_{-1}^1 |t|(\cos\omega t - j\sin\omega t)dt \\ &= 2\int_0^1 t\cos(\omega t)dt \\ &= \frac{2}{\omega^2}(\cos\omega + \omega\sin\omega - 1)\end{aligned}$$

5.

$$\mathcal{F}\left\{e^{-at^2}\right\} = \sqrt{\frac{\pi}{a}}e^{-\omega^2/4a} \Rightarrow \mathcal{F}\left\{e^{-t^2/4}\right\} = \sqrt{4\pi}e^{-\omega^2}$$

$$\mathcal{F}\{f(t)\} = 2e^{-5j\omega}\mathcal{F}\left\{e^{-t^2/4}\right\} = 4\sqrt{\pi}e^{-(\omega^2+5j\omega)}$$

7. $f(t) = 4e^{-3(t-2)}u(t+1) = 4e^9 e^{-3(t+1)}u(t+1)$

$$\mathcal{F}\{f(t)\} = 4e^9\mathcal{F}\left\{e^{-3(t+1)}u(t+1)\right\} = 4e^9 e^{j\omega}\mathcal{F}\left\{e^{-3t}u(t)\right\} = \frac{4e^{j\omega+9}}{j\omega+3}$$

9.

$$\mathcal{F}\left\{\frac{1}{t^2+a^2}\right\} = \frac{\pi}{a}e^{-a|\omega|}，\ \mathcal{F}\left\{e^{-a|t|}\right\} = \frac{2a}{a^2+\omega^2}$$

（ $a > 0$ ）

$$\mathcal{F}\left\{\frac{1}{4t^2-4t+5}\right\}=\mathcal{F}\left\{\frac{1}{(2t-1)^2+2^2}\right\}$$

$$=\mathcal{F}\left\{\frac{1}{(2(t-1/2))^2+2^2}\right\}=\frac{\pi}{4}e^{-|\omega|}e^{-j\omega/2}$$

$$\mathcal{F}\left\{2e^{-3|t+1|}\right\}=2\mathcal{F}\left\{e^{-3|t+1|}\right\}$$

$$=2e^{j\omega}\mathcal{F}\left\{e^{-3|t|}\right\}=\frac{12e^{j\omega}}{\omega^2+9}$$

$$\mathcal{F}\{f(t)\}=\mathcal{F}\left\{\frac{1}{4t^2-4t+5}+2e^{-3|t+1|}\right\}$$

$$=\frac{\pi}{4}e^{-|\omega|}e^{-j\omega/2}+\frac{12e^{j\omega}}{\omega^2+9}$$

11.

$$\mathcal{F}^{-1}\{F(\omega)\}=\mathcal{F}^{-1}\left\{\frac{e^{-j(2\omega+6)}}{j(\omega+3)+5}\right\}$$

$$=e^{-3jt}\mathcal{F}^{-1}\left\{\frac{e^{-2j\omega}}{j\omega+5}\right\}$$

$$=e^{-3jt}e^{-5(t-2)}u(t-2)$$

13.

$$F(\omega)=\frac{j\omega+3}{6-\omega^2+6j\omega}=\frac{j\omega+3}{(j\omega+3)^2-(\sqrt{3})^2}$$

$$=\frac{1}{2}\left(\frac{1}{j\omega-\sqrt{3}+3}+\frac{1}{j\omega+\sqrt{3}+3}\right)$$

$$\mathcal{F}^{-1}\{F(\omega)\}=\frac{1}{2}\mathcal{F}^{-1}\left\{\frac{1}{j\omega-\sqrt{3}+3}+\frac{1}{j\omega+\sqrt{3}+3}\right\}$$

$$=\frac{1}{2}e^{-3t}\left(e^{\sqrt{3}t}+e^{-\sqrt{3}t}\right)u(t)=e^{-3t}\cosh\left(\sqrt{3}t\right)u(t)$$

8-3 傅立葉轉換之重要性質與定理

1.

$$\mathcal{F}\{f(t)\}=j\frac{d}{d\omega}\mathcal{F}\{u(t+2)-u(t-2)\}$$

$$=j\frac{d}{d\omega}\left(\frac{2\sin(2\omega)}{\omega}\right)$$

$$=\frac{2j}{\omega^2}(2\omega\cos(2\omega)-\sin(2\omega))$$

3.

$$f(t)=\frac{2t}{t^4+4t^2+4}=\frac{2t}{(t^2+2)^2}=\frac{d}{dt}\left(-\frac{1}{t^2+2}\right)$$

$$\mathcal{F}\{f(t)\}=j\omega\mathcal{F}\left\{-\frac{1}{t^2+2}\right\}=-j\omega\frac{\pi}{\sqrt{2}}e^{-\sqrt{2}|\omega|}$$

5.

$$F(\omega)=\frac{10}{(j\omega+1)^2}=10j\frac{d}{d\omega}\left[\frac{1}{j\omega+1}\right]$$

$$\mathcal{F}^{-1}\{F(\omega)\}=10t\mathcal{F}^{-1}\left\{\frac{1}{j\omega+1}\right\}=10te^{-t}u(t)$$

7.

$$F(\omega)=\frac{8}{\omega^2+4}\frac{e^{4j\omega}(e^{2j\omega}-e^{-2j\omega})}{2j}$$

$$=-j\frac{4}{\omega^2+4}e^{6j\omega}+j\frac{4}{\omega^2+4}e^{2jw}$$

$$\mathcal{F}^{-1}\{F(\omega)\}$$

$$=\mathcal{F}^{-1}\left\{-j\frac{4}{\omega^2+4}e^{6j\omega}+j\frac{4}{\omega^2+4}e^{2jw}\right\}$$

$$=-je^{-2|t+6|}+je^{-2|t+2|}$$

9. 令 $Y(\omega)=\mathcal{F}\{y(t)\}=\int_{-\infty}^{\infty}y(t)e^{-j\omega t}dt$，

且 $y(t)=\mathcal{F}^{-1}\{Y(\omega)\}=\dfrac{1}{2\pi}\int_{-\infty}^{\infty}Y(\omega)e^{-j\omega t}dt$

對原式兩端取傅立葉轉換，得

$$\mathcal{F}\{y''(t)\}+4\mathcal{F}\{y'(t)\}+4\mathcal{F}\{y(t)\}=\mathcal{F}\{\delta(t-1)\}$$

$$\Rightarrow\ (j\omega)^2\mathcal{F}\{y(t)\}+4j\omega\mathcal{F}\{y(t)\}+4\mathcal{F}\{y(t)\}$$

$$=\int_{-\infty}^{\infty}\delta(t-1)e^{-j\omega t}dt=e^{-j\omega}$$

$$\Rightarrow\ Y(\omega)=\mathcal{F}\{y(t)\}=\frac{e^{-j\omega}}{-\omega^2+4j\omega+4}=\frac{e^{-j\omega}}{(j\omega+2)^2}$$

$$\Rightarrow\ y(t)=\mathcal{F}^{-1}\{Y(\omega)\}$$

$$=\mathcal{F}^{-1}\left\{\frac{e^{-j\omega}}{(j\omega+2)^2}\right\}=(t-1)e^{-2(t-1)}u(t-1)$$

11.

令 $Y(\omega)=\mathcal{F}\{y(t)\}=\int_{-\infty}^{\infty}y(t)e^{-j\omega t}dt$，

且 $y(t)=\mathcal{F}^{-1}\{Y(\omega)\}=\dfrac{1}{2\pi}\int_{-\infty}^{\infty}Y(\omega)e^{-j\omega t}dt$

原式相當於 $y(t)*\dfrac{1}{t^2+9}=\dfrac{1}{t^2+25}$

對上式兩端取傅立葉轉換，得

$$\mathcal{F}\{y(t)\}\mathcal{F}\left\{\frac{1}{t^2+9}\right\}=\mathcal{F}\left\{\frac{1}{t^2+25}\right\}$$

$$\Rightarrow\ Y(\omega)\cdot\frac{\pi}{3}e^{-3|\omega|}=\frac{\pi}{5}e^{-5|\omega|}$$

$$\Rightarrow Y(\omega)=\frac{3}{5}e^{-2|\omega|}$$

$$\Rightarrow y(t)=\frac{6}{5\pi}\mathcal{F}^{-1}\left\{\frac{\pi}{2}e^{-2|\omega|}\right\}=\frac{6}{5\pi}\frac{1}{t^2+4}$$

第九章　類題練習解答

9-1 波動方程式

1. 由 (9.1.15) 式可知

$$A_n=\frac{2}{\pi}\int_0^{\pi}2\sin 5x\sin nxdx=\begin{cases}2, & n=5\\ 0, & n\neq 5\end{cases}$$

由 (9.1.17) 可知

$$B_n=0$$

代入 (9.1.13) 式可得

$$u(x,t)=2\cos 10t\sin 5x$$

3. 由 (9.1.15) 式可知

$$A_n=\frac{2}{4}\left[\int_0^2 x\sin\frac{n\pi x}{4}dx+\int_2^4(4-x)\sin\frac{n\pi x}{4}dx\right]$$

$$=\frac{16}{n^2\pi^2}\sin\frac{n\pi}{2}$$

由 (9.1.17) 式可知

$$B_n=0$$

代入 (9.1.13) 式可得

$$u(x,t)=\sum_{n=1}^{\infty}\frac{16}{n^2\pi^2}\sin\frac{n\pi}{2}\cos\frac{3n\pi t}{4}\sin\frac{n\pi x}{4}$$

5. 由 (9.1.20) 式及 (9.1.21) 式可知

$$A_0=0$$
$$A_n=0$$

由 (9.1.23) 式及 (9.1.24) 式可知

$$B_0=\int_0^1 x^2dx=\frac{1}{3}$$

$$B_n=\frac{2}{an\pi}\int_0^l g(x)\cos\frac{n\pi x}{l}dx$$

$$=\frac{4}{n\pi}\int_0^1 x^2\cos n\pi xdx=\frac{8(-1)^n}{n^3\pi^3}$$

代入 (9.1.18) 式可得

$$u(x,t)=\frac{1}{3}t+\frac{8}{\pi^3}\sum_{n=1}^{\infty}\frac{(-1)^n}{n^3}\sin\frac{n\pi t}{2}\cos n\pi x$$

7. 由 (9.1.46) 式可知

$$A_{m,n}=\frac{4}{l_1l_2}\int_0^{l_1}\int_0^{l_2}f(x,y)\sin\frac{n\pi x}{l_1}\sin\frac{m\pi y}{l_2}dydx$$

$$=\frac{4}{6}\int_0^2\int_0^3(2x-x^2)(3y-y^2)\sin\frac{n\pi x}{2}\sin\frac{m\pi y}{3}dydx$$

$$=\frac{2}{3}\int_0^2(2x-x^2)\sin\frac{n\pi x}{2}dx\int_0^3(3y-y^2)\sin\frac{m\pi y}{3}dy$$

$$=\frac{2}{3}\cdot\frac{16\left[1-(-1)^n\right]}{n^3\pi^3}\cdot\frac{54\left[1-(-1)^m\right]}{m^3\pi^3}$$

當 m 與 n 皆為奇數時

$$A_{m,n}=\frac{2304}{n^3m^3\pi^6}$$

由 (9.1.48) 式可知

$$B_{m,n}=0$$

代入 (9.1.44) 式可得

$$u(x,y,t)=\sum_{m,n}\sum_{odd}\frac{2304}{n^3m^3\pi^6}\cos\left(\pi\sqrt{\frac{n^2}{2^2}+\frac{m^2}{3^2}}t\right)\sin\frac{n\pi x}{2}\sin\frac{m\pi y}{3}$$

9-2 熱傳方程式

1. 由 (9.2.15) 式可知

$$A_n=\frac{2}{3}\int_0^3 10\sin\frac{n\pi x}{3}dx=\frac{20\left[1-(-1)^n\right]}{n\pi}$$

代入 (9.2.13) 式可得

$$u(x,t)=\frac{20}{\pi}\sum_{n=1}^{\infty}\frac{1-(-1)^n}{n}\sin\frac{n\pi x}{3}e^{-n^2\pi^2t}$$

3. 由 (9.2.21) 式可知

$$A_0=\frac{1}{2}\int_0^2 f(x)dx=\frac{1}{2}\left(\int_0^1 xdx+\int_1^2 2-xdx\right)=\frac{1}{2}$$

由 (9.2.22) 式可知

$$A_n=\frac{2}{2}\int_0^2 f(x)\cos\frac{n\pi x}{2}dx$$

$$=\int_0^1 x\cos\frac{n\pi x}{2}dx+\int_1^2(2-x)\cos\frac{n\pi x}{2}dx$$

$$=\frac{4}{n\pi}\sin\frac{n\pi}{2}$$

代入 (9.2.19) 式可得

$$u(x,t)=\frac{1}{2}+\sum_{n=1}^{\infty}\frac{4}{n\pi}\sin\frac{n\pi}{2}\cos\frac{n\pi x}{2}e^{-\frac{25n^2\pi^2}{4}t}$$

5. 將 $T_1=0$、$T_2=20$ 與 $f(x)=10$ 代入 (9.2.31) 式可得

$$A_n=2\int_0^1\left[10-(20x+0)\right]\sin n\pi x dx=\frac{20\left[1+(-1)^n\right]}{n\pi}$$

代入 (9.2.32) 式可得

$$u(x,t)=\frac{20}{\pi}\sum_{n=1}^{\infty}\frac{1+(-1)^n}{n}\sin n\pi x e^{-n^2\pi^2 t}+20x$$

7. 由 (9.2.36) 式可得

$$A(k)=\frac{1}{\pi}\int_{-5}^{5}10\cos kx dx=\frac{20}{\pi k}\sin 5k$$

由 (9.2.37) 式可得

$$B(k)=\frac{1}{\pi}\int_{-1}^{1}20\sin kx dx=0$$

代入 (9.2.34) 式可得

$$u(x,t)=\frac{20}{\pi}\int_0^{\infty}\frac{\sin 5k\cos kx}{k}e^{-a^2k^2t}dk$$

9-3 拉普拉斯方程式

1. 將 $l_1=3$、$l_2=6$ 與 $f(x)=100$ 代入 (9.3.9) 式可得

$$B_n=\frac{200}{3\sinh 2n\pi}\int_0^3\sin\frac{n\pi x}{3}dx=\frac{200\left[1-(-1)^n\right]}{n\pi\sinh 2n\pi}$$

代入 (9.3.10) 式可得

$$u(x,y)=200\sum_{n=1}^{\infty}\frac{1-(-1)^n}{n\pi\sinh 2n\pi}\sinh\frac{n\pi y}{3}\sin\frac{n\pi x}{6}$$

9-4 拉普拉斯轉換求解偏微分方程式

1. 由 (9.4.12) 式可得

$$\begin{aligned}u(x,t)&=f(t)*\frac{x}{2a\sqrt{\pi}}t^{-\frac{3}{2}}e^{-\frac{x^2}{4a^2t}}\\&=\frac{5x}{2\sqrt{\pi}}\int_0^t\tau^{-\frac{3}{2}}e^{-\frac{x^2}{4\tau}}d\tau\\&=5\left[1-\text{erf}\left(\frac{x}{2\sqrt{t}}\right)\right]\end{aligned}$$

第十章 類題練習解答

10-1 複數與函數

1. $z_1+z_2=2+i+(-1-4i)=1-3i$

3. $z_1\cdot z_2=(2+i)\cdot(-1-4i)=2-9i$

5. $|z|=|1-i|=\sqrt{1^2+(-1)^2}=\sqrt{2}$

7. $\text{Arg}(z)=\text{Arg}(1-i)=-\frac{1}{4}\pi$

9.

$$\begin{aligned}e^{-1-5i}&=e^{-1}\cdot e^{-5i}=e^{-1}(\cos 5-i\sin 5)\\&=e^{-1}\cos 5-ie^{-1}\sin 5\end{aligned}$$

11.

$$\begin{aligned}\sin(3+2i)&=\frac{e^{i(3+2i)}-e^{-i(3+2i)}}{2i}=\frac{e^{-2+3i}-e^{2-3i}}{2i}\\&=\frac{e^{-2}(\cos 3+i\sin 3)-e^2(\cos 3-i\sin 3)}{2i}\\&=\frac{(e^{-2}+e^2)\sin 3}{2}+i\frac{(-e^{-2}+e^2)\cos 3}{2}\end{aligned}$$

13.

$$\begin{aligned}\ln(-4-4i)&=\ln|-4-4i|+i\arg(-4-4i)\\&=\ln 4\sqrt{2}+i(-\frac{3}{4}\pi+2k\pi)\end{aligned}$$

其中 k 為任意整數，

其主值 $\text{Ln}(-4-4i)=\ln 4\sqrt{2}-i\frac{3}{4}\pi$。

10-2 複變函數之導數

1. $f(z)=e^z=e^{x+iy}=e^x(\cos y+i\sin y)$

$$\begin{cases}u(x,y)=e^x\cos y\\v(x,y)=e^x\sin y\end{cases}$$

$$\frac{\partial u}{\partial x}=e^x\cos y,\quad \frac{\partial v}{\partial y}=e^x\cos y$$

$$\frac{\partial u}{\partial y}=-e^x\sin y,\quad \frac{\partial v}{\partial x}=e^x\sin y$$

$$\therefore\begin{cases}\dfrac{\partial u}{\partial x}=\dfrac{\partial v}{\partial y}\\[2mm]\dfrac{\partial u}{\partial y}=-\dfrac{\partial v}{\partial x}\end{cases}$$

$\Rightarrow f(z)=e^z$ 為可解析函數。

3. $f(z)=z^2+2z-1=(x+iy)^2+2(x+iy)-1$

$=(x^2-y^2+2x-1)+i(2xy+2y)$

$$\begin{cases}u(x,y)=x^2-y^2+2x-1\\ v(x,y)=2xy+2y\end{cases}$$

$$\frac{\partial u}{\partial x}=2x+2,\ \frac{\partial v}{\partial y}=2x+2$$

$$\frac{\partial u}{\partial y}=-2y,\ \frac{\partial v}{\partial x}=2y$$

$$\therefore\begin{cases}\frac{\partial u}{\partial x}=\frac{\partial v}{\partial y}\\ \frac{\partial u}{\partial y}=-\frac{\partial v}{\partial x}\end{cases}$$

$f(z)=z^2+2z-1$ 為可解析函數。

5. $f(z)=z+\overline{z}=x+iy+\overline{x+iy}=2x$

$$\begin{cases}u(x,y)=2x\\ v(x,y)=0\end{cases}$$

$$\frac{\partial u}{\partial x}=2,\ \frac{\partial v}{\partial y}=0$$

$$\frac{\partial u}{\partial y}=0,\ \frac{\partial v}{\partial x}=0$$

$$\therefore\begin{cases}\frac{\partial u}{\partial x}\neq\frac{\partial v}{\partial y}\\ \frac{\partial u}{\partial y}=-\frac{\partial v}{\partial x}\end{cases}$$

$f(z)=z+\overline{z}$ 為不可解析函數。

7. $f'(z)=2ze^{2z}+2z^2e^{2z}$

9. $f'(z)=\cos z-z\sin z$

11. 由第 5 題可知，$f(z)=z+\overline{z}$ 為不可解析函數，所以 $f'(z)$ 不存在。

10-3 複變函數之積分

1. 積分曲線 C 為 $z(t)=\cos t+i\sin t, t:0\to\pi$

$$\int_C f(z)dz=\int_0^{\pi}(\cos t+i\sin t)^2\cdot(-\sin t+i\cos t)dt$$

$$=\int_0^{\pi}\left(-\cos^2 t\sin t+\sin^3 t-2\sin t\cos^2 t\right)dt$$

$$+i\int_0^{\pi}\left(\cos^3 t-\sin^2 t\cos t-2\sin^2 t\cos t\right)dt$$

$$=\left(\frac{4}{3}\cos^3 t-\cos t\right)\Big|_0^{\pi}+i\left(\sin t-\frac{4}{3}\sin^3 t\right)\Big|_0^{\pi}=-\frac{2}{3}$$

3. 積分曲線 C 為 $z(t)=t+it, t:0\to 1$

$$\int_C f(z)dz=\int_0^1\left(t^2+i\cdot 2t\right)\cdot(1+i)\,dt$$

$$=\int_0^1\left(t^2-2t\right)dt+i\int_0^1\left(t^2+2t\right)dt$$

$$=\left(\frac{1}{3}t^3-t^2\right)\Big|_0^1+i\left(\frac{1}{3}t^3+t^2\right)\Big|_0^1=-\frac{2}{3}+i\frac{4}{3}$$

5. 由於 $f(z)=z^2-z+7$ 在 z 平面為可解析函數
由柯西定理可知

$$\oint_C f(z)dz=\oint_C\left(z^2-z+7\right)dz=0$$

7. $f(z)=ze^z=(x+iy)\cdot e^{x+iy}$

$=(x+iy)e^x(\cos y+i\sin y)$

$=(xe^x\cos y-ye^x\sin y)+i(ye^x\cos y+xe^x\sin y)$

$$\begin{cases}u(x,y)=xe^x\cos y-ye^x\sin y\\ v(x,y)=ye^x\cos y+xe^x\sin y\end{cases}$$

$$\frac{\partial u}{\partial x}=e^x\cos y+xe^x\cos y-ye^x\sin y$$

$$\frac{\partial v}{\partial y}=e^x\cos y-ye^x\sin y+xe^x\cos y$$

$$\frac{\partial u}{\partial y}=-xe^x\sin y-e^x\sin y-ye^x\cos y$$

$$\frac{\partial v}{\partial x}=xe^x\sin y+e^x\sin y+ye^x\cos y$$

$$\therefore\begin{cases}\frac{\partial u}{\partial x}=\frac{\partial v}{\partial y}\\ \frac{\partial u}{\partial y}=-\frac{\partial v}{\partial x}\end{cases}\Rightarrow f(z)\text{ 為可解析函數}$$

由柯西定理可知 $\oint_C\left(z\cdot e^z\right)dz=0$

9. 由於 $f(z)=\cos z$ 在曲線 C 為可解析函數
故由柯西積分公式可知

$$\oint_C\frac{\cos z}{z}dz=\cos 0\cdot 2\pi i=2\pi i$$

11. 由於 $f(z)=z^2-z+1$ 在曲線 C 為可解析函數
故由柯西積分公式可知

$$\oint_C\left(\frac{z^2-z+1}{z-1}\right)dz=z^2-z+1\big|_{z=1}\cdot 2\pi i=2\pi i$$

13. 由於 $f(z)=e^z$ 在曲線 C 為可解析函數
故由柯西積分公式可知

$$\oint_C \frac{e^z}{z}dz = 2\pi i\cdot f'(0) = 2\pi i\cdot e^0 = 2\pi i$$

15. 由於 $f(z)=z^2$ 在曲線 C 為可解析函數
故由柯西積分公式可知

$$\oint_C \left(\frac{z^2}{(z-i)^2}\right)dz = 2\pi i\cdot f'(i) = 2\pi i\cdot 2i = -4\pi$$

10-4 級數

1.

$$f(z)=\frac{1}{4}\left[\frac{1}{1-(-\frac{z^2}{4})}\right]$$
$$=\frac{1}{4}\sum_{n=0}^{\infty}\left(-\frac{z^2}{4}\right)^n$$
$$=\sum_{n=0}^{\infty}(-1)^n\cdot 4^{-(n+1)}\cdot z^{2n}$$

收斂區間 $\left|-\frac{z^2}{4}\right|<1 \Rightarrow |z|<2$

3.

$$f(z)=\frac{z}{z-1}$$
$$=-z\cdot\frac{1}{1-z}$$
$$=-z\cdot\sum_{n=0}^{\infty}z^n$$
$$=-\sum_{n=0}^{\infty}z^{n+1}$$

收斂區間 $|z|<1$

5.

$$f(z)=e^{z^2}$$
$$=\sum_{n=0}^{\infty}\frac{1}{n!}\cdot\left(z^2\right)^n$$
$$=\sum_{n=0}^{\infty}\frac{1}{n!}\cdot z^{2n}$$

收斂區間 $|z|<\infty$

7.

$$f(z)=z^2\cdot e^z$$
$$=z^2\cdot\sum_{n=0}^{\infty}\frac{1}{n!}\cdot z^n$$
$$=\sum_{n=0}^{\infty}\frac{1}{n!}z^{n+2}$$

收斂區間 $|z|<\infty$

9.

$$f(z)=\frac{1}{(z-1)(z-2)}$$
$$=\frac{-1}{z-1}+\frac{1}{z-2}$$
$$=\frac{1}{1-z}+\left(-\frac{1}{2}\right)\frac{1}{1-\left(\frac{z}{2}\right)}$$
$$=\sum_{n=0}^{\infty}z^n-\frac{1}{2}\sum_{n=0}^{\infty}\left(\frac{z}{2}\right)^n$$
$$=\sum_{n=0}^{\infty}z^n-2^{-(n+1)}\cdot z^n$$
$$=\sum_{n=0}^{\infty}\left[1-2^{-(n+1)}\right]\cdot z^n$$

收斂區間 $|z|<1$

11.

$$f(z)=e^{2z}$$
$$=\sum_{n=0}^{\infty}\frac{1}{n!}(2z)^n$$
$$=\sum_{n=0}^{\infty}\frac{2^n}{n!}\cdot z^n$$

收斂區間 $|z|<\infty$

13.

$$f(z)=\frac{\sin(2z)}{z^3}=z^{-3}\sum_{n=0}^{\infty}\frac{(-1)^n}{(2n+1)!}(2z)^{2n+1}$$
$$=2z^{-2}-\frac{2^3}{3!}+\frac{2^5}{5!}z^2-\frac{2^7}{7!}z^4+\ldots$$

10-5 餘數積分

1. $z=0$ 為 $f(z)$ 之一階極點

$$\operatorname*{Res}_{z=0}\frac{1}{z(z-1)}=\lim_{z\to 0}z\cdot\frac{1}{z(z-1)}=-1$$

3. $z=0$ 為 $f(z)$ 之一階極點

$$\operatorname*{Res}_{z=0}\cot z=\operatorname*{Res}_{z=0}\frac{\cos z}{\sin z}=\lim_{z\to 0}z\frac{\cos z}{\sin z}$$
$$=\lim_{z\to 0}\frac{\cos z-z\sin z}{\cos z}=1$$

5. $f(z)$ 在 $z_0=0$ 的羅倫級數為

$$f(z)=\frac{e^{z^2}}{z}=z^{-1}\sum_{n=0}^{\infty}\frac{(z^2)^n}{n!}$$
$$=z^{-1}+z+\frac{1}{2!}z^3+\frac{1}{3!}z^5+\frac{1}{4!}z^7+\cdots$$

所以

$$\operatorname*{Res}_{z=0}\frac{e^{z^2}}{z}=a_{-1}=1$$

7.

$$f(z)=\frac{1}{z^2-5z+4}=\frac{1}{(z-1)(z-4)}$$

在 $C:|z|=2$ 內有一個奇點 $z=1$

$$\therefore\oint_C f(z)dz=2\pi i\left[\operatorname*{Res}_{z=1}f(z)\right]$$
$$=2\pi i\left[\lim_{z\to 1}(z-1)\frac{1}{z^2-5z+4}\right]=2\pi i\left[-\frac{1}{3}\right]=-\frac{2}{3}\pi i$$

9. $f(z)=\dfrac{e^z}{z^2}$ 在 $C:|z|=2$ 內有一個奇點 $z=0$，其為 $f(z)$ 之二階極點

$$\therefore\oint_C f(z)dz=2\pi i\left[\operatorname*{Res}_{z=0}f(z)\right]$$
$$=2\pi i\left[\lim_{z\to 0}\frac{1}{(2-1)!}\frac{d}{dz}z^2\frac{e^z}{z^2}\right]=2\pi i\left[\lim_{z\to 0}e^z\right]=2\pi i$$

11. $f(z)$ 在 $z_0=0$ 的羅倫級數為

$$f(z)=\frac{\sin(2z)}{z^3}=z^{-3}\sum_{n=0}^{\infty}\frac{(-1)^n}{(2n+1)!}(2z)^{2n+1}$$
$$=2z^{-2}-\frac{2^3}{3!}+\frac{2^5}{5!}z^2-\frac{2^7}{7!}z^4+\ldots$$

所以

$$\operatorname*{Res}_{z=0}\frac{\sin(2z)}{z^3}=a_{-1}=0$$
$$\oint_C\frac{\sin(2z)}{z^3}dz=2\pi i\operatorname*{Res}_{z=0}\frac{\sin(2z)}{z^3}=0$$

10-6 實數積分之計算

1. 取積分路徑 $C:|z|=1$

令 $z=e^{i\theta},\theta:0\to 2\pi$

$$\cos\theta=\frac{e^{i\theta}+e^{-i\theta}}{2}=\frac{z+z^{-1}}{2}$$
$$\frac{dz}{d\theta}=ie^{i\theta}=iz,d\theta=\frac{dz}{iz}$$
$$\therefore\int_0^{2\pi}\frac{1}{5-4\cos\theta}d\theta=\oint_C\frac{1}{5-4\cdot\frac{z+z^{-1}}{2}}\frac{1}{iz}dz$$
$$=\oint_C\frac{1}{-2iz^2+5iz-2i}dz=i\oint_C\frac{1}{2z^2-5z+2}dz$$
$$\because f(z)=\frac{1}{2z^2-5z+2}=\frac{1}{(z-2)(2z-1)}$$

在 $|z|=1$ 內有一奇點 $z=\dfrac{1}{2}$

$$\therefore\oint_C f(z)dz=2\pi i\left[\operatorname*{Res}_{z=\frac{1}{2}}f(z)\right]=2\pi i\left(-\frac{1}{3}\right)=-\frac{2\pi}{3}i$$
$$\therefore\int_0^{2\pi}\frac{1}{5-4\cos\theta}d\theta=i\oint_C\frac{1}{2z^2-5z+2}dz=\frac{2\pi}{3}$$

3.

令 $f(z)=\dfrac{z^2}{1+z^4}$

$$\therefore\int_{-\infty}^{\infty}\frac{x^2}{1+x^4}dx=2\pi i\sum_{\text{上半平面}}\operatorname{Res}f(z)$$
$$=2\pi i\left[\operatorname*{Res}_{z=e^{i\frac{\pi}{4}}}f(z)+\operatorname*{Res}_{z=e^{i\frac{3\pi}{4}}}f(z)\right]$$
$$=2\pi i\left[\lim_{z\to e^{i\frac{\pi}{4}}}(z-e^{i\frac{\pi}{4}})\cdot\frac{z^2}{1+z^4}+\lim_{z\to e^{i\frac{3\pi}{4}}}(z-e^{i\frac{3\pi}{4}})\cdot\frac{z^2}{1+z^4}\right]$$
$$=2\pi i\left[\lim_{z\to e^{i\frac{\pi}{4}}}\frac{3z^2-2e^{\frac{\pi}{4}i}z}{4z^3}+\lim_{z\to e^{i\frac{3\pi}{4}}}\frac{3z^2-2e^{\frac{3\pi}{4}i}z}{4z^3}\right]$$
$$=2\pi i\left[\frac{1}{4}e^{-\frac{\pi}{4}i}+\frac{1}{4}e^{-\frac{3\pi}{4}i}\right]$$
$$=\frac{2\pi i}{4}\left[\cos\frac{\pi}{4}-i\sin\frac{\pi}{4}+\cos\frac{3\pi}{4}-i\sin\frac{3\pi}{4}\right]$$
$$=\frac{\pi i}{2}(-\sqrt{2}i)=\frac{\sqrt{2}}{2}\pi$$

5. 令 $C:|z|=1$

則 $z=e^{i\theta},\ \theta=0\sim 2\pi$

$\therefore \cos\theta=\dfrac{z+z^{-1}}{2}$

$d\theta=\dfrac{dz}{iz}$

$\therefore \int_0^{2\pi}\dfrac{1}{5+3\cos\theta}\,d\theta$

$=\oint_C \dfrac{1}{5+3\cdot\frac{z+z^{-1}}{2}}\dfrac{dz}{iz}$

$=\oint_C \dfrac{2}{3iz^2+10iz+3i}dz$

令 $f(z)=\dfrac{2}{3iz^2+10iz+3i}$

而 $f(z)$ 在 $z=-3,-\dfrac{1}{3}$ 為奇點

其中只有 $z=-\dfrac{1}{3}$ 在 C 內

$\therefore \operatorname*{Res}_{z=\frac{-1}{3}} f(z)=\lim_{z\to\frac{-1}{3}}\left(z+\dfrac{1}{3}\right)\cdot f(z)=\dfrac{1}{4i}$

$\therefore \int_0^{2\pi}\dfrac{1}{5+3\cos\theta}\,d\theta$

$=\oint_C f(z)dz$

$=2\pi i\cdot\dfrac{1}{4i}=\dfrac{\pi}{2}$

7.

令 $f(z)=\dfrac{1}{\left(1+z^2\right)^2}$

在 $z=\pm i$ 為奇點

但只有 $z=i$ 在上半平面，其為二階極點

$\therefore \operatorname*{Res}_{z=i} f(z)=\lim_{z\to i}\dfrac{d}{dz}(z-i)^2\cdot f(z)$

$=\lim_{z\to i}\dfrac{d}{dz}(z+i)^{-2}$

$=\lim_{z\to i}-2\cdot(z+i)^{-3}$

$=-2\cdot(2i)^{-3}$

$=\dfrac{1}{4i}$

$\therefore \int_{-\infty}^{\infty}\dfrac{1}{\left(1+x^2\right)^2}dx$

$=2\pi i\times\dfrac{1}{4i}=\dfrac{\pi}{2}$

9.

令 $f(z)=\dfrac{1}{z^2-2z+4}dz$

在 $z=1\pm\sqrt{3}i$ 為奇點

但只有 $z=1+\sqrt{3}i$ 在上半平面

$\therefore \operatorname*{Res}_{z=1+\sqrt{3}i} f(z)=\lim_{z\to 1+\sqrt{3}i}\left(z-1-\sqrt{3}i\right)\cdot f(z)=\dfrac{1}{2\sqrt{3}i}$

$\therefore \int_{-\infty}^{\infty}\dfrac{1}{x^2-2x+4}dx=2\pi i\times\dfrac{1}{2\sqrt{3}i}=\dfrac{\pi}{\sqrt{3}}$

參考文獻

1. P. V. O'Neil, *Advanced Engineering Mathematics*, Sixth Edition, Thomson Learning, 2006.
2. R. J. Lopez, *Advanced Engineering Mathematics*, Addison-Wesley, 2001.
3. D. G. Zill and M. R. Cullen, *Advanced Engineering Mathematics*, Third Edition, Jones and Bartlett, 2006.
4. M. D. Greenberg, *Advanced Engineering Mathematics*, Second Edition, Prentice Hall, 1998.
5. E. Kreyszig, *Advanced Engineering Mathematics*, Tenth Edition, John Wiley and Sons, 2010.
6. A. Jeffery, *Advanced Engineering Mathematics*, Academic Press, 2001.
7. J. W. Nilsson and S. A. Riedel, *Electric Circuits*, Nine Edition, Prentice Hall, 2010.
8. 喻超凡、許立、何海，工程數學，蔡坤龍圖書有限公司，中華民國八十三年
9. 高等工程數學精華版第十版，歐亞書局有限公司，中華民國一百零一年

索引

十一劃

十二劃

十三劃

十四劃

十五劃

十七劃以上

國家圖書館出版品預行編目 (CIP) 資料

工程數學／黃世杰著 . -- 二版 . -- 新北市：歐亞，
2013.05
面；　公分

ISBN　978-986-89502-2-1 (平裝)

1. 工程數學

440.11　　102009044

工程數學 第二版

Engineering Mathematics Second Edition

編　　著：黃世杰
企　　劃：王兆南、許嘉淇
編　　輯：高至葳、顏婕
封　　面：XINON DESIGN
出 版 者：歐亞書局有限公司
地址：231 新北市新店區寶橋路 235 巷 118 號 5 樓
電話：(02) 8912–1188
傳真：(02) 8912–1166
Email：eurasia@eurasia.com.tw
排　　版：麥田數位影像有限公司／王秀菁
印　　刷：正恆實業有限公司
出版日期：2016 年 9 月二版五刷
I S B N：978-986-89502-2-1

版權所有 · 翻印必究